安徽省“十四五”高等职业教育规划教材

建筑工程测量技术（第2版）

JIANZHU GONGCHENG CELIANG JISHU（DI ER BAN）

主　编/纪　凯　邹娟茹

副主编/李逢清　苟彦梅

主　审/董　斌　张建新

合肥工业大学出版社

图书在版编目(CIP)数据

建筑工程测量技术/纪凯,邹娟茹主编．--2版．合肥:合肥工业大学出版社,2024.9.

ISBN 978-7-5650-6941-3

Ⅰ.TU198

中国国家版本馆CIP数据核字第2024XR9312号

建筑工程测量技术

（第2版）

纪　凯　邹娟茹　主编　　　　责任编辑　张择瑞

出　版	合肥工业大学出版社	**版　次**	2019年12月第1版 2024年9月第2版
地　址	合肥市屯溪路193号	**印　次**	2024年9月第4次印刷
邮　编	230009	**开　本**	787毫米×1092毫米　1/16
电　话	理工图书出版中心:0551-62903204 营销与储运管理中心:0551-62903198	**印　张**	21.5　**字　数**　471千字
网　址	press.hfut.edu.cn	**印　刷**	安徽联众印刷有限公司
E-mail	hfutpress@163.com	**发　行**	全国新华书店

ISBN 978-7-5650-6941-3　　　　定价:48.00元

前　言

近年来，高等职业教育进入了职普融通、产教融合、科教融汇的发展阶段。作为“三教改革”的重要内容之一，教材在内容上要立足于专业基础理论、知识、技能，突出新方法、新技术和新规范；鼓励与行业、企业加强校企协作，明确岗位需求与目标；加强信息化教学手段在教育过程中的应用，有创新、善育人、可持续，提高课程教学效果和学生学习兴趣。

《建筑工程测量》、《工程测量技术》等课程均是高职土木建筑大类、交通运输类专业的专业基础课程，课程目标主要是以道路、桥梁、建筑和高铁等典型工程为代表，培养学生工程建设一线测量技能和应用的实施能力，是典型的技能型课程。

本教材是2017年安徽省质量工程省级规划教材，2019年12月由合肥工业大学出版社出版发行。2021年入选安徽省质量工程高水平高职教材建设项目，2023年入选安徽省“十四五”首批高等职业教育规划教材。根据安徽省“十四五”首批高等职业教育规划教材和高水平高职教材建设要求，为更好服务课程教学，及时修订，动态更新完善。优化教材编写团队，提升岗课赛证融通，加强教学资源库建设，丰富数字化教学资源，修订再版。

本教材在编写中遵循测量工作程序与原则，服务技能型人才的培养；融入国家职业资格“工程测量员”与“测绘地理信息数据获取与处理”、“不动产数据采集与建库”等1＋X职业技能等级证书内容与要求，重点突出测量基本技能、工程控制测量和典型工程项目施工测量的主要仪器、技术和方法。

本教材由安徽交通职业技术学院纪凯、杨凌职业技术学院邹娟茹主编；昆明理工大学津桥学院李逢清、甘肃林业职业技术学院苟彦梅副主编；安徽交通职业技术学院土木系董泽进、张艳、刘才龙、方娇、杨锐、武余波和中铁四局集团公司彭涛参编。教材内容主要包括测量基本知识、测量基本工作、小区域控制测量、地形图数字化测绘、道路与桥梁施工测量、建筑施工测量、高速铁路施工测量和施工图识读。在《建筑工程测量技术》第一版的基础上，对教材内容进行修订，吸收行业发展的新知识、新技术和新方法，新增摄影测量立体测图技术、激光点云测图技术、高速铁路施工测量和道路施工图等内容；增加工程测量微课教学视频、动画，丰富课程数字化教学资源。其中项目一、项目二由纪凯编写；项目三、项目四由邹娟茹编写；项目五由李逢清编写；项目六由董泽进编写；项目七由苟彦梅编写；项目八任务一由杨锐编写，任务二由方娇编写；武余波进行教材教学需求分析和思政素材整理汇总。纪凯、董泽进、刘才龙、张艳、彭涛、杨锐（基础系）、杨锐（土木系）、方娇共同参与微课教学资源建设；纪凯、刘才龙、董泽进进行实践教学视频资源建设；大连泽软信息技术有限公司开发动画资源建设。

教材的编写得到了安徽交通职业技术学院与诸多兄弟院校老师的大力支持，在此表示感谢！编者参考了大量文献，引用了相关网络资源，对参考文献和网络资源的作者表示由衷得感谢！

本教材由安徽农业大学董斌教授、安徽省第四测绘院副院长张建新共同主审。董老师与张院长对教材的编写提出了许多宝贵、诚恳和有价值的修改建议，在此表示衷心得感谢！

在教材的编写过程中，由于编者水平有限，时间仓促，书中不当之处，恳请专家和读者不吝赐教，批评指正。

编　者

2024.07

目　　录

项目一 测量基本知识

本章脉络

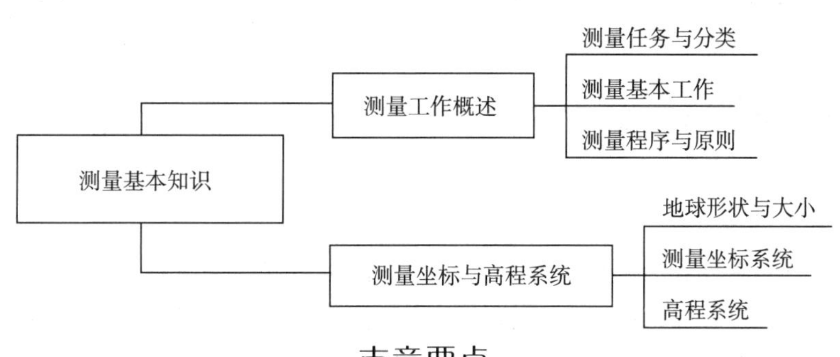

本章要点

测量技术服务于工程项目建设的各个阶段，应用广泛。本章主要讲授测量工作基本概念、任务与分类；测量坐标和高程系统的建立；测量工作的程序与原则。本章内容是课程体系的重要理论基础。

学习目标

【知识目标】

1. 了解测量工作的基本概念、任务与分类。
2. 熟悉测量工作基本程序和原则。
3. 掌握测量坐标系统与高程的特点与应用。

【技能目标】

1. 能够进行同一点在不同测量坐标系统的转换。
2. 能够进行高斯投影中央子午线和投影带号计算。

【素质目标】

具备工程测量员(4—08—03—04)国家职业标准中职业道德和职业素质。

【思政目标】

1. 大禹治水、沈括所著《梦溪笔谈》和郭守敬提出海水面为高程共算面等中国古代优秀测绘人物故事讲述，激发民族自豪感和文化自信。

2.“大地原点”“水准原点”等典型案例介绍，培养树立能吃苦、愿奉献、勇担当和克艰难的品质素养。

3.《中华人民共和国测绘法》等法律法规、测绘项目科学管理的宣讲，引导养成知法、懂法、守法和规范管理的工作意识和态度。

任务一　测量工作概述

地球表面复杂多样，主要分为地物和地貌两大类。地物是指地面上人工或天然的固定物体，例如道路、桥梁、隧道、房屋、河流、湖泊、森林等；地貌是指地球表面高低起伏的自然形态，例如山地、丘陵、平原和盆地等。地物与地貌统称为地形。测量学是一门研究地球的形状与大小，确定地面点空间位置，将地球表面地形和权属关系测定、采集、处理、描绘和应用的科学与技术。

一、测量学任务与分类

（一）测量学任务

测量学的任务主要分为测绘和测设。测绘是指使用测量仪器和工具对地形进行观测，获得地形特征点的一系列观测数据，经过内业处理，按照一定的比例尺和规定的符号，将地球表面缩绘成表示地物、地貌平面位置并反映高低起伏的地形图，为科学研究、规划设计和工程建设等服务。测绘应用领域广泛，例如对土地、林木、房屋等不动产，为获取其位置、界限、面积、用途等自然状况和其主体的类型、内容、权利关系变化等开展的调查与测绘工作称为不动产测绘；工程项目竣工后，为工程验收、运营管理、改建扩建等服务还需绘制竣工图，称为竣工测绘。

测设是指使用测量仪器和工具，根据设计精度要求，计算所需数据，把图纸上规划设计好的建筑物、构筑物的位置在地面上标定出来，作为施工依据，指导施工，俗称“施工放样”，贯穿于施工建设整个环节。例如道路中心线、桥墩桥台中心和建筑物拐点和放样等。

注意在施工建设、运营管理阶段，建筑物或构筑物在各种荷载外力影响下会产生水平位移、垂直沉降或倾斜，因此还应对工程对象的位置等用测量方法进行监测，分析其是否安全稳定，实现安全预警，保障工程施工质量和安全运营，称为变形观测。

（二）测量学分类

测量学根据研究对象、应用范围和技术方法的不同，主要有以下分类学科：

1. 大地测量学

研究地球的形状、大小和重力场等，确定地面点空间位置并监测其变化，建立国家或大范围高精度控制网理论和技术的学科。

2. 普通测量学

在小区域内不考虑地球曲率的影响，研究地表局部范围内地形测绘、地面点定位等测量工作理论、技术和方法的学科。

3. 摄影测量与遥感学

通过摄影或遥感的方法，不与观测对象直接接触，通过传感器获取目标对象的影像数据，处理分析提取几何、物理信息，确定目标物的形状、大小、性质和空间位置的学科。其中遥感是20世纪60年代兴起并迅速发展的综合探测技术，是摄影测量技术的革新，根据获取影像距离不同主要分为近景摄影测量学、地面摄影测量学、航空摄影测量学和航天摄影测量学。

4. 地图制图学

研究通过测量所得的成果资料，进行地图制图的理论、设计、编绘和应用技术的一门学科，主要包括地图投影、地图编制、地图整饰和地图印刷等。

5. 海洋测量学

研究以海洋水体、海底地形为对象所开展的测量理论和方法。主要内容有海洋大地测量、海底地形测量、海道测量和海图编制工作，主要服务于海洋资源管理和监测、船舶舰艇导航等。

6. 工程测量学

研究各类工程项目在勘测设计、施工建设和运营管理等各个阶段测量原理和方法的学科称为工程测量。按服务对象不同，可分为建筑工程测量，道路桥梁工程测量、水利水电工程测量、矿山测量、工业测量和管线工程测量等，主要内容包括控制测量、地形测绘、施工测量、安装测量、竣工测量和变形观测等。

二、测量基本工作

测量工作的实质是确定地面点的空间位置，可通过测量待定点与已知点之间角度、距离和高差并计算求得，所以角度测量、距离测量和高差测量是测量的三项基本工作。角度、距离和高差（高程）是确定地面点位的基本三要素。

测量工作是在地球表面上开展的，实际工作中，如果测区面积不大时，可以用水平面代替曲面，简化测量内业处理工作。研究表明：距离测量中，在10 km范围内，用水平面代替曲面所引起的误差只有0.82 cm，距离相对误差为1∶1220000，可不考虑地球曲率影响进行距离测量；角度测量中，在100 km^2 的范围内，用水平面代替曲面，对角度影响仅为0.51″，可以不考虑地球曲率的影响；但对于高程测量，用水平面代替曲面时，200 m的距离对高程影响就有3.1 mm，影响显著，因此即使在很小区域内进行高程测量也不能用水平面代替曲面。

三、测量程序与原则

测量工作环节主要分为外业和内业。外业工作主要是采集必要的观测数据，如角度、距离等。内业工作主要是根据已知数据，对采集的数据进行分析、处理和管理，获得成果。测量工作不论采用何种方法和仪器设备，测量成果都含有误差，甚至发生错误。为防止误差的传播和累积，保证成果的精度，提高工作的效率，测量工作应遵循一定的原则和程序开展。即在布局上“由整体到局部”，在程序上“先控制后碎部”，在精度上“由高等级到低等级”。如果测定控制点的位置有错误，以此为基础测定的碎部点位也就有错误，绘制的地形图也就有错误。因此测量工作必须严格检核，前一步测量成果正确，才能进行下一步工作，故“步步有检核”也是开展测量工作的重要原则之一。

以地形测绘为例，地物一般有明显轮廓，例如江海湖泊、道路桥梁、房屋农田等。高低起伏的地貌有坡度和方向的变化，例如山地、丘陵、平原和盆地等。它们的位置是如何测定的呢？首先在测区内精确测出少数点的位置，这些点在测区中构成一个骨架，起着控制的作用，称为控制点，测量控制点位置的工作称为控制测量，如图 1-1 中的 A、B、C、D、E…等点。

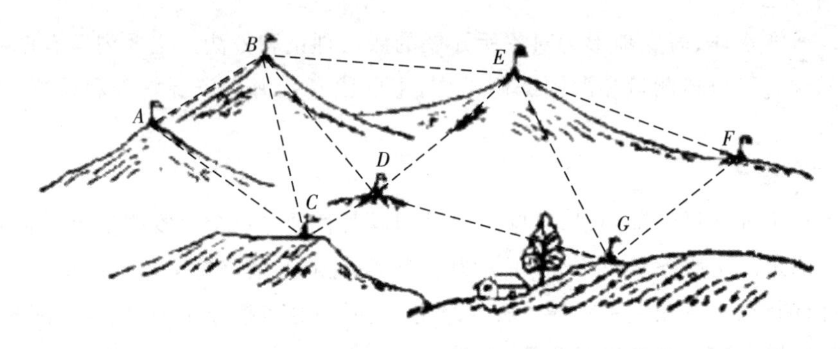

图 1-1　控制测量

地形是由为数众多的地形特征点(碎部点)所组成，碎部点一般选择地物和地貌的轮廓线上一些具有特征意义的点，如图 1-2(a)所示，房屋的平面位置就是房屋的轮廓线位置，将 1、2、3、4、5、6 点的平面位置测绘到图纸上，相应地连接这些点，就可获得房屋在图上的平面位置。如图 1-2(b)所示，一条河流的边线虽然不规则，但弯曲部分仍可以看成是由许多短直线所组成，只要确定了 7、8、9、10、11 等点在的位置，这条河流的平面位置也就基本确定了。

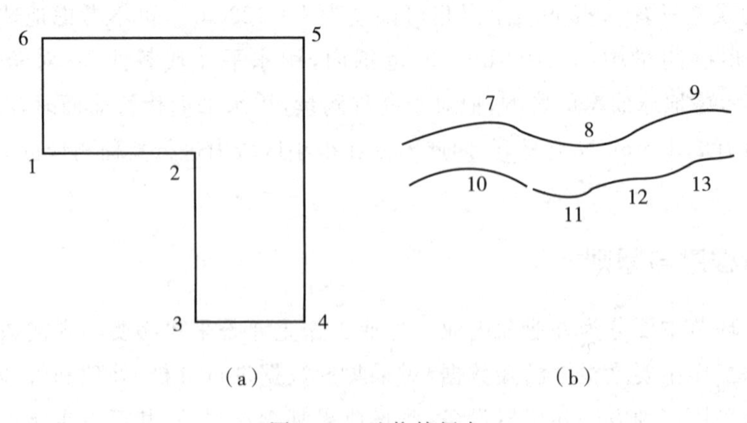

图 1-2　地物特征点

如图 1-3 所示，地貌可以用地面坡度变化或方向变化点 1、2、3 等这些点所组成的连线表示，因为各连线内的坡度基本一致。因此只要把 1、2、3 等点的平面位置和高程确定下来，地貌的形态也就描绘出来了，这些点称为地貌特征点。

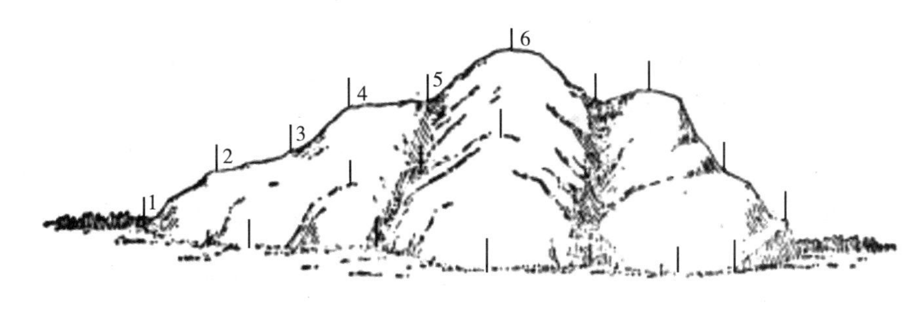

图 1-3　地貌特征点

确定好地物地貌特征点后，以控制点为基础，测量每一个控制点周围碎部点的位置称为碎部测量。这样可以减少误差累积，保证测图精度，利于分幅测绘，加快测图进度。

任务二　测量坐标与高程系统

一、地球形状与大小

地球是一个两级稍扁，赤道略鼓的不规则球体，局部区域可以把地球看作圆球，近似半径 6371 km，赤道周长约 4 万千米，地表面积约 5.1 亿平方千米。地球表面是一个是十分复杂且极不规则的曲面，有高山、丘陵、平原和海洋等各种形态，海洋约占整个地球表面的 71%，陆地约占地球表面的 29%；世界第一高峰是珠穆朗玛峰，海拔 8848.86 m；地表最深处是位于太平洋西部的马里亚纳海沟，深达 11022 m。

如图 1-4(a)所示，地球上任何一个点同时受到地心引力和地球自转产生的离心力作用，二者合力称为重力，重力的方向是铅垂线方向。假设某一个自由静止的海水面无限延伸穿越陆地，包裹整个地球，形成一个封闭的曲面，这个曲面称为水准面。水准面上任何一点的重力势能相等，因此水准面是重力等势面，即水准面上任何一点都与过该点的铅垂线垂直。由于海水有潮汐变化，时高时低，所以水准面有无数个，其中与平均海水面吻合的水准面称为大地水准面，它所包围的地球形体称为大地体。

由于地球内部质量分布不均匀，引起局部重力异常，导致铅垂线方向产生不规则变化，所以大地水准面也是一个不规则的复杂曲面，在这个面上进行测量数据处理很困难，因此需要选用一个非常接近大地水准面并可用数学模型表达的几何形体来代表地球的形状，方便处理测量数据。经过推算，选择一个椭圆绕其短轴旋转形成的椭球代表地球的形状，称为旋转椭球体。旋转椭球体的形状和大小可由其长半轴 a 和扁率 f 来表示，其表面称为旋转椭球面，与旋转椭球面上任一点垂直的方向线称为该点的法线，如图 1-4

(b)所示。测量外业可认为是在大地水准面上进行的，因此大地水准面是测量外业基准面，铅垂线是测量外业基准线；旋转椭球面是测量内业的基准面，法线是测量内业的基准线，如图 1-5 所示。

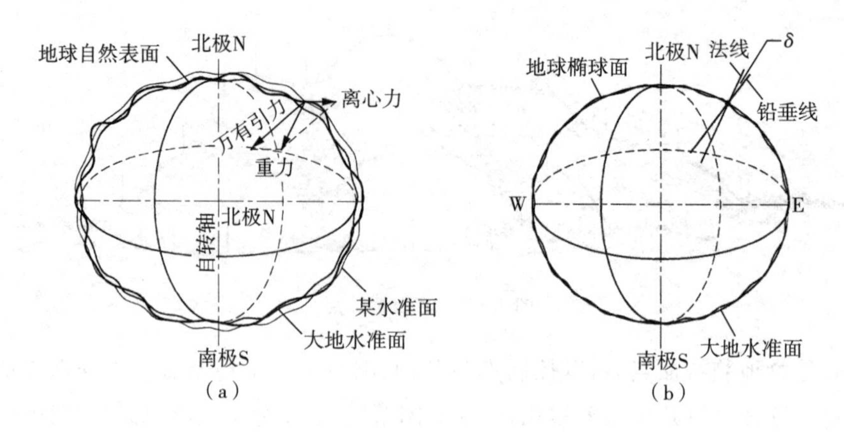

图 1-4　地球形状与大小

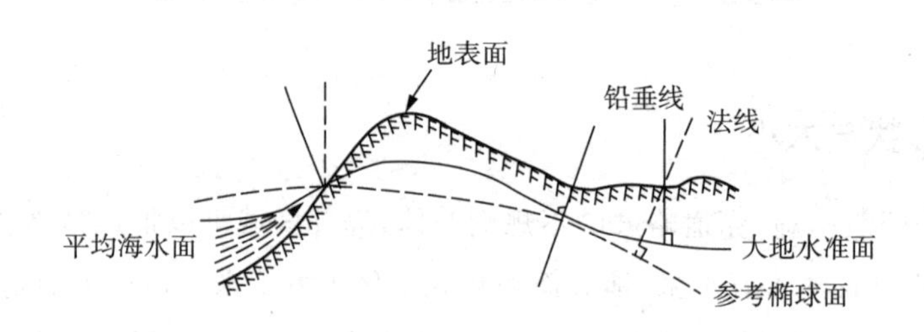

图 1-5　测量基准面与基准线

二、测量坐标系统

地面点的空间位置通常需要三个量表示，即将地面点沿铅垂线或法线方向投影到一个投影面(大地水准面、旋转椭球面或水平面)上，用投影面上的二维坐标和点沿投影线到投影面的距离来表示点位。由于卫星测量技术发展迅速，地面点的空间位置也可采用三维空间直角坐标来表示。测量坐标系统主要有以下几种：

测量坐标系与高程系统

(一)大地坐标系

大地坐标系是以旋转椭球面为基准面，法线为基准线的坐标系。如图 1-6 所示，用大地经度 L、大地纬度 B 和大地高 H 表示地面点 P 的空间位置。大地经度 L 是通过旋转椭球面上该点的子午面与首子午面的二面角，向东 0°至 180°称为东经，向西 0°至 180°称为西经。大地纬度 B 是通过该点的法线与赤道面的夹角，由赤道面起算，向北 0°至 90 称为北纬，向南 0°至 90 称为南纬。大地高 H 是点沿法线方向到椭球面的距离，椭球面之上为正，椭球面之下为负。

参考椭球不同时，大地坐标系是不一样的。例如我国使用的 1954 年北京坐标系，以前苏联克拉索夫斯基椭球为参考椭球；1980 年西安坐标系，以 IUGG－75 椭球为参考椭球；自 2008 年 7 月 1 日，我国正式全面启用 2000 国家大地坐标系，以 CGCS2000 椭球为参考椭球，坐标系原点位于包括海洋和大气的整个地球质心。CGCS2000 参考椭球的基本参数为：

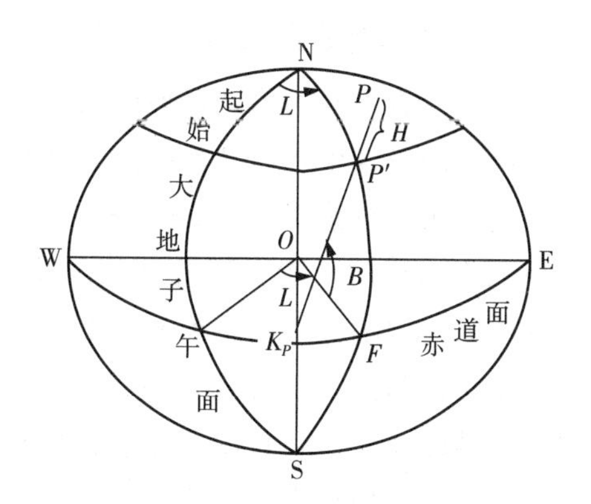

图 1－6　大地坐标系

$$长半轴\ a=6378137.0\ \text{m}$$

$$扁率\ f=1:298.25722101$$

如图 1－7 所示，在适当地点选一点 P，通过该点的大地水准面与旋转椭球面相切，切点 P' 位于 P 点的铅垂线方向上，这样 P 点的法线与铅垂线重合，该点称为大地原点，是大地坐标系的坐标原点，即推算大地坐标的起算点。大地原点的大地坐标是通过天文测量并经过改算求得，其它点的大地坐标是根据大地原点坐标通过大地测量的方法观测推算求得。我国 1980 年西安坐标系的大地原点位于陕西省西安市泾阳县永乐镇石际寺村内。

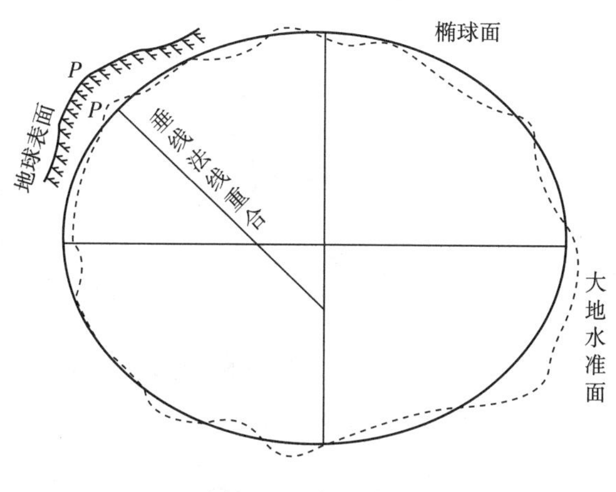

图 1－7　大地原点

大地坐标系是大地测量的基本坐标系，主要应用于研究地球形状与大小，航天军事等的导航定位等，如果直接用于工程规划设计、施工建设，则很不方便。

(二)空间三维直角坐标系

空间三维直角坐标系是以地球质心或旋转椭球中心为坐标原点，以地面点到坐标原点的距离(向径)在三个坐标轴上的投影分量(X、Y、Z)表示，如图1-8所示。

在卫星定位测量中，主要采用地心空间三维直角坐标系表示点的位置。地心空间直角坐标系是以地球质心O为坐标原点，X轴由坐标原点O指向起始子午面和赤道面交点，Z轴与地球自转轴重合并指向地球北极，Y轴过O点并垂直于XOZ平面构成右手正交坐标系。地面点P的空间位置可用(X、Y、Z)三维坐标表示。例如BDS全球导航定位系统采用2000国家大地坐标系，GPS全球卫星导航定位系统采用的是WGS－84世界大地坐标系均是地心空间三维直角坐标系。

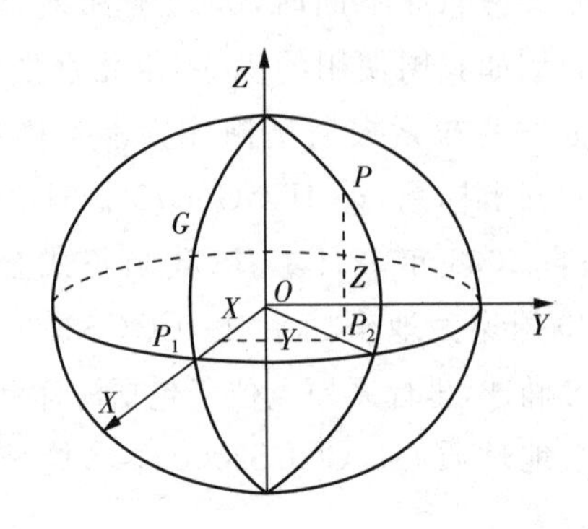

图1-8　空间直角坐标系

同一个点在同一个椭球中可分别用大地坐标或空间三维直角坐标两种形式表示位置，两种坐标之间可按照一定的数学法则可进行坐标转换。设某点的大地坐标为(B、L、H)，空间直角坐标为(X、Y、Z)，如果已知大地坐标，换算空间三维直角坐标可按式(1-1)计算：

$$\begin{aligned} X&=(N+H)\cos B\cos L \\ Y&=(N+H)\cos B\cos L \\ Z&=[N(1-e^2)+H]\sin B \end{aligned} \tag{1-1}$$

已知空间三维直角坐标(X、Y、Z)，换算大地坐标(B、L、H)可按式(1-2)计算：

$$\begin{aligned} B&=\mathrm{arctg}\left[\mathrm{tg}\phi\left(1+\frac{ae^2}{Z}\frac{\sin B}{W}\right)\right] \\ L&=\mathrm{arctg}\,\frac{Y}{X} \\ H&=\frac{R\cos\phi}{\cos B}-N \end{aligned} \tag{1-2}$$

式中，N为该点椭球卯酉圈的曲率半径，e为椭球的第一偏心率，a、b为椭球的长短半轴。

$$N=a/W$$

$$W=(1-e^2\sin^2 B)^{\frac{1}{2}}$$

$$e^2=\frac{a^2-b^2}{a^2}$$

$$\phi=\mathrm{arctg}\left[\frac{Z}{(X^2+Y^2)^{1/2}}\right]$$

$$R=[X^2+Y^2+Z^2]^{1/2}$$

注意同一个点在不同空间三维直角坐标系中坐标不同,它们之间可以通过平移和旋转进行转换,最主要的方法是采用七参数布尔莎模型。如图1-9所示,假设某点在两个空间三维直角坐标系中的坐标分别为(x、y、z)、(x'、y'、z'),可按式(1-3)进行换算:

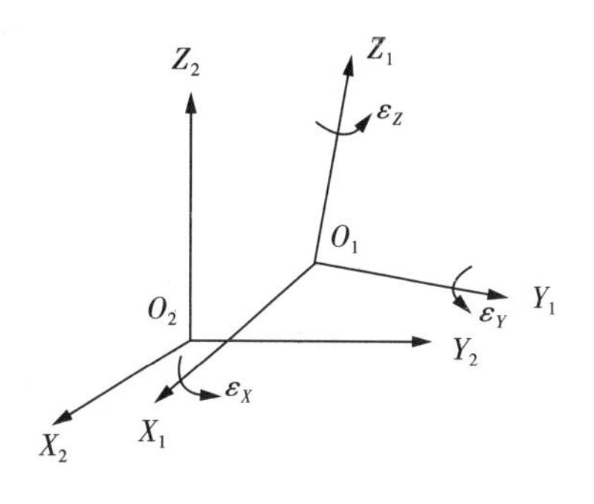

图1-9 空间三维直角坐标转换

$$\begin{bmatrix} x' \\ y' \\ z' \end{bmatrix}=(1+m)\begin{bmatrix} 1 & \varepsilon_x & -\varepsilon_y \\ -\varepsilon_z & 1 & \varepsilon_x \\ \varepsilon_y & -\varepsilon_x & 1 \end{bmatrix}\begin{bmatrix} x \\ y \\ z \end{bmatrix}+\begin{bmatrix} \Delta x \\ \Delta y \\ \Delta z \end{bmatrix} \tag{1-3}$$

式中,Δx、Δy、Δz 为三个平移参数,ε_x、ε_y、ε_z 为三个旋转参数,m 为尺度变化参数。

(三)高斯平面直角坐标系

大地坐标适用于在大范围内表达点的位置,空间三维直角坐标系主要服务于卫星定位。工程建设一般最好在平面直角坐标系中定位。但由于地球表面是一个曲面,需通过投影的方法将地面点位转化到平面上,再用相应的平面直角坐标表示。我国采用的投影方法主要是高斯—克吕格投影,简称高斯投影,以高斯投影的方法建立的平面直角坐标系称为高斯平面直角坐标系。

高斯投影和平面直角坐标系

1. 投影分带

如图1-10所示,首先将地球按经线经度差划分成若干个投影带。主要有按经差6°或3°进行投影分带。6°投影分带是从首子午线开始,自西向东,每隔6°划分为一带,称为6°带,共划分为60个6°带,每个投影带的带号 N 用数字1至60表示,位于各带中央的子午线称为该带的中央子午线。我国6°带从第13带至第23带共跨越了11个投影带。为了减少投影变形,可采用3°投影分带。从东经1°30′起,每隔经差3°自西向东划分一带,将整个地球划分为120个带,每个投影带的带号 n 按1至120依次编号。我国从第24带至第45带共跨越了22个投影带。大比例尺地形图测绘和工程测量主要采用3°带投影。高斯投影6°带与3°带关系如图1-11所示。

6°带的中央子午线经度 L_0 和3°带中央子午线的经度 L_0' 可分别按式(1-4)计算:

$$L_0=6°N-3$$

$$L_0'=3n \tag{1-4}$$

式中,N 为6°投影带带号,n 为3°投影带带号。

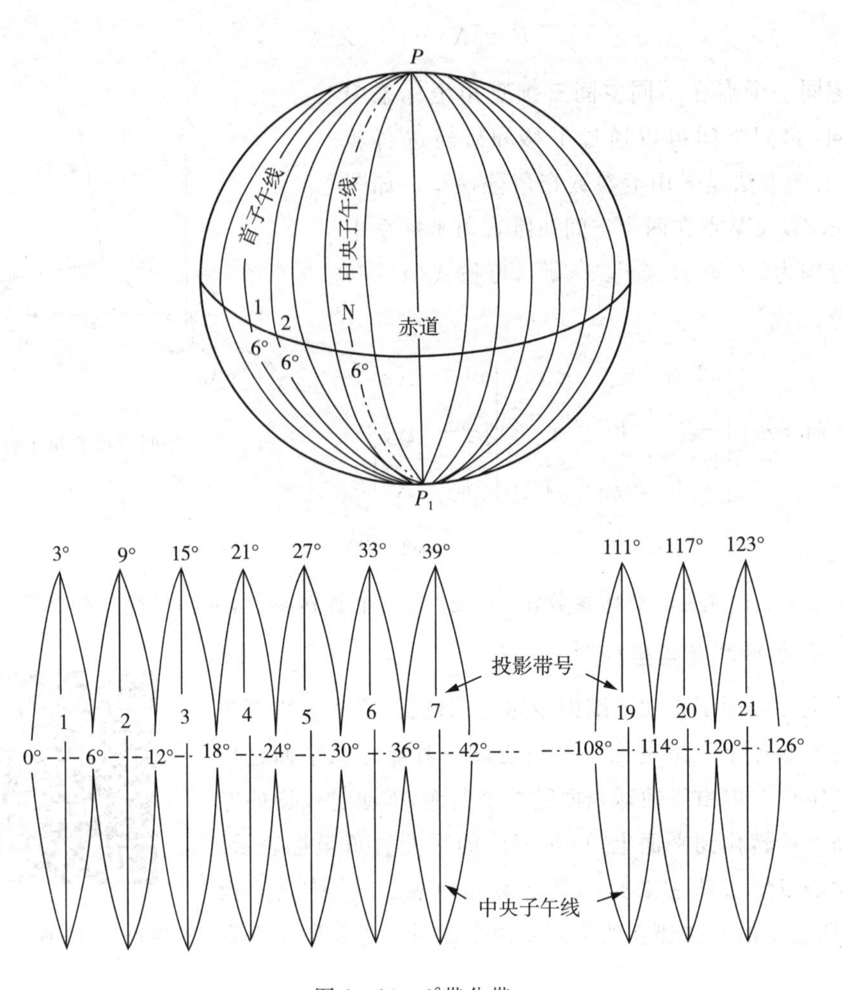

图 1 - 10　6°带分带

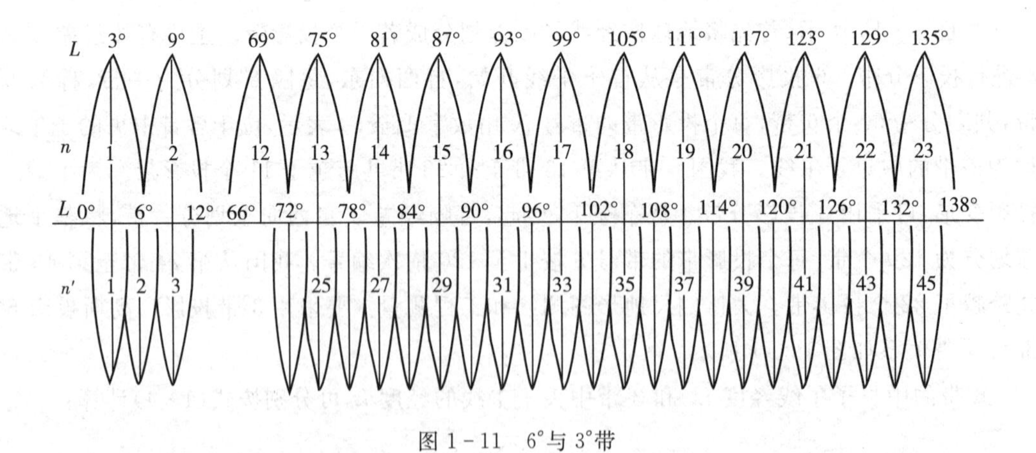

图 1 - 11　6°与 3°带

若已知地面上一点的经度 L，可分别按式(1 - 5)、(1 - 6)计算该点所在 6°带带号 N 或 3°带带号 n：

$$N=INT(L/6)+1(\text{前项有余数时})$$
$$N=INT(L/6)(\text{前项无余数时}) \quad (1-5)$$

$$n=INT(L-1.5°/3)+1(\text{前项有余数时})$$
$$n=INT(L-1.5°/3)(\text{前项无余数时}) \quad (1-6)$$

式中“INT”为取整函数,不能整除时舍弃余数。

【例 1-1】 已知某点经度为 115°30′,请问该点位于几号 6°带?该带中央子午线经度是多少度?

解:∵ $$115°30' \div 6° = 19.25$$

∴ $$N=INT(115°30'/6°)+1=19+1=20$$

点位于第 20 号 6°带。

$$L_0=6°\times 20-3=117°$$

该带中央子午线经度值为 117°。

2. 高斯投影

假想用一个空心椭圆柱横套在地球椭球体外面,其内表面与某一中央子午线相切,椭圆柱中心轴在赤道面内并通过地球椭球中心,将椭球面上的图形按等角投影原理投影到椭圆柱内表面上,等角投影保证了投影角度的不变和图形的相似;再将椭圆柱体沿着过南北极的母线切开,展开成为平面,在该平面上定义平面直角坐标系。投影后,中央子午线和赤道均为直线,并且相互垂直。以中央子午线投影线为纵轴 X 轴,规定向北为正;以赤道投影线为横轴 Y 轴,规定向东为正;中央子午线与赤道投影线的交点为坐标系原点 O,建立高斯投影平面直角坐标系。

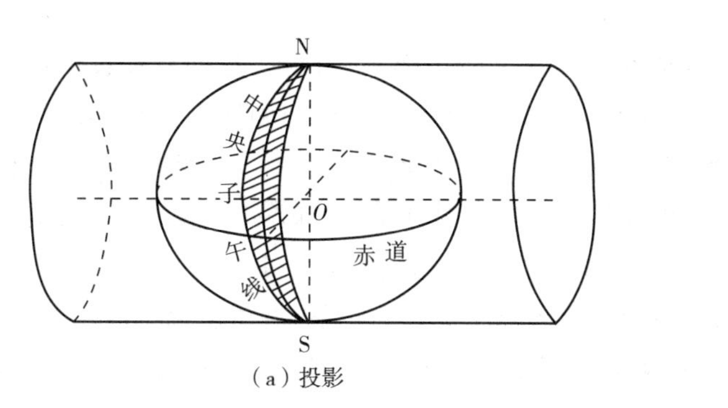

(a) 投影

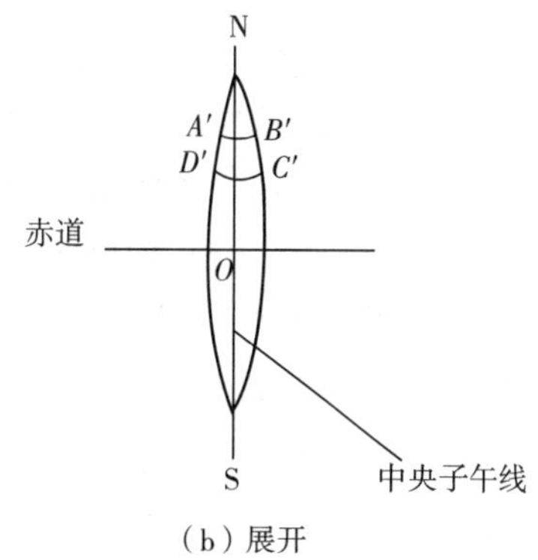

(b) 展开

图 1-12 高斯投影平面直角坐标系

高斯投影中,各投影带的中央子午线投影后没有变形,离中央子午线近的部分变形小,反之越大,两侧对称。我国位于北半球,x 坐标恒为正,y 有正有负,如图 1-13(a)所示。

为了避免 y 坐标出现负值，规定把各投影带坐标系 X 坐标轴向西平移 500 km，如图 1－13(b)所示。为了区分不同投影带的点，在点的 y 坐标值前加上带号 $N(n)$，称为高斯通用坐标。例如 B 点自然坐标为 $x_B=3527611.289$ m，$y_B=-376543.211$ m，该点位于 20 号 6°带内，则 B 点的高斯通用坐标为 $x_B=3527611.289$ m，$y_B=20123456.189$ m，设 y' 为自然坐标横坐标，该点的高斯坐标通用横坐标 y 可按式(1－7)计算：

$$y=N\ 500000m+y' \tag{1-7}$$

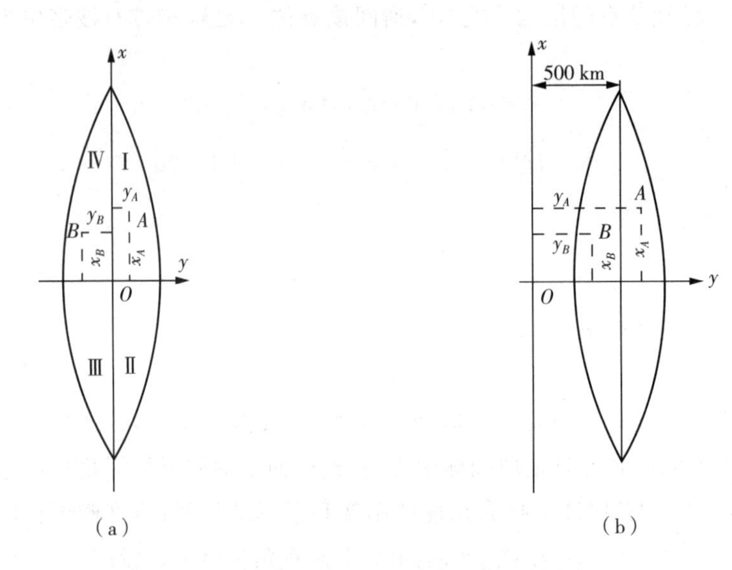

图 1－13　高斯投影平面直角坐标通用坐标

同一个点的大地坐标可以与其高斯坐标进行转换，由大地坐标计算高斯坐标称为正算，反之称为反算，在此不做叙述。

4. 独立平面直角坐标系

当测区范围不大时，可不考虑地球曲率半径影响，将该测区当作水平面看待，用测区中心点的切平面来代替曲面，直接将地面点沿铅垂线投影到该面上，地面点在投影面的位置用独立平面直角坐标来表示。独立平面坐标系轴方向一般与测区内主要建筑物主轴线平行，纵轴为 x 轴，横轴为 y 轴，其与数学平面直角坐标系的 x，y 坐标轴相反；坐标系象限按顺时针排列，数学平面直角坐标系象限按逆时针排列，如图 1－14 所示，目的是定向方便并可将数学中的三角函数公式不作变化应用到测量计算中。坐标系原点 O 一般位于测区西南角或假定为正整数，使测区内各点坐标均为正值，避免出现负值。

同一点在不同测量平面直角坐标系中坐标不同，如图 1－15 所示，假设 p 点在平面直角坐标系 XOY 中的坐标是(x_p、y_p)，在平面直角坐标系 AoB 中的坐标是(A_p、B_p)，已知平面直角坐标系 AoB 坐标系原点 o 在 XOY 中的坐标是(x_o、y_o)，两个平面直角坐标系纵轴 OX 与 oA 之间的水平夹角是 a，可分别按式(1－8)、(1－9)进行平面直角坐标之间的转换。

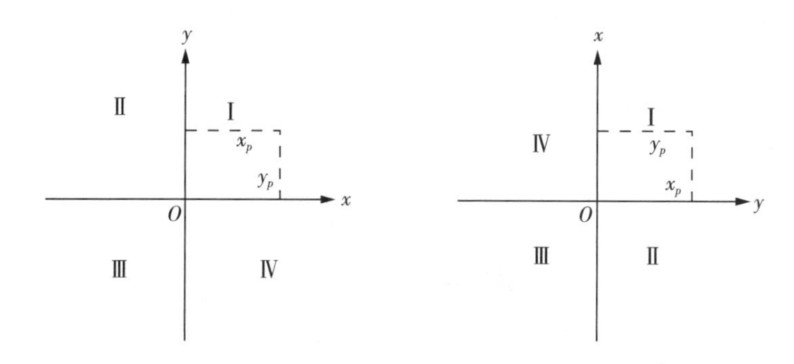

图 1-14　独立平面直角坐标系和数学平面直角坐标系

已知(x_p、y_p)，求解(A_p、B_p)，可按下式计算：

$$
\begin{aligned}
A_p &= (x_p - x_0)\cos\alpha + (y_p - y_0)\sin\alpha \\
B_p &= -(x_p - x_0)\sin\alpha + (y_p - y_0)\cos\alpha
\end{aligned}
\tag{1-8}
$$

已知(A_p、B_p)，求解(x_p、y_p)，可按下式计算；

$$
\begin{aligned}
x_p &= x_0 + A_p\cos\alpha - B_p\sin\alpha \\
y_p &= y_0 + A_p\sin\alpha + B_p\cos\alpha
\end{aligned}
\tag{1-9}
$$

坐标转换

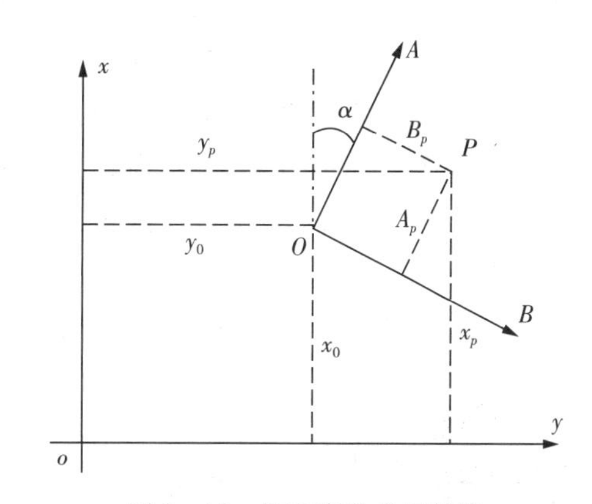

图 1-15　平面直角坐标转换

三、高程

地面点沿铅垂线方向到大地水准面的铅垂距离称为该点的绝对高程或海拔，用 H_i 表示，下标是点名。若个别地区引用绝对高程有困难时，可采用假定高程系统，即以任意假定水准面作为起算高程的基准面，地面点沿铅垂线到假定水准面的铅垂距称为该点的假定高程或相对高程，用 H_i'表示。地面两点的高程之差称为高差，用 h_{ij} 表示，下标是点名。如图 1-16

大地水准面、高程和高差

所示，A、B 两点绝对高程分别为 H_A、H_B。H'_A、H'_B 为 A、B 两点的相对高程。A、B 两点高差 h_{AB} 为：

$$h_{AB}=H_B-H_A=H'_B-H'_A \tag{1-10}$$

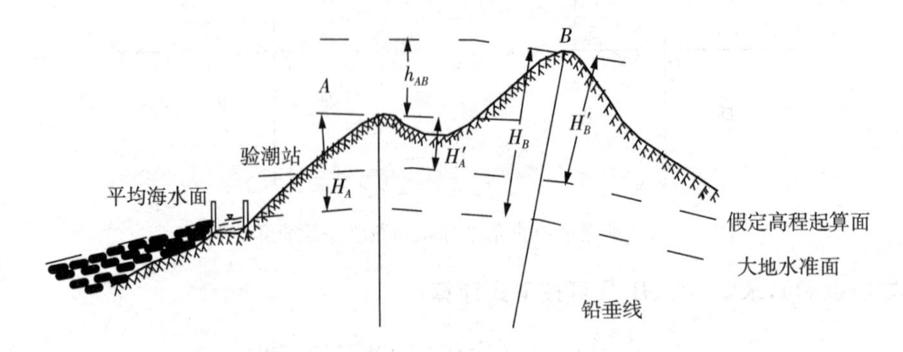

图 1-16　高程与高差

根据式(1-10)可见，高差与高程起算面无关。注意高差有正负之分和方向性，如 A 到 B 的高差是 $h_{AB}=H_B-H_A$，B 到 A 的高差 $h_{BA}=H_A-H_B$。h_{AB} 与 h_{BA} 大小相等，符号相反。h_{AB} 为正，说明 B 点比 A 点高，反之 B 点比 A 点低。

为了统一全国的高程系统，我国在青岛建立验潮站，长期观察记录黄海海水面的高低变化，取其平均值作为大地水准面的位置，即我国的高程基准面。采用 1950—1956 年观测资料求得的黄海平均海水面作为高程基准面，建立了“1956 年黄海高程系”。1987 年，根据 1953—1979 年的观测资料计算的平均海水面作为新的高程基准面，建立了“1985 国家高程基准”。为了把高程起算面标定在陆地上，在青岛市观象山上设立水准原点，作为全国高程测量的起算点。水准原点在“1956 年黄海高程系“中高程为 72.289 m，在“1985 国家高程基准”中高程为 72.260 m，如图 1-17 所示。各地也会使用当地高程系统，例如上海吴淞口高程系、珠江高程系等。不同的高程系统之间存在一个差值换算问题。

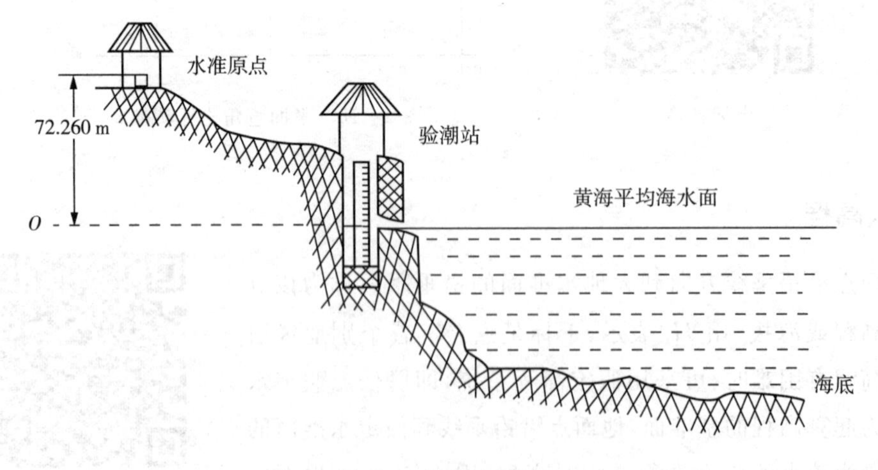

图 1-17　水准原点

项目总结

学习重点

1. 测量工作的程序与原则。

2. 地球形状与大小的描述。

3. 测量坐标系统建立方法。

学习难点

1. 地球形状与大小描述演变过程。

2. 高斯投影平面直角坐标系建立。

3. 测量与数学平面直角坐标系异同。

思政园地

1. 中国古代测绘名家:资料引自:国家科技文献中心 文献《中国古代测绘名家》。

2.《3261 工程》、《聚焦水准原点》视频:资料引自:央视测绘专题片《为山河作注》—第一集《3261 工程》、第二集《聚焦水准原点》。

3.《中华人民共和国测绘法》:资料引自:http://www.npc.gov.cn/zgrdw/npc/xinwen/2017－04/27/content_2020927.htm

中国古代测绘名家

练 习 题

一、单选

1. 测量学按其研究范围和对象的不同,一般可分为大地测量学、普通测量学、(　　)、摄影测量与遥感学、地图制图学、海洋测量学等。

A. 一般测量学　　B. 坐标测量学　　C. 工程测量学　　D. 高程测量学

2. 绝对高程的起算面是(　　)。

A. 水平面　　B. 大地水平面　　C. 假定水准面　　D. 大地水准面

3. 测量工作应遵循的原则是:布局上从整体到局部,精度上由高级到低级,程序上(　　)。

A. 先规划后实施　　B. 先控制后碎部　　C. 先碎部后控制　　D. 先细部再展开

4. 在高斯投影中,离中央子午线越远,则变形(　　)。

A. 越大　　B. 越小

C. 北半球越大,南半球越小　　D. 不变

5. 测量基本工作是角度测量、距离测量和(　　)测量。

A. 坐标测量　　B. 地形图测绘　　C. 高程测量　　D. 地貌测量

6. 测量外业工作的基准线是(　　)。

A. 任意直线　　B. 经线　　C. 铅垂线　　D. 法线

二、简答与计算

1. 某地面点的相对高程为－34.58 m，其对应的假定水准面的绝对高程 168.98 m，该点的绝对高程是多少？绘出示意图。

2. A、B、C 三点的高程分别为 156.328 m、45.986 m 和 451.215 m，分别求解 h_{AB}、h_{BC}、h_{CA}。

3. 我国范围内有三个控制点，平面 Y 坐标分别为 26432571.78 m，38525619.76 m，20376854.48 m。请问它们是 3°带还是 6°带的坐标值？它们各自所在的带分别是哪一带？各自中央子午线的经度是多少？坐标自然值各是多少？

4. B 点的高斯平面直角坐标值 x＝2521179.88 m，y＝18432109.47 m，则 B 点位于第几带？该带中央子午线的经度是多少？B 点在该带中央子午线的哪一侧？距离中央子午线和赤道各为多少米？

项目二　测量基本工作

本章脉络

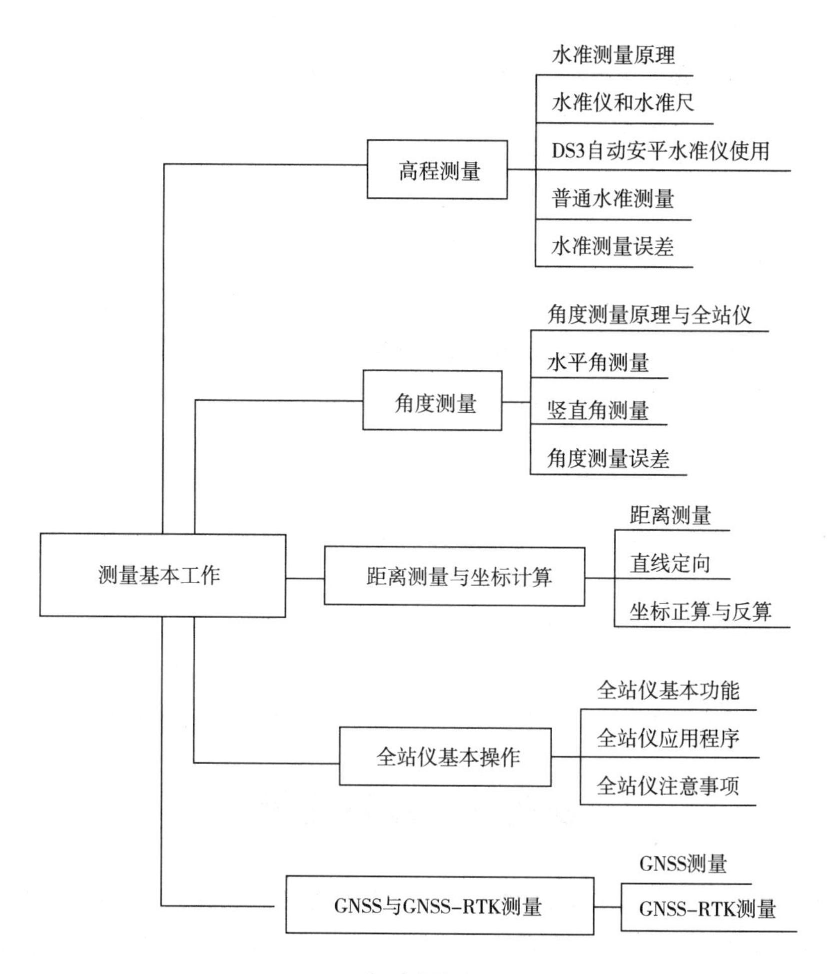

本章要点

测量工作的本质是确定点的空间位置。点的空间位置可通过确定待定点与已知点之间相对位置，结合已知数据推算求得。点与点之间的相对位置可通过角度、距离、高差的观测确定，随着GNSS、全站仪的广泛应用，待定点位坐标可直接观测获得。本章主要讲授测量三项基本工作的实施，水准仪、全站仪、GNSS等常规测量仪器的基本原理、操作和应用，是课程体系中测量职业技能培养的重要基础。

学习目标

【知识目标】

1. 了解测量三项基本测量工作内容。

2. 熟悉自动安平水准仪、全站仪和GNSS接收机的构造。

3. 掌握直线方向的表达和测量工作误差处理。

4. 清楚以BDS、GPS为代表的卫星导航定位技术原理。

【技能目标】

1. 能够进行自动安平水准仪、全站仪的安置。

2. 能够进行普通水准测量。

3. 能够进行水平角测回法、方向观测法实施。

4. 能够进行竖直角测量。

5. 能够进行全站仪基本功能的操作与应用。

6. 能够进行GNSS接收机使用与RTK数据采集。

【素质目标】

1. 具备1+X“不动产数据采集与建库”中不动产数据基础测绘初级;“测绘地理信息数据获取与处理”中水准仪、全站仪、GNSS测量中级水平。

2. 具备工程测量员(4—08—03—04)国家职业技能标准中准备、仪器设备维护中级工水平。

【思政目标】

1. 教师示范、学生实践理实一体化培养团队协作、严谨规范、勤奋扎实和实事求是等品质素养。

2. 北斗卫星导航系统、国产测量型机器人、超站仪和智能四足机器人等为代表的测量新技术、新设备的应用,激发爱国情怀和形成创新发展、自力更生的理念。

3. 测量实训任务驱动,引导养成奉献担当、安全生产的工作意识和态度。

任务一　高程测量

测量地面点高程的工作称为高程测量。根据使用仪器和观测方法的不同,高程测量的方法主要有水准测量、三角高程测量、气压高程测量和卫星高程测量。水准测量主要适用于地势平坦地区,是高程测量方法中精度能达到最高的一种方法,应用广泛;三角高程测量是一种间接测高法,按三角学原理解算地面点高程,测量精度略低于水准测量,适用于地形起伏较大地区;卫星高程测量主要通过全球卫星导航定位系统确定点的高程,施测速度较快;气压高程测量是根据大气压随地面高程变化而有规律改变的原理,使用气压计测定高程,精度较低,施测方便,通常应用于勘察工作,本任务主要介绍水准测量的原理和方法。

一、水准测量原理

(一)水准点和水准路线

在测区范围内布设一些高程控制点，用水准测量的方法测定其高程，再根据这些高程控制点测量其它点的高程，这些高程控制点称为水准点，用 BM_i 表示。水准点的位置应选在地质坚硬稳定，便于标志保存和观测的地方。水准点按用途和使用年限主要分为永久性水准点和临时性水准点，永久性水准点一般用混凝土标石制成，在标石顶端设有耐磨、不易锈蚀材料制成的半球状标志。标识顶部一般露出地表，但等级较高的永久性水准点应埋于地表下，使用时挖开，用后再回填，如图 2－1 所示。临时性水准点常用大木桩打入地下，桩顶钉入铁钉，如图 2－2 所示；对于无法在地面埋设标志的位置，可在地面上突出的坚硬岩石或房屋四角水泥面、台阶等处用红油漆按“⊗”符号标记。在距地面一定高度的稳定墙角上，钻孔后嵌入水准点标识并用水泥砂浆填充密实，称为墙上水准点，如图 2－3 所示。

高程测量方法与水准测量原理

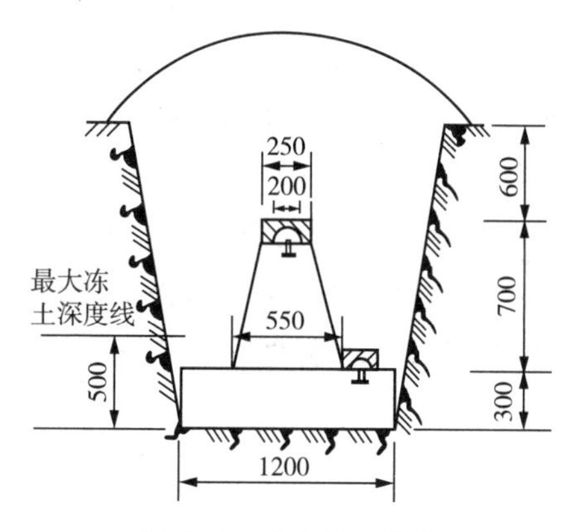

图 2－1　永久性水准点

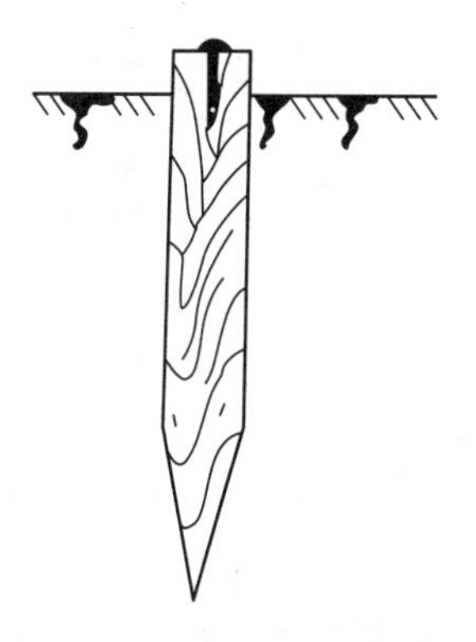

图 2－2　临时性水准点

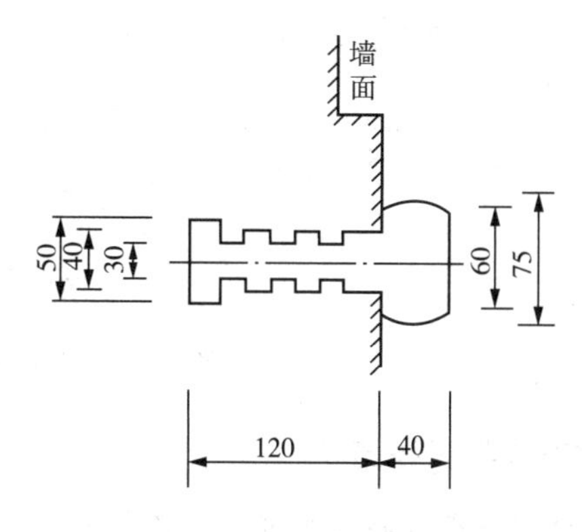

图 2－3　墙上水准点

水准点埋石后，为便于使用时寻找，每个点应绘制“点之记”，即绘制水准点与附近 3 个明显固定地物特征点之间的相对位置关系草图并注记距离，如图 2－4 所示为 BM_7 点之记。

水准测量观测前进的路线称为水准路线。相邻两个水准点之间的路线称为一个测段，仪器安置的位置称为测站。根据测区自然地理条件和已知水准点分布情况，水准路线布设形式主要有：

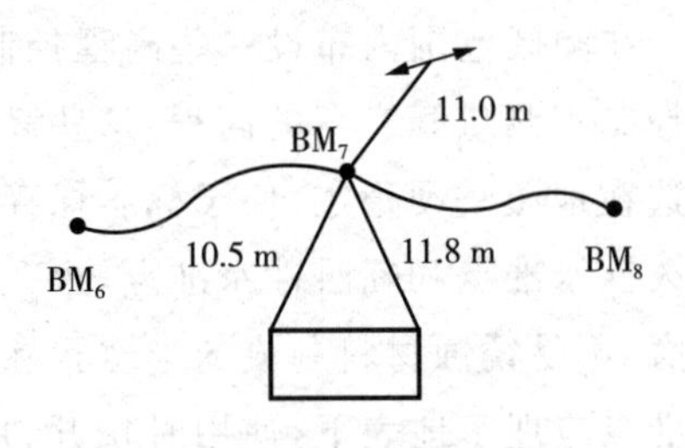

图 2－4　水准点点之记

1．附合水准路线

如图 2－5(a)所示，从一个已知水准点 BM_1 出发，经过若干待定水准点，通过测量各测段的高差，求得待定水准点高程，最后附合到另一个已知水准点 BM_2 的路线称为附合水准路线，主要布设于带状测区，便于观测成果的检核。

2．闭合水准路线

如图 2－5(b)所示，从一个已知水准点 BM_1 出发，经过若干待定水准点，通过测量各测段的高差，求得待定水准点高程，最后又闭合到同一个水准点 BM_1 的环形路线称为闭合水准路线，主要布设于面积较小的块状地区，便于观测数据的内部检核。

3．支水准路线

如图 2－5(c)所示，从一个已知水准点 BM_1 出发，经过若干待定水准点，既不闭合到同一个水准点，也不附合到另一已知高程点的路线称为支水准路线，主要用于局部加密。为进行观测数据的检核，支水准路线必须往返测。

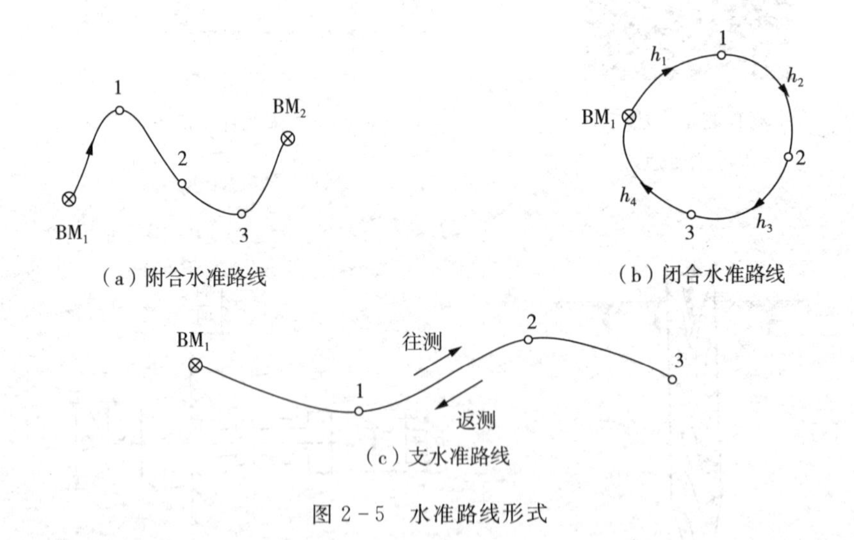

图 2－5　水准路线形式

(二)高差法与视线高法

水准测量的原理是通过水准仪提供的水平视线，读取观测点上竖立的水准尺读数，计算两点间高差，再根据已知点高程，推算未知点高程。

1. 高差法

如图 2－6 所示，A 为已知高程点，B 为待定高程点，为求 B 点高程 H_B，先观测高差 h_{AB}。首先在 A、B 两点上竖立水准尺，距 A、B 两点距离大致相等处安置水准仪，调整仪器，当视线水平时，分别读取 A、B 两点的水准尺上的读数 a 和 b。A 是已知点，一般称为后视点，a 为后视读数，B 是前视点，b 为前视读数，则高差 h_{AB} 等于后视读数减去前视读数：

$$h_{AB}=a-b \tag{2-1}$$

当读数 $a>b$ 时，h_{AB} 为正值，说明 B 点高于 A 点；当读数 $a<b$ 时，h_{AB} 为负值，说明 B 点低 A 点。

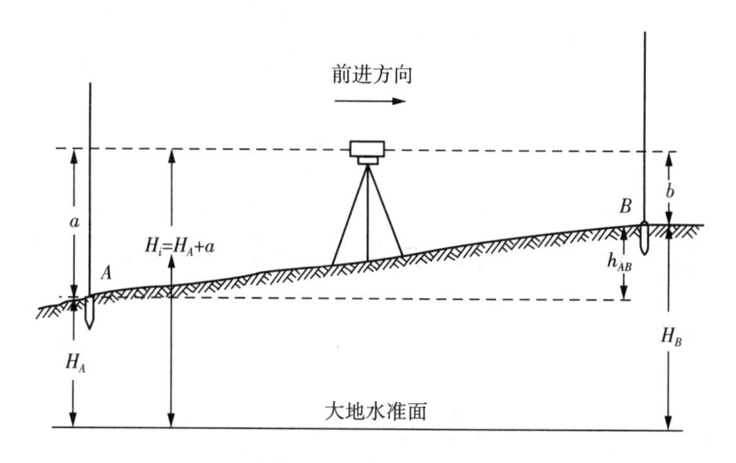

图 2－6　高差法原理

根据观测高差 h_{AB} 和 A 点已知高程 H_A，计算 B 点的高程 H_B，称为高差法，即

$$H_B=H_A+h_{AB}=H_A+a-b \tag{2-2}$$

2. 视线高法

如图 2－7 所示，若安置一次仪器需观测多个未知点高程，可采用视线高法。先计算水平视线高程视线高 H_i，再分别读取前视点水准尺读数 b_1、b_2、b_3，最后求得各立尺点高程即

$$H_i=H_A+a=H_B+b \tag{2-3}$$

$$H_B=H_i-b \tag{2-4}$$

如图 2－8 所示，如果 A、B 两点间距离较远或高差太大，安置一次仪器不能直接测定两点间高差，需增设若干临时立尺点，称为转点，用 ZD(TP) 表示，起到传递高程的作用。通过连续各测站观测相邻立尺点间高差，则 A、B 两点的高差等于 Ⅰ、Ⅱ、… 各测站高差的代数和，也等于后视读数和减去前视读数和。

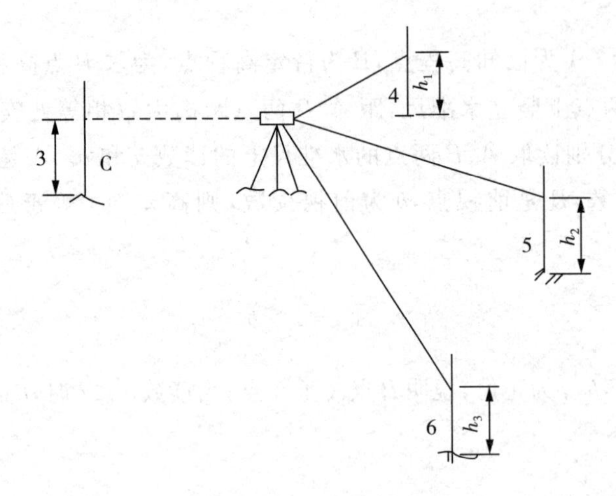

图 2-7　视线高法原理

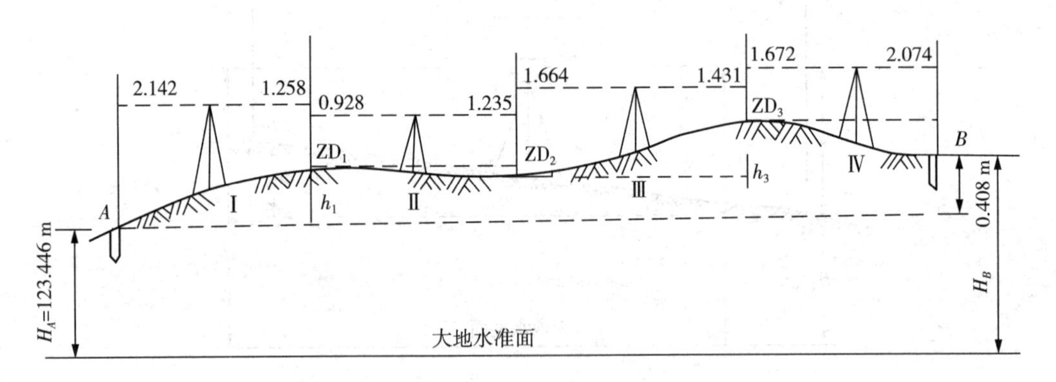

图 2-8　连续水准测量与转点

$$h_1 = a_1 - b_1$$

$$h_2 = a_2 - b_2$$

$$\cdots$$

$$h_n = a_n - b_n$$

$$h_{AB} = \sum h_n = \sum a_n - \sum b_n \tag{2-5}$$

注意转点只起传递高程的作用，不需测出其高程，不需有固定点位标志，在地面合适位置放置尺垫辅助立尺。如图 2-9 所示，尺垫用钢板或铸铁制成，其下部有三个尖足点，中部有突出的半球体，使用时踏实尺垫再把水准尺立在突起的半球体上，防止下沉。在前一测站读完前视读数后尺垫不能移动，在下一测站，需要对它读取后视读数，一个测站中，前后视读数都合格后，后视尺的尺垫才能拿起迁站。

图 2-9　尺　垫

二、水准仪和水准尺

(一)自动安平水准仪

水准仪按精度主要分为 DS_{05}、DS_1、DS_3 和 DS_{10} 四个等级。D、S 分别是大和水两个汉字拼音的首字母，下标数字单位是 mm，表示仪器的精度。DS_{05} 和 DS_1 属于精密水准仪，主要应用于一、二等水准测量，DS_3 水准仪主要应用于三、四等和普通水准测量。水准仪按构造主要分为微倾式水准仪、自动安平水准仪，目前自动安平水准仪和应用广泛。如图 2－10 所示是 DS_3 自动安平水准仪，主要由望远镜、水准器和基座三个部分组成，下面介绍其构造和使用方法。

DSZ3 水准仪与电子水准仪的构造和使用

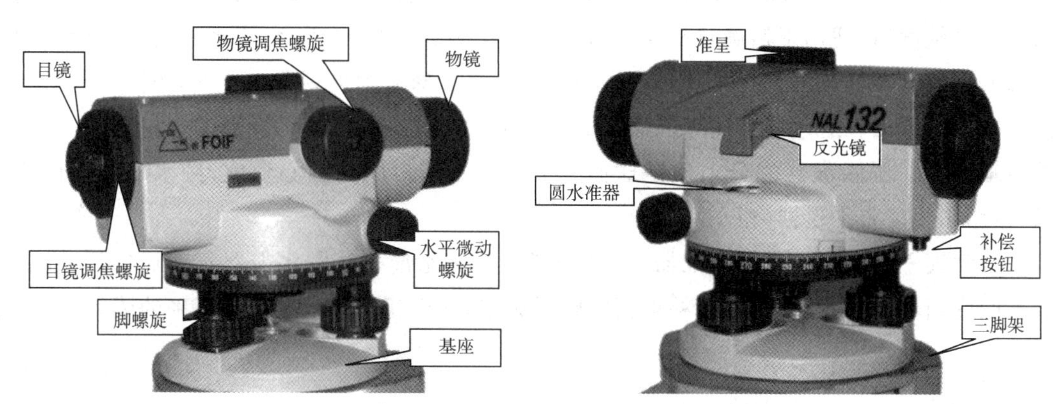

1—物镜；2—物镜调焦螺旋；3—微动螺旋；4—目镜；5—目镜调焦螺旋；
6—脚螺旋；7—基座；8—圆水准器；9—反光镜；10—准星；11—补偿按钮；12—三脚架

图 2－10　DS_3 自动安平水准仪

1. 望远镜

如图 2－11 所示，望远镜主要由物镜、目镜、调焦透镜、十字丝分划板、物镜调焦螺旋和目镜调焦螺旋构成，其可提供水平视线读取水准尺上的读数。调节目镜调焦螺旋使十字丝清晰，调节物镜调焦螺旋可使远方的目标在十字丝分划板上成像清晰。

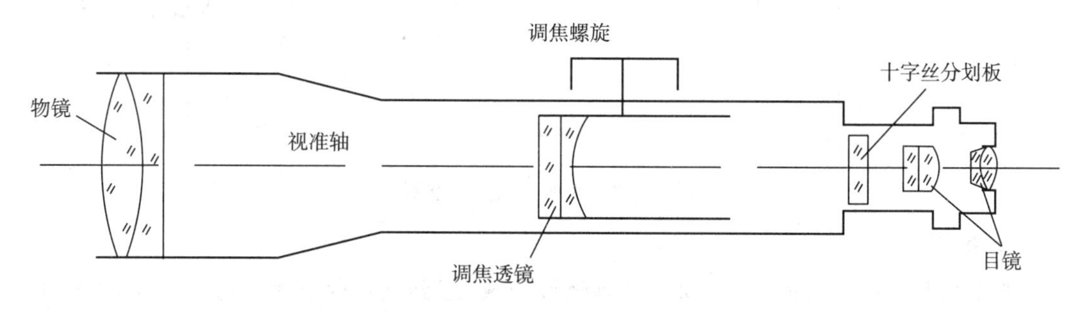

图 2－11　望远镜构造略图

水准仪十字丝分划板在望远镜镜筒靠近目镜的一端。十字丝用于照准水准尺和读数，常见形式如图 2 - 12 所示，水平横向的长丝称为中丝，上下对称的短丝又称为视距丝，与中丝垂直的称为竖丝，十字丝交点和物镜光心的连线称为视准轴，视准轴的延长线就是视线。

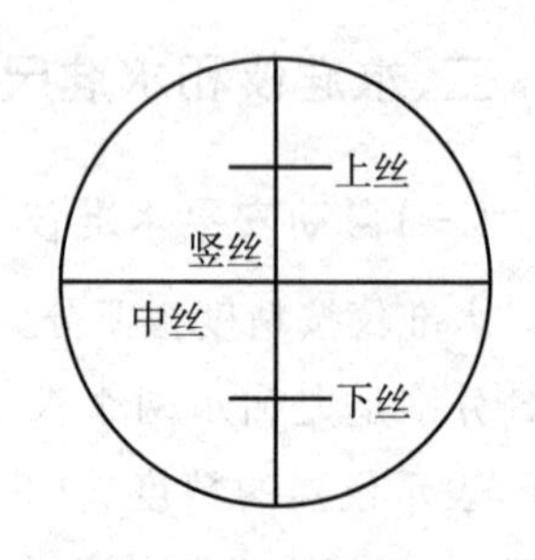

图 2 - 12　十字丝

2. 水准器

水准器是判断视准轴是否水平和竖轴是否铅垂的设备，分为管水准器和圆水准器两种。如图 2 - 13(a)所示，管水准器也称水准管，是一个内壁在纵向磨成圆弧形的封闭玻璃管。管内有一气泡。水准管圆弧的中心点称为水准管的零点，过零点与管圆弧相切的直线称为水准管轴 LL。当气泡与零点重合时，气泡居中，水准管轴 LL 水平，水准管处于水平位置。水准管上一格 2 mm 弧长对应的圆心角 τ 称为水准管分划值，是气泡移动一格水准管轴所倾斜的角值，分划值越小，水准管灵敏度高，适用于精确整平仪器(精平)。如图 2 - 13(a)所示，圆水准器是一个封闭的圆形玻璃容器，内表面为一球面，容器内有一气泡。球面中央刻有一小圈，小圈的圆心是圆水准器的零点。通过零点的球面法线 $L'L'$ 是圆水准器轴，当圆水准器的气泡居中，圆水准器轴铅垂。圆水准器的分划值是球面上 2 mm 弧长对应的圆心角值，圆水准器灵敏度低，适用于粗略整平仪器(粗平)。

自动安平水准仪只有圆水准器，通过补偿器代替水准管。圆水准器气泡居中后，在一定范围内当仪器有微小的倾斜，补偿器能随时调整，给出相当于水平视线正确的读数。

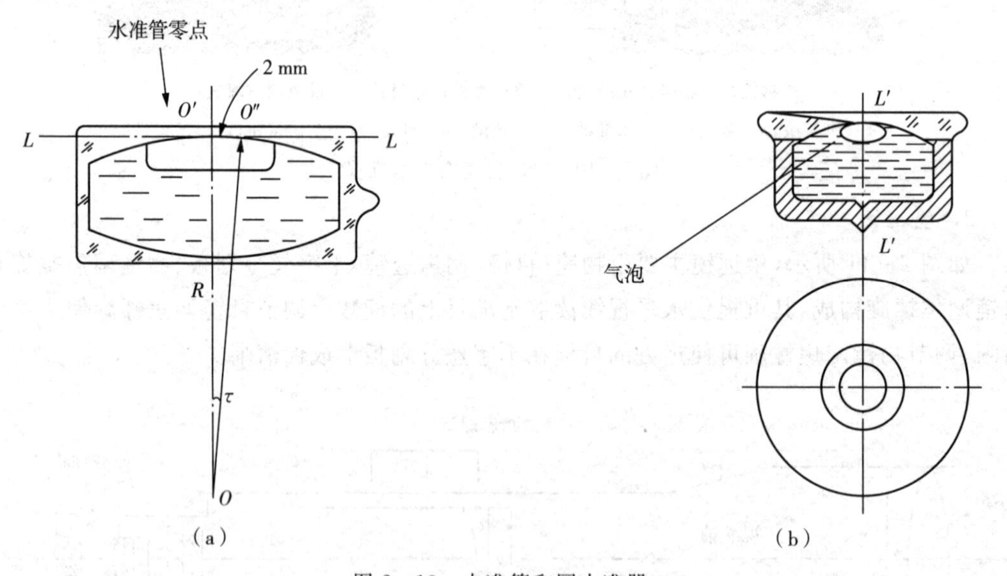

图 2 - 13　水准管和圆水准器

3. 基座

水准仪基座由连接板、轴座和三个脚螺旋构成，起到支撑仪器和连接三脚架的作用。通过旋转脚螺旋，使圆水准器气泡居中。

（二）水准尺

水准尺是水准测量使用的标尺，一般高等级水准测量使用铟瓦合金钢尺，三、四等水准测量使用双面尺，普通水准测量使用塔尺。如图 2－14 所示，双面尺一般木质，尺长 2 m 或 3 m。尺面分划一面为黑色另一面为红色，尺面绘 1 cm 黑白或红白相间的分划，米和分米处注有数字。双面尺黑面尺底起点为零，红面的尺底起点分别为 4.687 m 或和 4.787 m，称为尺常数，用 K 表示，可对读数进行检核，主要适用于三、四等水准测量。

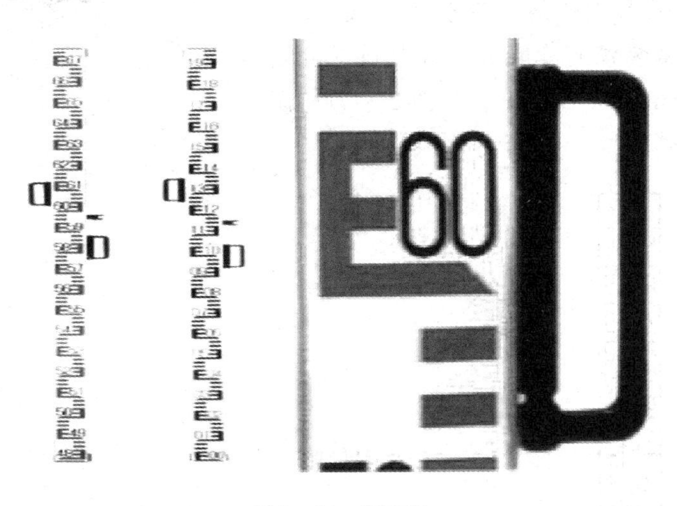

图 2－14　双面尺

如图 2－15 所示，塔尺一般由铝合金所制，总长 3 m 或 5 m，尺面绘有 1 cm 或 5 mm 的小格，尺底分划为零。塔尺可伸缩，携带方便，但接合处容易产生误差，主要适用于普通水准测量。

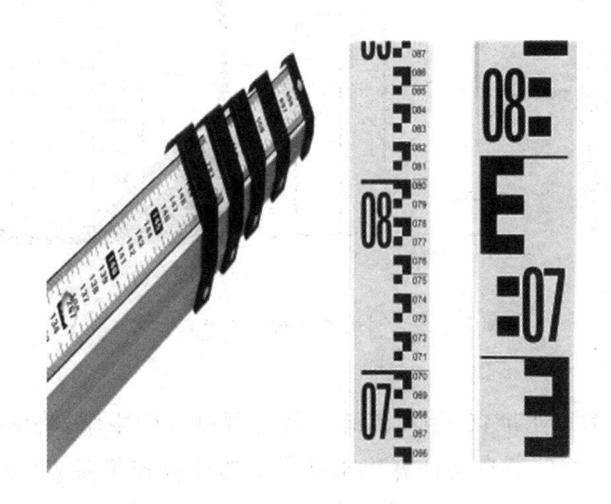

图 2－15　塔　尺

（三）精密水准仪与电子水准仪

1. 精密水准仪

DS_{05}、DS_1 属于精密水准仪，水准器灵敏度高，望远镜放大倍率高，并具有光学测微装置，主要应用于高等级水准测量、沉降观测和精密工业设备安装等。如图2－16所示为某品牌精密水准仪。与精密水准仪配套使用的一般是铟瓦合金钢尺，如图2－17(a)所示。精密水准仪光学测微装置可直接读取水准尺一个分划1 cm或0.5 cm的1/100，仪器精平后，转动测微螺旋，使十字丝的楔形丝精确夹准水准尺上的某一整分划线，读取m、dm、cm，再在测微装置上读取mm及其以下分划(0.1 mm、0.01 mm、0.001 mm)。如图2－17(b)所示读数为1.48655 m。

图2－16　精密水准仪

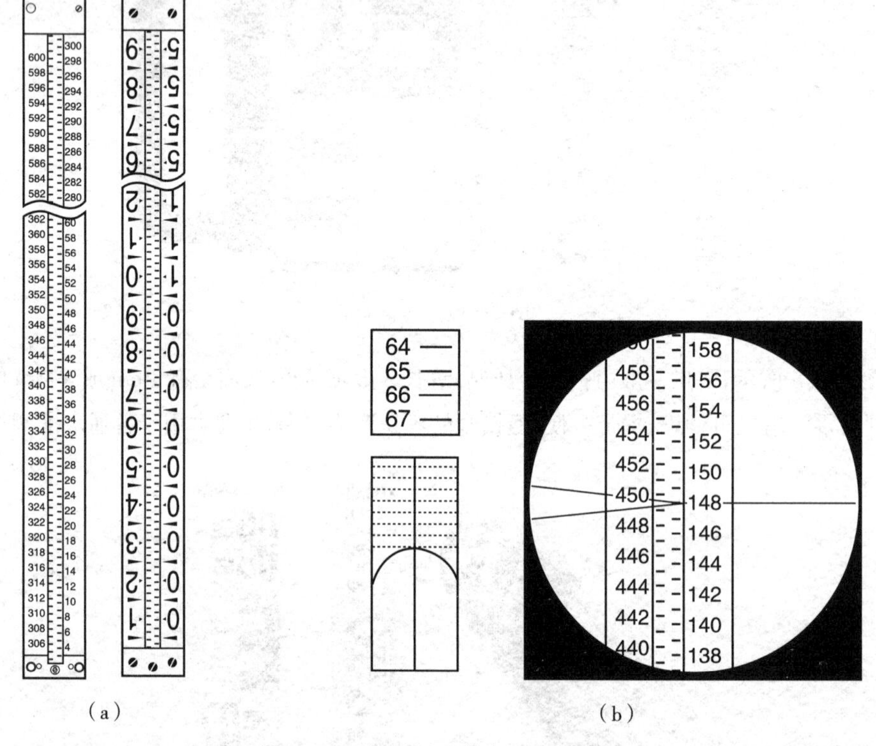

(a)　　　　　　　　　　(b)

图2－17　铟瓦尺及精密水准仪读数

2. 电子水准仪

电子水准仪也称数字水准仪，是用传感器代替观测者的眼睛，将编码的条形码水准尺影像进行图像处理，微处理器自动计算出水准尺上的读数和仪器与标尺间的水平距离，观测数据可在显示屏上显示并存储在存储介质上，可通过数据接口与计算机或数据采集器进行传输，读数客观、精度高、速度快、效率高。

电子水准仪主要构造包括光学系统、机械系统和电子信息处理系统。其光学系统和机械系统两部分的工作原理与自动安平水准仪基本相同，故电子水准仪亦可同光学水准仪一样，瞄准普通水准尺读数。如图2－18所示为某品牌电子水准仪和配套使用的玻璃钢条码尺，不同品牌仪器操作方法不一样，具体操作参考仪器说明书。

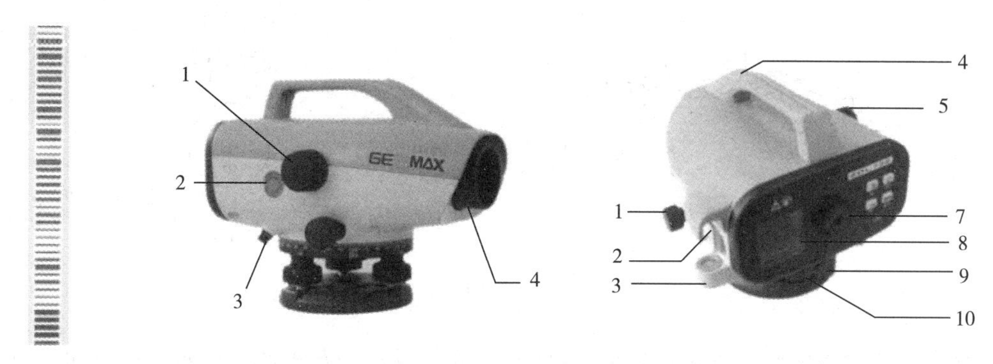

1—水平微动螺旋；2—电池仓；3—圆水准器；4—瞄准器；5—调焦螺旋；6—提把；7—目镜；8—显示屏；9—基座；10—基座脚螺旋；11—调焦螺旋；12—测量按键；13—数据通讯口；14—物镜

图 2－18　电子水准仪与条码尺

三、DS_3 自动安平水准仪使用

DS_3 自动安平水准仪使用的基本步骤是安置、粗平、瞄准和读数。

DSZ3 水准仪安置与读数实践教学视频

(一)安置

水准仪一般应安置在平坦、坚硬的地面。通过升降三脚架使脚架高度适中，展开三脚架，架头大致水平并踩实；在倾斜地面应使三脚架的两个架腿在坡下，一个架腿在坡上。用连接螺旋连接水准仪与三脚架，并确认已牢固连结才可放手。

(二)粗平

粗平是通过旋转脚螺旋使圆水准器气泡居中。先把望远镜与任意两个脚螺旋连线方向大致水平，按左手大拇指法则旋转这两个脚螺旋，使气泡移动到垂直于这两个脚螺旋连线的方向上，如图 2－19(a)所示，气泡自 a 移到 b，此时仪器在 1、2 脚螺旋连线的方向处于水平位置。再旋转第三个脚螺旋使气泡居中，如图 2－19(b)所示，此时仪器完成粗平，如有偏差应反复进行。操作时应注意先对向旋转两个脚螺旋，然后再旋转第三个脚螺旋。气泡移动的方向始终和左手大拇指移动的方向一致。

(三)瞄准

瞄准目标时，先把望远镜朝向明亮背景调节目镜，使十字丝清晰。通过望远镜上的准星大概瞄准水准尺，旋转物镜调焦螺旋使水准尺影像清晰，旋转微动螺旋使十字丝竖丝位于水准尺一侧判断水准尺是否竖直。当瞄准不同距离的水准尺时，需重新调节调焦螺旋使水准尺影像清晰，十字丝不必再调。

读数前先把眼睛靠近目镜上下微小移动，如果尺像与十字丝有相对移动，即读数发生改变，表示有视差存在。视差产生的原因是像平面与十字丝平面不重合，如图 2－20(b)所

图 2-19 粗 平

示。存在视差会影响瞄准和读数精度,因此必须消除视差。方法是反复调节目镜和物镜对光螺旋,直至水准尺的影像和十字丝没有相对移动,即尺像与十字丝在同一平面上,如图 2-20(a)所示。

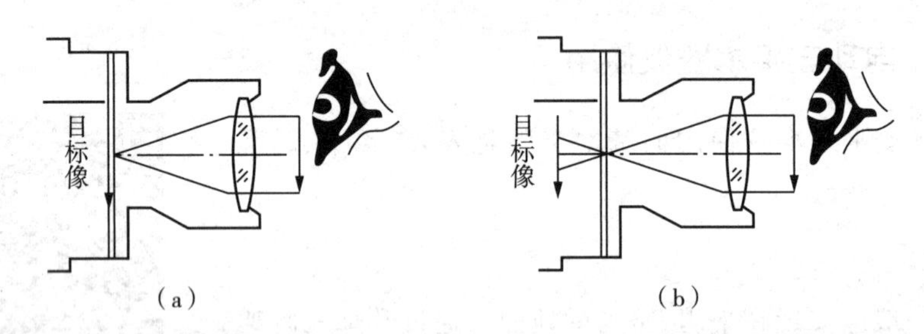

图 2-20 视 差

(四)读数

用十字丝中丝读取水准尺的读数计算高差。读数时无论成正像或是倒像均应由小数向大数读,先估读毫米位,再从尺上直接读出米、分米和厘米位。如图 2-21(a)所示读数为 1.608 m,(b)读数为 6.295 m。

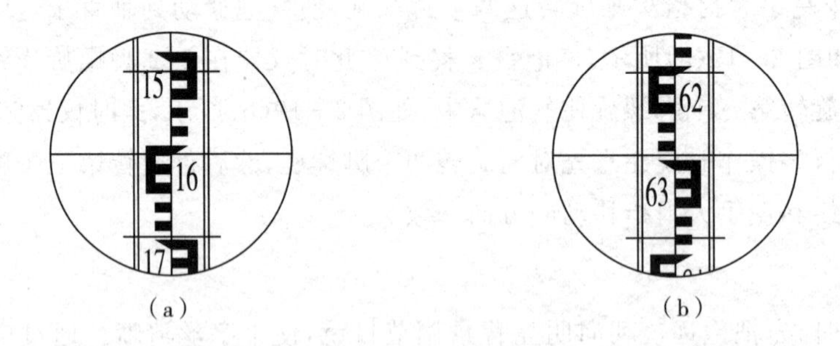

图 2-21 读 数

注意使用自动安平水准仪读数前,要检查补偿器是否有效。有的仪器在目镜旁有一补偿按钮,可以直接触动补偿器。如果每次触动按钮,水准尺读数变化后又能迅速恢复原有读数则表示补偿器工作正常。如果仪器没有这种检查按钮,用脚螺旋使仪器视准轴稍作倾斜,若读数不变则表示补偿器工作正常。

四、普通水准测量

(一)仪器、资料准备

收集测区已有水准点成果等原始资料。准备 DS_3 自动安平水准仪一套、塔尺两根、尺垫两个和记录板等。

(二)选点、造标与埋石

水准测量前应根据测区范围、已知水准点分布、地形条件及测图或施工等需要，实地踏勘，合理选定水准点的位置。当采用电子水准仪作业时，水准路线还应避开电磁场的干扰。

普通水准测量实施

普通水准测量观测与记录实践教学视频

(三)外业实施

1. 如图 2－8 所示，水准仪安置于测站Ⅰ处，确定 ZD_1，将塔尺置于 A 点和 ZD_1 点上。注意仪器至后视点距离和距前视点距离应大致相等，转点位置放置尺垫便于立尺。

2. 粗平，先瞄准后视尺，消除视差，读取后视读数 a_1 并记录。

3. 旋转望远镜照准前视尺，消除视差，读取前视读数 b_1 并记录。一个测站观测结束。

4. 将仪器迁站至第Ⅱ站，第Ⅰ站的后视尺迁至 ZD_2，第Ⅰ站前视点变成第Ⅱ站后视点。

5. 按第 2、3 步骤测出第Ⅱ站的后视读数 a_2、前视读数 b_2 并记录。重复上述步骤直至点 B，一个测段结束。

表 2－1　普通水准测量记录表

<table>
<tr><th rowspan="2">测站</th><th rowspan="2">测点</th><th colspan="2">水准尺读数(m)</th><th colspan="2">高差(m)</th><th rowspan="2">高程(m)</th><th rowspan="2">备注</th></tr>
<tr><th>后视读数</th><th>前视读数</th><th>＋</th><th>－</th></tr>
<tr><td rowspan="2">Ⅰ</td><td>A</td><td>2.142</td><td></td><td rowspan="2">0.884</td><td rowspan="2"></td><td>123.446</td><td rowspan="8"></td></tr>
<tr><td>ZD_1</td><td></td><td>1.258</td><td rowspan="2">124.330</td></tr>
<tr><td rowspan="2">Ⅱ</td><td>ZD_1</td><td>0.928</td><td></td><td rowspan="2"></td><td rowspan="2">0.307</td></tr>
<tr><td>ZD_2</td><td></td><td>1.235</td><td rowspan="2">124.023</td></tr>
<tr><td rowspan="2">Ⅲ</td><td>ZD_2</td><td>1.664</td><td></td><td rowspan="2">0.233</td><td rowspan="2"></td></tr>
<tr><td>ZD_3</td><td></td><td>1.431</td><td rowspan="2">124.256</td></tr>
<tr><td rowspan="2">Ⅳ</td><td>ZD_3</td><td>1.672</td><td></td><td rowspan="2"></td><td rowspan="2">0.402</td></tr>
<tr><td>B</td><td></td><td>2.074</td><td>123.854</td></tr>
<tr><td colspan="2">计算检核</td><td colspan="2">$\sum a_i - \sum b_i = +0.408$</td><td colspan="2">$\sum h_i = +0.408$</td><td colspan="2">$H_A - H_B = +0.408$</td></tr>
</table>

(四)内业处理

1. 计算校核

AB 两点的高差等于各测站高差的代数和，也等于后视读数和减去前视读数和，即：

$$h_{AB}=\sum h_i=\sum a_i-\sum b_i \tag{2-6}$$

上式成立，说明高差计算无误。

2. 测站校核

为保证每个测站观测成果的正确性，应对每一站进行校核，主要有双仪器高和双面尺两种方法。双仪器高法是在一个测站上用不同的仪器高度测出两次高差。即测得第一次高差后，改变仪器高度（至少 10 cm）再测一次高差。当两次所测高差之差小于容许值（一般不大于5 mm），观测合格，取平均值作为测站高差最终结果，否则重测；双面尺法是仪器高度不变，分别对双面尺的红面和黑面读数计算高差进行校核。若红、黑面高差之差小于容许值（例如四等一般不大于5 mm），取平均值作为测站高差最终结果，否则需要重测。

3. 成果校核

计算检核只能发现计算是否有误，测站检核只能检核一个测站上是否有误，不能检核其它影响因素对观测成果的影响，例如仪器或水准尺下沉等。由于误差影响，水准路线的起、终点实测高差值与其理论值不相符，其差值称为高差闭合差 f_h，若高差闭合差在容许值范围内，即 $f_h \leqslant f_{h容}$，外业观测合格；若超过允许误差范围，应查明原因进行重测，直至符合要求。

【例 2-1】 如图 2-22 所示为一附合水准路，BM_A、BM_B 分别为起点和终点，求 BM_1、BM_2、BM_3 点高程。

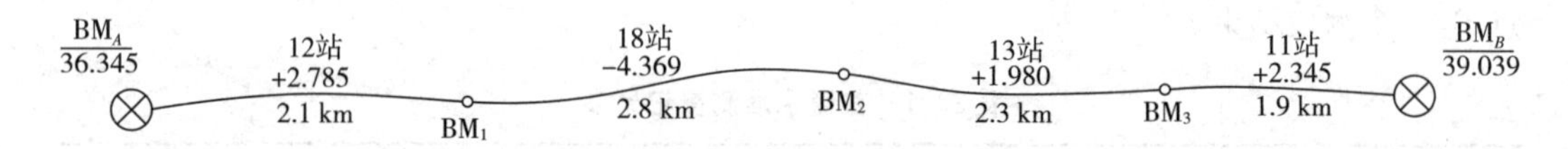

图 2-22　附合水准路线观测示意图

解：(1) 高差闭合差 f_h 计算

附合水准路线高差闭合差是观测高差的和与已知起、终点高差之差，即：

$$f_h=\sum h_{测}-(H_{终}-H_{始}) \tag{2-7}$$

闭合水准路线高差闭合差是观测高差的和，即：

$$f_h=\sum h_{测} \tag{2-8}$$

支水准路线的高差闭合差是往、返测高差的之和，即：

$$f_h = \sum h_{往} + \sum h_{返} \tag{2-9}$$

(2) 高差闭合差容许值 $f_{h容}$ 计算

高差闭合差可根据水准路线长度和测站数进行计算，普通水准测量一般规定：

平地 $$f_{h容} = \pm 40\sqrt{L}\ \text{mm}$$

山地 $$f_{h容} = \pm 12\sqrt{n}\ \text{mm} \tag{2-10}$$

式中：L—— 水准路线长度，以 km 为单位；

n—— 测站数。

(3) 高差改正数 V_i 计算

当高差闭合差在容许范围内时，应进行高差闭合差的调整，最后用调整后的高差计算未知水准点的高程。高差闭合差的调整是按水准路线的测站数或测段长度成正比原则，将闭合差反号分配到各测段上，进行观测高差的改正计算。若按测站数进行高差闭合差的调整，则某一测段高差的改正数 V_i 为：

$$V_i = -\frac{f_h}{\sum n} \cdot n_i \tag{2-11}$$

式中：$\sum n$—— 水准路线的测站数总和；

n_i—— 某一测段的测站数。

若按测段长度进行高差闭合差的调整，则某一测段高差的改正数 V_i 为：

$$V_i = -\frac{f_h}{\sum L} \cdot L_i \tag{2-12}$$

式中：$\sum L$—— 水准路线的总长度；

L_i—— 某一测段的长度。

注意在高差闭合差的调整中，应满足下列关系：

$$\sum V = -f_h \tag{2-13}$$

即各测段的高差改正数之和与高差闭合差大小相等符号相反。

(4) 改正后高差 $h_{改}$ 计算

满足上述条件后，便计算改正后的高差，即各测段实测高差加上相应的改正数，得改正后高差。

$$h_{改} = h_{测} + V_i \tag{2-14}$$

支水准路线取往返测高差的平均值作为最终结果，高差符号以往测为准。即：

$$h_{改} = \left(\sum h_{往} - \sum h_{返}\right)/2 \tag{2-15}$$

对于附合路线 $\sum h_{改} = H_{终} - H_{始}$，闭合路线 $\sum h_{改} = 0$，检核无误后进行未知点高程计算。

(5)待定点高程 $H_{待定}$ 计算

根据起始点 BM_A 已知高程和各测段改正后高差，逐点推算 1、2、3 和终点 BM_B 的高程。BM_B 推算高程应与其已知高程相等，若不相等，说明计算有误。原始观测数据、计算表格、成果精度评定表等资料统一上交。

表 2-2　附合水准路线高程计算表

点号	测站数	观测高差（m）	改正数（mm）	改正高差（m）	高程（m）	辅助计算
BM_A					36.345	$f_h=\sum h-(H_{BMB}-H_{BMA})=$ $2.741-2.694=+0.047(m)$ $\sum n=54$ $V_i=-\frac{f_h}{\sum n}\cdot n_i$
	12	+2.785	−0.010	+2.775		
BM_1					39.120	
	18	−4.369	−0.016	−4.385		
BM_2					34.745	
	13	+1.980	−0.011	+1.969		
BM_3					36.704	
	11	+2.345	−0.010	+2.335		
BM_B					39.039	
$\sum$	54	+2.741	−0.047	+2.694		

五、水准测量误差

水准测量过程中不可避免会产生误差。为了提高测量精度，应分析误差产生的原因和特点，找出消除或减弱误差影响的方法，避免由于误差的积累导致错误产生。水准测量的误差主要有以下几个方面：

(一)仪器误差

水准测量中，水准仪必须提供一条水平视线，才能正确地测出两点间的高差。对于自动安平水准仪，其应满足的轴线关系主要有圆水准器轴 LL' 应平行于仪器的竖轴 VV；十字丝的横丝应垂直于仪器的竖轴 VV；水准仪补偿器在补偿范围内起到补偿作用；视准轴 CC 经过补偿后与水平视线平行。上述条件在仪器出厂时已检验与校正而得到满足，但由于仪器在长期使用和运输过程中受到震动和碰撞等原因，各轴线之间的关系发生变化，将会影响测量成果的质量产生误差，因此工作之前，应对水准仪和水准尺进行检验和校正，具体方法参考仪器用户手册。水准仪经过检验校正后，会有一定的残余误差。残余误差一般采用正确的方法可以消除或减弱。例如在每个测站中要注意使前、后视距离大致相等可抵消视准轴 CC 与水平视线不平行带来的 i 角误差影响；水准尺分划不准、尺身弯曲变形和水准尺零点误差等也会直接影响水准测量精度。水准尺使用前应进行检验，在每个测段中使测站数为偶数的方法可以消除水准尺零点不准确带来的零点差。

(二)观测误差

观测人员的技术水平、工作态度和职业素养等都会对观测质量产生影响,主要有以下几个方面:

1. 整平误差

自动安平水准仪每次读数前圆水准器气泡必须居中才能读数,否则读数产生误差。读数前后都应检查气泡是否居中。

2. 读数误差

水准尺上毫米位估读的误差与人眼的分辨能力、望远镜的放大倍率及视线长度有关,要根据精度要求严格控制视线长度。

3. 视差影响

当存在视差时,十字丝平面与水准尺影像不重合,若眼睛观察的位置不同,便读出不同的读数,因而也会产生读数误差。所以在每次读数前,要严格反复进行目镜、物镜对光消除视差。

4. 水准尺倾斜

水准测量中水准尺必须竖直。如果水准尺倾斜,将使读数增大。观测距离越远,视线越高,水准尺倾斜对读数影响越大。在高等级水准测量中,水准尺上要安置圆水准器,通过气泡是否居中判断水准尺是否竖直;读数时可采用"摇尺法",即立尺者缓慢前后俯仰水准尺,读数缓慢变化,当观测员读取最小读数时,即为立尺竖直时的读数。

(三)环境影响

水准测量是在外界环境中进行的,影响因素主要有地球曲率、大气折光、温度和风力等。

1. 地球曲率与大气折光的影响

如图 2-23 所示,用水平面代替大地水准面时,不考虑地球曲率影响,读数产生的误差 C 称为球差。

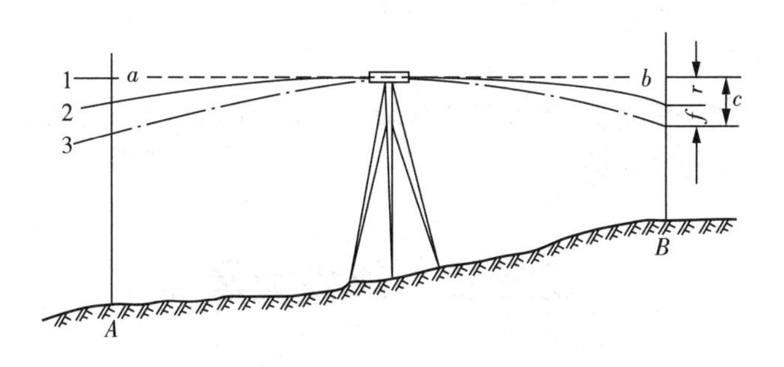

图 2-23 地球曲率与大气折光影响

$$C=D^2/2\times R \tag{2-16}$$

式中：D——测站至测点距离；

R——地球半径。

光线在密度不均的介质中沿曲线传播称为"大气折光"。白天近地面空气温度高，密度低，弯曲的光线凹面向上；晚上近地面空气温度低，密度高，弯曲的光线凹面向下。由于大气折光，视线并非水平，而是一条曲线，折光量大小对水准读数产生的影响为 r，称为气差，大气折光与地球曲率的影响称为球气两差，用 f 表示：

$$r=D^2/2\times 7R \tag{2-17}$$

$$f=c-r=0.43D^2/R \tag{2-18}$$

式中：D——测站至测点距离；

R——地球半径。

如果前视距和后视距相等，则前视读数和后视读数中含有相同的 f，球气两差的影响将消除。还应选择合适的时间段进行观测。夏天中午一般不进行水准测量；在沙地、水泥地等湍流强的地区，一般只在上午10点前进行观测。高等级水准测量也只在上午10点前进行。观测时视线高不小于0.3 m也利于消除大气折光影响。

2. 温度与风力影响

温度的变化不仅引起大气折光的变化，也会引起仪器部件胀缩，物镜、十字丝和调焦镜相对位置产生变化，视准轴与水准管轴位置产生变化。当阳光照射水准管时，由于管壁和管内液体的受热不均，气泡向着温度更高的方向移动，从而影响仪器整平，产生气泡居中误差，因此在阳光强烈时，应注意撑伞遮阳，避免阳光直接照晒仪器。风力较大时，影响水准器气泡稳定和水准尺立尺，造成水准尺成像晃动或水准尺难以竖直。

3. 水准仪下沉影响

水准仪在松软地面安置或三脚架没有踩实，会随着观测时间增加而下沉。由于仪器下沉，视线降低，读数变小引起误差，随着测站数增加而积累。观测时要选择土质坚硬的地方安置仪器，踩实三脚架并加快观测速度。高等级水准测量每站采用一定的观测程序也可减弱其影响，例如采用"后、前、前、后"的观测程序。

4. 水准尺下沉影响

转点尺垫下沉，使视线降低，水准尺读数增大，因此应选择土质坚硬位置设置转点并踏实尺垫；往返测也可减弱其影响。

任务二 角度测量

角度测量是测量基本工作之一，包括水平角和竖直角测量。水平角主要用于确定地面点的平面位置，竖直角主要用于地面点的高差、倾斜距离与水平距离的换算。角度测量的仪器主要有全站仪和经纬仪，全站仪目前应用广泛。

一、角度测量原理与全站仪

(一)水平角测量原理

空间任意两条相交直线在同一水平面上投影线之间的夹角称为水平角,用β表示。如图 2-24 所示,O、B、A 为地面上的任意点,把 OA、OB 分别正射投影到同一个水平面 H 上,其投影线 O_1A_1 和 O_1B_1 的夹角就是 OA、OB 之间的水平角β。水平角大小范围为 0°~360°。为了测量水平角,假设在水平角顶点 O 上安置一个带有圆形度盘的测角仪器,使其度盘中心 O'通过测站 O 点的铅垂线上并平行水平面。OA 和 OB 在刻度盘上投影线读数分别为 a 和 b,则水平角β为:

$$\beta=b-a \tag{2-19}$$

因为水平角没有负值,如果计算出现负值,需要加上 360°。

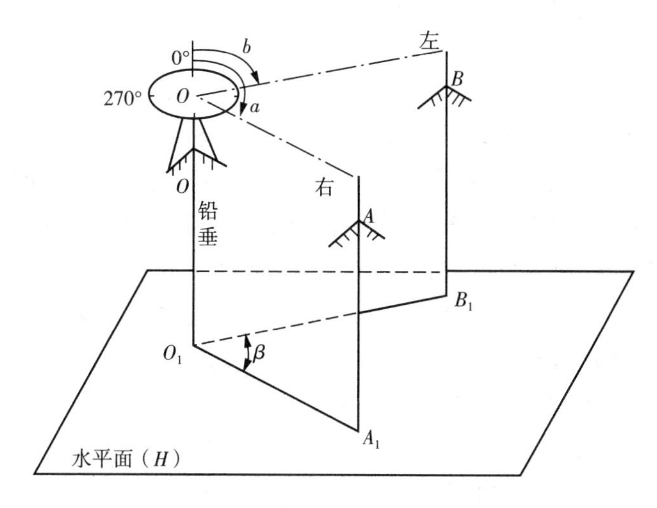

图 2-24 水平角测量原理示意图

(二)竖直角测量原理

在同一个竖直面内倾斜视线与水平视线之间的夹角称为竖直角,用α表示,如图 2-25 所示。仰视视线与水平视线的夹角称为仰角,规定为正值;俯视视线与水平视线的夹角称为俯角,规定为负值。竖直角角值大小范围为 0°~±90°。为了测量竖直角,假设在测站点 O 上安置一个带有竖直度盘的测角仪器,使度盘中心通过水平视线并位于铅垂面内,照准目标点 A 时,倾斜视线在度盘的读数为 n,水平视线在度盘

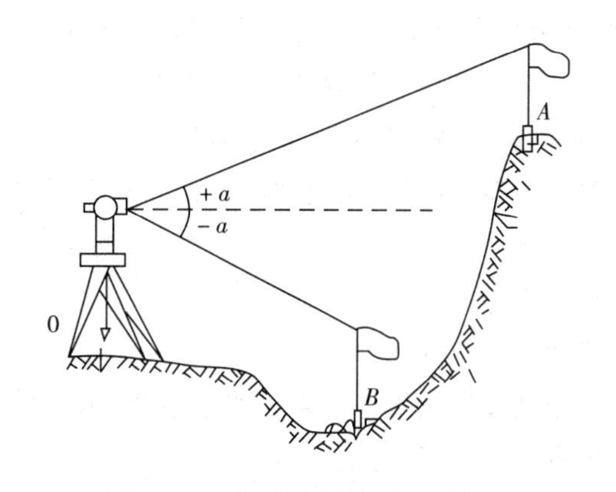

图 2-25 竖直角测量原理示意图

上的读数为 m，则竖直角 α 为：

$$\alpha=n-m \tag{2-20}$$

经纬仪是角度测量的经典常规仪器，按结构分为游标经纬仪、光学经纬仪和电子经纬仪，根据测角精度分为 DJ_{07}、DJ_1、DJ_2、DJ_6 等几个等级，D 和 J 分别是大地测量和经纬仪两词汉字拼音的首字母，下标是其精度指标，单位为秒，DJ_{07}、DJ_1 是精密经纬仪。随着测量装备的更新发展，经纬仪基本已被全站仪代替，本任务简单介绍全站仪基本知识。

(三)全站仪简介

全站型电子速测仪(Electronic Total Station)是一种集光、机、电为一体的测量仪器，能进行水平角、竖直角、距离(斜距、平距)、高差测量，基于机载程序，可以进行坐标测量、坐标放样、偏心测量、交会测量等，简称全站仪，已广泛应用于工程建设的各个环节的测量工作中。

1. 全站仪构造

全站仪主要由角度测量、距离测量、数据处理、输入输出、传感器、中央处理器和电源等功能单元组成。中央处理器负责指令接收和调度支配各系统的运行；角度、距离测量单元根据指令执行测量观测；数据处理单元处理数据和运算，例如计算坐标、放样参数等；输入输出单元主要包括键盘、显示屏和通讯接口。键盘可输入指令和参数设置，显示屏显示仪器工作状态、观测数据与成果，通讯接口实现数据与外部设备的数据传输；传感器可使仪器的性能和精度提高，例如双轴倾斜电子传感器可消除仪器没有精确整平和竖轴倾斜对角度测量的影响；电源部分为所有的功能单元提供用电需要。

全站仪品牌型号众多，国内品牌主要有南方测绘、科力达、中纬等，如图 2-26 所示为南方测绘 NTS—391 全站仪结构示意图。国外品牌主要有瑞士徕卡(LEICA)TPS 系列、美国天宝(Trimble)、日本索佳(SOKKIA)、拓普康(TOPOCON)、尼康(NIKON)；全站仪朝智能化、自动化、集成化和与图像技术融合方向发展。国产仪器的发展突飞猛进，在精度、稳定性、便捷性和智能化方面进步明显。例如通过 CCD 影像传感器对观测目标的识别、自动搜索、跟踪、辩识和精确照准目标并自动执行观测获取角度、距离、坐标及影像等信息的智能型全站仪(测量型机器人)，将全站仪与 GNSS 系统融合的超站仪，与 LS 融合的全站扫描仪，极大提高工作效率，丰富测绘装备的应用场景，在工程变形自动化监测、精密工程测量等领域应用广泛。如图 2-27 所示为南方测量型机器人和与北斗系统融合的一体式智能超站仪。

全站仪性能指标主要有测角精度、测距精度、补偿范围、测程和响应时间等。测角精度一般有 1″、2″、5″，表示一测回水平方向测角中误差；测距标称精度 M_D 详见任务三相关内容。全站仪中常用按键功能和字符含义分别如表 2-3、2-4 所示。

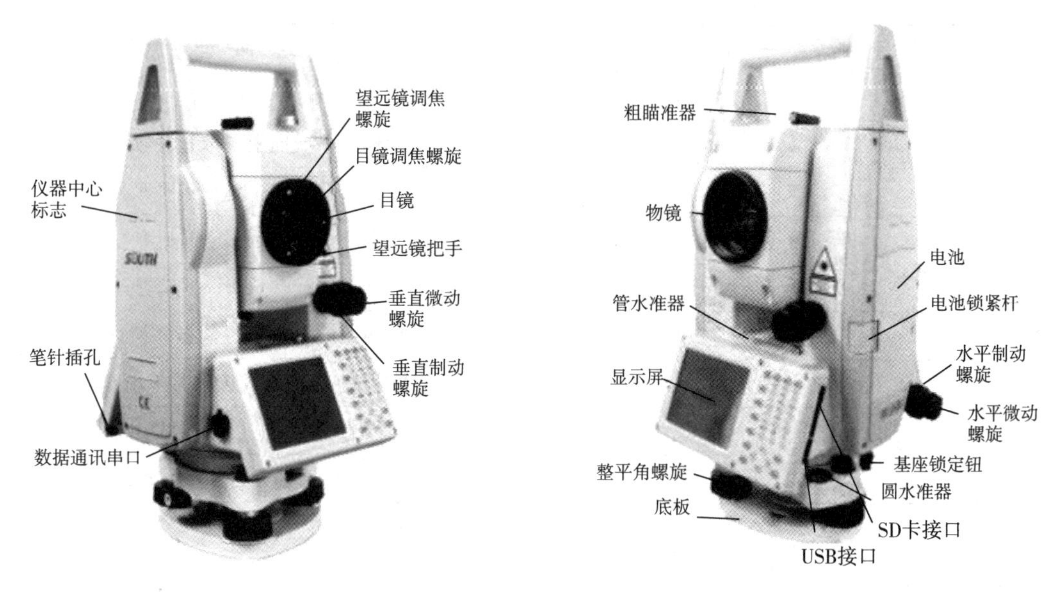

图 2-26　NTS391 全站仪结构示意图

图 2-27　测量机器人与智能超站仪

表 2-3　全站仪常用按键功能

名　称	功　能
ESC	取消前一操作
FNC	软键功能菜单，换页
SFT	打开或关闭转换(SHIFT)模式
BS	删除左边一空格

（续表）

名　称	功　能
SP	输入一空格
▲	光标上移或向上选取选择项
▼	光标下移或向下选取选择项
◀	光标左移或选取另一选择项
▶	光标右移或选取另一选择项
ENT	确认输入或存入该行数据并换行
数字字母键 1～9	数字、字母输入或选取菜单项
⌓.	小数点输入、电子气泡显示
①+/−	输入正负号、开始返回信号检测

表 2-4　全站仪常用字符含义

字　符	含　义
PC	棱镜常数
PPM	气象改正数
ZA	天顶距(天顶 0°)
VA	垂直角(水平 0°/水平 0°±90°)
%	坡度
S	斜距
H	平距
V	高差
HAR	右角
HAL	左角
HAh	水平角锁定
⊥	倾斜补偿有效

2. 全站仪的安置

全站仪的安置分为对中、整平、瞄准和读数四个步骤。对中目的是使仪器中心与测站点标志中心位于同一铅垂线上；整平目的是使仪器竖轴竖直，水平度盘位于水平面内。

经纬仪介绍与安置实践教学视频

(1)对中

打开三脚架，升降架腿，调整至合适高度。使架头位于测点上方并大致水平。对中方式主要有光学对中和激光对中。光学对中通过旋转光学对中器目镜调焦螺旋，使对中标志清晰，再调焦对中器物镜，使测站点标志成像清晰。一只脚的脚尖靠近测站点，两手提起靠近身体一侧的两个脚架，眼睛通过对中器观察地面，移动脚架使测站点标志中心与对中器对中标志大致重合后放下并踩实，再旋转脚螺旋使对中标志与地面点标志中心重合完成对中，如图 2－28(a)所示。激光对中标志是激光光斑，如图 2－28(b)所示，使光斑与地面标志中心重合，对中方法与光学对中基本相同。

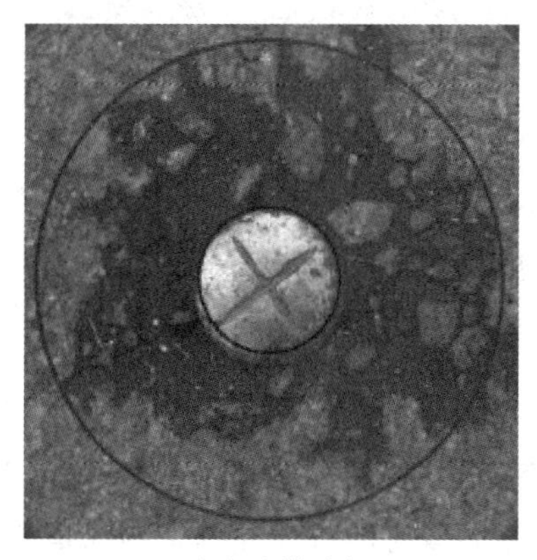

(a) 光学对中

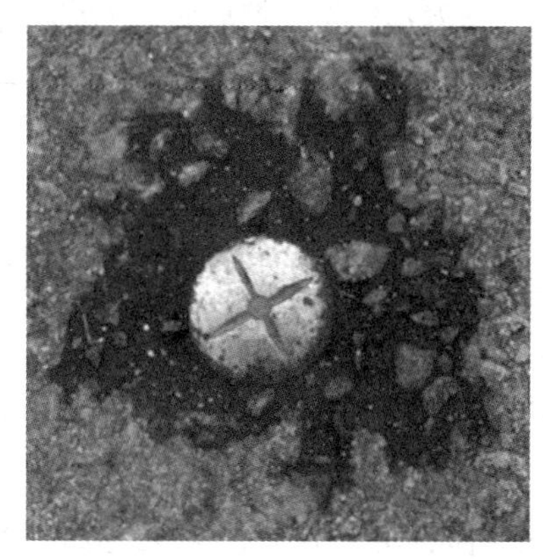

(b) 激光对中

图 2－28　对中示意图

(2)整平

仪器整平包括粗平和精平，先粗平再精平。仪器粗平是通过升降三脚架高度使圆水准气泡居中，如图 2－29 所示，注意最多只能调节两个架腿。粗平后，如图 2－30(a)所示，使水准管与一对脚螺旋连线方向平行，双手反向旋转这两个脚螺旋，使水准管气泡居中。再将照准部旋转 90°，如图 2－30(b)所示，旋转第三个脚螺旋使气泡居中。反复进行，直至水准管在任一方向气泡都居中为止，则仪器精平。精平后还应检查是否对中，如果偏移，可松开连接螺旋在架头上移动仪器再次对中，再按同样方法使水准管气泡居中，直到既对中又整平。有的全站仪有电子气泡，可通过观察屏幕上的电子气泡进行整平。

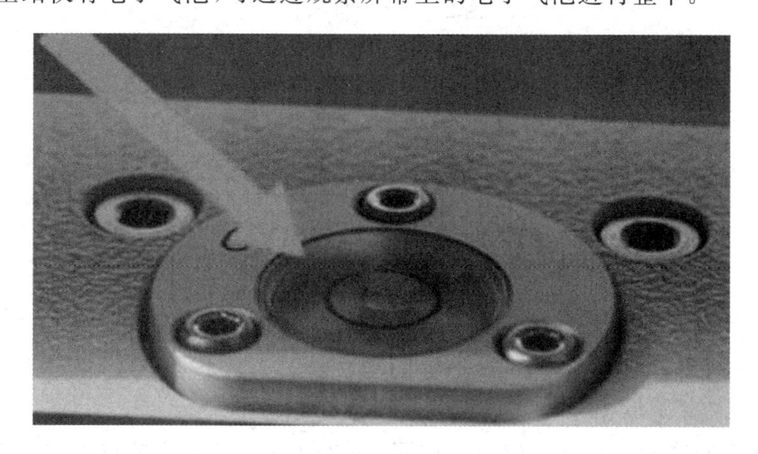

图 2－29　粗　平

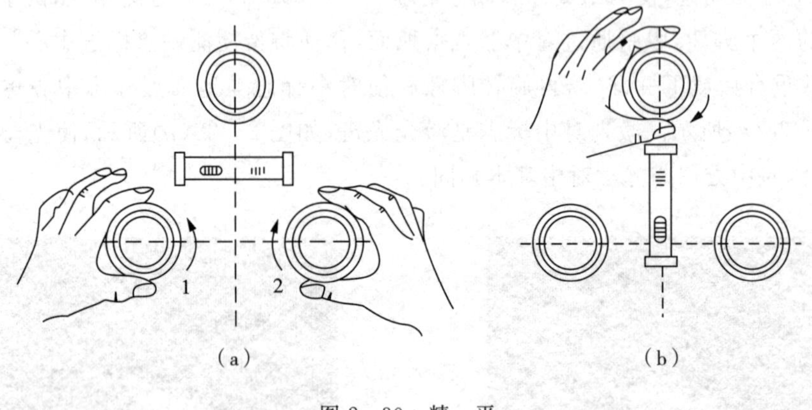

图 2-30　精　平

(3)瞄准

瞄准前需要在观测点上竖立照准标志，常规主要有标杆、测钎、垂球和觇牌等，在观测点上竖直安置，如图 2-31 所示。瞄准时先将望远镜朝向明亮的背景，调节目镜调焦螺旋进行目镜对光，使十字丝清晰；再通过望远镜的瞄准器大概对准目标并拧紧制动螺旋，粗略瞄准；然后转动望远镜调焦螺旋使目标成像清晰，严格消除视差；最后转动水平微动和竖直微动螺旋，使十字丝精确瞄准目标，水平角测量时应照准标志的底部，竖直角测量时照准目标顶部，如图 2-32 所示。

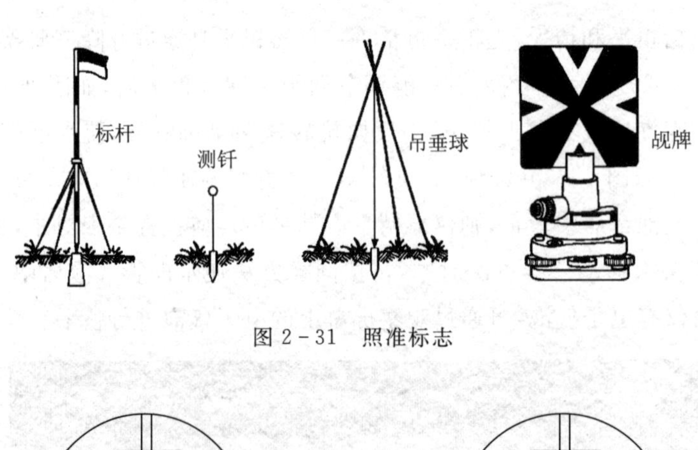

图 2-31　照准标志

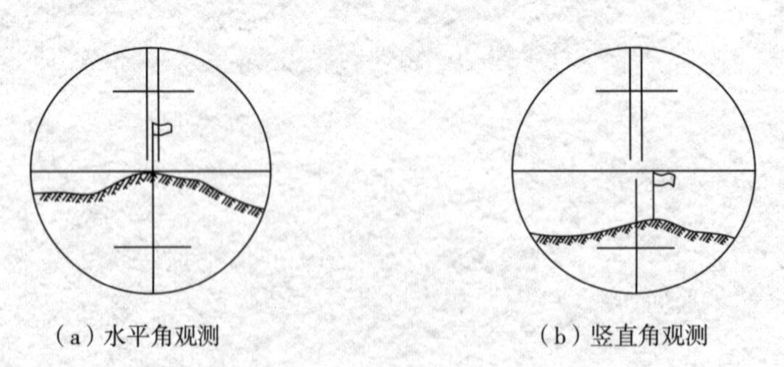

图 2-32　瞄　准

全站仪配套瞄准标志有反射棱镜。如图 2-33 所示，反射棱镜有单棱镜和棱镜组，可通过基座连接器将棱镜与基座连接，再安置到三脚架上进行对中与整平；单棱镜也可直接安置在对中杆上，对中杆上有圆水准器气泡判断是否竖直。

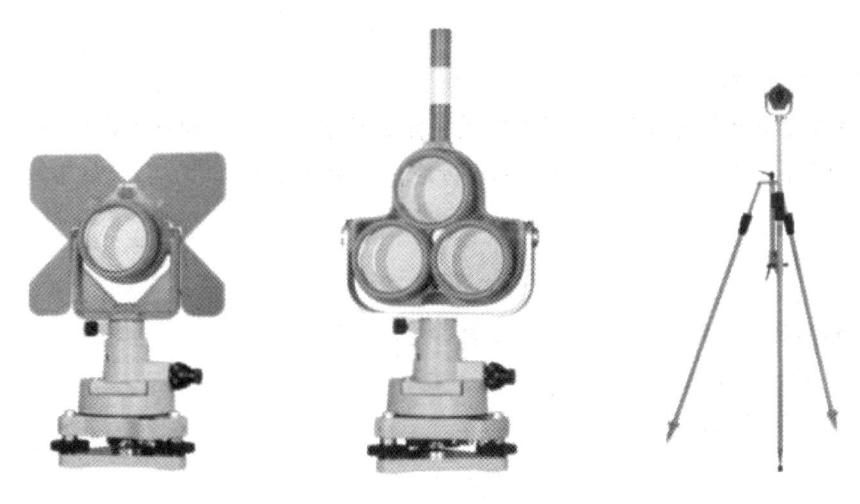

图 2-33　单棱镜、棱镜组与对中杆

(4)读数

全站仪进行测量时，显示屏上显示观测结果，可根据需要读取相应读数。

二、水平角测量

水平角观测常用的方法有测回法和方向观测法。测回法主要适用于两个方向所构成的水平角测量，方向观测法主要适用于三个或三个以上方向所构成的水平角测量。

(一)测回法

1. 仪器安置

如图 2-34 所示，在测站点 O 安置全站仪。在观测点 A、B 处竖立照准标志。

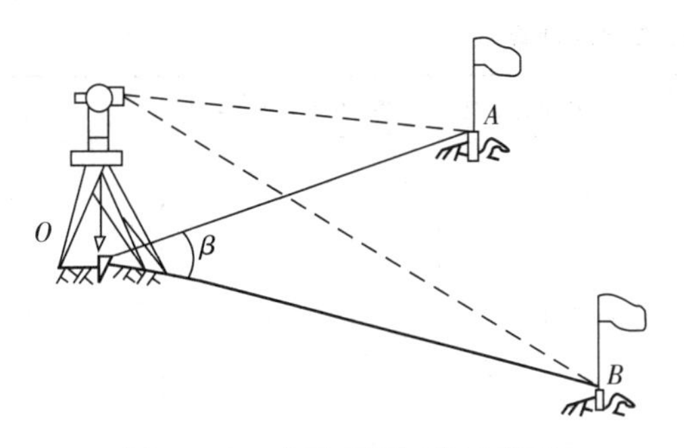

图 2-34　水平角测回法示意图

全站仪水平角测量

水平角观测
实践教学视频

2. 盘左观测(正镜)

(1)瞄准起始方向目标，通常为左边目标 A，读取并记录水平度盘读数 $a_{左}$；

(2)顺时针旋转仪器，瞄准右边目标 B，读取记录水平度盘读数 $b_{左}$；计算上半测回水平角值 $\beta_{左}$，上半测回结束。

$$\beta_{左}=b_{左}-a_{左} \tag{2-21}$$

3. 盘右观测(倒镜)

(1)将仪器由盘左变为盘右。瞄准右边目标 B 读取记录水平度盘读数 $b_{右}$；

(2)逆时针旋转仪器，瞄准左边目标 A 读取记录水平度盘读数 $a_{右}$；计算下半测回水平角值 $\beta_{右}$：

$$\beta_{右}=b_{右}-a_{右} \tag{2-22}$$

下半测回观测结束，上下两个半测回合称为一个测回。

4. 一测回水平角值计算

计算上、下半测回角值之差 $\Delta\beta$：

$$\Delta\beta=\beta_{右}-\beta_{左} \tag{2-23}$$

如果上、下半测回角值之差 $\Delta\beta$ 不超限，例如 2 秒级仪器上下半测回角值之差应小于 12″，则取 $\beta_{左}$、$\beta_{右}$ 的平均值作为一测回水平角值，即：

$$\beta=(\beta_{左}+\beta_{右})/2 \tag{2-24}$$

为提高测角精度，需对水平角观测多个测回。为了减少度盘分划误差的影响，应在每测回重新设置水平度盘起始读数，称为配置度盘。即每个测回盘左观测起始目标时，水平读盘读数按 180°/n 的整数倍设置，n 是测回的数量。例如 $n=3$，则第一测回起始方向盘左读数设置为 0°或比 0°略大一点的读数，第二、三测回起始方向盘左读数应分别设置为 60°、120°或比 60°、120°略大一点的读数。每个测回的一测回角值之间的差值称为各测回角值互差，例如 2 秒级仪器的各测回角值互差应小于 12″，在限差范围内，则取各测回角值平均值作为水平角大小。表 2-5 是水平角测回法两个测回的记录与计算。

表 2-5 水平角测回法记录计算表

测站	竖盘位置	目标	水平度盘读数 ° ′ ″	半测回角值 ° ′ ″	一测回角值 ° ′ ″	各测回角值平均值 ° ′ ″	备注
O	左	A	00 00 30	92 19 12	92 19 21	92 19 24	
		B	92 19 42				
	右	A	180 00 42	92 19 30			
		B	272 20 12				
	左	A	90 00 06	92 19 24	92 19 27		
		B	182 19 30				
	右	A	270 00 06	92 19 30			
		B	02 19 36				

(二)方向观测法

1. 仪器安置

如图 2-35 所示,在测站点 O 点安置仪器,对中、整平。在观测点 A、B、C、D 分别竖立照准标志。

2. 盘左观测(正镜)

选择一个距离适中、影像清晰的方向作为起始方向。设 OA 为起始方向,瞄准 A 点,读取并记录水平度盘读数 $a_{左}$。如果要测多个测回,每测回开始时,也要按 $180°/n$(n 为测回数)变换度盘起始读数。盘左顺时针方向依次照准 B、C、D 点读数记录 $b_{左}$、$c_{左}$、$d_{左}$,最后再照准目标 A 读数 $a'_{左}$,上半测回结束。其中两次照准目标 A 是为了检查水平度盘位置在观测过程中是否发生变动,称为归零,其两次读数之差,称为半测回归零差,在限差范围内,上半测回观测结束。

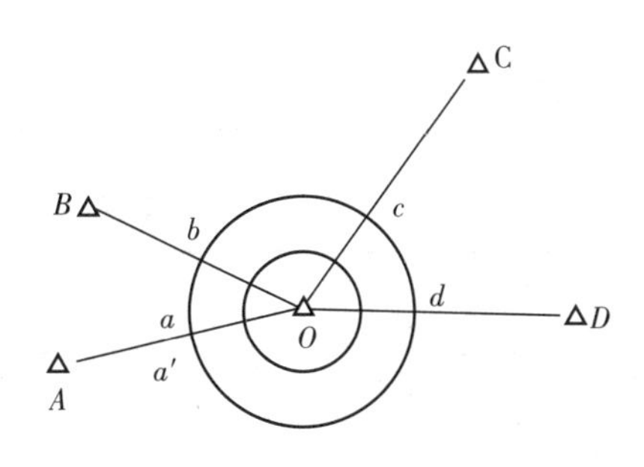

图 2-35　水平角方向观测法

3. 盘右观测(倒镜)

将仪器由盘左变为盘右,逆时针方向依次照准 A、D、C、B、A 读数记录 $a_{右}$、$b_{右}$、$c_{右}$、$d_{右}$、$a'_{右}$,计算归零差,在限差范围内,下半测回观测结束,上下两个半测回构成一个测回。

4. 内业计算

(1)计算二倍视准轴误差 $2c$

同一方向盘左和盘右读数之差称为 $2c$,其中 c 是望远镜视准轴不垂直横轴的差值。一般一台仪器观测各等高目标的 $2c$ 是一常数,同测回各方向的 $2c$ 最大值与最小值差值不能过大,因此 $2c$ 互差是衡量测回观测质量的标准之一。

$$2c=\text{盘左读数}-(\text{盘右读数}\pm 180°) \tag{2-25}$$

盘右读数大于 180°时取"-"号,反之取"+"号。

(2)计算各方向的平均读数

$$\text{平均读数}=[\text{盘左读数}+(\text{盘右读数}\pm 180°)]/2 \tag{2-26}$$

符号的取舍同上,起始方向有两个平均读数,故应再取平均值作为其最终平均值。

(3)计算归零后的方向值

将各方向的平均读数减去起始方向的平均读数。

(4)计算各测回归零后方向值的平均值

同一方向值各测回归零后方向值较差在限差范围内,取各测回归零后方向值平均值作为该方向读数的最终结果。

(5)计算各目标间水平角值

通过各测回归零后方向值的平均值求差计算任意两个方向之间的水平角。根据《工程测量标准》(GB 50026—2020)规定,水平角方向观测法一级及以下等级技术要求见表 2-6 所示。方向观测法 2 个测回的记录及计算见表 2-7 所示。

表 2-6 水平角方向观测法主要技术要求

仪器	半测回归零差限差(″)	一测回内 $2c$ 互差限差(″)	同一方向值各测回较差限差(″)
2″级仪器	≤12″	≤18″	≤12″
6″级仪器	≤18″	/	≤24″

表 2-7 方向观测法记录计算表

测站	测回数	目标	读数 盘左 ° ′ ″	读数 盘右 ° ′ ″	2c ″	平均读数 ° ′ ″	归零方向值 ° ′ ″	各测回归零方向值平均值 ° ′ ″
1	2	3	4	5	6	7	8	9
O	1					(0 02 06)		
		A	0 02 06	180 02 00	+6	0 02 03	0 00 00	0 00 00
		B	51 15 42	231 15 30	+12	51 15 36	51 13 30	51 13 28
		C	131 54 12	311 54 00	+12	131 54 06	131 52 00	131 52 02
		D	182 02 24	2 02 24	+0	182 02 24	182 00 18	182 00 22
		A	0 02 12	180 02 06	+6	0 02 09		
	2					(90 03 32)		
		A	90 03 30	270 03 24	+6	90 03 27	0 00 00	
		B	141 17 00	321 16 54	+6	141 16 57	51 13 25	
		C	221 55 42	41 55 30	+12	221 55 36	131 52 04	
		D	272 04 00	92 03 54	+6	272 03 57	182 00 25	
		A	90 03 36	270 03 36	+0	90 03 36		

三、竖直角测量

竖盘的注记主要有顺时针注记和逆时针注记两种形式。竖直度盘当视线水平时,所对应的竖盘读数盘左为 90°,盘右为 270°。竖直角测量时应先确定竖直角的计算公式。抬高物镜,瞄准高处某一目标,观察竖直度盘读数是增加还是减小。如果读数增大:

竖直角 α=瞄准目标竖直度盘读数-视线水平竖直度盘读数;

如果读数减小:

竖直角 α=视线水平竖直度盘读数-瞄准目标竖直度盘读数。

(一)外业观测

1. 仪器安置

在测站点安置仪器,对中、整平。

2. 盘左观测

仪器调整至盘左,瞄准目标 A,读取显示屏竖盘读数 L 并记入表 2-8 内,上半测回结束。

3. 盘右观测

仪器调整至盘右,瞄准目标 A,读取显示屏竖盘读数 R 并记入表 2-8 内,下半测回结束,称为一个测回。

(二)内业计算

以竖盘顺时针注记为例,盘左望远镜由水平方向向上旋转,读数减小,盘右增大。设盘左、盘右读数分别用 L、R 表示,其计算公式分别为:

$$\alpha_L = 90° - L \qquad (2-27)$$
$$\alpha_R = R - 270°$$

上下半测回竖直角差值在限差范围内,取二者平均值作为一测回角值。根据《工程测量标准》(GB 50026—2020)相关规定,2″级仪器一般不大于 10″,即

$$\alpha = (\alpha_L + \alpha_R)/2 = (R - L - 180°)/2 \qquad (2-28)$$

上述竖直角的计算公式前提是认为视线水平,竖盘读数盘左为 90°,盘右为 270°时。实际中这个条件往往不能满足,竖盘读数与理论读数相差一个角值 x,称为竖盘指标差。竖盘指标差有正负号,当指标线偏离方向与竖盘注记方向一致时,x 为正,反之为负。如图 2-36 所示,指标线偏离方向与竖盘注记方向一致,竖盘指标差 x 为正。竖直角的计算公式应加入竖盘指标差改正,即:

$$\alpha_L = 90° - (L - x) \qquad (2-29)$$
$$\alpha_R = (R - x) - 270°$$

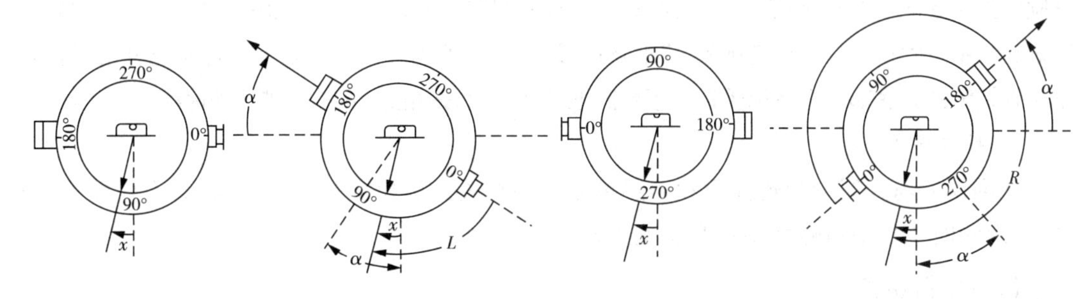

图 2-36 竖盘指标差

竖盘指标差按式 2-30 计算。同一台仪器竖盘指标差一般变化较小,可视为定值。由于观测及外界条件影响,竖盘指标差不一致,根据《工程测量标准》(GB 50026—2020)相关

规定，2″级仪器竖盘指标差较差一般不大于10″。用盘左、盘右观测取其平均值可消除竖盘指标差的影响。

$$x=\frac{\alpha_L-\alpha_R}{2}=\frac{R+L-360°}{2} \tag{2-30}$$

表2-8 竖直角记录计算表

测站	竖盘位置	目标	竖直度盘读数（° ′ ″）	半测回角值（° ′ ″）	竖盘指标差（° ′ ″）	一测回角值（° ′ ″）	备注
O	左	A	95 22 00	−5 22 00	−36	−5 22 36	
	右		264 36 48	−5 23 12			
	左	B	81 12 36	+8 47 24	−45	+8 46 39	
	右		278 45 54	+8 45 54			

四、角度测量误差

（一）观测误差

1. 对中误差

仪器没有严格对中时产生对中误差，也称测站偏心。对中误差对水平角观测的影响与测站偏心成正比，与测站点到目标点的距离成反比，所以要尽量减少偏心，对边长越短且接近180°的角度观测更应严格对中。

2. 整平误差

水平角观测时必须保持水平度盘水平、竖轴竖直。仪器没有严格整平导致的误差不能通过正倒镜观测消除，对水平角的影响和测站点到目标点的高差成正比。特别是在山区作业时，应特别注意整平。在同一测回中，若气泡偏离超过1格，应重新整平仪器并重测该测回。

3. 目标误差

当照准的目标与地面标志中心不在一条铅垂线上时，两点位置的差异称目标偏心。例如花杆倾斜且又瞄准其上部，则使瞄准点偏离被测点产生目标偏心误差。目标偏心对水平角观测的影响是测站点到目标点的距离越短，瞄准点位置越高，误差越大。因此瞄准目标是花杆等时，尽量竖直并瞄准其底部。当目标较近又不能瞄准其底部时，采用悬吊垂球，瞄准垂球线。

4. 照准误差

照准误差与人眼的分辨能力和望远镜放大率有关。例如视差没有消除，会产生照准误差，故观测时应仔细地做好调焦和照准工作。

（二）仪器误差

如图2-37所示，全站仪主要轴系应满足照准部水准管轴垂直于仪器竖轴（$LL \perp SA$）；十字丝竖丝垂直于横轴；视准轴垂直于横轴（$ZA \perp SA$）；横轴应垂直于仪器竖轴（$KA \perp SA$）；竖盘指标差应为零；光学对中器的视准轴应与仪器竖轴重合；激光对中器应安装在仪器的竖轴上。由于仪器长期使用、长途运输及外界影响等，各轴线之间的几何关系会产生变化，使用前必须对仪器进行严格检验校正，减弱校正后的残余误差影响。全站仪检验与校正方法参考仪器用户手册，在此不做叙述。

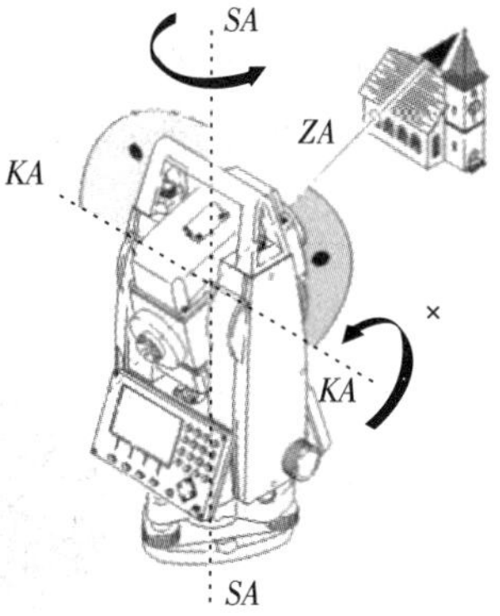

1. 视准轴误差

望远镜视准轴不垂直于横轴时，偏离垂直位置的角值 c 称为视准差或照准差。通过盘左盘右取平均值可消除此项误差。

2. 横轴误差

当竖轴铅垂时，横轴不水平，称为横轴误差。通过盘左盘右取平均值可消除此项误差。

图 2-37　全站仪轴系关系示意图

3. 竖轴误差

观测水平角时，仪器竖轴不处于铅垂方向，称为竖轴误差，不能通过盘左盘右取平均值消除影响。水平角测量时应严格整平。目前全站仪都具有双轴电子补偿器，在一定范围内，竖直倾斜量可分解成视准轴 CC 和横轴 HH 方向进行补偿减弱。

(三)外界环境

地面不坚实或刮风会使仪器不稳定；大气能见度的好坏和光线的强弱会影响照准和读数，大气层受地面热辐射的影响会引起目标影像的跳动；日晒和温度变化使仪器各轴线几何关系发生变化和导致水准管气泡的移动等，完全消除这些影响是不可能的，只能采取一些措施设法避开或减弱外界不利因素的影响，提高观测成果的质量。例如选择成像清晰、稳定的天气条件和时间段观测；观测中给仪器打伞遮阳，避免阳光直接照射仪器等。

任务三　距离测量与坐标计算

点的平面位置可根据其与已知点之间的水平距离和两点间连线的方向通过计算求得，即需要确定两点在水平面上的的距离和直线方向。距离测量的主要方法有钢尺量距、光学视距测量和电磁波测距等。确定直线方向的工作成为直线定向。

一、距离测量

(一)钢尺量距

钢尺量距是使用检定合格的钢尺直接丈量地面上两点之间的距离，简单易行，适用于平坦地区较短距离的测量，主要应用于地形测绘中细部丈量和工程施工中细部施工放样等。

1. 钢尺量距工具

如图 2-38 所示，钢尺由带状薄钢条制成，有手柄式和皮盒式两种，长度有 20 m、30 m、

50 m。钢尺的最小分划一般为 1 mm。按钢尺的零点位置可分为端点尺和刻线尺两种。如图 2-39(a)所示,端点尺是以尺拉环的最外边缘作为尺的零点,适用于从建筑物拐角丈量距离;如图 2-39(b)所示,刻线尺是以尺前端零点刻线作为尺的零点,测量精度较高。

图 2-38　钢卷尺

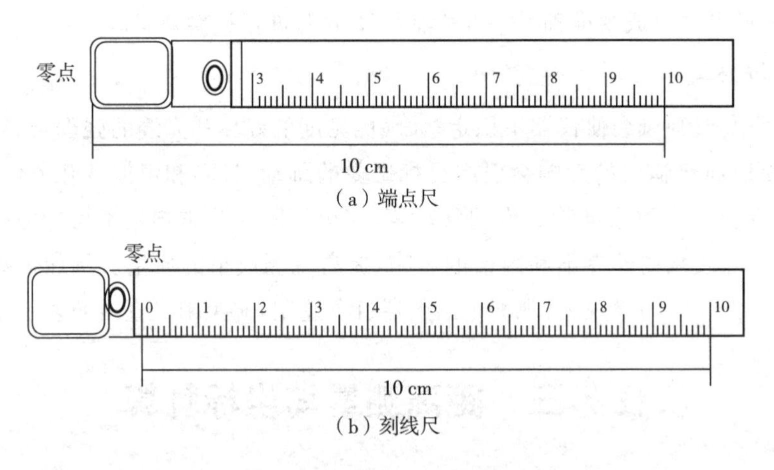

(a) 端点尺

(b) 刻线尺

图 2-39　端点尺与刻线尺

钢尺量距的辅助工具主要有测钎、花杆、垂球等,钢尺精密量距中还需用弹簧秤和温度计,本任务简介钢尺一般量距。如图 2-40 所示,花杆一般长 2～3 m,每隔 20 cm 红白油漆间隔涂色,主要用于标定目标和直线的方向;测钎用粗铁丝制成,长约 30～40 cm,一般 6 根或 11 根为一组,主要用于标定尺段端点位置和计算所量整尺段数;垂球由金属制成,主要用于投点定位,在地面起伏较大地区,应悬挂在三脚架上使用。

2. 直线定线

地面上两点之间距离较远或起伏较大时,用钢尺的一个整尺段不能测完,需分段丈量,要在线段两个端点之间标定一些中间点,便于沿该直线方向量距,称为直线定线。精度要求不高时一般采用目估定线,精度要求较高时采用仪器定线。

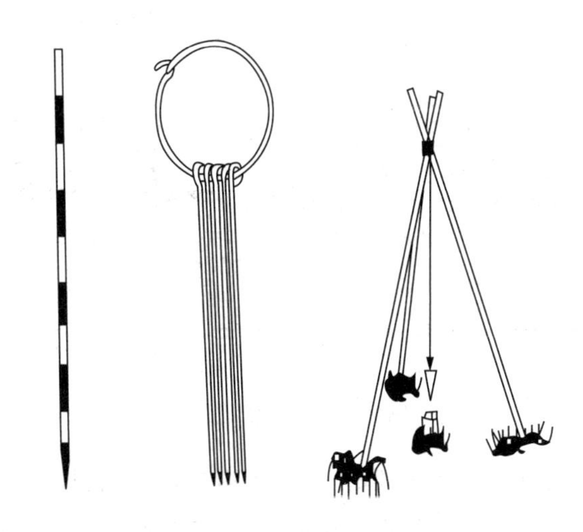

图 2-40　花杆、测钎和垂球

(1)目估定线

如图 2-41 所示,分别在所测线段两端点 A、B 点上竖立花杆。测量员甲站在 A 点花杆后 1～2 m 处用眼睛瞄准 A、B 花杆同侧方向,单眼视线与花杆边缘相切。测量员乙手持花杆在 AB 大致方向附近,根据甲的指挥手势左右移动,当甲看到 1 与 AB 两点的花杆在同一条视线时,插下定出 1 点,同理依次定出 2、3…各点位置。点与点之间距离宜稍短于一个整尺段,地面起伏较大时宜更短。在平坦地区,直线定线与距离丈量同时进行。如果两点间不通视,可采取逐渐趋近法,本节不做详述。

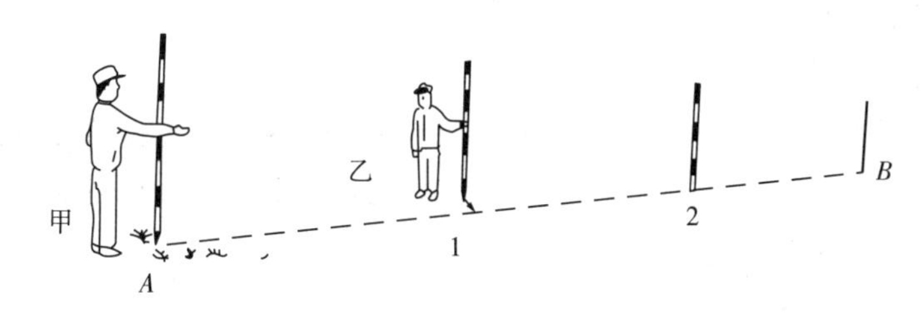

图 2-41　目估定线

(2)仪器定线

如图 2-42 所示,在线段端点 A 点安置全站仪,B 点竖立花杆,瞄准花杆底部,旋转水平制动螺旋固定照准部。用钢尺进行概量,在瞄准视线上依次定出比钢尺一整尺段略短的 A1、12、23、…等尺段,在各段定点位置打下大木桩,桩顶高出地面 3～5 cm,在桩顶上沿视线方向划一条线,使其与 AB 方向重合,再划一条线与 AB 方向垂直,形成“十”字丈量标志。

(3)钢尺一般量距

1)外业施测

① 平坦地面测距

如图 2-43 所示,现丈量 AB 两点之间的距离。后尺手拿尺的零点在起点 A,前尺手拿

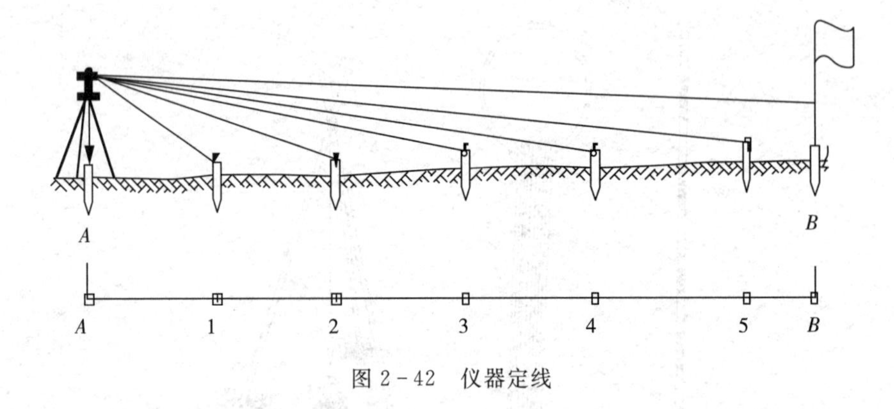

图 2-42　仪器定线

钢尺、测钎和花杆前进，快到一个整尺段时，后尺手指挥定线，花杆插在 AB 方向上。前、后尺手拿尺蹲下，后尺手把尺零点对准起点 A 的标志，喊“预备”，前尺手把钢尺通过定线时所作的记号，两人同时拉力大小适当把尺拉直，尺身保持水平。稳定后，后尺手喊“好”，前尺手对准钢尺的末端刻线，在地面竖直插入一根测钎，插好后喊“好”，完成一个整尺段观测。前、后尺手抬尺前进，当后尺手到达 1 点测钎后，重复上述操作，丈量第二整尺段，量好后继续向前丈量，后尺手依次收回测钎，一根测钎代表一个整尺段。最后丈量不足一整尺段的余长，则 AB 两点之间的水平距离为：

$$D_{AB}=n\times l+q \tag{2-31}$$

式中：l——钢尺的一整尺长；

n——整尺段数；

q——不足一整尺段的余长。

为了避免错误和判断成果的可靠性，提高丈量精度，钢尺量距要求往返测。由起点往终点观测称为往测，由终点往起点观测称为返测。返测时按相同方法重新定线观测并计算。钢尺一般量距记录与计算如表 2-7 所示。

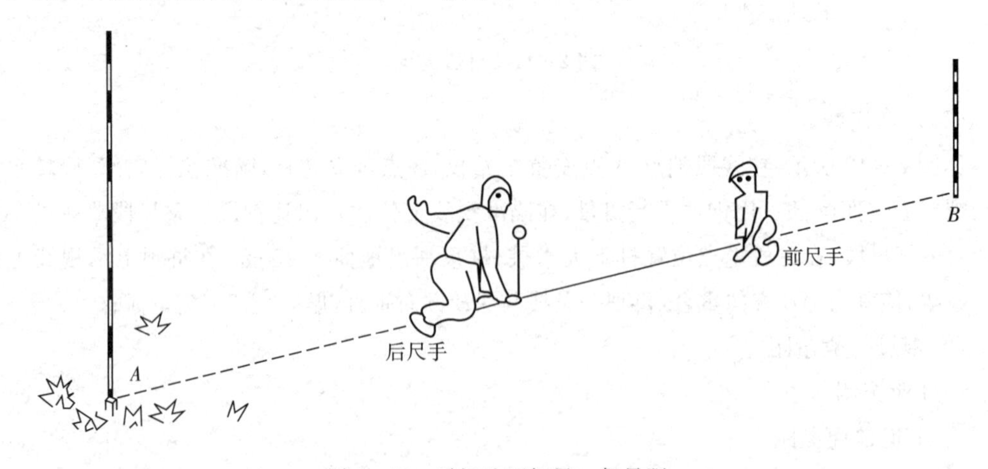

图 2-43　平坦地面钢尺一般量距

表 2-8　钢尺一般量距记录表

测线		观测值(m)			精度	平均值(m)	备注
		整尺段	非整尺段	总长			
AB	往	5×30	15.309	165.309	1/3500	165.328	
	返	5×30	15.347	165.347			

② 倾斜地面测距

在倾斜地面,如果地面坡度不均匀,可采用平量法测距。如图 2-44 所示,后尺手持钢尺零点对准 A 点,前尺手把钢尺抬高,目估保持钢尺水平,用垂球将钢尺末端投点至地面,插上测钎。后尺于将钢尺零点对准第一根测钎底部,按相同方法依次水平丈量,分段量取水平距离,最后计算总长。

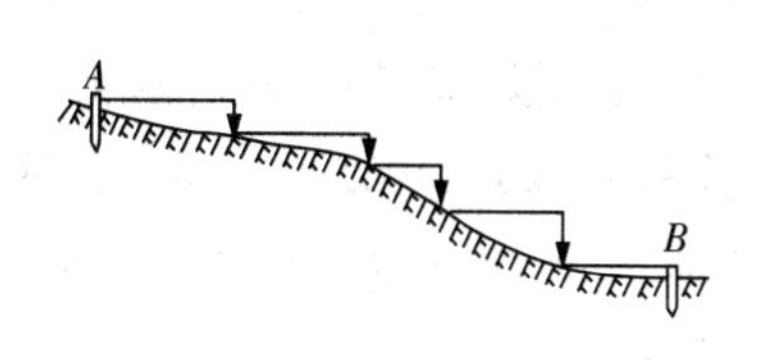

图 2-44　平量法

若地面起伏变化不大比较均匀时,可采用斜量法。如图 2-45 所示,先直接丈量两点间斜距 L,观测地面倾角 α 或 AB 两点间高差 h_{AB},通过三角函数或勾股定理求解两点间平距,即:

$$D_{AB}=L\cos\alpha$$

或

$$D_{AB}=\sqrt{L^2-h_{AB}^2} \tag{2-32}$$

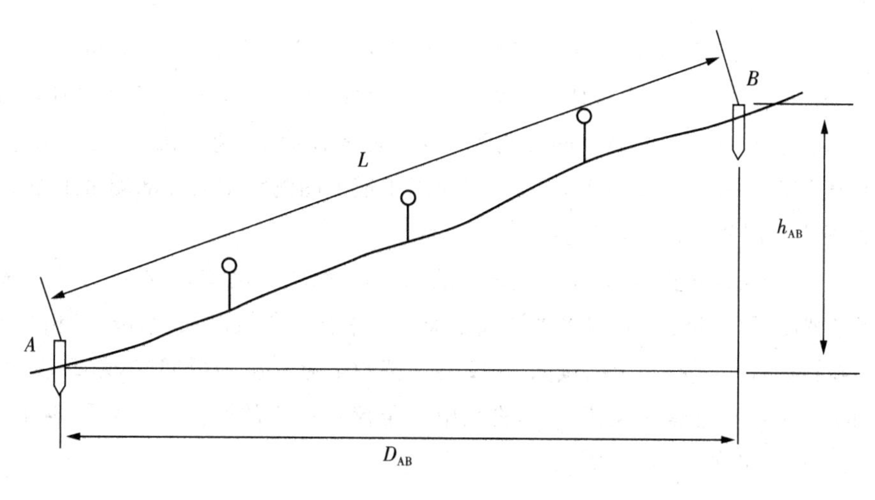

图 2-45　斜量法

2)内业处理

距离测量成果精度用相对误差表示。即往返测的距离较差 ΔD 的绝对值与往返测的距离平均距离 $D_{平}$ 之比来衡量测距精度,称为相对误差 K,一般划为分子为 1 的分数形式表示，即：

$$\Delta D=|D_{往}-D_{返}| \tag{2-33}$$

$$D_{平}=\frac{1}{2}(D_{往}+D_{返}) \tag{2-34}$$

$$K=\frac{1}{D_{平}/|\Delta D|} \tag{2-35}$$

若 $K \leqslant K_{允}$（平坦地区 $K \leqslant 1/3000$，地形起伏较大地区 $K \leqslant 1/1000$），取往返测的平均值作为丈量成果；如果超限，应重新丈量直到符合要求为止。

【例 2-2】 用钢尺丈量两段距离，A 段往测为 126.78 m，返测为 126.73 m，B 段往测为 357.38 m，返测为 357.28 m，问这两段距离丈量的精度是否相同？哪段精度高？

解：

因为

A 段：$$K_1=\frac{|126.78-126.73|}{126.76}=\frac{0.05}{126.76}\approx\frac{1}{2535}$$

B 段：$$K_2=\frac{|357.38-357.28|}{357.33}=\frac{0.1}{357.33}\approx\frac{1}{3573}$$

$$\frac{1}{3573}\leqslant\frac{1}{2535}$$

所以 A、B 两段距离丈量精度不同，B 段距离丈量精度高。

（二）视距测量

水准仪、全站仪或经纬仪，其十字丝分划板上均刻有上、下两条水平的短丝，称为视距丝。视距测量是通过视距丝在视距尺（水准尺）上读数，按照光学和三角学原理，同时测定水平距离和高差的一种方法，属于间接测距。该方法操作简便、速度快、不受地形起伏变化限制，但精度较低，一般 1/200～1/300，主要应用于地形图测绘中的碎部测量工作中。

（1）视线水平时视距测量与计算

如图 2-46 所示，欲测定 A、B 两点之间的水平距离 D 和高差 h，先在 A 点安置仪器，在 B 点竖立视距尺（水准尺）并用水平视线瞄准。水平视线与视距尺（水准尺）相互垂直，视距丝 m、n 在视距尺（水准尺）上的读数为 M、N。读数之差是称为尺间隔，用 L 表示。十字丝视距丝间隔值 p，望远镜物镜焦距 f，物镜中心至仪器中心的距离 δ 均为已知，因三角形 MNF 与 $m'n'F$ 是相似三角形，所以：

$$D=d+f+\delta$$

设 $$K=f/p, c=f+\delta$$

则 $$D=KL+c$$

K 称为视距乘常数，一般 $K=100$；

c 称为视距加常数，一般 $c\approx 0$。因此：

$$D=KL=100L \tag{2-36}$$

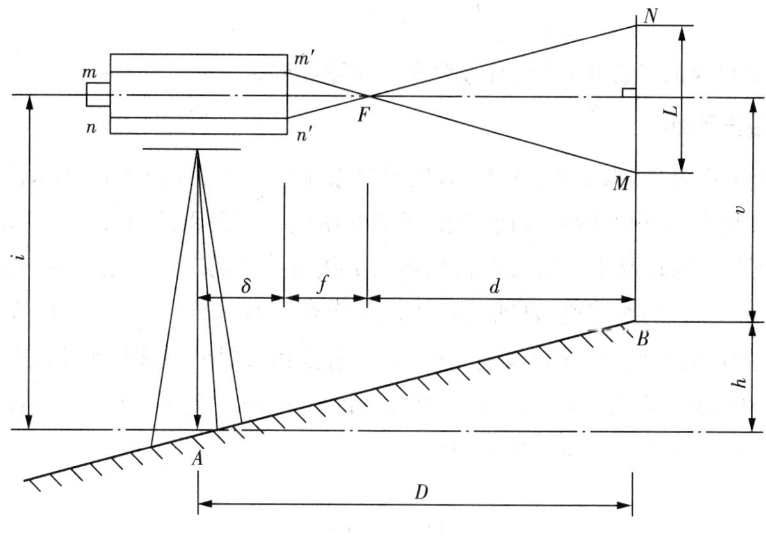

图 2-46 视线水平时视距测量

i 为仪器高，是地面点到仪器横轴中心的高度；v 为中丝在视距尺上读数，则 A、B 两点高差为：

$$h=i-v \tag{2-37}$$

(2)视线倾斜时视距测量与计算

如图 2-47 所示，当地面起伏较大时，必须使用全站仪或经纬仪才能在视距尺(水准尺)上读数。假设将视距尺(水准尺)以中丝读数点为转点旋转至视线与视距尺(水准尺)相互垂直，旋转角度为 a，视距丝在视距尺(水准尺)上的读数也由 M、N 变为 M'、N'，A、B 两

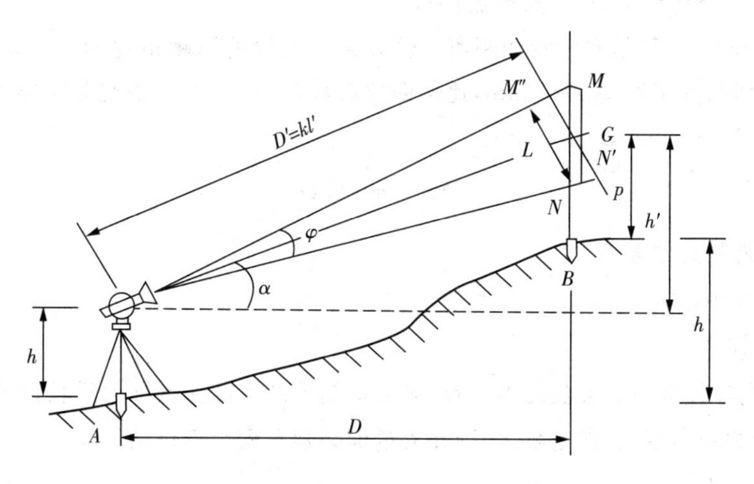

图 2-47 视线倾斜时视距测量

点之间的距离 D 和高差 h 分别为：

$$D=KL\cos^2\alpha \tag{2-38}$$

$$h=D\tan\alpha+i-v \tag{2-39}$$

式中：α 是倾斜视线的竖直角，其它符号含义与前述相同。

(三)电磁波测距

钢尺量距工作繁重，强度大、效率低，地形复杂地区困难；视距测量计算量大，精度低；随着全站仪的普及，电磁波测距应用广泛，下面介绍电磁波测距的原理。

电磁波测距是通过测定电磁波在待测距离上往返一次的时间来确定两点之间的距离，具有测程长、精度高、操作简便、自动化程度高等优点。如图 2-48 所示，在 A 点安置全站仪，在 B 点安置反射棱镜，全站仪发射电磁波，反射棱镜反射电磁波后被全站仪接收。假设 C_0 为真空中的电磁波速度，等于光速，n 为大气折射率，则波速 $C=C_0/n$，电磁波在待测距离上的往返传播时间为 t，所测距离 D 为：

$$D=\frac{1}{2}c\cdot t \tag{2-40}$$

电磁波测距按测量时间的方法主要有脉冲法和相位法；测距载波不同分为微波测距和光电测距，光电测距所使用的光源一般有激光和红外光源；按照测程又可分为短程、中程和远程测距。

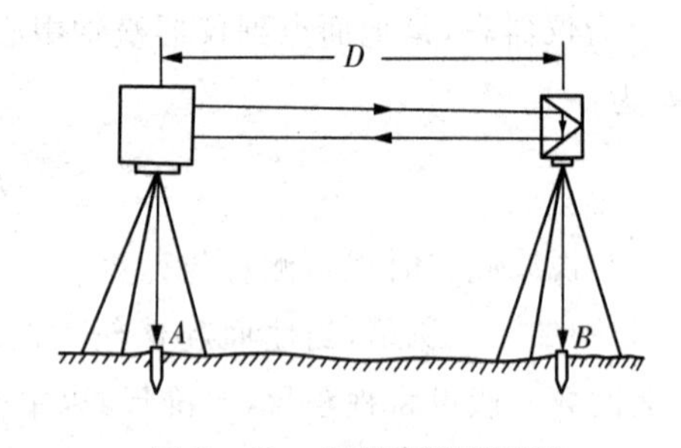

图 2-48 电磁波测距原理

全站仪测距精度用全站仪测距中误差 M_D 衡量，按式 2-41 计算，α 是测距固定误差，单位为 mm，与观测距离无关；b 是测距比例误差系数，单位为 mm/km，D 是实际观测距离。例如某全站仪的测距精度为 $2\ \text{mm}+2\cdot10^{-6}\cdot D$，表示该仪器的固定误差 $\alpha=2$ mm，比例误差系数 $b=2\cdot10^{-6}$，当观测距离 1 km，测距精度为 $2\ \text{mm}+2\cdot10^{-6\times1}\ \text{km}=4\ \text{mm}$。

$$M_D=a+b.D \tag{2-41}$$

(四)距离测量误差

1. 钢尺量距误差

(1)尺长误差

钢尺的实际长度与名义长度不一致，对丈量结果产生的误差称为尺长误差。该误差具有累积性，观测距离越大，误差越大，因此丈量前必须对钢尺进行检定。

(2)定线误差

直线定线时，各中间点位置偏离直线方向，丈量的距离是折线距离而不是实际线段距离，使得丈量结果总是偏大，这种误差称为定线误差。

(3)倾斜误差

量距时尺子没有处于水平位置或尺子中间下垂，所测距离会比实际长度要大。因此量距时尺子必须水平。尺子悬空时，要按一定的拉力拉尺并有人中间托尺。

(4)温度误差

钢尺具有热胀冷缩的特点，丈量时如温度发生变化，钢尺的长度会发生变化，观测结果产生的误差称为温度误差。丈量距离越长，温度变化越大，则温度误差也就越大。一般量距时，如果温度变化超过 10℃，必须进行温度改正。

(5)丈量误差

丈量时每尺段端点所插测钎位置是否正确，丈量时每段标志是否对准及余长的读数误差都属于丈量误差。例如丈量时用测针在地面上标定尺端点位置，若前、后尺手配合不好，插钎不直，很容易造成 3～5 mm 误差。若在倾斜地区丈量，用垂球投点，误差可能更大。钢尺在丈量时所受拉力应与检定时拉力相同，一般丈量中只要保持拉力均匀即可。钢尺量距时应尽力做到配合协调，尺要拉平，方向要直，对点读数要准。

2. 视距测量误差

(1)读数误差

中丝、视距丝在水准尺上读数的误差与水准尺的最小分划线的宽度、仪器至水准尺的距离及望远镜的放大倍率等因素有关，因此读数误差的大小由仪器及作业条件而定。

(2)竖直角观测误差

在视距测量时，一般只用盘左(或盘右)一个位置进行测量，且竖直角又不加指标差改正。因此测量前必须先进行竖盘指标差的检验与校正，使其满足要求。竖直角观测误差对水平距离影响较小。

(3)大气折光误差

地球表面上高度不同的区域其空气密度不同，对光线的折射影响也不一样，视线越接近地面，大气折光的影响越大，因此应采用抬高视线或选择有利的气象条件时进行视距测量。

(4)水准尺倾斜与分划误差

水准尺倾斜会对视距测量产生误差。当竖直角 α 增大，水准尺倾斜对视距测量结果的影响也越大。在山区测量时应特别注意水准尺倾斜问题。水准尺的分划误差也会对视距测量带来影响。

3. 电磁波测距误差

电磁波测距的误差主要有两部分组成：一是仪器本身的误差。例如电磁波调制频率的误差，相位或脉冲测定的误差、反射器的常数误差等；二是有观测人员的技术水平和观测时外界环境引起的误差。例如仪器和观测目标的安置、照准，气象参数的测定等。其中调制频率和气象参数测定的误差与观测距离长短相关，其它与观测距离长短无关。电磁波测距在正常环境中正确操作时，仪器本身的误差占主要部分。

二、直线定向

确定任一直线方向与标准方向之间的关系称为直线定向。要确定直线的方向，首先要选定一个标准方向作为直线定向的依据，然后测出这条直线方向与标准方向之间的水平角，则直线的方向便可确定。

直线定向与坐标正反算

(一)标准方向

在测量工作中一般以子午线方向为标准方向。子午线分真子午线、磁子午线和轴子午线三种。

1. 真子午线方向

如图 2-49 所示，通过地面上某点指向地球南北极的方向线，称为该点的真子午线，其切线方向称为该点的真子午线方向，真子午线北端指示方向称为真北方向。各点的真子午线都收敛并相交于两极。地面上任意两点的真子午线之间的夹角称为子午线收敛角，其大小与两点的经纬度有关。真子午线方向主要用于隧道、矿山的贯通测量，地铁定向测量和建立方位基准以及导航设备标校等，可用天文测量方法或陀螺仪测定。陀螺仪与全站仪集成一体构成陀螺全站仪，是能全天候、全天时、快速高效测定真北方位的精密测量仪器，如图 2-50 所示为某品牌陀螺全站仪。

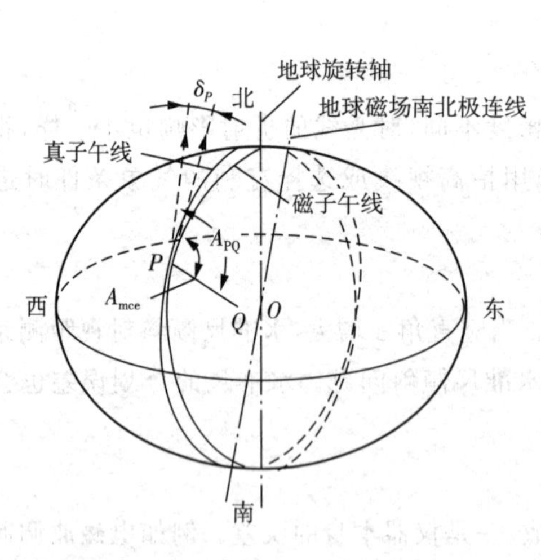

图 2-49　真、磁子午线

图 2-50　陀螺全站仪

2. 磁子午线方向

如图 2-49 所示，地面上某点当磁针静止时所指的方向称为该点的磁子午线方向，磁针北端指示方向称为磁北方向。地球磁南、磁北极与地球地理南、北极不重合，所以地面上任意一点的真子午线和磁子午线不重合，其夹角称为磁偏角，以 δ 表示。当磁子午线偏于真子午线方向以东时，称为东偏；当磁子午线偏于真子午线方向以西时，称为西偏；规定东偏为正，西偏为负。我国磁偏角大约在 $+6°$（西北地区）～ $-10°$（东北地区）之间。磁偏角随地点不同有变化，因此磁子午线在精密定向时不宜采用，但确定其方向比较方便，一般适用于定向精度要求不高场合，例如独立地区的踏勘测量。

3. 轴子午线方向

由于地面上各点的真子午线或磁子午线互相不平行，给计算工作带来不便。因此测量工作中常用平面直角坐标系纵轴方向作为标准方向，这样测区内地面各点的标准方向互相平行。高斯投影平面直角坐标系中，以中央子午线作为坐标纵轴。坐标纵轴北方向为正，称为轴北方向。除了中央子午线上的点，投影带内其它任意点轴子午线与真子午线方向不平行，二者之间的夹角称为轴偏角，用 γ 表示，东偏为正，西偏为负；独立平面直角坐标系中，以假定的坐标纵轴作为标准方向。

（二）直线方向的表示方法

1. 方位角

直线的方向常用方位角来表示。方位角是以标准方向为起始方向，顺时针旋转到该直线所形成的水平夹角，范围是 0°～360°。地球表面上同一个点有真北、磁北、轴北三个北方向，统称为三北方向，因此方位角有三种：以真子午线北端为标准方向称为真方位角，用 A 表示；以磁子午线北端为标准方向称为磁方位角，用 A_m 表示，磁方位角可以用罗盘仪测定，如图 2-50 所示；以坐标纵轴方向为标准方向称为坐标方位角，以 a 表示。如图 2-51 所示，三种方位角可按式 2-42 相互转换：

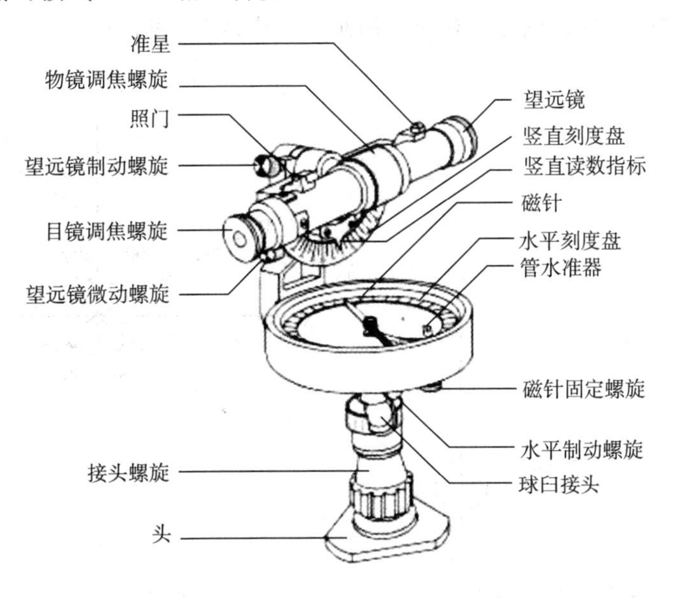

图 2-50　DQL-1 型罗盘仪示意图

$$A=A_m+\delta(\delta\text{东偏为正，西偏为负})$$

$$A=\alpha+\gamma(\gamma\text{东偏为正，西偏为负}) \quad (2-42)$$

$$\alpha=A_m+\delta-\gamma$$

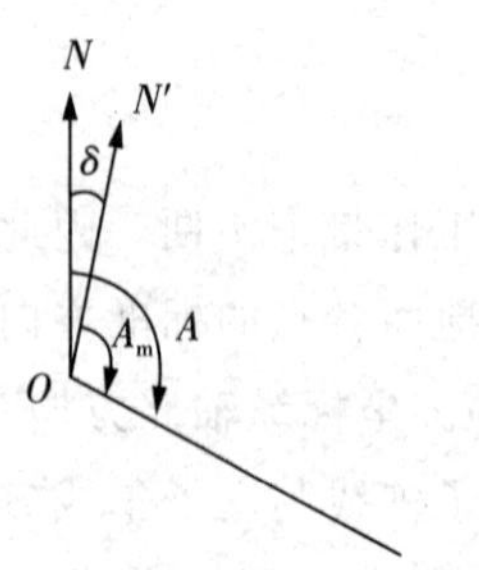

（a）真方位角和磁方位角关系

（b）真方位角和轴方位角关系

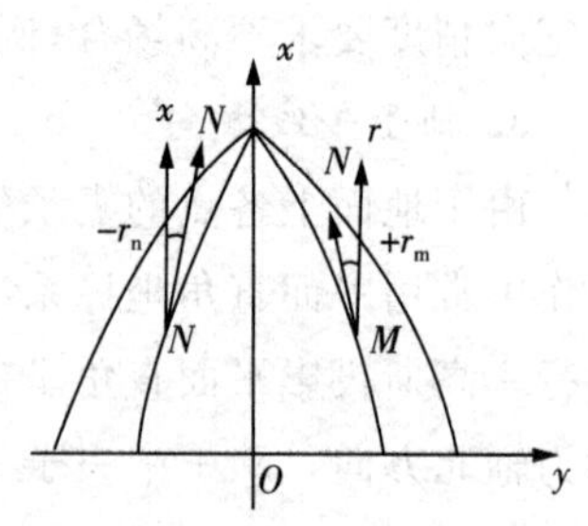

（c）磁方位角和轴方位角关系

图 2－51　方位角关系示意图

如图 2－52 所示，同一直线有两个方向，若规定直线从起点 1 到终点 2 为直线的正方向，则坐标方位角 α_{12} 为正坐标方位角，坐标方位角 α_{21} 为反坐标方位角。同一直线的正、反坐标方位角相差为 180°。即：

$$\alpha_{\text{正}}=\alpha_{\text{反}}\pm180° \quad (2-43)$$

2. 象限角

直线的方向还可用象限角表示。如图 2－54 所示，象限角是由坐标纵轴的北端或南端与该直线所形成的锐角，用 R 表示，范围为 0°～＋90°。象限角不仅要注明角度的大小，同时还要注明它所在的象限，例如北东 30°，南东 60°，南西 55°和北西 60°。

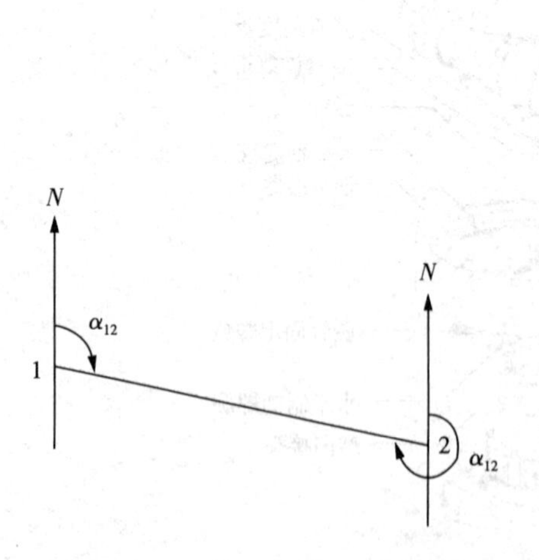

图 2－52　直线正反坐标方位角

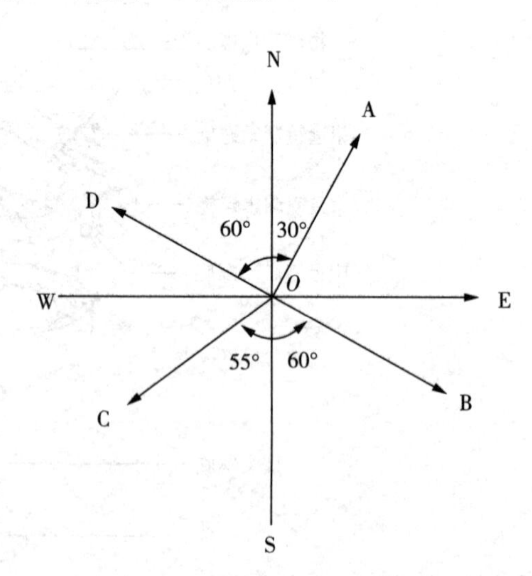

图 2－53　象限角

同一条直线的坐标方位角和象限角之间的关系如表 2－8 所示：

表 2－8　同一直线坐标方位角与象限角关系

象　限	α 与 R 之间的关系
Ⅰ	北东　$R=\alpha$
Ⅱ	南东　$R=180°-\alpha$
Ⅲ	南西　$R=\alpha-180°$
Ⅳ	北西　$R=360°-\alpha$

三、坐标正算与反算

确定点的平面位置，可根据某已知点坐标和两点之间的角度、距离关系，按坐标正算原理推算。两点之间的相对位置关系可根据两点坐标按坐标反算推算。

1. 坐标正算

如图 2－54 所示，假设已知 A 点的坐标(x_A、y_A)，AB 两点间水平距离 D_{AB} 和坐标方位角 α_{AB}，求 B 点坐标(x_B、y_B)，称为坐标正算。式中 ΔX_{AB} 称为纵坐标增量，ΔY_{AB} 称为横坐标增量，是边长在纵横坐标轴上的投影，因为：

$$x_B=x_A+\Delta x_{AB}$$
$$y_B=y_A+\Delta y_{AB} \quad (2-44)$$

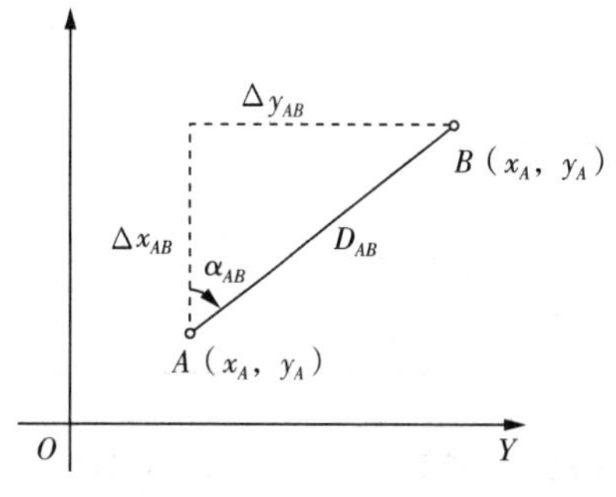

图 2－54　坐标正反算

$$\Delta x_{AB}=D_{AB}\cdot\cos\alpha_{AB}$$
$$\Delta y_{AB}=D_{AB}\cdot\sin\alpha_{AB} \quad (2-45)$$

所以：

$$x_B=x_A+D_{AB}\cdot\cos\alpha_{AB}$$
$$y_B=y_A+D_{AB}\cdot\sin\alpha_{AB} \quad (2-46)$$

【例 2－3】　已知 A 点 $X_A=334.763$ m、$Y_A=313.021$ m；$D_{AB}=150.384$ m、$\alpha_{AB}=159°30'43''$，求 B 点坐标。

解：坐标增量计算：$\begin{cases}\Delta x_{AB}=150.384\times\cos159°30'43''=-140.871(\text{m})\\ \Delta y_{AB}=150.384\times\sin159°30'43''=52.636(\text{m})\end{cases}$

B 点坐标计算：$\begin{cases}x_B=334.763-140.871=193.892(\text{m})\\ y_B=313.021+52.636=365.657(\text{m})\end{cases}$

2. 坐标反算

如图 2-54 所示，假设已知点 A、B 的坐标$(x_A、y_A)$、$(x_B、y_B)$，求 AB 两点间边长 D_{AB} 和坐标方位角 α_{AB}，称为坐标反算。即：

$$D_{AB}=\sqrt{(x_B-x_A)^2+(y_B-y_A)^2} \tag{2-47}$$

$$\alpha_{AB}=\tan^{-1}\frac{\Delta y_{AB}}{\Delta x_{AB}} \tag{2-48}$$

注意按式 2-48 计算的 α_{AB} 范围是 $-90°\sim+90°$，坐标方位角 α 的范围是 $0°\sim360°$，因此应先根据坐标增量符号判断 AB 所在的象限，再按表 2-10 计算坐标方位角 α_{AB}。

表 2-9　坐标方位角计算公式

Δx 符号	Δy 符号	象限	坐标方位角 α_{AB}
+	+	Ⅰ	$\alpha=\tan^{-1}\frac{\Delta y}{\Delta x}$
−	+	Ⅱ	$\alpha=180°+\tan^{-1}\frac{\Delta y}{\Delta x}$
−	−	Ⅲ	$\alpha=180°+\tan^{-1}\frac{\Delta y}{\Delta x}$
+	−	Ⅳ	$\alpha=360°+\tan^{-1}\frac{\Delta y}{\Delta x}$

【例 2-4】 已知 A 点坐标为(123.589 m, 457.243 m)，B 点坐标为(108.245 m, 355.621 m)，求 A 至 B 点的边长 D_{AB} 和坐标方位角 α_{AB}。

解：坐标增量计算：$\begin{cases}\Delta x_{AB}=108.245-123.589=-15.344(\text{m})\\ \Delta y_{AB}=355.621-457.243=-101.622(\text{m})\end{cases}$

边长 D_{AB} 计算：$D_{AB}=\sqrt{(-15.344)^2+(-101.622)^2}=102.774(\text{m})$

由于 Δx 负，Δy 负，AB 直线方向在第三象限，坐标方位角 α_{AB} 为：

$$\alpha_{AB}=180°+\text{aretan}\,\frac{-15.344}{-101.622}=180°-81°24'49''=261°24'49''$$

任务四　全站仪基本操作

全站仪使用前应进行观测前的准备，主要有仪器安置，开机自检，建立工作文件并设置相关参数，例如距离、角度单位、测距模式、棱镜常数、气压和温度等。不同全站仪的方法原理类似，由于功能菜单系统有差异，操作细节上有所差别，具体操作步骤参考仪器用户手册，本节只介绍基本操作方法原理。

一、全站仪基本功能

(一)角度测量

全站仪角度测量主要包括水平角测量与竖直角测量,按测回法或方向观测法实施(详见任务二)。在度盘读数配置时使用置零或置角命令。置零是把瞄准方向的水平度盘读数设置为 0°00′00″,置角是把瞄准方向的水平度盘读数设置为所需角度值。注意,全站仪水平度盘读数显示有左角 HL 和右角 HR 两种,左角是逆时针旋转读数增大,右角是顺时针旋转读数增大,一般设置为右角 HR。

(二)距离测量

全站仪可直接观测两点间水平距离、倾斜距离和高差。首先在测站点安置仪器,在目标点设置合作目标,精度要求不高且不易安置棱镜时,可设置反射片或使用全站仪免棱镜功能进行测距。如图 2-55 所示。全站仪距离测量有精测模式、跟踪模式、粗测模式。根据测距精度和工作要求选择测距模式。

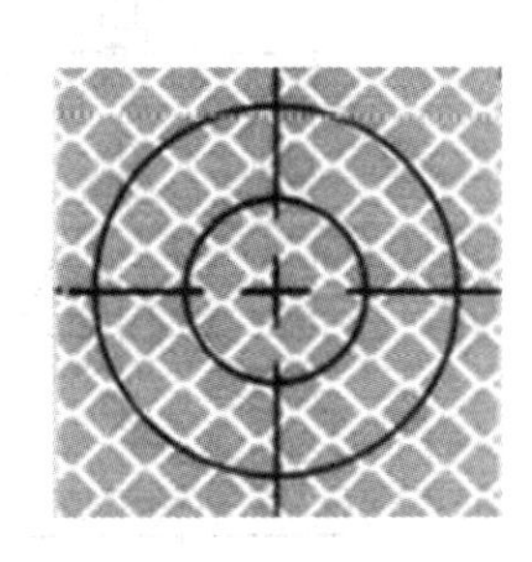

图 2-55　反射片

由于光在大气中的传播速度会随大气温度和气压而变化,距离测量会受测量时大气条件的影响,因此测距前应输入温度和气压值,仪器自动计算大气改正值 ppm(已知 ppm 值可直接输入),改正测距结果。由于反射棱镜等效反射面与棱镜安置中心不一致引起的测距偏差称为棱镜常数(一般有 0 或 −30 mm 两种),因此测距前应根据合作目标类型输入正确的棱镜常数。

测距模式和相关参数确定后,照准合作目标中心,执行测距命令,开始距离测量,测距完成后显示斜距、平距、高差。注意有些全站仪在距离测量时若不输入仪器高和棱镜高,则所测高差值是全站仪横轴中心与棱镜中心的高差。

(三)坐标测量

1. 已知点建站

全站仪坐标测量基本方法是已知点建站测量。即安置仪器在某一已知点(测站点),以另一已知点为定向点(后视点),通过观测未知点(前视点)求解坐标。三种点位置关系如图 2-56 所示。

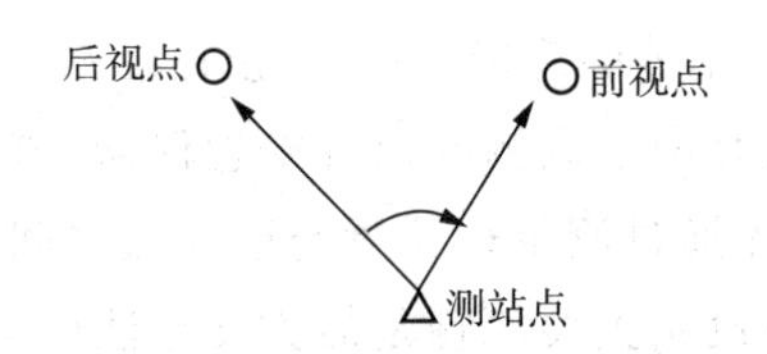

图 2-56　已知点建站坐标测量点位示意图

全站仪坐标测量实践教学视频

如图 2-57 所示，分别设置测站点坐标、后视方位角、仪器高和棱镜高，瞄准未知点上合作目标，执行坐标测量命令，机载程序根据已知点坐标计算未知点坐标。全站仪已知点建站坐标测量原理的主要步骤是：

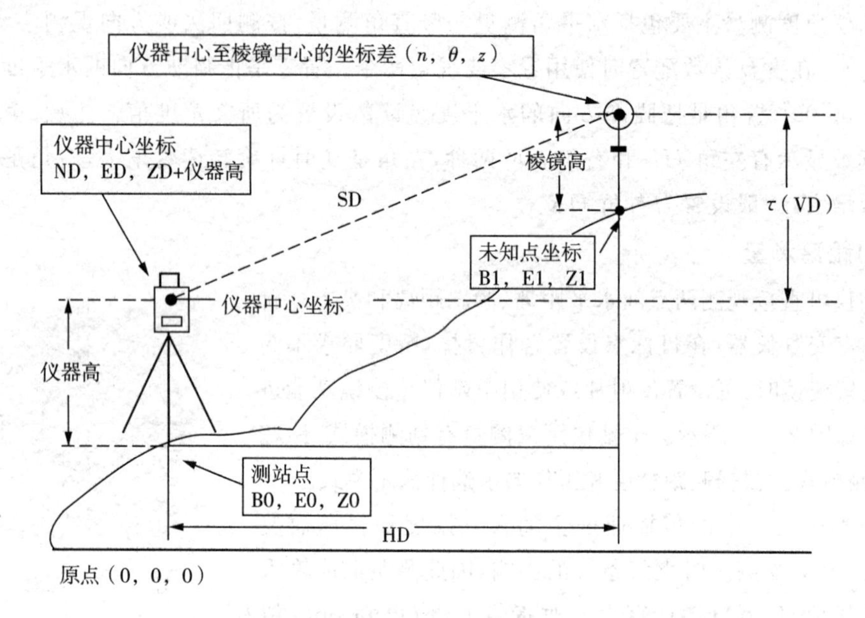

图 2-57　已知点建站坐标测量原理图

(1)安置

在已知点安置全站仪，对中整平，目标点上安置合作目标。

(2)建站

在全站仪中输入测站点点名、坐标，选择反射目标类型；输入棱镜常数、大气改正值(或气温、气压值)；测量仪器高、棱镜高(目标高)并输入。

(3)定向

输入后视点点名、坐标(如已知后视方向坐标方位角可直接输入)，全站仪自动计算后视方向的坐标方位角并显示。用望远镜瞄准后视点并测量检核，如在限差范围内，完成定向。

(4)测量

松开仪器，照准未知点合作目标中心，执行坐标测量功能，全站仪测量显示未知点坐标(X、Y、H)。

2. 自由设站

实际工作中，由于建筑物、临时堆积物或树木等的遮挡，不能直接在已知点建站测量未知点坐标。如图 2-58 所示，可在现场选择最有利于观测的位置安置仪器，该位置与未知点通视且周围至少有 3 个以上已知点通视。先通过测量该位置与已知点之间的角度距离来确定测站的坐标，再测量未知点坐标。自由设站主要原理是后方交会法(详见小区域控制测量)，灵活便捷，在坐标测量与放样中应用广泛。注意观测方向间的夹角宜为 30°～

120°。全站仪自由设站坐标测量的主要步骤是：

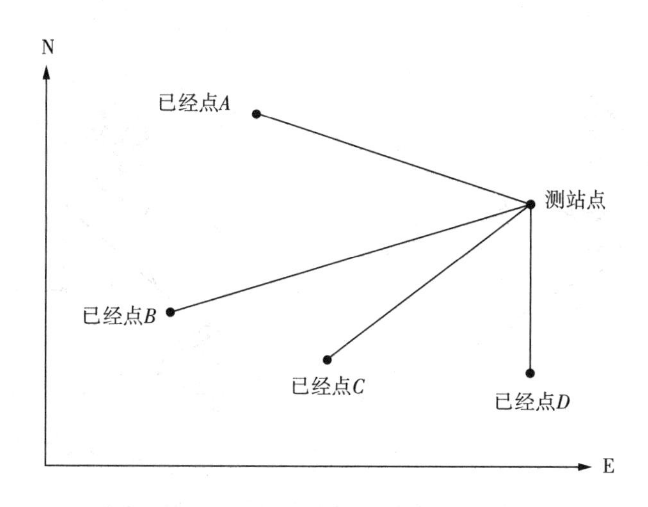

图 2-58　自由设站坐标测量点位示意图

(1)安置

根据工程需要和周边控制点精度情况，在无通视障碍的中心区域合适位置安置全站仪，目标点上安置合作目标，分别量取仪器高和棱镜高，精确至 1 mm。

(2)输入已知数据

全站仪进行温度、气压等参数设置。依次输入已知点点名、坐标等信息，也可提前在仪器中录入或导入。

(3)测量

依次瞄准观测已知点，逐点进行方向和距离的测量并自动记录。完成最少测量数据采集后，全站仪计算测站位置坐标值。测站点点位精度合格后，按已知点建站方法观测测站周围未知点坐标。

二、全站仪应用程序功能

全站仪内置相关测量应用程序，常用的主要有放样、悬高测量、对边测量和面积测量等，具体操作步骤参考仪器说明手册，本任务简述程序功能原理。

(一)放样

在施工测量中，需要把图纸上设计对象的位置在现场标定出来，作为施工的依据。全站仪具有角度、距离、高程和坐标放样功能。输入需放样角度、距离、高程和坐标值设计值，通过观测当前位置，在放样过程中仪器显示角度、距离、高程、坐标的实测值与设计值之差，根据显示的偏离值大小和方向调整棱镜位置，直至偏离值在误差允许范围

全站仪坐标放样实践教学视频

内，此时棱镜所处位置即为要测设的点位，如图 2－59 所示分别为已知角度、距离放样和已知坐标放样。

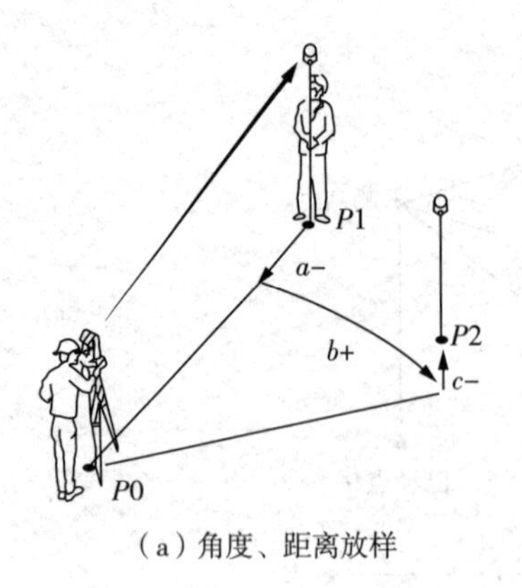

（a）角度、距离放样

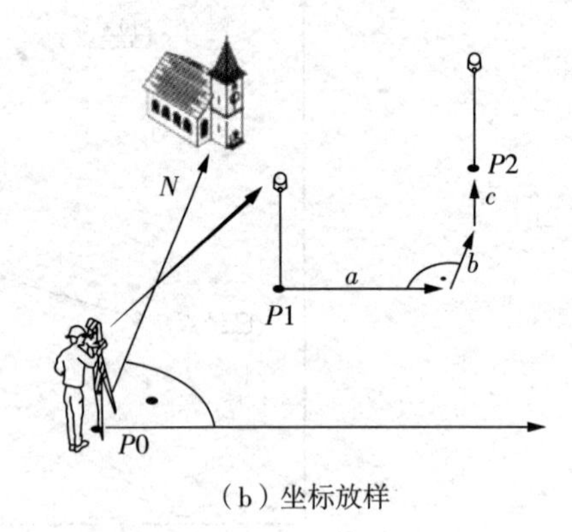

（b）坐标放样

图 2－59　全站仪角度、距离与坐标放样原理示意图

（二）悬高测量

如图 2－60 所示，为了测量某些不能设置反射棱镜的目标点高度时，例如高压电线高度、桥梁桁架或建筑物高度等，可采用悬高测量，测定目标相对于棱镜的高差，若基准点高程已知，也可直接得到悬高点的高程。其中 $P0$ 是测站点，$P1$ 是棱镜点，$P2$ 是悬高点，$P3$ 是棱镜。a 是 $P1$、$P2$ 的高差，$d1$ 是斜距，α 是基准点和悬高点之间的竖直角。

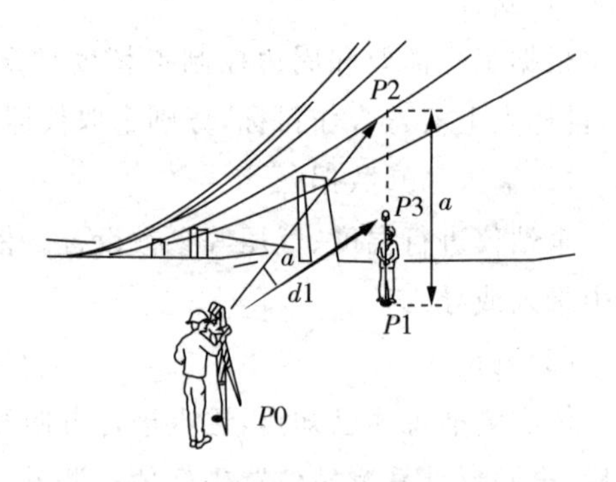

图 2－60　悬高测量示意图

悬高测量分为已知棱镜高和未知棱镜高两种方式。

1. 棱镜高已知

将反射棱镜安置在观测目标正下方 $P1$，输入基准点点号和棱镜高，先直接瞄准反射棱镜 $P3$ 测量平距，然后再转动望远镜瞄准悬高点 $P2$，可显示 $P1$、$P2$ 的高差 a，即悬高点到地面的高度。具体操作步骤参考仪器用户手册。

2. 棱镜高未知

将反射棱镜安置在观测目标正下方 $P1$，输入基准点点号，瞄准棱镜测距。旋转望远镜，瞄准棱镜底部 $P1$，仪器计算出棱镜高后保存。再旋转望远镜，瞄准悬高点 $P2$，可显示 $P1$、$P2$ 的高差 a，即悬高点到地面的高度。具体操作步骤参考仪器用户手册。

（三）对边测量

当全站仪无法在观测点直接架设仪器时，可使用对边测量功能，任意测站位置，测量两个目标棱镜之间的水平距离，斜距和高差，例如道路横断面测量中变坡点之间的距离和高差等。对边测量模式有射线式和折线式两种模式。如图 2－61(a)所示，射线式是测定多点相对于中心点的距离和高差。P0 是测站点，P1、P2、P3、P4 是目标点，α_1、α_2、α_3 分别是 P14、P13、P12 的坐标方位角，d1、d2、d3 分别是 P12、P13、P14 之间的距离；如图 2－61(b)所示，折线对边是直接测定相邻点的距离和高差。P0 是测站点，P1、P2、P3、P4 是目标点，α_1、α_2、α_3 分别是 P12、P23、P34 的坐标方位角，d1、d2、d3 分别是 P12、P23、P34 之间的距离。具体操作步骤参考仪器用户手册。

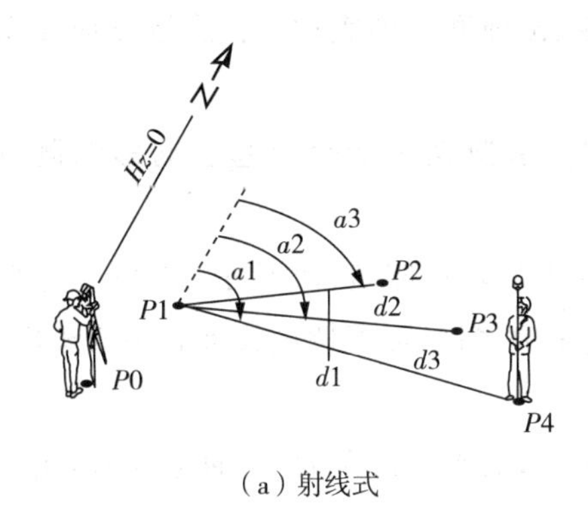

（a）射线式

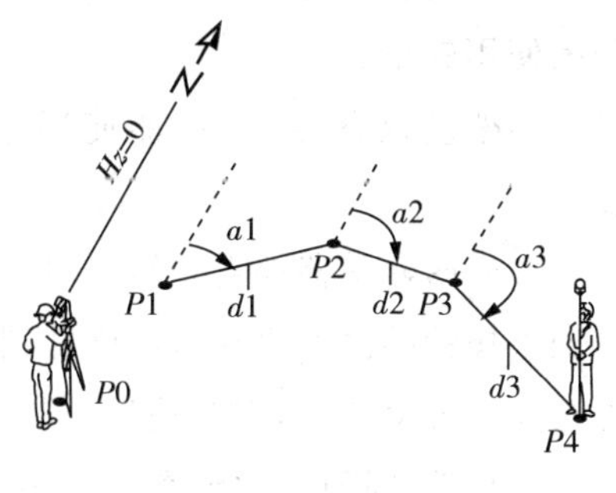

（b）折线式

图 2－61　对边测量示意图

(四)面积测量

全站仪可即时计算测量目标点所围成面的面积。如图 2－62 所示，全站仪架设于任意位置，按顺时针方向分别观测 P1、P2、P3、P4，全站仪可以计算目标点之间连线所包围的面积 b。最少测定 3 个点就可进行面积计算，参与计算的点可以实时观测或从内存中选取已知点。具体操作步骤参考仪器用户手册。

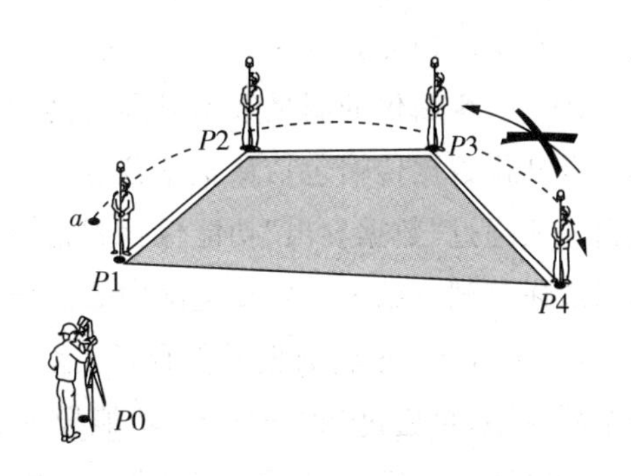

图 2－62　面积测量示意图

三、全站仪注意事项

全站仪在使用前，应按照正确方法进行检验与校正，主要包括机械构造和电子部分检校，以保证作业成果精度。检校内容与方法参考仪器用户手册，在此不做叙述。全站仪经过检校后，在使用中还应注意以下几点：

(一)日光下测量时应避免将物镜直接对准太阳。建议使用太阳滤光镜。发射电磁波时，眼睛不要看物镜、反射目标等。

(二)避免在高温和低温下存放仪器，亦应避免温度骤变(使用时气温变化除外)。

(三)仪器不使用时，应将其装入箱内，置于干燥处，并注意防震、防尘和防潮；在外业使用仪器时，要始终盖上仪器箱；塑料泡沫以及其他附件，使用完后清洁处理，直到完全干燥后再装箱。

（四）若仪器工作处的温度与存放处的温度差异太大，应先将仪器留在箱内，直至适应环境温度后再使用。

（五）若仪器长期不使用，将电池卸下分开存放。电池应每月充电一次。电池应使用专用充电器充电，电池充满后应及时结束充电，已经损坏的充电器和电池不能使用。保持插头清洁、干燥，吹去连接电缆插头上的灰尘。充电器充电结束后应将插头从插座拔出。

（六）运输仪器时应将其装于箱内，小心避免挤压、碰撞和剧烈震动。长途运输应在箱子周围使用软垫。

（七）架设仪器时，尽可能使用木质脚架。使用金属脚架可能会引起震动影响测量精度。

（八）外露光学器件需要清洁时，应用脱脂棉或镜头纸轻轻擦净，切不可用其它物品擦拭。如果棱镜的温度比环境温度低则易结雾，不要简单地擦拭，可把棱镜放进衣物或车内，使之与周围温度适应，雾会消失。

（九）仪器使用后，用绒布或毛刷清除仪器表面灰尘；被雨水淋湿后，勿通电开机，用干净软布擦干在通风处放一段时间。

（十）作业前应仔细全面检查仪器，确定仪器各项指标、功能、电源、初始设置和参数均符合要求时再进行作业。若发现仪器功能异常，非专业维修人员不可擅自拆开仪器，以免发生不必要的损坏。

（十一）全站仪的测量数据可通过通讯接口与电脑、手簿等进行数据传输，便于数据处理。全站仪数据传输包括从全站仪导出数据和向全站仪导入数据两部分。全站仪采集的数据一般通过“数据导出”功能保存到指定路径下，通过 U 盘或同步软件建立全站仪与 PC 的同步拷贝到电脑中。要将电脑中数据导入到全站仪中，一般先在电脑上新建一个文本格式文件（*.txt），编辑数据并保存后，通过 U 盘或同步软件建立全站仪与 PC 的同步拷贝到全站仪中，再通过“数据导入”功能导入到当前作业中。注意坐标数据格式一般是按点名，E 坐标，N 坐标，H 高程，点的编码，中间用逗号分隔符。

任务五　GNSS 与 GNSS-RTK 测量

通过卫星定位技术建立的全球导航定位服务系统称为全球卫星导航定位系统，简称 GNSS。目前全球范围内的卫星导航定位系统主要包括美国的全球导航定位系统（GPS）、俄罗斯的格洛纳斯（GLONASS）导航定位系统、欧盟的“伽利略（GALILEO）”导航定位系统和我国的北斗卫星导航系统（BDS）。全球四大卫星导航定位系统系统总成和工作原理等方面相似。

一、GNSS 测量

(一)GNSS 系统简介

1. 北斗卫星导航定位系统(BDS)

北斗卫星导航系统(BDS)是我国着眼于国家安全和经济社会发展需要,自主建设、独立运行的卫星导航系统。根据国情,北斗卫星导航系统建设分第一步试验阶段北斗一号(BDS－1),第二步建成覆盖亚太地区的北斗二号系统(BDS－2),第三步建成为全球用户提供服务的北斗三号系统(BDS－3)。1994 年,我国正式开始北斗卫星导航试验系统的研制,在 2003 至 2007 期间,共发射 4 颗试验卫星,2007 年,我国启动了北斗二号(BDS－2)系统的建设,2012 年完成星座组网,由 5 颗地球静止轨道(GEO)卫星、5 颗倾斜地球同步轨道卫星(IGSO)和 4 颗中圆地球轨道卫星(MEO)组成,于 2012 年 12 月开始正式向亚太地区提供定位、测速、授时和短报文通信服务。北斗全球卫星导航三号系统(BDS－3)于 2009 年启动建设,2017 年下半年开始发射全球组网卫星,截止 2020 年完成星座部署。共发射 55 颗北斗卫星,中圆地球轨道卫星在轨高度 21500 km,大约半天绕地球一圈;地球静止轨道卫星距离地球 35800 km 的圆形轨道,卫星转动方向和周期与地球一致;倾斜地球同步轨道卫星距离地球 35800 km 的圆形轨道,与赤道有一定的倾斜角度,卫星转动方向和周期与地球一致。2020 年 7 月 31 日,北斗三号全球卫星导航系统正式开通。

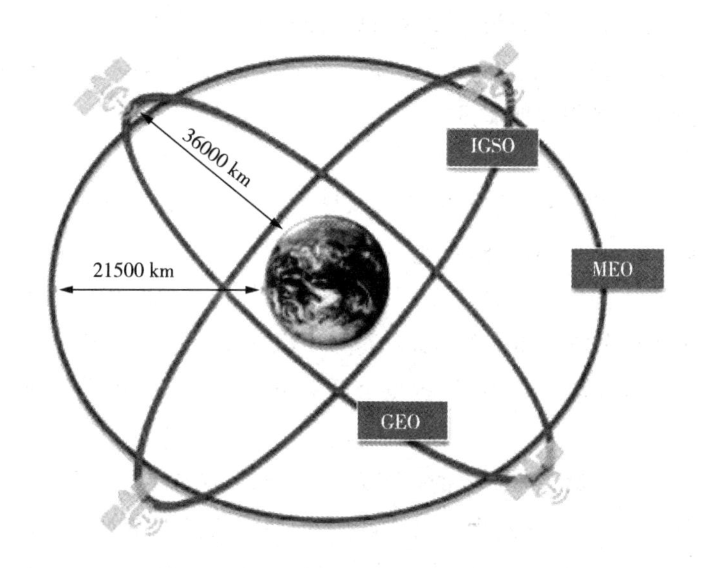

图 2－68　北斗卫星导航定位星座示意图

北斗卫星导航定位系统主要有以下特点:一是北斗系统空间段采用地球静止轨道卫星、倾斜地球同步轨道卫星和中圆轨道卫星三种轨道卫星组成的混合星座,与其他卫星导航系统相比高轨卫星更多,抗遮挡能力强,尤其低纬度地区性能优势更为明显。二是北斗系统提供多个频点的导航信号,能够通过多频信号组合使用等方式提高服务精度。三是北斗系统创新融合了导航与通信能力,具备定位导航授时、星基增强、地基增强、精密单点定位、短报文通信和国际搜救等多种服务能力。四是北斗系统只需在我国境内主控、监控和注入,高轨卫星可以与系统内其它卫星直接进行星间链路通信。星间链路通信本身可以测距,提高星座轨道精度和系统的抗干扰能力。

北斗卫星导航系统的坐标框架采用2000中国大地坐标系(CGCS2000),时间基准采用北斗时(BDT)。BDT采用国际单位制(SI)s(秒)为基本单位连续累计,不闰秒,起始历元为2006年1月1日协调世界时(UTC)00时00分00秒。BDT通过中国科学院国家授时中心保持的UTC(NTSC)与国际UTC建立联系,BDT与UTC的偏差保持在100ns(纳秒)以内。BDT与UTC之间的闰秒信息在导航电文中播报。

2. GPS全球卫星导航定位系统

GPS是美国建立的全球卫星导航定位测距授时系统,发射了24颗卫星(21颗为工作卫星,3颗为备用卫星,目前的卫星数已经超过32颗),均匀分布在6个相对于赤道倾角为55°的近似圆形轨道上,距离地球表面的平均高度为20200Km,运行速度为3800m/s,运行周期11时58分钟,每颗卫星可覆盖全球约38%的面积,卫星的分布可保证在地球上任何地点、任何时刻,同时能观测到4颗卫星。GPS定位所采用的坐标系是WGS-84世界大地坐标系。

3. 格洛纳斯(GLONASS)导航定位系统

GLONASS是俄罗斯研制开发应用的卫星定位系统,主要有24颗GLONASS卫星均匀地分布在3个等间隔近圆形轨道平面内,轨道倾角为64.8°,每个轨道上等间隔地分布8颗卫星。卫星距离地面高度为19100 km,卫星的运行周期为11时15分钟。GLONASS系统可免费提供独立的民用导航服务。

4. 伽利略(GALILEO)导航定位系统

Galileo系统是欧盟在1992年提出的全球导航定位系统,主要包括星座与地面设施、服务中心、用户接收机等。计划卫星星座由30颗卫星(27颗工作卫星和3颗备用卫星)组成,采用中等地球轨道,均匀分布在高度约为23616 km的3个中高度圆轨道面上,轨道倾角56°。每个轨道面上均匀分布9颗工作卫星和1颗备用卫星。至2018年7月25日,Galileo系统共有26颗在轨工作卫星,提供公开服务、商业服务、公共管理服务、生命安全服务和搜救服务。

GNSS测量与常规测量相比主要的特点有:一是全天侯作业,可以在任何时间、地点进行,不易受天气影响。二是测站间无需通视,极大的减少测量工作的时间和经济成本,点位选择更为灵活。注意GNSS测站点位上空应有足够的净空,保障卫星信号得顺利接收。三是定位精度高,能直接提供三维坐标。四是观测实际短,自动化程度高,操作简便。

(二)GNSS系统组成

GNSS系统主要由空间段(卫星星座)、地面段(控制与监测)和用户部分(接收机)组成。如图2-69所示为BDS-3系统示意图。空间段主要是由一定数量的卫星组成,主要功能是接收和存储地面段发来的导航信息,接收并执行地面段的控制命令;进行部分必要的数据处理;通过星载原子钟提供精密的时间标准;向用户发送导航定位信息等。如图 2-70 所示北斗系统地球静止轨道卫星(GEO)。

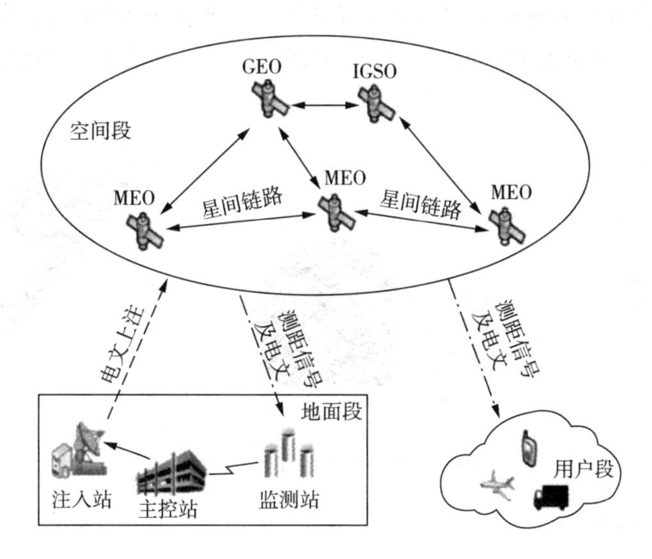

图 2-69 BDS—3 系统示意图

图 2-70 北斗地球静止轨道卫星(GEO)

地面段主要指控制监测系统,监控卫星运行状态,计算控制命令并注入卫星,控制卫星执行指令等。例如北斗系统地面部分包括主控站、时间同步/注入站和监测站等,以及星间链路运行管理设施,如图 2-71 所示。

图 2-71 北斗系统地面部分

监控站的作用是接收卫星信号,监测卫星的工作状态。主控站根据各监测站对卫星的观测数据,计算出卫星的星历和卫星时钟的改正参数等,并将这些数据和指令通过注入站注入以卫星中去;当工作卫星出现故障时,调度备用卫星,替代失效的工作卫星工作。注入站是将主控站计算的卫星星历和卫星时钟的改正参数和指令等信息注入到卫星中,并向主控站报告其工作状态。

用户部分主要是指信号接收机和数据处理软件等，主要作用按一定卫星高度截止角捕获卫星的信号，跟踪卫星的运行，对所接收到的信号进行变换、放大和处理，以便测量出信号从卫星到接收机天线的传播时间，解译出卫星所发送的导航电文，实时地计算出测站的三维位置、三维速度和时间等工作。如图 2－72 所示为北斗系统用户部分用户终端设备。

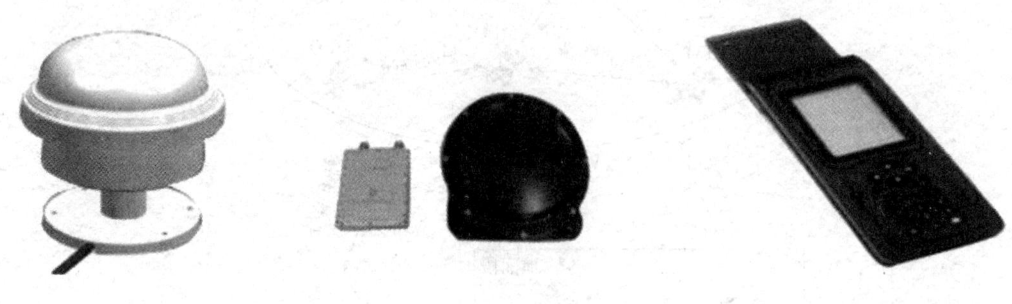

图 2－72　北斗系统用户终端

(三)GNSS 定位原理

如图 2－73 所示，GNSS 测量定位时，用户接收机在某一时刻同时接收若干颗卫星发射的测距信号和导航电文，导航电文中含有卫星的位置信息。通过测定 GNSS 卫星测距信号在卫星和测站点之间的传播时间来确定用户接收机至卫星的距离，通过对卫星星历进行计算获得相应时刻的卫星位置，利用距离交会法就解算出用户接收机的位置。因此 GNSS 的定位原理就是把空间分布的卫星星座作为已知点，测算卫星与地面点之间的距离，采用

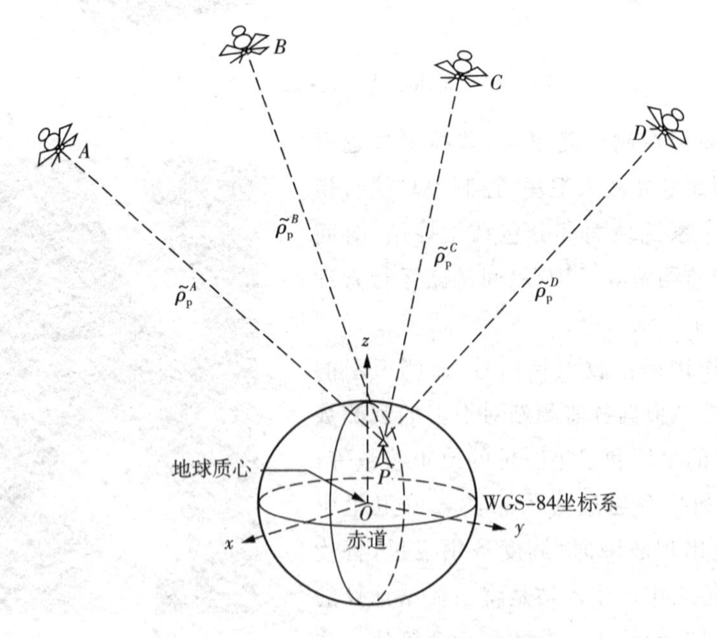

图 2－73　GNSS 定位原理示意图

空间后方距离交会的原理计算出地面点位置。GNSS 测量定位时，卫星钟和接收机钟应保持严格同步，并与 GNSS 标准时间一致，这样才能准确测定信号传播时间进而求得卫星与测站之间的距离。卫星上使用的是原子种，精度很高，而接收机使用石英钟，精度较低，时间的不同步产生钟差，因此至少同时跟踪观测 4 颗可见卫星才能解算出经度、纬度、高度及钟差，实现定位。

为了测定地面某点坐标（x_p, y_p, z_p），GNSS 接收机安置在 P 点，设某时刻 t 测站点 P 与 4 颗卫星之间的距离分别为 $\tilde{\rho}_A$、$\tilde{\rho}_B$、$\tilde{\rho}_C$、$\tilde{\rho}_D$；4 颗卫星的三维坐标分别为（x_i、y_i、z_i），$i=1,2,3,4$；C 为光速，δ_t 为钟差参数，根据空间后方距离交会原理可按下式求解 P 点坐标（x_p, y_p, z_p）。

$$\begin{cases}\tilde{\rho}_A^2=(x_p-x_1)^2+(y_p-y_1)^2+(z_p-z_1)^2+c\delta_t\\\tilde{\rho}_B^2=(x_p-x_2)^2+(y_p-y_2)^2+(z_p-z_2)^2+c\delta_t\\\tilde{\rho}_C^2=(x_p-x_3)^2+(y_p-y_3)^2+(z_p-z_3)^2+c\delta_t\\\tilde{\rho}_D^2=(x_p-x_4)^2+(y_p-y_4)^2+(z_p-z_4)^2+c\delta_t\end{cases}\tag{2-49}$$

（四）GNSS 定位方法

GNSS 定位方法有很多种，按照分类标准不同，可分为以下几种：

1. 根据定位模式分类

（1）绝对定位

如图 2-74 所示，绝对定位是直接根据卫星与接收机之间的距离观测量和已知卫星的瞬时坐标，确定观测点在坐标系中的绝对位置，也称为单点定位。绝对定位的优点是只需一台接收机便可定位，观测的组织与实施简便，由于受到多种因素影响，定位精度较低。

（2）相对定位

如图 2-75 所示，相对定位是在两个或若干个观测站上，安置接收机，同步跟踪观测相同的卫星，测定接收机之间的相对位置（坐标差），根据地面已知点求解未知点位置。由于卫星星历误差、卫星钟差、接收机钟差、电离层和对流层延迟对观测量的影响有相关性，通过观测量求差可消除或减弱这些误差，因此相对定位的精度高。

2. 根据接收机在作业中的运动状态分类

（1）静态定位

GNSS 静态定位是在定位过程中，将接收机安置在测站点上并固定不动。严格说来，这种静止状态只是相对的，通常指接收机相对与其周围点位没有发生变化。在数据处理时，将接收机天线的位置作为一个不随时间改变而改变的量。静态定位一般用于高精度的测量定位，其具体观测模式是多台接收机在不同的观测站上进行同步静止观测，观察时间有几分钟、几小时到数十小时不等。

（2）动态定位

在定位过程中，接收机处于运动状态。接收机的天线在整个观测进程中的位置是变化的。在数据处理时,将接收机天线的位置作为一个随时间的改变而改变的量。

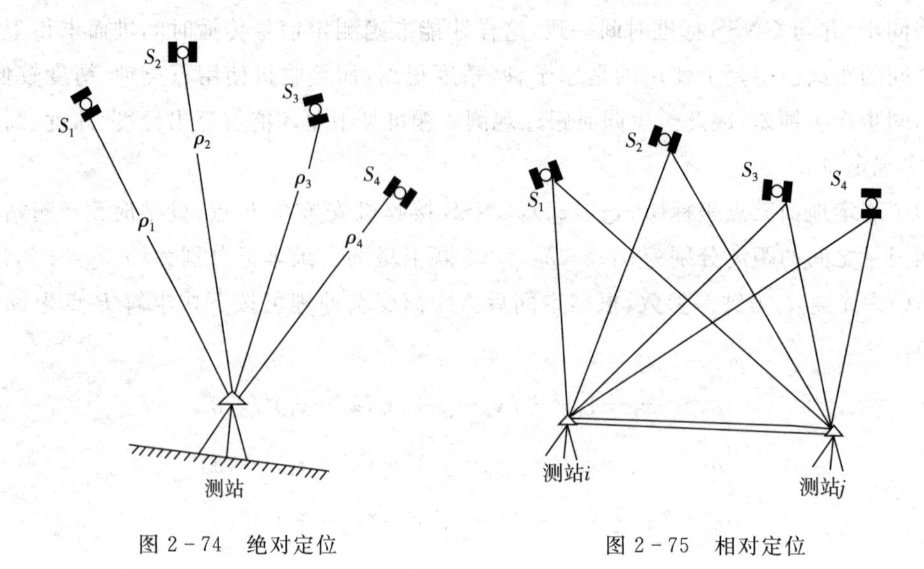

图 2-74　绝对定位　　　　图 2-75　相对定位

3. 根据定位采用的观测值分类

(1)伪距定位

因为卫星钟、接收机钟存在误差,无线电信信号在传播过程钟受到多种因素影响,所测得的星站之间的距离与实际距离之间存在一定的差值,所以该距离称为伪距。伪距定位所采用的观测值为伪距观测值,是由卫星发射的测距码信号到达接收机的传播时间乘以光速所得出的量测距离。伪距定位的优点是数据处理简单,对定位条件的要求低,可以非常容易地实现实时定位,其缺点是观测值精度较低。

(2)载波相位定位

载波相位定位所采用的观测值是卫星信号的载波相位观测值。载波是正弦波,相位测量只能测出不足一周的相位,存在整周不确定的问题,称为整周模糊度。接收机在某时刻锁定卫星信号观测时,只要卫星信号不失锁,信号整周数保存不变,从锁定开始累积的整周数可以通过整周计数器记录。载波相位定位的优点是观测值的精度高,其缺点数据处理过程复杂,存在整周模糊度的问题。

4. 根据获取定位结果的时效性

(1)实时定位

实时定位是根据接收机观测到的数据,实时地解算出接收机天线所在的位置。

(2)非实时定位

非实时定位又称后处理定位,它是通过对接收机接收到的观测数据进行后处理进行定位的方法。

在实际工作中,根据需要,GNSS 测量可采用不同的模式组合,例如基于载波相位观测的静态相对定位是目前 GNSS 测量中精度最高的一种方法,基于载波相位观测的动态相对定位可达到厘米级定位精度。

(五)GNSS误差分析

如图2-76所示,GNSS测量根据误差产生的阶段可以分为与卫星有关、与信号传播有关和与接收机有关的误差。

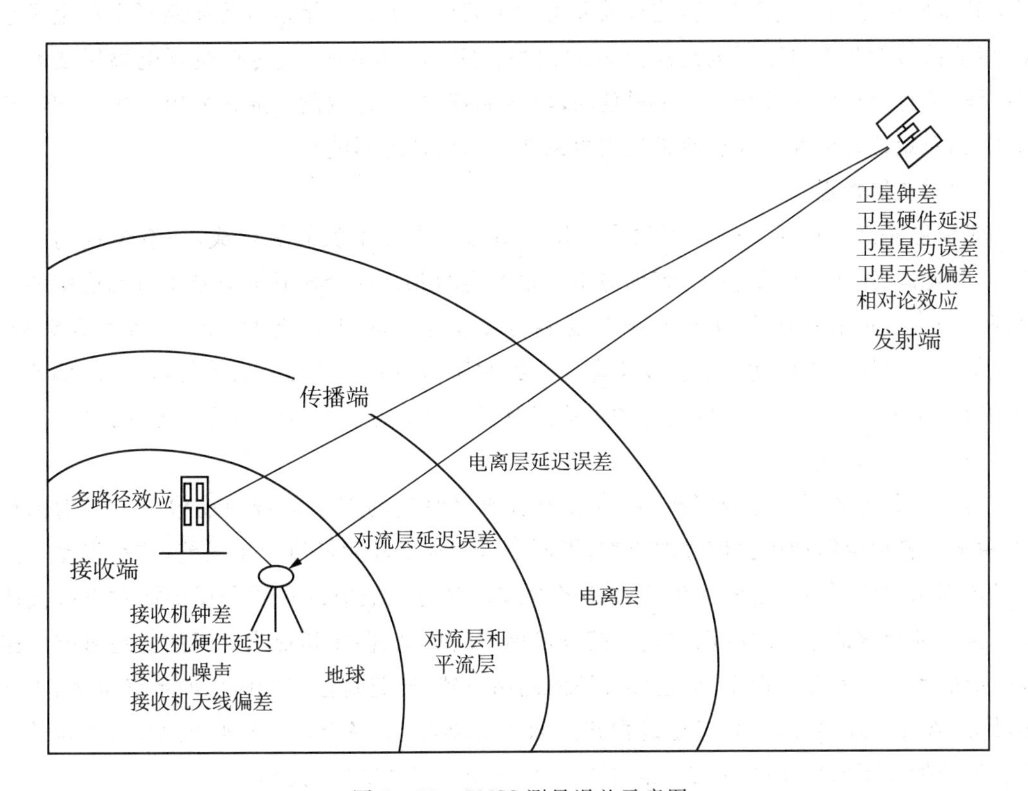

图2-76　GNSS测量误差示意图

1. 卫星误差

(1)星历误差

GNSS定位时,卫星是当作动态的已知点,而计算在某时刻卫星空间位置所需的卫星轨道参数是通过卫星星历提供的,计算出的卫星位置都会与其真实位置有所差异,这就是卫星星历误差,是GNSS测量的重要误差来源之一。可通过采用IGS提供的精密星历、相对定位差分的方法减弱影响,提高定位精度。

(2)卫星钟差

卫星钟的精确度会受到多种因素的影响,例如温度变化、电子器件的老化等。卫星钟的钟面时与GNSS标准时间的不同称为卫星钟差。

(3)卫星天线相位中心偏差

GNSS测量中测定的距离是卫星发射天线的相位中心与接收机天线相位中心之间的距离,通过卫星星历解算的是卫星质心的三维坐标,因此卫星相位中心偏差是卫星上信号发射天线标称相位中心与卫星质心间的差异。

2. 传播误差

(1)电离层延迟

电离层是高度在 60～1000 km 的大气层。由于电离层中带电离子影响 GNSS 卫星信号的传播,使得卫星信号的传播速度发生变化,传播路径产生弯曲,使得测定的距离不等于卫星到接收机之间的真实距离,这种偏差称为电离层延迟。卫星信号传播路径上的电子总量、传播信号的频率决定了电离层延迟的大小。GNSS 作业时,应选择避开电离层活跃的时间段,选择合适的季节和一天中最佳时段(例如夜间)进行观测。通过采用双频 GNSS 接收机、相对定位差分和电离层改正模型可减弱电离层延迟影响。

(2)对流层延迟

对流层是高度在 60 km 以下的大气层。对流层主要由氮和氧组成,还有少量的水蒸气、二氧化碳、氢等气体及粉尘、煤烟等不定量的混合物。GNSS 卫星信号在对流层中的传播速度与大气折射率有关,大气折射率受到传播途径上的温度、湿度和气压等因素影响。卫星信号在对流层中传播时也会发生弯曲。因此所测距离与真实距离不符,产生的偏差称为对流层延迟。通过相对定位差分和对流层改正模型等方法可减弱对流层延迟影响。

(3)多路径效应

由于接收机周围环境的影响,使得接收机所接收到的卫星信号中还包含天线周围地物、树木等各种反射和折射信号的影响,不同信号叠加引起测量值产生误差,这种多路径的信号传播引起的干涉时延效应称为多路径效应。多路径效应的本质是反射波对直接波的破坏性干涉导致的站星间距离误差。接收机周围的环境、性能和观测时间的长短影响多路径效应的大小。实际工作中,应选择合适的测站位置,避免附近有大面积的平静水域,不在山坡、山谷和盆地中,远离高层建筑物和大面积玻璃等;选择合适的接收机天线,例如带有抑径板或抑径圈的接收机;延长观测时间等可减弱多路径效应的影响。

3. 与接收机有关的因素

(1)接收机钟差

GNSS 接收机大多使用的是高精度的石英钟,接收机时钟的质量和使用时的环境影响接收机钟差。其影响比卫星钟差大。通过相对定位、建立钟差模型或把接收机钟差作为一个独立的待定参数与位置参数一起求解的方法可减弱其影响。

(2)接收机天线相位中心偏差

接收机天线在对中和量取天线高时都是以天线参考点为基准的。在 GNSS 测量中测定的是天线相位中心位置,因此接收机天线的相位中心与天线参考点之间的差异称为接收机天线相位中心偏差。可通过同类型天线同步观测同一组卫星观测值,在观测值之间求差减弱接收机天线相位中心偏差的影响。

(3)接收机位置误差

接收机天线相位中心相对于测站标石中心位置的偏差称为接收机的位置误差。位置误差包括天线的整平、对中和天线高的量取误差。因此在精密测量中,必须严格安置接收机,尽量采用带强制对中装置的观测墩。

二、GNSS-RTK测量

(一)常规RTK测量

1. RTK测量原理

GNSS-RTK是实时动态载波相位差分测量，简称RTK。其以载波相位观测量为基础，将GNSS测量技术与无线数据传输技术相结合，实时处理载波相位观测量的差分方法，能够达到厘米级定位精度的技术。广泛应用于图根控制测量、工程放样、数据采集、地形测绘等领域，除具有GNSS测量的优点外，还具有观测时间短、坐标实时解算的优点，工作效率高。

GNSS-RTK测量

如图2-77所示，RTK测量时是将一台接收机置于固定位置，称为基准站。基准站应设在测区内较高点，周围无明显障碍物且观测条件良好。在作业中，基准站的接收机连续跟踪全部可见GNSS卫星，并将观测数据实时传输发送给用流动站。另一台或几台接收机根据观测位置不同移动，称为流动站。基准站和流动站同时接收相同的GNSS卫星信号进行差分。流动站根据实时接收到的同步卫星数据和基准站观测数据，实时解算两点之间的基线，并根据参数计算显示相应坐标系的三维坐标及其精度。基准站和流动站同时接收相同的GNSS卫星信号进行差分。载波相位差分的方式主要有两种，一是基准站可将获得的观测值与已知位置信息进行比较，得到载波相位差分修正值。然后将这个修正值通过数据链发送给流动站，流动站再求解所处位置坐标。二是基准站采集的载波相位观测值直接发送给用户，与流动站观测得到的载波相位观测值进行求差解算坐标。

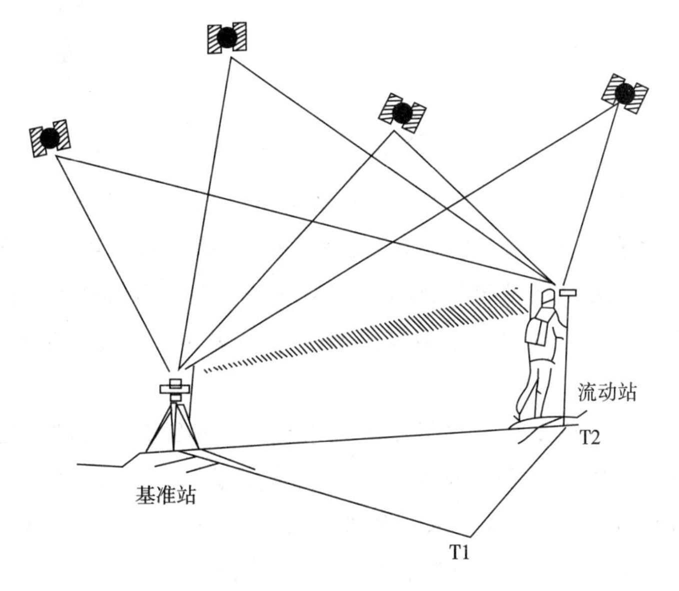

图2-77 RTK工作原理示意图

流动站主要由 GNSS 接收机、控制器(手簿,即便携式掌上电脑)组成,手簿通过蓝牙或数据线与流动站接收机通信,配备的测量软件执行工程放样、数据采集等任务。基准站与流动站之间的通信是靠数据传输系统(简称数据链),电台数据传输是数据链的传统方式,无线电电台本身的性能、发射天线的类型、基准站的选址、设备的架设、环境无线电的干扰情况等对数据传输的稳定性和作用距离有直接的关系。随着技术的不断发展,数据传输已由传统的电台模式发展到了无线网络模式,大大提高了 RTK 的测量范围和服务质量。如若使用网络模式,需要在主机上插入开通相关网络运营商网络服务(如中国移动)的 SIM 卡。在 RTK 测量中,流动站不仅通过数据链接收基准站的数据,还要采集 GNSS 观测数据,并在系统内组成差分观测值进行实时处理,同时给出厘米级定位结果,历时不足一秒钟。数据处理软件系统的功能和质量,对于保障实时动态测量的可行性、测量结果的可靠性及精度具有决定性意义。

2. 常规 RTK 测量系统

常规 RTK 测量系统由传统的 1 台基准站加 1 台流动站(1+1 模式),发展到了 1 台基准站加多台流动站(1+N 模式)。如图 2-78 所示是单基准站 RTK 测量系统电台模式,主要由基准站接收机、流动站接收机、无线电台数据链、控制器、三脚架、对中杆等辅助设备组成,其中无线电台有外置电台和内置电台模式,外置电台一般需通过蓄电池供电。基准站、流动站的设备安装和设置参考仪器用户手册。

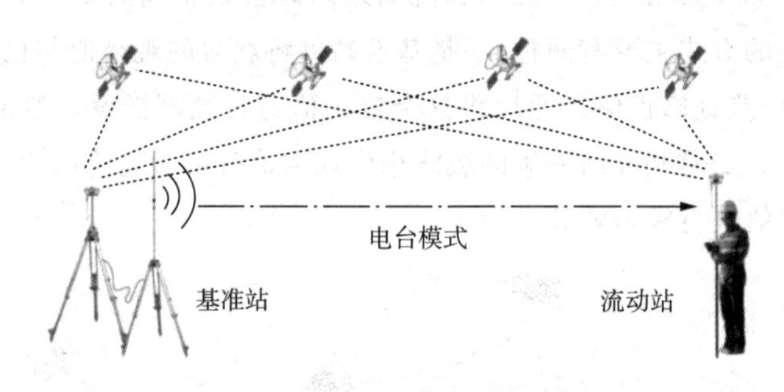

图 2-78　1+1RTK 电台模式

RTK 电台模式的主要特点是作业距离一般为 0～15 公里,山区或城区传播距离就会受到影响;电台信号容易受干扰,要远离大功率干扰源;基准站位置一般选在比较空旷,周围没有遮挡,无大面积水域或玻璃幕墙;电台发射天线架设越高信号传输越远;外置电台的电量要求较高,外业前蓄电池要充满或有足够的电量;基准站与流动站电台工作频率应设置一致。

如图 2-79 所示是单基准站测量系统网络模式,基准站与流动站之间的数据传输通过无线网络进行。基准站和流动站接收机均需安装 SIM 卡并开通网络运营商的网络服务。与电台模式相比,有效扩大了作业范围,基准站与流动站之间距离可远,仪器设备携带方便,提高了工作的便捷性。缺点是差分信号有延迟,没有手机信号得地方无法使用。

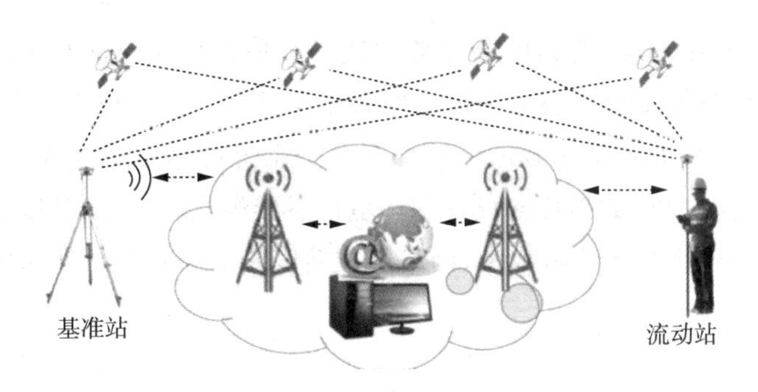

图 2-79　1+1 网络 RTK 模式

(二)网络 RTK 测量

常规 RTK 测量作业半径有限,不同作业单元需独立架设基准站,工作效率低,成本费用高;受电离层影响大,卫星和天气状况、数据链传输情况都易影响定位精度。因此以连续运行参考站 CORS 为基础的网络 RTK 测量技术成为高精度实时动态定位的主要方法。网络 RTK 测量是集 Internet 网络技术、无线通信技术、计算机网络技术和 GNSS 定位技术于一体的定位服务技术,实现对一较大区域实现网络化 RTK 信号覆盖,把整个区域的测量工作形成一个有机的整体。

1. 网络 RTK 简介

在一定区域内建立多个参考站,对该地区构成网状覆盖,并连续跟踪观测,通过这些站点组成卫星定位观测值的网络解算,获取覆盖该地区和该时间段的 RTK 改正参数,用于该区域内 RTK 测量用户进行实时 RTK 改正的定位方式。与单基准站网络 RTK 相比,多参考站网络 RTK 的优势主要有扩大了流动站与基准站的作业距离,提高了定位精度和可靠性,确保定位质量;用户无需架设自己的基准站,费用大幅度降低;改进了初始化时间,大幅提高了作业效率。网络 RTK 技术应用范围广泛,可以满足各种工程控制测量、数据采集、施工放样定位、变形监测、交通运输导航、生态环保等综合应用场景。

网络 RTK 测量技术的基础是 CORS(Continuously Operating Reference System)系统。CORS 系统全称连续运行卫星定位服务系统,是通过数据通信网络将多个 GNSS 连续运行参考站原始观测信息传送值数据处理和监测中心,建立精确的差分信息解算模型,解算出高精度的差分改正信息,根据用户需求,通过通信网络将处理过的数据发送给用户,提供服务。差分改正数据的方法主要有美国天宝公司的虚拟参考站(VRS)技术,瑞士徕卡公司的区域改正数(FKP)技术、主辅站(MAC)技术,武汉大学与提出的综合误差(CBI)技术。

2. 网络 RTK 系统组成

如图 2-80 所示,网络 RTK 主要由固定连续运行参考站网、数据处理控制与监测中心、数据通信链和用户部分组成。固定连续运行参考站网主要有 3 个或 3 个以上连续运行的基准站。目前国际上代表性的 CORS 网络主要有 IGS 的 CORS 网,美国国家大地测量 CORS 网(NCN)、德国卫星定位和导航服务系统(SAPOS)、日本的 GNSS 永久跟踪站(GEONET)等。国内许多区域级、省市级 CORS 网络已陆续建立,服务范围覆盖全国的

CORS 系统也逐步展开建设，例如中国大陆构造环境监测网络(CMONC)、国家北斗地基增强系统、中国移动高精度位置服务和由中国兵器工业集团公司和阿里巴巴集团共同出资设立的千寻位置等。其中北斗导航定位系统在各个系统的建设中发挥着重要作用。基准站由高性能 GNSS 接收机、数据传输设备和环境传感器组成，具有高精度的已知坐标，观测环境良好，其数量与网络覆盖区域大小、网络定位精度要求和基准站外部环境有关。

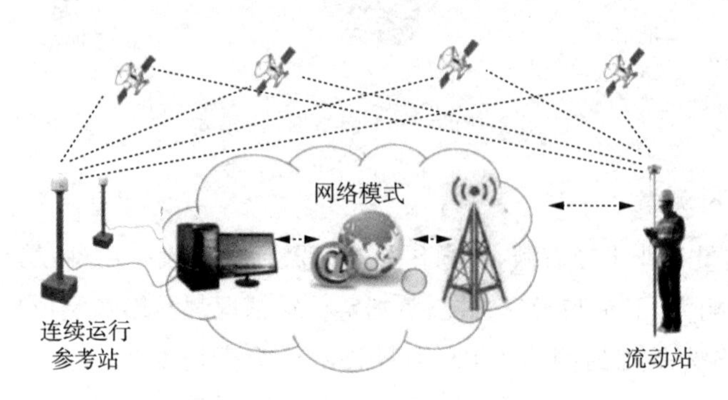

图 2-80　网络 RTK 系统与工作原理示意图

数据处理控制与监测中心既是数据处理中心，也是通信控制中心，是整个系统的核心。其主要由含网络 RTK 数据处理系统的计算机、数据通信设备组成。对各基准站数据进行预处理、质量分析和统一解算，实时估计网内各系统性残余误差，建立相应误差模型，通过通信设备传输给网络服务范围内的用户。

数据通信链主要包括两个部分：一是基准站与数据处理中心、数据通信中心之间的数据传输，一般通过光纤、光缆或无线通信技术等实现；二是数据通信中心与用户流动站之间的通信，一般通过无线网络(GSM、CDMA、GPRS 等)实现，由计算机实时系统控制整个控制中心。用户部分主要是 GNSS 接收机、电子手簿、数据通信设备及相关数据处理软件组成。

网络 RTK 技术的发展与应用代表了 GNSS 发展未来的方向，其主要优点是无需架设参考站，省去了野外工作中的值守人员和架设参考站的时间，降低作业成本，提高生产效率；扩大作业半径，网络覆盖范围内能够得到均等的精度；实现测绘系统和定位精度的统一，便于测量成果的系统转换和多用途处理；

3. CORS 简介

(1)国家 CORS 网

CORS(Continuous Operational Refernce System)连续运行参考站系统是一个固定的、连续运行的 GNSS 参考站，利用现代计算机、数据通信和互联网技术组成的网络，实时向用户提供经过检验的不同类型的 GNSS 观测值、各种改正数、状态信息以及其他有关卫星定位服务项目的系统，覆盖全国高米迪地基增强网络以及全球基准站，目前共有 2400 座 CROS 基准站，目前 CORS 服务实现对 33 个省级行政区的覆盖，其依托北斗地基增强系统"全国一张网"、高精度定位算法及大规模互联网服务平台，可以实现厘米级高精度定位服务，一般情况下水平精度可达 2 厘米，高程精度可达 5 厘米，为十亿级用户提供实时定位服务。

(2)千寻位置

千寻位置由中国兵器工业集团和阿里巴巴集团于2015年8月共同发起成立，致力于“通过北斗地基一张网的整合与建设，构建位置服务云平台，以满足国家、行业、大众市场对精准位置服务的需求”，提供厘米级定位、毫米级感知、纳米级授时实时服务，是数字时代时空智能基础设施。目前，千寻位置已经在全球拥有2500多座北斗地基增强站。

(3)中国移动HAP高精度卫星定位基准站网

近年来，中国移动重点发展5G自动驾驶，并以5G蜂窝网络、高精度定位网、车路协同网三张网支撑，推动自动驾驶快速落地。“5G＋高精定位”系统，通过5G网络实时提供亚米级、厘米级、毫米级定位服务，构建全天候、全天时、全地理的精准时空服务体系，用于车辆管理、车路协同、自动驾驶、自动泊车等交通领域，赋能数字社会发展。中国移动HAP已经在全国建设4400多座高精度定位基准站。

(三)GNSS-RTK作业实施

1. GNSS-RTK作业步骤

GNSS-RTK作业步骤一般是：建立项目→设置基站(仪器安置、仪器连接、参数设置)→设置移动站(仪器安置、仪器连接、参数设置)→坐标转换(坐标转换参数设置或求解应用)→数据采集或坐标放样。如果用户使用CORS服务时，无需设置基准站。将SIM卡插入接收机主机，将其设置为“流动站”模式，数据链选择对应网络运营商网络，输入向CORS控制中心申请的服务器域名或IP地址、端口、用户名和密码等信息后，可进行数据采集与坐标放样。

RTK的认识与连接

常规GNSS-RTK测量工作中，基准站可以在已知点安置仪器，也可以在未知点安置仪器，后者基准站坐标是单点定位获取。经过初始化后流动站获得的坐标一般不是目标坐标系坐标值，是GNSS导航定位系统采用的坐标系，例如GPS采用的WGS－84坐标。因此需要通过坐标转换把RTK采集的源坐标系流动站坐标转换到目标坐标系坐标。坐标转换工作完成后，测量的结果可以实时转换到目标坐标系坐标值。

坐标转换的方法主要包括三维七参数法(布尔莎模型)和平面四参数法，如果测区已有参数可以直接利用；没有已知参数需要通过观测已知点坐标进行求解。根据《工程测量标准》(GB 50026—2020)规定，应在测区周边和中部选取不少于4个已知点进行点校正获取转换参数，转换参数的的平面精度不应大于20 mm，高程精度不应大于30 mm，满足要求才能应用。GNSS-RTK坐标转换不同品牌型号仪器具体操作参考用户手册。

2. GNSS-RTK数据采集

GNSS-RTK坐标转换参数满足要求应用后，流动站可使用数据采集功能进行未知点坐标测量。注意根据《工程测量标准》(GB 50026—2020)相关规定,作业前和测回间应进行接收机初始化,初始化时间超过5分钟仍无法获得固定解时,应重启接收机初始化;重启后依法无法获得固定解时,应选择其它位置进行测量。RTK固定解且收敛稳定后开始记录观测值。其它要求应严格遵循相关规范要求。GNSS-RTK数据采集不同品牌型号仪器具体操作参考用户手册。

3. GNSS-RTK坐标放样

GNSS-RTK坐标转换参数满足要求应用后,流动站可根据点的已知坐标在工程现场标定点的位置。首先应在手簿中输入放样点的坐标,可在放样前批量导入或在现场录入。放样时,选择待放样点坐标并进入点放样界面,根据手簿屏幕提示,前后左右移动流动站,坐标差值在允许范围内,确定放样点位置并标定。GNSS-RTK坐标放样不同品牌型号仪器具体操作参考用户手册。

项目总结

学习重点

1. 水准测量、角度测量和距离测量的原理。
2. 普通水准测量、水平角测量和钢尺一般量距实施。
3. 水准仪、全站仪的安置方法。
4. 全站仪的基本功能操作应用。
5. GNSS与GNSS-RTK定位技术原理。

学习难点

1. 水准测量成果检核。
2. 水平角测回法、方向观测法的精度评定。
3. 坐标方位角与象限角的换算。
4. 坐标正算与坐标反算。
5. 全站仪程序功能应用原理。
6. 网络RTK定位技术原理。

思政园地

1. 北斗卫星导航系统官网:资料引自:http://www.beidou.gov.cn/

2. 国产测量型机器人、超站仪:资料引自:南方卫星导航 http://cehuijiaoyu.southsurvey.com/products_view/id/32.html

http://cehuijiaoyu.southsurvey.com/products_view/id/31.html

3. 智能四足机器人:资料引自《中国测绘》2021年第8

云深处科技_打造智能四足机器人绝影机器狗已在多行业示范应用

期一云深处科技:打造智能四足机器人"绝影"机器狗已在多行业示范应用。

练　习　题

一、单选

1. 高差闭合差理论值为零的水准路线布设形式为(　　)水准路线。

A. 附合　　B. 闭合　　C. 支　　D. 总

2. 水平角测量时,盘左盘右瞄准同一个方向所读的水平方向值,理论上相差(　　)。

A. 90°　　B. 180°　　C. 270°　　D. 0°

3. 某段距离丈量的平均值为 100 m,其往返较差为+4 mm,其相对误差为(　　)。

A. 1/25000　　B. 1/2500　　C. 1/25　　D. 1/250

4. 某直线的正坐标方位角为 121°23′36″,则反坐标方位角为(　　)。

A. 238°36′24″　　B. 301°23′36″　　C. 58°36′24″　　D. −58°36′24″

5. 根据全站仪坐标测量的原理,在测站点瞄准后视点后,方向值应设置为(　　)。

A. 测站点至后视点的坐标方位角　　B. 0 度

C. 后视点至测站点的坐标方位角　　D. 90 度

6. 如要观测某条高压电线高度,可采用全站仪(　　)程序功能。

A. 面积测量　　B. 对边测量

C. 悬高测量　　D. 偏心测量

7. GNSS 导航定位时,至少应接收(　　)颗卫星信号进行定位。

A. 6　　B. 5　　C. 3　　D. 4

8. BDS 与 GPS 相比,独有的功能是(　　)。

A. 授时　　B. 定位

C. 导航　　D. 短报文通信

9. GNSS-RTK 测量属于(　　)。

A. 绝对定位　　B. 单点定位

C. 静态测量　　D. 相对定位

二、简答与计算

1. 水准测量中转点的作用是什么?在转点立尺时为什么要放置尺垫?

2. 什么是竖盘指标差?如何消除竖盘指标差?

3. 什么是直线定向?在直线定向中有哪些标准方向?它们之间存在什么关系?

4. 请简述全站仪已知点建站坐标测量的操作步骤。

5. 请简述 GNSS 定位与 GNSS-RTK 技术的原理。

6. 根据表格中数据完善通成水准测量内业处理。

点号	测站数	实测高差	改正数(m)	改正后高差(m)	高程(m)
BM_A					31.612
	6	+0.100			
BM_1					
	5	−0.620			
BM_2					
	7	+0.302			
BM_B					
$\sum$	18	−0.218			

辅助计算：

7. 请完成表中测回法观测水平角的记录计算。

测回数	目标	竖盘位置	水平度盘读数 ° ′ ″	半测回角值 ° ′ ″	一测回平均角值 ° ′ ″	各测回平均角值 ° ′ ″
1	A	左	0 00 12			
	B		81 25 36			
	A	右	180 00 30			
	B		261 26 00			
2	A	左	90 01 18			
	B		171 26 24			
	A	右	270 01 24			
	B		351 26 25			

8. 计算表中方向观测法水平角观测成果。

测站	测回数	目标	水平度盘读数		2c ″	平均读数 ″	归零后方向值 ° ′ ″	各测回归零方向值的平均值 ° ′ ″	各测回方向间的水平角 ° ′ ″
			盘左读数 ° ′ ″	盘右读数 ° ′ ″					
O	1	*A*	0 02 36	180 02 36					
		B	70 23 36	250 23 42					
		C	228 19 24	28 19 30					
		D	254 17 54	74 17 54					
		A	0 02 30	180 02 36					
	2	*A*	90 03 12	270 03 12					
		B	160 24 06	340 23 54					
		C	318 20 00	138 19 54					
		D	344 18 30	164 18 24					
		A	90 03 18	270 03 12					

9. 根据下表的记录进行竖直角计算，竖盘按顺时针注记。

测站	盘位	竖盘读数 ° ′ ″	竖直角 ° ′ ″	竖盘指标差 ″	一测回竖直角 ° ′ ″
A	左	97°16′30″			
	右	262°43′12″			

10. 用钢尺丈量一条直线，往测丈量长度为 217.30 m，返测为 217.38 m，距离相对误差不应大于 1/2000，试问：(1) 此测量成果是否满足精度要求？(2) 按此规定，若丈量 100 m，往返丈量最大可允许相差多少毫米？

11. 已知 A、B 两点的坐标：$X_A=1012.096$ m，$Y_A=1209.263$ m；$X_B=806.065$ m，$Y_B=1511.326$ m。求 D_{AB} 和 a_{AB}。

项目三 小区域控制测量

本章脉络

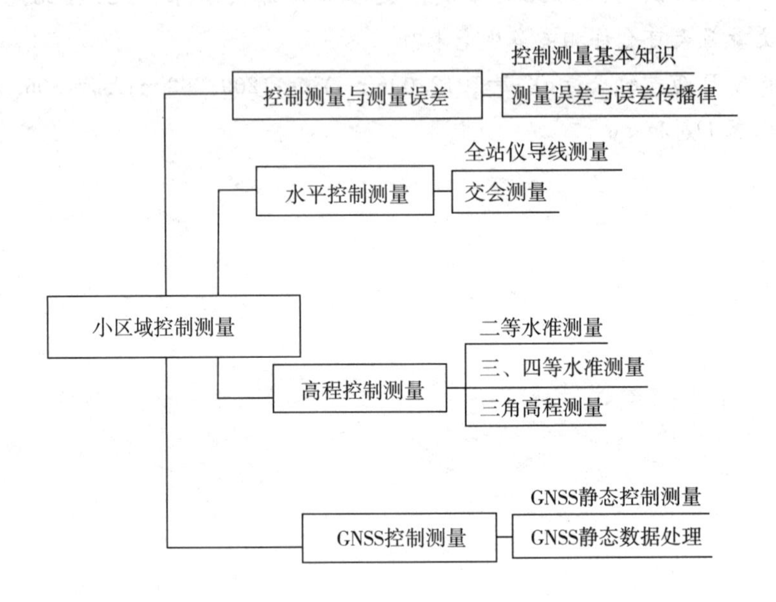

本章要点

测量工作应遵循三项基本原则：从整体到局部，先控制后碎部，从高级到低级，控制测量正是基于三项基本原则开展的。一个测绘项目，应先从总体去把控，布设首级控制网，再考虑特殊性，对控制网进行加密，首级控制总领全局，精度高、点位少；加密控制服务于细节，点位多、精度次之。在控制点的基础上再做细部测量，又称为碎部测量。本章主要讲述平面控制测量、高程控制测量、GNSS控制测量和测量误差与误差的传播等知识与技能。控制测量是其他测绘工作的基础和依据，做好控制测量，是获得合格测绘成果的关键步骤，是课程体系中职业技能培养的核心环节。

学习目标

【知识目标】

1. 了解控制测量所依据的国家规范，熟记常用限差参数。
2. 熟悉测量误差基本概念、术语和误差传播率。
3. 掌握国家平面与高程控制网的基本布设情况和测量方法。

【技能目标】

1. 能够运用误差传播率分析数据精度。

2. 能够布设平面、高程控制网，制定观测方案，进行控制网的测、记、算。

3. 会使用 GNSS 测量技术布设测区控制网，完成数据采集与内业解算。

【素质目标】

1. 具备1+X"不动产数据采集与建库"中不动产数据采集控制测量中级水平；"测绘地理信息数据获取与处理"中 GNSS 测量、测量平差高级水平。

2. 具备工程测量员(4—08—03—04)国家职业技能标准中控制测量、数据处理中级工水平。

【思政目标】

1. 教师示范、学生实践理实一体化培养按规操作、统筹协同、精益求精和标准意识等品质素养。

2."英雄的国测一大队"介绍，培养形成热爱祖国、忠诚事业、艰苦奋斗、奉献担当的职业素质。

3. 测量实训任务驱动，引导养成安全生产、步步检核的工作意识和态度。

任务一　控制测量与测量误差概述

观测量是在一定的外界环境下，由观测员使用仪器设备进行观测获取的，外界环境、观测人员、以及所使用的仪器设备都存在一定的差异，因此观测量不可避免的带有误差，如何评估观测量的误差，控制误差的传播是本任务的主要内容。

一、控制测量基本知识

(一)控制测量基本概念

为防止误差累积，确保分幅测图时每幅图都能具有相等的精度，依据测量工作的基本原则，测绘地形图或工程放样都必须先在整体测区或者施工区域范围内进行控制测量，即先在区域内选择一些具有控制意义的点，组成一定的几何图形，形成测区的骨架，用精确的测量手段和计算方法，在统一坐标系中，确定这些点的平面坐标和高程，然后以它们为基础来测定其它地面点的点位或进行施工放样等工作。其中，这些具有控制意义的点称为控制点，由控制点组成的几何图形称为控制网，对控制网进行布设、观测与计算以确定控制点位置的工作称为控制测量。控制测量的目的是为地形图测绘和各种工程测量提供控制基础和起算基准，其实质是测定具有较高平面精度和高程精度的三维坐标的过程。

控制测量分为平面控制测量和高程控制测量，平面控制测量确定控制点的平面坐标，高程控制测量测定控制点的高程值。控制网按其性质不同分为平面控制网和高程控制网。按其用途和范围主要分为国家控制网、城市控制网和小区域控制网。为地形测图而布设的控制网称为图根控制网，相应的控制测量工作称为图根控制测量。为工程施工布设的控制网称为施工控制网，施工控制网是施工测量的依据。

传统测量工作中，平面控制网与高程控制网通常分别单独布设，随着测量仪器的发展，测量手段也随之更新，现在的控制网多数是两种控制网联合布设成的三维控制网。

(二)平面控制测量

1. 平面控制测量方法

平面控制测量的方法主要有导线测量、三角网测量和 GNSS 控制测量，可通过交会测量进行加密。

将相邻控制点用直线连接起来形成一条折线，称为导线，这些控制点称为导线点，相邻导线点之间的连线称为导线边，相邻导线边之间的水平角称为转折角(又称导线折角，导线角)，如图 3-1(a)所示。与坐标方位角已知的导线边(称为定向边)相连接的转折角，称为连接角(又称定向角)。通过观测导线边的边长和转折角，根据起算数据计算获得各导线点的平面坐标，称为导线测量。导线测量布设简单，每点仅需与前、后两点通视，选点方便，特别是在隐蔽地区和建筑物多而通视困难的城市，应用起来方便灵活。

三角网测量是将相邻控制点连接成三角形，组成网状，称为平面三角控制网，三角形的顶点称为三角点，如图 3-1(b)所示。在平面三角控制网中，可量出一条边的长度，测出各三角形的内角，然后用正弦定理逐一推算出各三角形的边长，再根据起始点坐标和起始边坐标方位角及各边的边长，推算出各控制点平面坐标。

20 世纪 80 年代末，我国开始用全球卫星定位系统建立平面控制网，已成为平面控制测量的主要方法，应用该方法建立的控制网称为 GNSS 控制网，可同时测定点的三维坐标(X,Y,H)，如图 3-1(c)所示。根据《全球定位系统(GPS)测量规范》(GBT 18314－2009)规定，按其精度分为 A、B、C、D、E 五个不同精度等级。

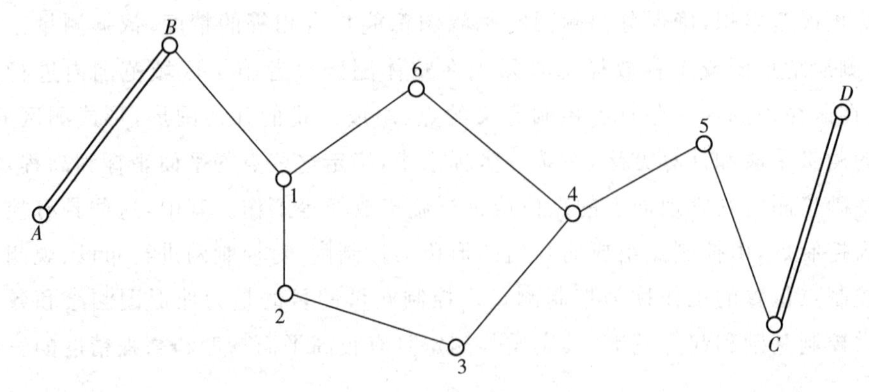

(a) 导线平面控制测量

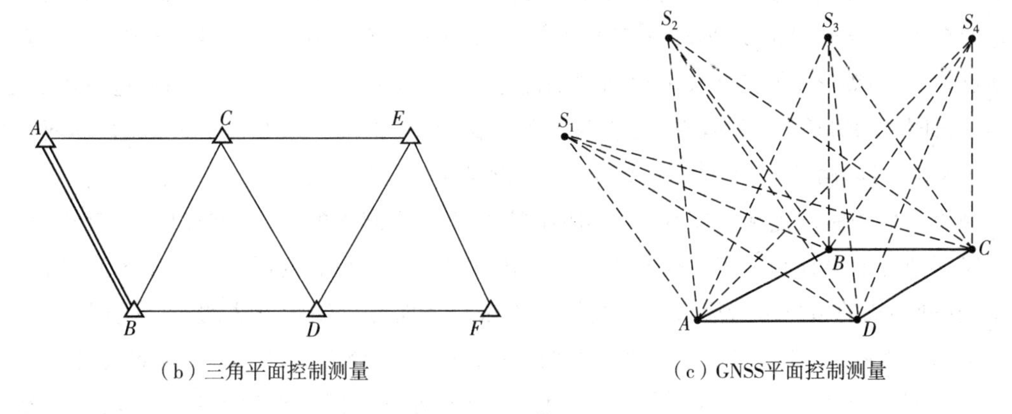

（b）三角平面控制测量　　（c）GNSS平面控制测量

图 3-1　平面控制测量

2. 国家平面控制网概述

根据国家经济和国防建设的需要，国家测绘部门在全国范围内采用“分级布网，逐级控制”的原则，建立国家级的平面控制网，作为科学研究、地形测量和施工测量的依据，称为国家控制网，又称为国家基本控制网。我国最初的国家平面控制网是以三角测量的方法建立，在西部困难地区采用导线测量法。国家平面控制网分为四个等级，其中，一等三角网精度最高，二、三、四等三角网精度逐级降低。如图 3-1 所示，一等三角网又称为一等三角锁，是国家平面控制网的骨干，沿经纬线方向布成纵横交叉的锁系，锁长 200～250 km，构成许多锁环。一等三角锁内由近似等边的三角形组成，边长为 20～30 km。一等三角网主要为研究地球形状和大小提供重要的科学资料。二等三角网有两种布网形式，一种是由纵横交叉的两条二等基本锁将一等锁环划分成四个大致相等的部分，这四个空白部分用二等补充网填充，称为纵横锁系布网方案；另一种是在一等锁环内布设全面二等三角网，称为全面布网方案。二等基本锁的边长为 20～25 km，二等网的平均边长为 13 km。一等锁的两端和二等网的中间，都要测

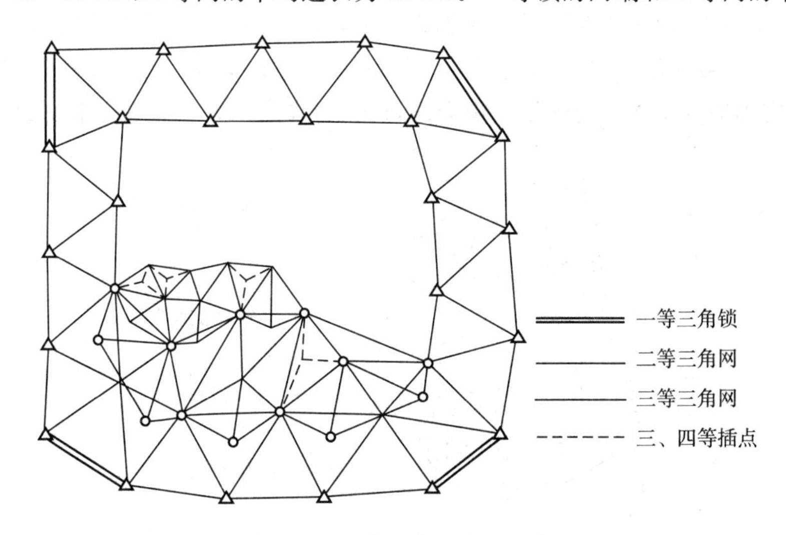

图 3-2　国家三角网布设形式

定起算边长、天文经纬度和方位角。所以，国家一、二等三角网合称为天文大地网。我国天文大地网在1951年开始布设，1961年基本完成，1975年修补测工作全部结束，全国约有5万个大地点。三、四等三角网的布设采用插网和插点的方法，作为一、二等三角网的进一步加密，三等三角网平均边长为8 km，四等三角网平均边长为2～6 km。四等三角点每点控制面积为15～20 km^2，可以满足1∶10000和1∶5000比例尺地形测图需要。

城市平面控制网是在国家基本控制网的基础上建立起来的，为城市规划、市政建设、工业与民用建设的设计和施工放样提供服务。建立城市平面控制网可采用GNSS测量、三角测量、各种形式的边角组合测量和导线测量方法。平面控制测量方法的选择应因地制宜，既满足当前需要，又要兼顾今后发展，做到技术先进、经济合理、确保质量、长期适用。

在面积小于15 km^2 范围内建立的平面控制网，称为小区域平面控制网。在这个范围内水准面可视为水平面，采用平面直角坐标系，计算控制点的坐标，不需将测量成果归算到高斯投影平面上。建立小区域平面控制网时，应尽量与国家(或城市)已建立的高级控制网联测，将高级控制点的坐标，作为小区域平面控制网的起算和校核数据。如果附近没有国家(或城市)控制点而不便连测时，可以建立独立平面控制网。此时，控制网的起算坐标可自行假定，坐标方位角可用测区中央的磁方位角代替。小区域平面控制网应根据测区面积的大小按精度要求分级建立。在全测区范围内建立的精度最高的控制网，称为首级控制网；为测量工作方便起见，进一步加密的控制网称为加密控制网。

(三)高程控制测量

高程控制网建立的常用方法有几何水准测量法、三角高程测量法和GNSS测高法。我国高程控制网主要采用几何水准测量的方法建立。水准点设有固定标志，以便长期保存，为国家各项建设和科学研究提供高程资料。高程控制网按布设范围分为国家高程控制测量、城市高程控制测量和工程高程控制测量。

如图3-3所示，国家水准高程控制网按“逐级控制、分级布设”的原则分为一、二、三、四等。其中一、二等水准测量称为精密水准测量。一等水准网是国家高程控制的骨干，沿地质构造稳定和坡度平缓的交通线布满全国，构成网状。一等水准路线全长约93 000 km，

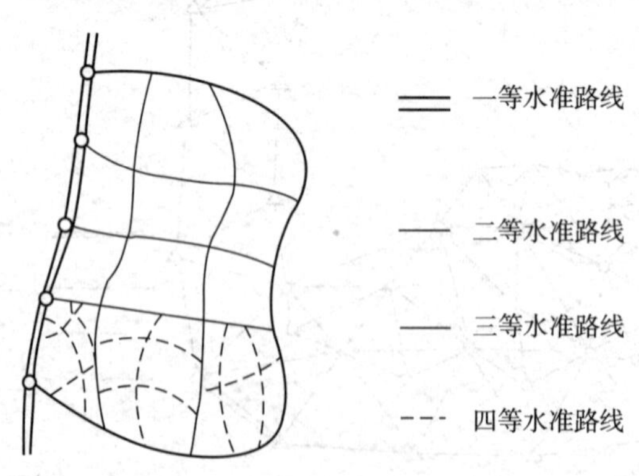

图3-3　国家水准高程控制网

包括100个闭合环，环的周长为800～1 500 km。二等水准网是国家高程控制网的全面基础，一般沿铁路、公路和河流布设。二等水准环线布设在一等水准网内，每个环的周长为300～700 km，全长为13 700 km，包括822个闭合环。沿一、二等水准路线还要进行重力测量，提供重力改正数据。一、二等水准环线要定期复测，检查水准点的高程变化供研究地壳垂直运动用。三、四等水准直接为测制地形图和各项工程建设用。三等水准环线不超过200 km，四等水准一般布设为附合在高等级水准点上的附合路线，其长度不超过80 km。

城市水准高程控制网按精度分为二、三、四等以及直接服务于地形测量的图根水准高程控制网测量；工程建设中水准高程控制网一般按精度分为二、三、四、五等。

二、测量误差与误差传播律

(一)测量误差的概念

任何观测量不可避免地带有误差，即人们对客观事物或现象的认识总会存在不同程度的误差。例如，反复观测某一角度，每次观测结果都不会一致，这是测量工作中普遍存在的现象，其实质是每次测量所得的观测值与该量客观存在的真值之间的差值，这种差值就是测量误差。

任何一个观测量，客观上总是存在一个能代表其真正大小的数值，这一数值称为该观测量的真值。设某量的真值为 $\tilde{L}$，对其观测了 n 次，得到 n 个观测值 L_1、L_2、…、L_n，则定义第 i 个观测值的真误差 Δ_i 为观测值与真值的差值，即：

$$\Delta_i = L_i - \tilde{L}(i = l、2、\cdots、n) \tag{3-1}$$

在测量中，一般观测对象很难得到真值，或者得不到真值，此时真误差也就无法知道，这时常采用多次观测值的平均值 $\bar{X}$ 作为该观测量的最可靠值，称为该值的似真值或者最或是值。

(二)测量误差的来源

测量误差的来源主要有以下三个方面：

1. 仪器误差

测量工作需要使用一定的仪器设备，由于仪器构造不完善或不妥善使用都会给测量工作带来误差。仪器的误差表现在两个方面：一是仪器设备构造本身固有的误差，给观测结果带来的影响，例如：用普通水准尺进行水准测量时，最小分划为1厘米，毫米位做估读，因此就难以保证毫米位读数的正确性；二是仪器设备在使用前虽经过了校正，但残余误差仍然存在，测量结果中就不可避免地包含了这种误差。例如：水准仪视准轴不平行于水准管轴，水准尺的分划误差等。

2. 观测误差

测量工作离不开人的参与，由于观测者感觉器官鉴别能力的局限性，所以无论观测者怎样仔细地工作，都会产生误差。观测者的工作态度和技术水平也是对观测成果质量有直接影响的重要因素。例如对中误差、观测者估读误差、瞄准目标误差等。

3. 外界条件

观测过程中,外界条件的不定性,如温度、阳光、风等时刻都在变化,必将对观测结果产生影响,例如:温度变化使钢尺产生伸缩,阳光照射会使仪器发生微小变化,阴天会使目标不清楚等。

通常把以上三种因素综合起来称为观测条件,观测条件好,观测产生的误差就会小,观测条件差,观测产生的误差就会大。在相同条件下进行的观测称为等精度观测,反之称为不等精度观测。不管观测条件如何,受上述因素的影响,测量误差是不可避免的。测量外业工作的要求就是要在一定的观测条件下,确保观测成果具有较高的质量,将观测误差减少或控制在允许的限度内。

(三)测量误差的分类

观测误差按其对观测成果的影响性质,可分为系统误差和偶然误差两种。

1. 系统误差

在相同的观测条件下,对某量作一系列的观测,若误差出现的大小保持为常数,符号相同,或按一定的规律变化,这类误差称为系统误差。例如,用一把名义尺长 30 m 而实际尺长为 30.01 m 的钢尺丈量距离,每量一尺段就要少量 1 cm,该 1 cm 误差在数值和符号上都是固定的,且随着尺段的倍数累积。系统误差对测量成果影响较大,且一般具有累积性,应尽可能消除或限制到最小程度,其常用的处理方法有:

(1)检校仪器,把系统误差降低到最小程度。

(2)加改正数,在观测结果中加入系统误差改正数,如尺长改正等。

(3)采用适当的观测方法,使系统误差相互抵消或减弱。如水准测量时,采用前、后视距相等的对称观测,以消除由于视准轴不平行于水准管轴所引起的系统误差;全站仪测角时,用盘左、盘右两个观测值取中数的方法可以消除视准轴误差等系统误差的影响。

2. 偶然误差

在相同的观测条件下对某量进行一系列观测,单个误差的没有一定的规律性,其数值的大小和符号都不固定,表现出偶然性,这种误差称为偶然误差,又称为随机误差。例如,用全站仪测角时,就单一观测值而言,由于受照准误差、读数误差、外界条件变化所引起的误差,仪器自身不完善引起的误差等综合的影响,测角误差的大小和正负号都不能预知,具有偶然性。所以测角误差属于偶然误差。

偶然误差反映了观测结果的精密度。精密度是指在同一观测条件下,用同一观测方法对某量多次观测时,各观测值之间相互的离散程度。

由于观测者使用仪器不正确或疏忽大意,如测错、读错、听错、算错等造成的错误,或因外界条件发生意外的显著变动引起的差错称为粗差。粗差的数值往往偏大,使观测结果显著偏离真值。因此,一旦发现含有粗差的观测值,应将其从观测成果中剔除出去。一般地讲,只要严格遵守测量规范,工作中仔细谨慎,并对观测结果作必要的检核,粗差是可以发现和避免的。

在观测过程中，系统误差和偶然误差往往是同时存在的。当观测值中有显著的系统误差时，偶然误差就居于次要地位，观测误差呈现出系统的性质。反之呈现出偶然的性质。因此对一组剔除了粗差的观测值，首先应寻找、判断和排除系统误差，或将其控制在允许的范围内，然后根据偶然误差的特性对该组观测值进行数学处理，求出最接近未知量真值的估值，即最或是值。同时评定观测结果质量的优劣，即评定精度，这项工作在测量上称为测量平差，简称平差。本节主要讨论偶然误差及其平差。

(四)偶然误差的特性

偶然误差是由多种因素综合影响产生的，观测结果中不可避免地存在偶然误差，因而偶然误差是误差理论主要研究的对象。对单个偶然误差，观测前不能预知其出现的符号和大小，但随着观测次数的增加，偶然误差的统计规律愈明显，如图 3-4 所示。

通过对同一个目标做大量等精度观测后发现偶然误差的统计规律，主要有以下几点：

1. 有界性：在一定观测条件下的有限次观测中，偶然误差的绝对值不会超过一定的限值。

2. 单峰性：绝对值较小的误差出现的频率较大，绝对值较大的误差出现的频率较小。

3. 对称性：绝对值相等的正、负误差出现的频率大致相等。

4. 补偿性：当观测次数无限增多时，偶然误差的算术平均值趋近于零。

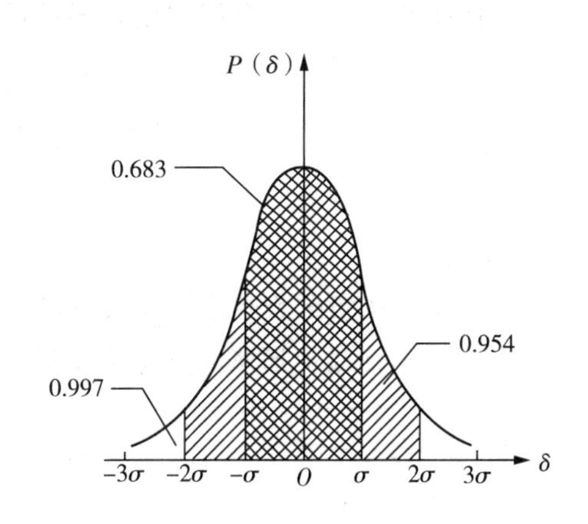

图 3-4　偶然误差统计规律分布图

实践证明，偶然误差对观测值的精度有较大影响，其不能用改正的方法简单地加以清除，只能根据其特性综合处理观测数据，削弱偶然误差影响，以提高观测成果的精度，一般采用以下措施：

1. 在必要时或仪器设备允许的条件下适当提高仪器等级。

2. 多余观测，指观测值的个数多于确定未知量所必需的个数的那部分观测值。必要观测是指必须进行的最少个数的观测。例如一个平面三角形，只需测得其中两个角即可决定其形状，这两个角的观测量就是必要观测，但实际上还要测出第三个角，使观测值的个数大于未知量的个数，以便检查三角形内角和是否等于 180 度，从而根据闭合差评定测量精度和分配闭合差，这里的第三个观测量就是多余观测。

3. 求最可靠值。一般情况下未知量真值无法求得，通过多余观测，求出观测值的最可靠值，即最或是值。最常见的方法是求得观测值的算术平均值作为最或是值。

(五)评定精度的指标

在测量中，用精确度来评价观测成果的优劣。精确度是准确度与精密度的总称。准确度主要取决于系统误差的大小；精密度主要取决于偶然误差的分布。对于基本排除系统误差，而以偶然误差为主的一组观测值，用精密度来评价该组观测值质量的优劣。精密度简称精度。

在相同的观测条件下，对某量所进行的一组观测，由于它们对应着同一种误差分布，因此对于这一组中的每一个观测值，虽然各真误差彼此并不相等，有的甚至相差很大，但它们的精度均相同，即都为等精度观测值。

为了衡量观测值精度的高低，需要建立一个统一的衡量精度的标准，给出一个数值概念，使该标准及其数值大小能反映出误差分布的离散或密集的程度，称为衡量精度的指标。评定精度的指标主要有中误差、相对误差与极限误差。

1. 中误差

中误差主要衡量在相同观测条件下观测结果的精度，中误差越大，观测值的精度就越低；反之，精度越高。下面介绍利用真误差计算中误差公式。

设对某量进行了n次等精度独立观测，得观测值l_1、l_2、…、l_n，其真值为$\tilde{l}$，各观测量的真误差为Δ_1、Δ_2、…、Δ_n（$\Delta_i = l^i - \tilde{l}$），则该组观测值的标准差$\sigma$为：

$$\sigma = \pm \lim_{n \to \infty} \sqrt{\frac{[\Delta\Delta]}{n}} \tag{3-2}$$

实际工作中观测次数n总是有限的，观测次数n总是有限的，根据式(3-2)只能求出标准值的估计值$\hat{\sigma}$，测量上通常将$\hat{\sigma}$称为中误差(mean square error)，用m表示，即有：

$$\hat{\sigma} = m = \pm \sqrt{\frac{[\Delta\Delta]}{n}} \tag{3-3}$$

【例3-1】 设有两组等精度观测，其真误差分别为

第一组$-3''$、$+3''$、$-1''$、$-3''$、$+4''$、$+2''$、$-1''$、$-4''$；

第二组$+1''$、$-5''$、$-1''$、$+6''$、$-4''$、$0''$、$+3''$、$-1''$。

试求这两组观测值的中误差。

解：$m_1 = \sqrt{\frac{(-3)^2 + 3^2 + (-1)^2 + 4^2 + 2^2 + (-1)^2 + (-4)^2}{8}} = 2.8''$

$$m_2 = \sqrt{\frac{1^2 + (-5)^2 + (-1)^2 + 6^2 + (-4)^2 + 0 + 3^2 + (-1)^2}{8}} = 3.3''$$

比较m_1和m_2可知，第一组观测值的精度要比第二组高。

2. 极限误差

由偶然误差的特性可知，在一定的观测条件下，偶然误差的绝对值不会超过一定限值，这个限值就是极限误差。观测值的中误差只是衡量观测精度的一种指标，它并不代表某一个别观测值的真误差的大小，但从统计意义上来讲，它们却存在着一定的联系。在一组等精度观测值中，真误差在2倍中误差值域间的概率为95.5%，在3倍中误差值域间的概率为99.7%，即绝大多数真误差都在2倍或3倍中误差范围内，只有4.5%、0.3%观测量的真误

差大于大于2倍或3倍中误差，为小概率事件。因此，测量规范中通常以3倍或2倍中误差为真误差的容许值，称为极限误差(简称限差)或容许误差，如式3-4所示。

$$\Delta_{容}=3m \text{ 或 } \Delta_{容}=2m \tag{3-4}$$

式中：$\Delta_{容}$ —— 极限误差或容许误差；

m—— 中误差。

当某观测值的误差超过了容许的3倍或2倍中误差时，认为该观测值不可靠或含有粗差，应舍去不用或重测。由式(3-4)可以看出，前者要求较宽，后者要求较严。

3. *相对误差*

在某些测量工作中，对观测值的精度仅用中误差来衡量还不能正确反映出观测值的质量。例如距离测量中，若测量长度约100 m和1000 m的两段距离，中误差皆为±5 mm，显然不能认为这两段距离的测量精度是相等的，这时采用相对误差就比较合理。相对误差K等于绝对误差的绝对值与相应观测值D之比，它是无量纲的值，通常用分子为1，分母为整数的分数来表示，如式3-5所示。分母越大，相对误差越小，精度越高。

$$\text{相关误差 } K=\frac{|\text{绝对误差}|}{\text{观测值 } D}=1/T \tag{3-5}$$

(六) 误差传播定律及其应用

1. *误差传播定律*

前面阐述了用中误差作为衡量观测值精度的指标。但在实际测量工作中，某些量往往不是直接观测到的，而是通过一定的函数关系间接计算求得的。例如，欲测量两点间的水平距离D，用全站仪测量出斜距S和竖直角a，以函数关系$D=S\cos a$来计算水平距离。独立观测值函数的中误差与观测值中误差之间关系的定律称为误差传播定律。

设Z是由独立观测值x_1、x_2、…、x_n组成的函数，即：

$$Z=f(x_1、x_2、\cdots、x_n)$$

其中，观测值x_1、x_2、…、x_n的中误差分别为m_1、m_2、…、m_n，当各观测值x_i的真误差为Δ_i时，函数Z也必然产生真误差Δ_z，故：

$$\Delta_z=f(x_1+\Delta_1, x_2+\Delta_2, \cdots, x_n+\Delta_n)$$

由于Δ_i很小，对函数取全微分，并用真误差代替微分，则有：

$$\Delta_z=\frac{\partial f}{\partial x_1}+\frac{\partial f}{\partial x_2}\Delta_2+\cdots+\frac{\partial f}{\partial x_n}\Delta_n$$

其中，$\frac{\partial f}{\partial x_i}$为原函数的偏导数，其值由观测值代入求得。将其转化为用中误差表示的传播定律的通用形式：

$$m_z^2=\left(\frac{\partial f}{\partial x_1}\right)^2 m_1^2+\left(\frac{\partial f}{\partial x_2}\right)^2 m_2^2+\cdots+\left(\frac{\partial f}{\partial x_n}\right)^2 m_n^2$$

即

$$m_z=\pm\sqrt{\left(\frac{\partial f}{\partial x_1}\right)^2 m_1^2+\left(\frac{\partial f}{\partial x_2}\right)^2 m_2^2+\cdots+\left(\frac{\partial f}{\partial x_n}\right)^2 m_n^2} \tag{3-6}$$

上式为观测值中误差与其函数中误差的一般关系式，是误差传播定律的数学表达式，据此推导出下列简单函数式中误差传播公式，见表 3-1。

表 3-1 中误差传播公式表

函数名称	函数式	中误差传播公式
倍数函数	$Z=Ax$	$m_z=\pm Am$
和差函数	$Z=x_1\pm x_2$ $Z=x_1\pm x_2\pm\cdots\pm x_n$	$m_z=\pm\sqrt{m_1^2+m_2^2}$ $m_z=\pm\sqrt{m_1^2+m_2^2+\cdots+m_n^2}$
线性函数	$Z=A_1x_1\pm A_2x_2\pm\cdots\pm A_nx_n$	$m_z=\pm\sqrt{A_1^2m_1^2+A_2^2m_2^2+\cdots+A_n^2m_n^2}$

2. 误差传播定律的应用

误差传播定律在测量中应用十分广泛，利用误差传播定律不仅可以求得观测值函数的中误差，还可以用来研究容许误差值的确定以及分析观测可能达到的精度等。以推导算术平均值中误差为例：

算术平均值 x 为： $x=\frac{[l]}{n}=\frac{1}{n}l_1+\frac{1}{n}l_2+\cdots+\frac{1}{n}l_n$

设$\frac{1}{n}=k$，则：

$$x=kl_1+kl_2+\cdots+kl_n$$

因为等精度观测，各观测值的中误差相同，即 $m_1=m_2=\cdots=m_n$，得算术平均值的中误差为：

$$M=\pm\sqrt{k^2m_1^2+k^2m_2^2+\cdots+k^2m_n^2}$$

$$=\pm\sqrt{\frac{1}{n^2}(m^2+m^2+\cdots+m^2)}$$

$$=\pm\frac{m}{\sqrt{n}}$$

因此：

$$M=\pm\frac{m}{\sqrt{n}} \tag{3-7}$$

式(3-7)表明，在相同的观测条件下，算术平均值的中误差与观测次数的平方根成反比。随着观测次数的增加，算术平均值的精度固然随之提高，但是，当观测次数增加到一定数值后(例如 $n=10$) 算术平均值精度的提高是很微小的。因此，不能单以增加观测次数来提高观测成果的精度，还应设法提高观测本身的精度。例如，采用精度较高的仪器，提高观测技能，在良好的外界条件下观测等。下面举例说明误差传播定律的应用。

【例 3-2】 在 1∶500 地形图上量得某两点间的距离 $d=543.2$ mm，其中误差 $m_d=\pm 0.2$ mm，求该两点间的地面水平距离 D 的值及其中误差 m_D。

解：$D=500d=500\times 0.5432=271.60$ m

$D=\pm 500m_d=\pm 500\times 0.0002=\pm 0.10$ m

【例 3-3】 设对某一三角形观测了其中 α、β 两个角，测角中误差分别为 $m_\alpha=\pm 3.0''$，$m_\beta\pm 6.5''$，试求 γ 角的中误差 m_γ。

解：$\gamma=180^\circ-\alpha-\beta$

$m_\gamma=\pm\sqrt{m_\alpha^2+m_\beta^2}=\pm\sqrt{(3.0)^2+(6.5)^2}=\pm 7.2''$

【例 3-4】 推导用三角形闭合差计算测角中误差公式。设等精度观测了 n 个三角形的内角，其测角中误差为 m_β，各三角形闭合差为 $f_{\beta 1}$，$f_{\beta 2}\cdots f_{\beta n}$($f_{\beta i}=a_i+b_i+c_i-180^\circ$)。按中误差定义得三角形内角和的中误差 $m_\sum$ 为

$$m_\sum=\pm\sqrt{\frac{[f_\beta f_\beta]}{n}}$$

由于内角和 $\sum$ 是每个三角形各观测角之和，即

$$\sum=a_i+b_i+ci$$

其中误差为：

$$m_\sum=\pm\sqrt{3}m_\beta$$

故测角中误差

$$m_\beta=\pm\sqrt{\frac{[f_\beta f_\beta]}{3n}} \tag{3-8}$$

上式称为菲列罗公式，通常用在三角测量中评定测角精度。

【例 3-5】 分析水准测量精度。设在 A、B 两水准点间安置了 n，每个测站后视读数为 a，前视读数为 b，每次读数的中误差均为 $m_{读}$，由于每个测站高差为：

$$h=a-b$$

根据误差传播定律，求得一个测站所测得的高差中误差 m_h 为：

$$m_h=m_{读}\sqrt{2}$$

如果采用黑、红双面尺或两次仪器高法测定高差，并取两次高差的平均值作为每个测

站的观测结果，则可求得每个测站高差平均值的中误差 $m_{站}$ 为：

$$m_{站}=m_h\sqrt{2}=m_{读}$$

由于 A、B 两水准点间共安置了 n 个测站可求得 n 站总高差的中误差 m 为：

$$m=m_{站}\sqrt{n}=m_{读}\sqrt{n} \tag{3-9}$$

即水准测量高差的中误差与测站数的平方根成正比。

设每个测站的距离 S 大致相等，全长 $L=n.S$ 将 $n=L/S$ 代入上式

$$m=m_{站}\sqrt{1/S}\sqrt{L}$$

式中：$1/S$—— 每公里测站数；

$m_{站}\sqrt{1/S}$—— 每公里高差中误差，以 μ 表示，则

$$m=\pm\mu\sqrt{L} \tag{3-10}$$

即水准测量高差的中误差与距离平方根成正比。因此普通水准测量容许高差闭合差一般为：

$$f_{h容}=\pm 40\sqrt{L}\,(\mathrm{mm})（平原微丘）$$

$$f_{h容}=\pm 12\sqrt{n}\,(\mathrm{mm})（山岭重丘）$$

任务二　小区域平面控制测量

小区域平面控制测量的主要方法是导线测量和交会测量，本任务主要阐述导线测量、交会测量的工作流程、技术规范等。

一、导线测量

导线布设灵活，推进迅速，受地形限制小，边长精度分布均匀，是建立小区域平面控制网常用的一种方法，特别是地物分布比较复杂的建筑区，视线障碍较多的隐蔽区和带状地区，多采用导线测量方法。但导线测量存在控制面积小、检核条件少，方位传算误差大等缺点。用全站仪测定导线转折角和导线边长的导线称为全站仪导线。

（一）导线布设形式

导线分为单一导线和导线网。两条以上导线的汇聚点称为导线的结点。单一导线和导线网的区别在于导线网具有结点，而单一导线没有结点。按照不同的情况和要求，导线网可布设为自由导线网和附合导线网。单一导线可布设为附合导线、闭合导线和支导线，下面主要介绍单一导线布设形式。

1. 闭合导线

如图 3-5 所示，从已知高级控制点 B 点（起始点）开始，经过各个未知导线点 P1、P2、

P3、P4，最后又回到原来起始点B，形成一闭合多边形，这种导线称为闭合导线。闭合导线有着严密的几何条件（一个多边形内角和条件与两个坐标增量条件），起到对观测成果的校核作用，常用于面积开阔的局部地区控制。

2. 附合导线

如图3-6所示，从已知高级控制点B点（起始点）开始，经过各个未知导线点P1、P2，附合到另一已知高级控制点C点（终点），形成一连续折线，这种导线称为附合导线。附合导线有三个检核条件，即一个坐标方位角条件和两个坐标增量条件，其常用于带状地区的控制测量。

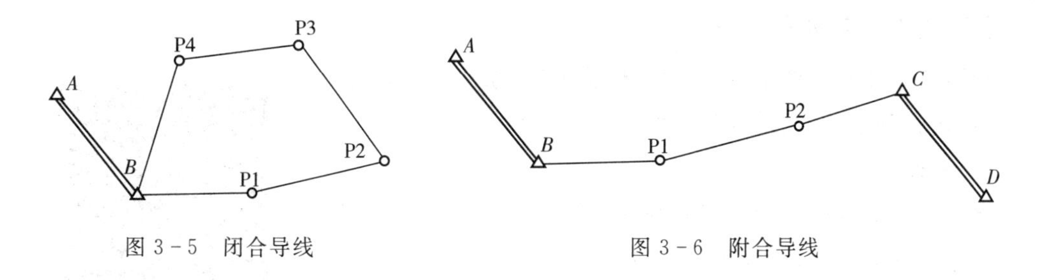

图3-5　闭合导线　　　　图3-6　附合导线

3. 支导线

如图3-7所示，从已知高级控制点B点（起始点）开始，既不附合到另一个控制点，又不闭合到原来起始点，这种导线称为支导线。由于支导线无校核条件，不易发现错误，一般不宜采用，常用于导线点不能满足局部测图时或隧道等掘进工程项目中。

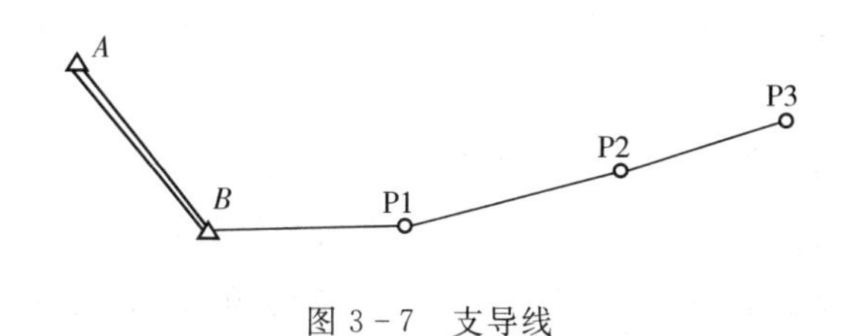

图3-7　支导线

（二）导线测量主要技术要求

根据《工程测量标准》(GB 50026—2020)规定，导线测量平面控制网分为三、四等及一、二、三级，直接为测绘地形图所布设的导线称为图根导线。其主要技术要求见表3-2。

表3-2　各级导线测量的主要技术要求

等级	导线长度/km	平均边长/km	测角中误差/″	测距中误差/mm	测距相对中误差	测回数				方位角闭合差/″	导线全长相对闭合差
						0.5″级仪器	1″级仪器	2″级仪器	6″级仪器		
三等	14	3	1.8	20	1/150000	4	6	10	—	$3.6\sqrt{n}$	1/55000
四等	9	1.5	2.5	18	1/80000	2	4	6	—	$5\sqrt{n}$	1/35000

（续表）

等级	导线长度/km	平均边长/km	测角中误差/″	测距中误差/mm	测距相对中误差	测回数				方位角闭合差/″	导线全长相对闭合差
						0.5″级仪器	1″级仪器	2″级仪器	6″级仪器		
一级	4	0.5	±5	15	1/30000	—	—	2	4	$10\sqrt{n}$	≤1/15000
二级	2.4	0.25	±8	15	1/14000	—	—	1	3	$16\sqrt{n}$	≤1/10000
三级	1.2	0.1	±12	15	1/7000	—	—	1	2	$24\sqrt{n}$	≤1/5000

注：n为测站数。

(三)导线测量外业工作

导线测量外业工作主要包括技术设计、踏勘选点、造标埋石，导线边长测量、导线转折角测量。

导线测量外业

1. 技术设计

首先收集测区已有地形图和控制点等成果资料，将控制点展绘在原有地形图上，根据测量设计要求，在地形图上拟定导线初步布设方案，实地踏勘，在周密的调查研究基础上进行控制网的图上设计。

2. 踏勘选点

选点就是在测区内选定控制点的位置。选点之前应收集测区已有地形图和高一级控制点的成果资料。若测区范围内无可供参考的地形图时，通过踏勘，根据测区范围、地形条件直接在实地拟定导线布设方案，选定导线的位置。导线点点位选择必须注意以下几个方面：

(1)为了方便测角，相邻导线点间要通视良好，视线应远离障碍物，保证成像清晰。

(2)采用全站仪测边长，导线边应离开强电磁场和发热体的干扰，测线上不应有树枝、电线等障碍物。四等及以上的测线，应离开地面或障碍物 1.3 m 以上。

(3)导线点应埋在地面坚实、不易被破坏的地方，一般应埋设标石。

(4)导线点要有一定的密度，以便控制整个测区。

(5)导线边长要大致相等，不能悬殊过大，一般相邻边长之比不超过三倍。

3. 造标埋石

导线点位选定后，在泥土地面上，要在点位上打一个木桩，桩顶钉上一个小钉，作为临时性标志，如图 3-8 所示；在碎石或沥青路面上，可以用顶上凿有十字纹的大铁钉代替木桩；在混凝土场地或路面上，可以用伞状控制点标志，如图 3-9 所示。若导线点需要长期保存，则可以参照图 3-10 埋设混凝土导线点标石。

导线点应分等级统一编号，以便于测量资料的统一管理。导线点埋设后，为便于观测时寻找，可以在点位附近房角或电线杆等明显地物上用红油漆表明指示导线点的位置。每一个导线点绘制一张点之记，在点之记上注记地名、路名、导线点编号及导线点距离邻近明显地物点的距离，如图 3－11 所示。

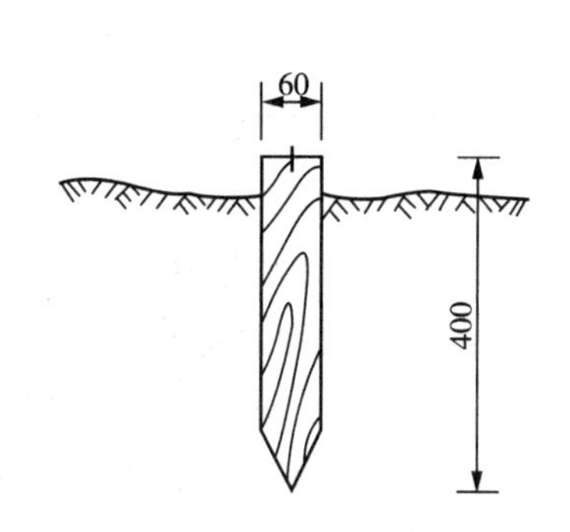

图 3－8　临时导线点的埋设(单位：mm)

图 3－9　伞状控制点标志

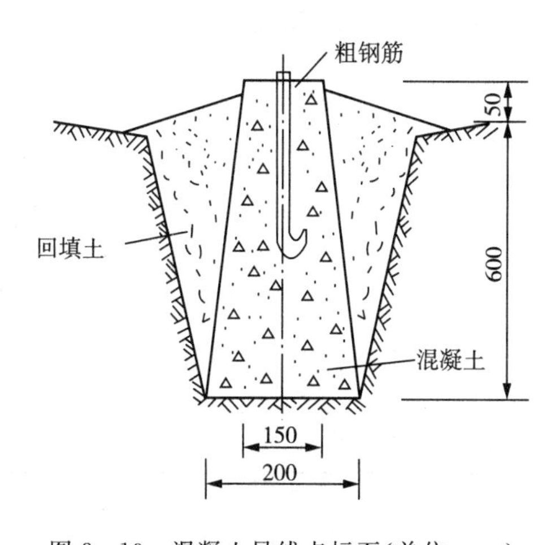

图 3－10　混凝土导线点标石(单位：mm)

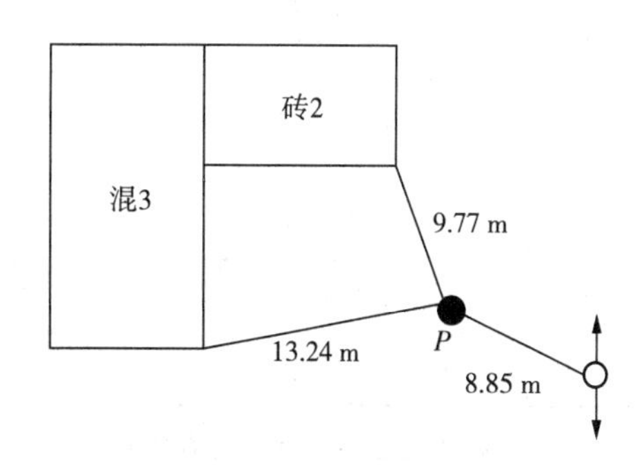

图 3－11　导线点的点之记

4. 导线转折角测量

导线转折角的测量一般采用测回法观测。若转折角位于导线前进方向的左侧则称为左角；位于导线前进方向的右侧则称为右角，一般附合导线测量导线左角，在闭合导线中均测内角。若闭合导线按逆时针方向编号，则其内角是左角，反之其内角是右角；对于支导线，应分别观测左、右角。根据《工程测量标准》(GB 50026—2020)规范要求，水平角观测的主要技术要求见表 3－3。

表 3-3　水平角方向观测法的技术要求

等　级	仪器精度等级	半测回归零差限差(″)	一测回内 2c 互差限差(″)	同一方向值各测回较差限差(″)
四等及以上	0.5″级仪器	≤3	≤5	≤3
	1″级仪器	≤6	≤9	≤6
	2″级仪器	≤8	≤13	≤9
一级及以下	2″级仪器	≤12	≤18	≤12
	6″级仪器	≤18	—	≤24

5. 导线边长测量

导线边长是指相邻导线点间的水平距离。导线边长测量可采用光电测距、钢尺量距。图根导线的边长可采用全站仪单向施测，对于难以布设附合导线的困难地区，可以布设成支导线，边长应往返测定，边长往返较差的相对误差不大于 1/3 000。使用全站仪测量距离时，应测定温度及气压并输入至仪器中，进行气象改正，提高测量准确度。根据《工程测量标准》(GB 50026—2020)规范要求，导线边测量的主要技术要求见表 3-4。

表 3-4　各等级控制网边长测距的主要技术要求

平面控制网等级	仪器精度等级	每边测回数		一测回读数较差(mm)	单程各测回较差(mm)	往返测距较差(mm)
		往	返			
三等	5 mm 级仪器	3	3	≤5	≤7	$\leq 2(a+b\cdot D)$
	10 mm 级仪器	4	4	≤10	≤15	
四等	5 mm 级仪器	2	2	≤5	≤7	
	10 mm 级仪器	3	3	≤10	≤15	
一级	10 mm 级仪器	2	—	≤10	≤15	—
二、三级	10 mm 级仪器	1	—	≤10	≤15	

注：1. 一测回是全站仪盘左盘右各测量 1 次的过程；

2. 困难情况下，测边可采取不同时间段测量代替往返观测。

5. 导线联测

如图 3-12 所示，联测是指新布设的导线与周围已有高级控制点的联系测量，以获取新布设导线的起算数据，即起始点坐标和起始边方位角。导线联测的内容是测定连接角 β_A 和连接边 D_{A1}，方法与导线测距、测角方法相同。当沿路线方向有已知高级控制点，导线可直接与其连接，构成闭合导线或附合导线；当距离已知高级控制点较远可采用间接连接。

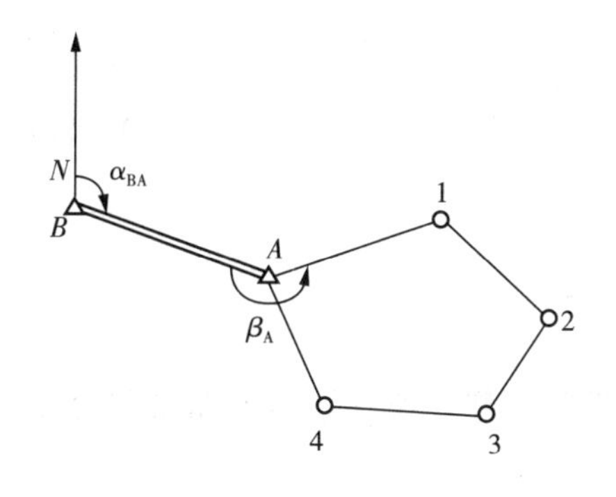

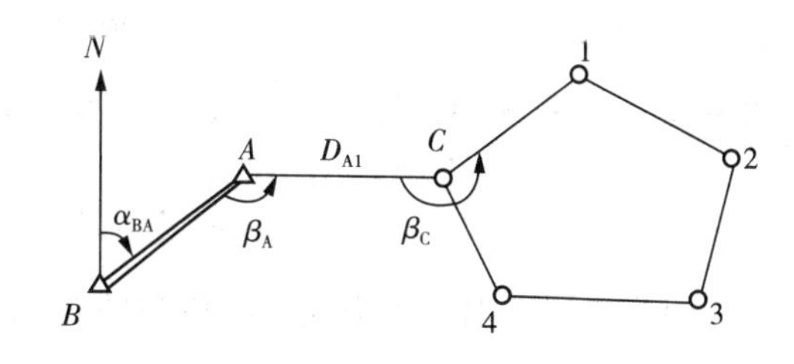

图 3-12 联 测

(四)导线内业计算

导线测量内业计算的目的一是要计算出导线点的坐标,二是计算导线测量的精度是否满足要求。在计算之前要先查实起算点的坐标、起始边的方位角,校核外业观测资料,确保外业资料的计算正确、合格无误。

导线测量内业

1. 闭合导线内业计算

闭合导线坐标计算必须满足两个条件:一个是多边形内角和的条件;另一个是坐标条件,即由起始点出发,经过各边、角推算出起始点坐标应与起始点已知坐标一致。现以图 3-13 为例,结合表 3.4 闭合导线坐标计算表的使用,说明闭合导线坐标计算的步骤。

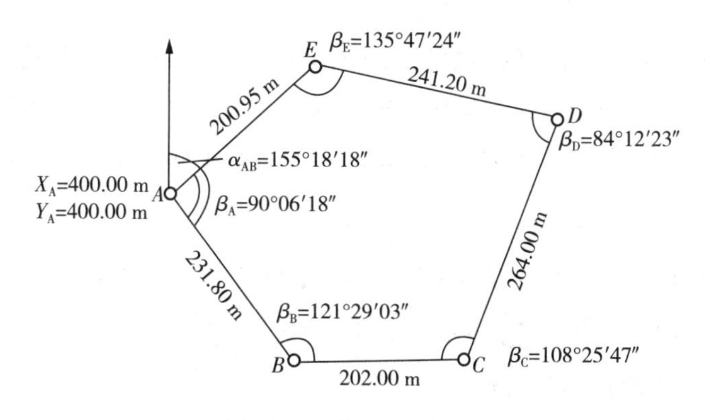

图 3-13 闭合导线略图

(1)检查、填写外业观测的资料、绘略图

导线测量外业工作完成之后,应仔细检查所有外业记录,计算是否齐全正确,各项误差是否在限差之内,以保证原始数据的正确性;同时绘制导线略图,标明点号、相应的角度和边长,已知点坐标和起始方位角,以便进行导线点的坐标计算。

(2)角度闭合差的计算、调整与校核

角度闭合差算例见表 3-4 的 2、3 栏,具体计算过程如下:

根据平面几何原理,n 边形的内角和理论值应为$(n-2)\times 180°$,如设 n 边形闭合导线的

各内角分别为$\beta_1,\beta_2,\cdots,\beta_n$，则内角和的理论值应为

$$\sum\beta_{理}=(n-2)\times180° \tag{3-11}$$

式中：n—— 观测角的数量。在表 3-5 中，有：

$$\sum\beta_{理}=(5-2)\times180°=540°$$

因为水平角观测有误差，内角和的观测值$\sum\beta_{测}$不等于理论值$\sum\beta_{理}$，其角度闭合差f_β为：

$$f_\beta=\sum\beta_{测}-\sum\beta_{理} \tag{3-12}$$

在表 3-3 中，$f_\beta=\sum\beta_{测}-\sum\beta_{理}=540°00'55''-540°=55''$

按规范的要求，对图根光电测距导线，角度闭合差的允许值为$f_{\beta允}=\pm40''\sqrt{n}$；对图根钢尺量距导线，角度闭合差的允许值为$f_{\beta允}=\pm60''\sqrt{n}$（例题中$f_{\beta允}=\pm60''\sqrt{n}=\pm60''\sqrt{5}=89''$）。

如果$f_\beta\leqslant f_{\beta允}$，则将角度闭合差$f_\beta$按“反号平均分配”的原则进行角度改正，例如表 3-5 中$55''<89''$，则计算角度改正。角度改正数计算式为：

$$\nu_\beta=-\frac{f_\beta}{n} \tag{3-13}$$

在表 3-4 中，$v_i=-55''/5=-11''$。

如果f_β的数值不能被导线的角数整除而有余数时，可将其分配在短边所夹的角上，这是因对中误差和照准误差与边长成反比例的缘故。如果角度闭合超过容许值，应及时分析原因，局部或全部重测，然后将υ_β加至各观测角β_i上，求出改正后的角值$\hat{\beta}_i$为：

$$\hat{\beta}_i=\beta_i+v_i \tag{3-14}$$

在表 3-3 中，$\hat{\beta}_B=\beta_B+v_B=121°29'03''+(-11'')=121°28'52''$。

调整后的内角的和应等于$\sum\beta_{理}$，即：$\sum\hat{\beta}=540°=\sum\beta_{理}$

3）导线边方位角的推算与校核

导线边方位角的推算与校核算例见表 3-5 的第 4 栏，具体计算过程如下：

根据已知边的坐标方位角α和改正后的角度值$\hat{\beta}_i$推算各边长的坐标方位角，计算公式为：

$$\left.\begin{aligned}\alpha_{前}&=\alpha_{后}+\hat{\beta}_{左}-180°\\\alpha_{前}&=\alpha_{后}-\hat{\beta}_{右}+180°\end{aligned}\right\} \tag{3-15}$$

式中：如果计算的$\alpha_{前}>360°$，则需减去 360°；如果$\alpha_{前}<0°$，则需加上 360°。

表 3-5 中，所有观测角为左角，则$\alpha_{BC}=\alpha_{AB}+\hat{\beta}_B-180°=155°18'18''+121°28'52''-$

180° = 96°47′10″，依次类推。

4）坐标增量计算和坐标增量闭合差的调整

坐标增量计算和坐标增量闭合差的调整算例见表 3－5 第 6 栏、第 7 栏，具体计算过程如下：

坐标增量有纵坐标增量和横坐标增量，计算公式分别为：

$$\left.\begin{aligned}\Delta x &= D\cos\alpha \\ \Delta y &= D\sin\alpha\end{aligned}\right\} \tag{3-16}$$

式中：D—— 两相邻导线点之间的距离（导线边边长）(m)。在表 3－5 中，

$$\Delta x_{AB} = D_{AB}\cos\alpha_{AB} = 231.80 \times \cos 155°18'18'' = -210.60(\text{m})$$

$$\Delta y_{AB} = D_{AB}\sin\alpha_{AB} = 231.80 \times \sin 155°18'18'' = 96.84(\text{m})$$

计算取位一般与边长位数相同。图根导线计算位数取到厘米。坐标增量计算无校核，应多算一遍，确保计算的正确性。导线边的坐标增量和导线点坐标的关系见图 3－14 所示。由图可知，闭合导线各边纵横坐标增量代数和的理论值应分别等于零，即：

$$\left.\begin{aligned}\sum \Delta x_{增} &= 0 \\ \sum \Delta y_{增} &= 0\end{aligned}\right\} \tag{3-17}$$

由于边长观测值有误差，造成坐标增量也有误差，设纵、横坐标增量闭合差分别为 f_x、f_y，则：

$$\left.\begin{aligned}f_x &= \sum \Delta x_{测} - \sum \Delta x_{理} = \sum \Delta x_{测} \\ f_y &= \sum \Delta y_{测} - \sum \Delta y_{理} = \sum \Delta y_{测}\end{aligned}\right\} \tag{3-18}$$

在表 3－5 中，

$$f_x = \sum \Delta x_{测} = \Delta x_{AB} + \Delta x_{BC} + \Delta x_{CD} + \Delta x_{DE} + \Delta x_{EA} = 0.28\ \text{m},$$

$$f_y = \sum \Delta y_{测} = \Delta y_{AB} + \Delta y_{BC} + \Delta y_{CD} + \Delta y_{DE} + \Delta y_{EA} = -0.02\ \text{m}$$

如图 3－15 所示，坐标增量闭合差 f_x、f_y 的存在，使导线在平面图形上不能闭合，即由已知点 A 出发，沿导线前进方向 $A—B—C—D—E—A'$ 推算出的 A' 点的坐标不等于 A 点得坐标，其间隔长度值称为闭合导线全长闭合差，计算公式为：

$$f = \sqrt{f_x^2 + f_y^2} \tag{3-19}$$

在表 3－5 中，

$$f = \sqrt{f_x^2 + f_y^2} = \sqrt{0.28^2 + (-0.02)^2} = 0.28(\text{m})$$

导线全长相对闭合差 K 的计算公式为：

$$K = \frac{f}{\sum D} = \frac{1}{\sum D / f} \tag{3-20}$$

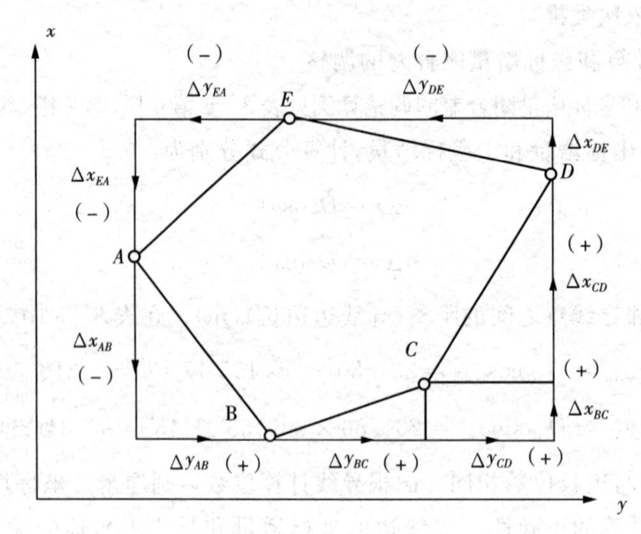

图 3-14　闭合导线坐标增量

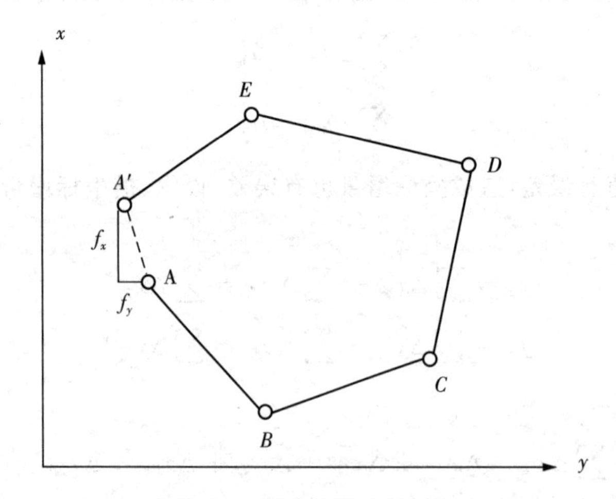

图 3-15　闭合导线全长闭合差

在表 3-5 中，

$$K=\frac{f}{\sum D}=\frac{1}{\sum D/f}=\frac{1}{1139.25/0.28}\approx\frac{1}{4071}$$

若 K 值不超限，可将坐标增量闭合差以“反号与边长成比例分配”的原则分配到各坐标增量中，使改正后的坐标增量闭合差等于零。设第 i 边边长为 D_i，其纵、横坐标增量改正值分别以 $V_{\Delta xi}$、$V_{\Delta yi}$ 表示，则：

$$\left.\begin{aligned}V_{\Delta xi}&=-\frac{f_x}{\sum D}D_i\\V_{\Delta yi}&=-\frac{f_y}{\sum D}D_i\end{aligned}\right\}\tag{3-21}$$

式中：$V_{\Delta xi}$、$V_{\Delta yi}$ 的取值位数与坐标增量取位相同。在表 3－3 中，

$$V_{\Delta xi}=-\frac{f_x}{\sum D}D_1=-\frac{0.28}{1139.95}\times 231.80\approx -0.06(\mathrm{m})$$

$$V_{\Delta yi}=-\frac{f_y}{\sum D}D_1=-\frac{-0.02}{1139.95}\times 231.80\approx 0(\mathrm{m})$$

应有 $\sum V_{\Delta xi}=-f_x$，$\sum V_{\Delta yi}=-f_y$；若不等，应再进行调整，余数给长边。改正后坐标增量为：

$$\left.\begin{array}{l}\Delta x'_i=\Delta x_i+V_{\Delta xi}\\ \Delta y'_i=\Delta y_i+V_{\Delta yi}\end{array}\right\} \tag{3-22}$$

在表 3－5 中，改正后的坐标增量为：

$$\Delta x'_1=\Delta x_1+V_{\Delta x1}=-210.60+(-0.06)=-210.66(\mathrm{m})$$

$$\Delta y'_1=\Delta y_1+V_{\Delta y1}=96.84+0=96.84(\mathrm{m})$$

坐标增量改正值见表 3－5 中的第 8 栏和第 9 栏，改正后坐标增量的和应为 0，即：

$$\left.\begin{array}{l}\sum \Delta x_{增}=0\\ \sum \Delta y_{增}=0\end{array}\right\}$$

5）导线点的坐标计算与校核

导线点的坐标计算与校核算例见表 3－5 中第 10 栏和第 11 栏，具体计算过程如下：

根据起始点的已知坐标（独立测区是假设坐标）和改正后的坐标增量计算各导线点的坐标，其计算公式为：

$$\left.\begin{array}{l}x_{前i}=x_{后i}+\Delta x'_i\\ y_{前i}=y_{后i}+\Delta y'_i\end{array}\right\} \tag{3-23}$$

式中：$x_{前i}$、$y_{前i}$——第 i 边前一点的坐标；

$x_{后i}$、$y_{后i}$—第 i 边后一点的坐标；$\Delta x'_i$、$\Delta y'_i$ 为第 i 边改正后的坐标增量。在表 3－5 中，

$$x_B=x_A+\Delta x'_1=400.00+(-210.66)=189.34(\mathrm{m})$$

$$y_B=y_A+\Delta y'_1=400.00+96.84=496.84(\mathrm{m})$$

在图 3－13 中，闭合导线从 A 点开始，依次推算 B、C、D、E 这 4 个点坐标，最后回到 A 点，计算结果应与 A 点得已知坐标相同，以此作为正确性的检核。

2. 附合导线的内业计算

附合导线的内业计算与闭合导线基本相同，二者的主要差异在于角度闭合差 f_β 和坐标增量闭合差 f_x、f_y 的计算。下面以图 3－16 为例，结合表 3－5，进行附合导线的计算。

表 3-4 闭合导线坐标计算表

点号	水平角		方位角/(° ′ ″)	距离/m	增量计算值		改正后增量值		坐标		点号
	观测值/(° ′ ″)	改正后角值/(° ′ ″)			Δx/m	Δy/m	$\Delta x'$/m	$\Delta y'$/m	x/m	y/m	
1	2	3	4	5	6	7	8	9	10	11	12
A									400.00	400.00	A
			155 18 18	231.80	−0.06 −210.60	0 96.84	−210.66	96.84			
B	−11 121 29 03	121 28 52							189.34	496.84	B
			96 47 10	202.00	−0.05 −23.87	0 200.58	−23.92	200.58			
C	−11 108 25 47	108 25 36							165.42	697.42	C
			25 12 46	264.00	−0.06 238.85	0.01 112.46	238.79	112.47			
D	−11 84 12 23	84 12 12							404.21	809.89	D
			289 24 58	241.20	−0.06 80.18	0.01 −227.48	80.12	−227.47			
E	−11 135 47 24	135 47 13							484.33	582.42	E
			245 12 11	200.95	−0.05 −84.28	0 −182.42	−84.33	−182.42			
A	−11 90 06 18	90 06 07							400.00	400.00	A
			155 18 18								
B											B
$\sum$	540 00 55			1 139.95	0.28	−0.02	0.00	0.00			
辅助计算	$\sum\beta_{测} = 540°00'55''$，$f_x = \sum\Delta x_{测} = 0.28$ m，$f_y = \sum\Delta y_{测} = -0.02$ m， $\sum\beta_{理} = 540°$，导线全场闭合差 $f = \sqrt{f_x^2 + f_y^2} = 0.28$ m， $f_\beta = \sum\beta_{测} - \sum\beta_{理} = 55''$，$f_{\beta允} = \pm 40''\sqrt{n} = 89''$，导线全长相对闭合差 $K = \frac{f}{\sum D} \approx \frac{1}{4071}$。										

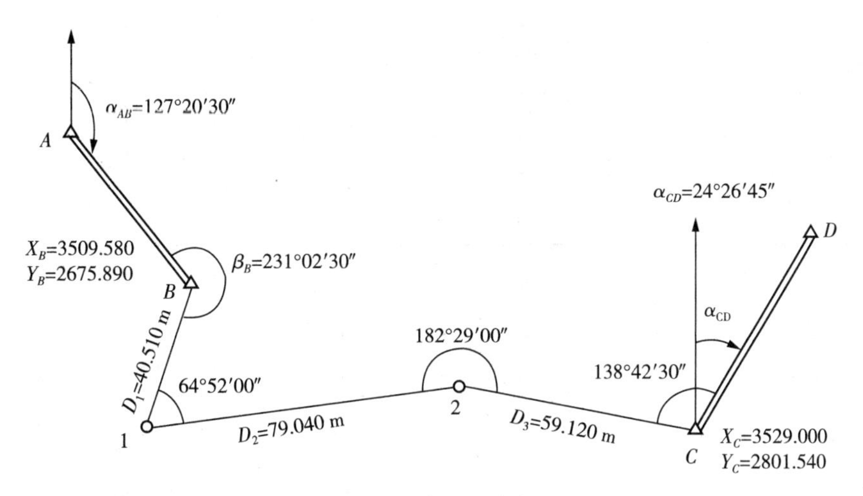

图 3－16 附和导线略图

1)角度闭合差 f_β 的计算

附合导线的角度闭合差是指坐标方位角闭合差。如图3-15所示，由已知起始边 AB 的坐标方位角 α_{AB}，应用观测的连接角和转折角 β_B、β_1、β_2、β_C 可以推算出终边 CD 的方位角 α'_{CD}。

因为：

$$f_\beta = \alpha'_{CD} - \alpha_{CD}$$

$$\alpha'_{CD} = \alpha_{AB} + \beta_B + \beta_1 + \beta_2 + \beta_C - 4 \times 180°$$

所以角度闭合差 f_β 为：

$$f_\beta = \alpha_{起} - \alpha_{终} + \sum \beta_{左} - n \times 180° \tag{3-24}$$

$$f_\beta = \alpha_{起} - \alpha_{终} - \sum \beta_{右} + n \times 180° \tag{3-25}$$

角度闭合差 f_β 的分配原则与闭合导线相同。

2) 坐标增量闭合差的计算

附合导线的两个端点，起点 B 及终点 C 都是精度较高的高级控制点，误差可忽略不计，故：

$$\left.\begin{aligned} \sum \Delta x_{理} &= x_C - x_B \\ \sum \Delta y_{理} &= y_C - y_B \end{aligned}\right\} \tag{3-26}$$

由于测角和量边误差的存在，故坐标增量代数和 $\sum \Delta x_{测}$、$\sum \Delta y_{测}$ 不能满足理论上的要求，其差值称为附合导线坐标增量闭合差，计算公式为：

$$\left.\begin{aligned} f_x &= \sum \Delta x_{测} - \sum \Delta x_{理} = \sum \Delta x_{测} - (x_C - x_B) \\ f_y &= \sum \Delta y_{测} - \sum \Delta y_{理} = \sum \Delta y_{测} - (y_C - y_B) \end{aligned}\right\} \tag{3-27}$$

各项计算结果见表 3－6。

表 3-5 附合导线坐标计算表

点号	水平角		方位角/(° ′ ″)	距离/m	增量计算值		改正后增量值		坐标		点号
	观测值/(° ′ ″)	改正后角值/(° ′ ″)			Δx/m	Δy/m	$\Delta x'$/m	$\Delta y'$/m	x/m	y/m	
(1)	(2)	(3)	(4)	(5)	(6)	(7)	(8)	(9)	(10)	(11)	(12)
A											A
			127 20 30								
B	+3 231 02 30	231 02 33							3 509.580	2 675.890	B
			178 23 03	40.510	0.01 −40.494	0.06 1.142	−40.484	1.148			
1	+4 64 52 00	64 52 04							3 469.096	2 677.038	1
			63 15 07	79.040	0.02 35.573	0.12 70.582	35.593	70.594			
2	+4 182 29 00	182 29 04							3 504.689	2 747.632	2
			65 44 11	59.120	0.16 24.295	0.10 53.898	24.311	53.908			
C	+4 138 42 30	138 42 34							3 529.000	2 801.540	C
			24 26 45								
D											D
$\sum$	617 06 00			178.670	19.374	125.622					

辅助计算

$f_\beta = \alpha_{AB} + \sum \beta_{左} - 4 \times 180° - \alpha_{CD} = -15''$，$f_{容} = \pm 60''\sqrt{4} = \pm 120''$

$f_x = 19.374 - (3529.000 - 3509.580) = -0.046(\mathrm{m})$，$f_y = 125.622 - (2801.540 - 2675.890) = -0.028(\mathrm{m})$，

$f = \sqrt{f_x^2 + f_y^2} = 0.0539\ \mathrm{m}$，$K = \dfrac{f}{\sum D} \approx \dfrac{1}{3318}$。

闭合导线所需已知控制点少，甚至没有已知控制点也可布设，在建筑工程测量中广泛应用。但其检核条件较少，可能出现假闭合现象，角度和坐标增量闭合差均较小，而所算坐标不一定正确，产生的原因是连接角误差大或粗差。附和导线所需已知点多，条件较难满足，但不会出现假闭合现象，所算坐标较可靠。

二、交会测量

交会计算

交会测量是通过测量交会点与周边已知坐标点所构成三角形的水平角或边长来计算交会点的平面坐标，是小区域加密平面控制点的方法之一。根据观测元素性质的不同，交会测量可分成前方交会、侧方交会、后方交会、距离交会，分别如图 3－17(a)～(d)所示，P 点为待定点，其余各点是已知点。这里主要介绍前方交会和后方交会。

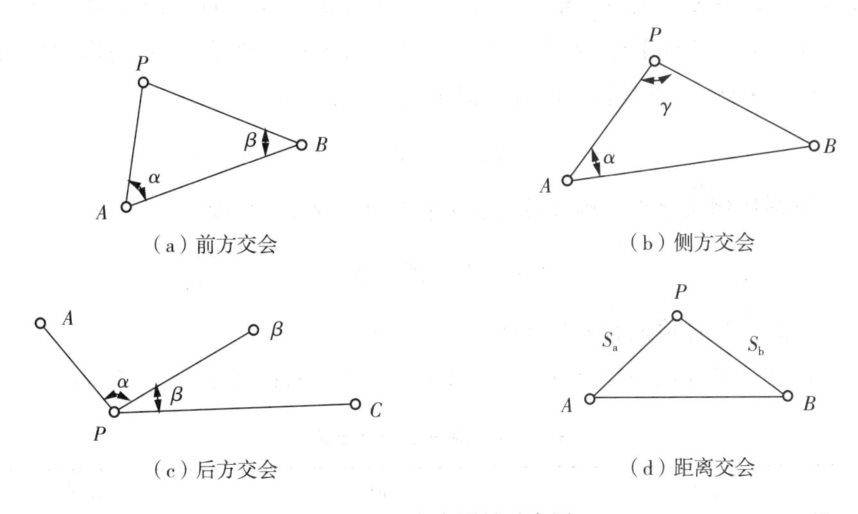

图 3－17　交会测量示意图

(一)前方交会

如图 3－17(a)所示，已知 A、B 的坐标分别为(x_A, y_A)和(x_B, y_B)，在 A、B 两点设站测得 α、β 两角，则未知点 P 的坐标计算公式(证明从略)如下：

$$\left.\begin{aligned} x_P &= \frac{x_A\cot\beta + x_B\cot\alpha + (y_B - y_A)}{\cot\alpha + \cot\beta} \\ y_P &= \frac{y_A\cot\beta + y_B\cot\alpha - (x_B - x_A)}{\cot\alpha + \cot\beta} \end{aligned}\right\} \tag{3-28}$$

式中：除已知点坐标外，就是观测角余切，故称余切公式。

用计算器计算前方交会点时要注意：三角形 A、B、P 是逆时针方向编号的，A、B 为已知点，P 为未知点。若 α、β 角值大于 90°时其余切为负值，小数取位要正确，角的余切一般取六位小数，坐标值取两位小数。

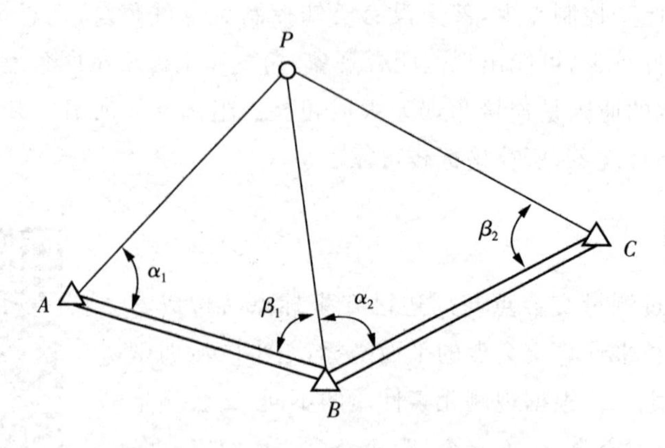

图 3-18　多点前方交会

为防止外业观测的错误并提高未知点 P 的精度，测量规范要求布设有 3 个已知点的前方交会，如图 3-18 所示。这时，在 A、B、C 三个已知点上向 P 点观测，测出四个角值 α_1、β_1、α_2、β_2，分两组计算 P 点坐标，若两组 P 点坐标的较差在容许范围内，则取它们的平均值作为 P 点的最后坐标，一般其较差的容许值用式(3-29)表示。

$$\Delta\varepsilon_{容}=0.2M \tag{3-29}$$

式中：M——测图比例尺分母。则计算得较差值应小于容许值，即

$$\Delta\varepsilon=\sqrt{\delta_x^2+\delta_y^2}\leqslant\Delta\varepsilon_{容} \tag{3-30}$$

式中：δ_x——P 点 x 坐标值的较差(mm)；

δ_y——P 点 y 坐标值的较差(mm)。图 3-17 对应的计算见表 3-7 所示。

表 3-7　前方交会计算表

点名	x 值		y 值		观测角	
A	x_A	1 659.232	y_A	2 355.537	α_1	69°11′04″
B	x_B	1 406.593	y_B	2 654.051	β_1	59°42′39″
P	x'_P	1 869.20	y'_P	2 735.23		
B	x_B	1 406.593	y_B	2 654.051	α_2	51°15′22″
C	x_C	1 589.736	y_C	2 987.304	β_2	76°44′30″
P	x''_p	1 869.21	y''_p	2 735.23		
中数	x_P	1 869.20	y_P	2 735.23		
辅助计算	$\delta_x=0.01$ $\delta_y=0$ $\Delta_\varepsilon=0.01$ $M=1000$ $\Delta\varepsilon_{容}=0.2\times M\times10^{-3}=0.2$					

(二)后方交会

如图 3－19 所示，后方交会是仅在待定点 P 上安置全站仪或经纬仪，观测水平角 α、β、γ 和检查角 θ，进而确定 P 点的平面坐标，具有布点灵活、设站少等特点。当 P、A、B、C 四点共圆时，则其点位无法确定，构成的圆为危险圆，因此 P 点应远离危险圆。

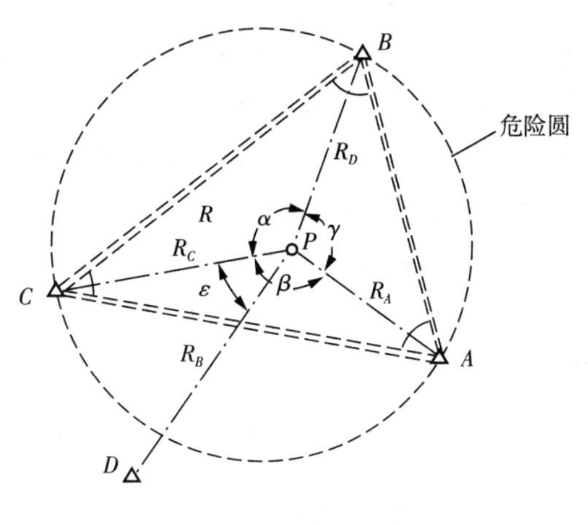

图 3－19　后方交会

解算后方交会的方法很多，这里介绍一种直接计算坐标的公式（证明从略）。如图 3－19所示，设 A、B、C 三个已知点所构成的三角形的内角分别为 $\angle A$、$\angle B$ 和 $\angle C$，在 P 点对 A、B、C 三点观测的水平方向值分别为 R_A、R_B 和 R_C，则构成的三个水平角 α、β、γ 为：

$$\left.\begin{aligned}\alpha&=R_B-R_C\\ \beta&=R_C-R_A\\ \gamma&=R_A-R_B\end{aligned}\right\}\tag{3-31}$$

设 A、B、C 三个已知点的平面坐标为 (x_A,y_A)，(x_B,y_B)，(x_C,y_C)，令

$$\left.\begin{aligned}P_A&=\frac{1}{\cot\angle A-\cot\alpha}=\frac{\tan\alpha\tan\angle A}{\tan\alpha-\tan\angle A}\\ P_B&=\frac{1}{\cot\angle B-\cot\beta}=\frac{\tan\beta\tan\angle B}{\tan\beta-\tan\angle B}\\ P_c&=\frac{1}{\cot\angle C-\cot\gamma}=\frac{\tan\gamma\tan\angle C}{\tan\gamma-\tan\angle C}\end{aligned}\right\}\tag{3-32}$$

则待定点 P 的坐标计算公式为：

$$
\left.\begin{aligned}
x_P &= \frac{P_A x_A + P_B x_B + P_C x_C}{P_A + P_B + P_C} \\
y_P &= \frac{P_A y_A + P_B y_B + P_C y_C}{P_A + P_B + P_C}
\end{aligned}\right\} \tag{3-33}
$$

任务三　高程控制测量

高程控制测量精度等级主要划分为二、三、四、五等，各等级高程控制宜采用水准测量，四等及以下等级也可以采用电磁波测距三角高程测量，五等还可以采用卫星定位高程测量。首级高程控制网的等级应根据工程规模、控制网的用途和精度要求选择，宜布设成环形网，加密网宜布设成附合路线或结点网。测区的高程系统宜采用1985国家高程基准。在已有高程控制网的地区测量时，可沿用原有的高程系统；小测区不具备联测条件时，也可以采用假定高程系统。高程控制点间的距离，一般地区应为1 km～3 km，工业厂区、城镇建筑区宜小于1 km。一个测区至少应有3个高程控制点。

一、水准高程控制概述

二等水准测量主要用于变形监测、高精度结构物安装、特大桥等项目的高程控制测量。根据《工程测量标准》(GB 50026—2020)规定，二等水准测量采用数字水准仪时，往返观测顺序奇数站应为“后－前－前－后”，偶数站为“前－后－后－前”；二等光学水准测量观测顺序，往返测时奇数偶数站观测顺序相反；三等数字水准测量观测顺序应为“后－前－前－后”；四等数字水准测量观测顺序应为“后－后－前－前”；高程成果取值时，二等水准应精确至0.1 mm，三、四、五等水准应精确至1 mm。各等级水准测量主要技术要求参考表3－8。

二等水准测量观测与记录

表3－8　水准测量的主要技术要求

等级	每千米高差全中误差/mm	路线长度/km	水准仪级别/mm	水准尺	观测次数		往返较差、附合或环线闭合差/mm	
					与已知点联测	附合或环线	平地/mm	山地/mm
二等	2	—	DS1、DSZ1	条码因瓦、线条式因瓦	往返各一次	往返各一次	$4\sqrt{L}$	—
三等	6	≤50	DS1、DSZ1	条码因瓦、线条式因瓦	往返各一次	往一次	$12\sqrt{L}$	$4\sqrt{n}$
			DS3、DSZ3	条码式玻璃钢、双面		往返各一次		

（续表）

等级	每千米高差全中误差/mm	路线长度/km	水准仪级别/mm	水准尺	观测次数		往返较差、附合或环线闭合差/mm	
					与已知点联测	附合或环线	平地/mm	山地/mm
四等	10	≤16	DS3、DSZ3	条码式玻璃钢、双面	往返各一次	往一次	$20\sqrt{L}$	$6\sqrt{n}$
五等	15	—	DS3、DSZ3	条码式玻璃钢、单面	往返各一次	往一次	$30\sqrt{L}$	—

注：1. L 为往返测段、附合或环线的水准路线长度(km)，n 为测站数。

2. 数字水准测量和同等级的光学水准测量精度要求相同，作业方法在没有指的情况下均称为水准测量；

3. DSZ1 级数字水准仪若与条码式玻璃钢水准尺配套，精度降低为 DSZ3 级。

根据《工程测量标准》(GB 50026—2020)规定，各等级水准测量使用数字水准仪观测的主要技术要求参考表 3-9

表 3-9 数字水准仪观测的主要技术要求

等级	水准仪级别/mm	水准尺	视线长度/m	前后视距差/m	前后视距差的累积差/m	视线离地面最低高度/m	测站两次观测的高差较差/mm	数字水准仪重复测量次数
二等	DSZ1	条码式因瓦尺	50	1.5	3.0	0.55	0.7	2
三等	DSZ1	条码式因瓦尺	100	2.0	5.0	0.45	1.5	2
四等	DSZ1	条码式因瓦尺	100	3.0	10.0	0.35	3.0	2
	DSZ1	条码式玻璃钢尺	100	3.0	10.0	0.35	5.0	2
五等	DSZ3	条码式玻璃钢尺	100	近似相等	—	—	—	—

根据《工程测量标准》(GB 50026—2020)规定，各等级水准测量使用光学水准仪观测的主要技术要求参考表 3-10。

表 3-10 光学水准仪观测的主要技术要求

等级	水准仪级别/mm	视线长度/m	前后视距差/m	前后视距差的累积差/m	视线离地面最低高度/m	基、辅分划或黑、红面读数较差/mm	基、辅分划或黑、红面所测高差较差/mm
二等	DS1、DSZ1	50	1.0	3.0	0.5	0.5	0.7
三等	DS1、DSZ1	100	3.0	6.0	0.3	1.0	1.5
	DS3、DSZ3	75				2.0	3.0
四等	DS3、DSZ3	100	5.0	10.0	0.2	3.0	5.0
五等	DS3、DSZ3	100	近似相等	—	—	—	—

注：1. 二等水准视线长度小于 20 m 时，视线高度不应低于 0.3 m；

2. 三四等水准采用变动仪器高度观测单面水准尺时，所测两次高差较差，应与黑面、红面所测高差之差的要求相同。

二、三四等水准测量

小区域地形测绘和工程建设，首级高程控制主要用三、四等水准测量完成，再以三、四等水准点为起始点，进行图根水准测量，测出各图根控制点的高程。三、四等水准点的高程一般应从附近的一、二等水准点引测，若测区内或附近没有国家高程控制点，可根据测区或建设项目的需要，建立独立基本高程控制网。三、四等水准测量所用的仪器、工具、操作程序和计算方法都比较接近，主要是限差不同。根据《工程测量标准》(GB 50026—2020)，三、四等水准测量使用光学水准仪的主要技术要求见表 3 - 11 所示。

四等水准测量

四等水准测量观测与记录实践教学视频

表 3 - 11　三、四等水准测量技术要求

等级	水准仪型号	视线高度	视线长度/m	前、后视距差/m	前、后视距累积差/m	红、黑面高差之差/mm	红、黑面读数差/mm	附合环线闭合差/mm	
								平原	山区
三等	DS3	三丝读数	≤75	≤3	≤6	≤3	≤2	$12\sqrt{L}$	$15\sqrt{L}$ 或 $4\sqrt{n}$
四等	DS3	三丝读数	≤100	≤5	≤10	≤5	≤3	$20\sqrt{L}$	$25\sqrt{L}$ 或 $6\sqrt{n}$

注：1. L 为线路长(km)；n 为测站数；

2. 当每千米水准测量单程测站数 n 超过 16 个站时，可以 n 计算高差不符值；

3. 山区是指高程超过 1 km 或者路线中最大高差超过 400 m 的地区。

(一)水准路线的选择

水准路线方案宜结合规范要求和现场踏勘情况来选择。可采用闭合、附合和支水准路线。水准路线应充分利用现有道路网并选择坡度较小和便于施测的路线(如公路、大路)。

(二)一站观测程序与记录

三、四等水准测量常用仪器为 DS3 型水准仪和双面水准尺。作业前要对水准仪和水准尺进行检验，在作业中为抵消水准尺磨损而造成的标尺零点差，要求每一水准测段的测站数目应为偶数。三、四等水准测量观测应在通视良好、望远镜成像清晰及稳定的情况下进行。三、四等水准测量可采用“后、前、前、后”(“黑、黑、红、红”)观测顺序，以减少仪器沉降所带来的误差。四等水准测量观测顺序也可采用“后、后、前、前”(“黑、红、黑、红”)。本任务以“后、后、前、前”观测程序为例介绍四等水准测量实施。

在每个测站上将仪器安置在与两待测水准点(或转点)距离大致相等处，然后分别照准后、前视尺，估读视距，使前后视距差不超5m。如果超限则应移动水准仪，以满足要求。按以下程序观测，并记录于表3－12的对应栏内。

1. 照准后视尺黑面，精平，分别读取上、下、中三丝读数，并填入表3－12中(1)、(2)、(3)的位置；

2. 照准后视尺红面，精平，读取中丝读数，并填入表3－12中(4)的位置。

3. 照准前视尺黑面，精平，分别读取上、下、中三丝读数，并填入表3－12中(5)、(6)、(7)的位置。

4. 照准前视尺红面，精平，读取中丝读数，并填入表3－12中(8)的位置。

表3－12　三、四等水准测量记录

测站编号	点号	后尺 上丝/下丝	前尺 上丝/下丝	方向及尺号	中丝读数/m		K+黑−红/mm	高差中数/m	备注
		后距/m	前距/m		黑	红			
		视距差 d/m	$\sum d$/m						
		(1)	(5)	后	(3)	(4)	(13)	(18)	括号中的数字为观测和计算顺序
		(2)	(6)	前	(7)	(8)	(14)		
		(9)	(10)	后—前	(15)	(16)	(17)		
		(11)	(12)						
1	BM_1～TP_1	1.571	0.739	后K1	1.384	6.171	0	+0.8325	K1＝4.787
		1.197	0.363	前K2	0.551	5.239	−1		
		37.4	37.6	后—前	+0.833	+0.932	+1		
		−0.2	−0.2						
2	TP_1～TP_2	1.965	2.141	后K2	1.832	6.519	0	−0.174 5	
		1.700	1.874	前K1	2.007	6.793	+1		
		26.5	26.7	后—前	−0.175	−0.274	−1		
		−0.2	−0.4						
3	TP_2～TP_3	0.565	2.792	后K1	0.356	5.144	−1	−2.217 5	K2＝4.687
		0.127	2.356	前K2	2.574	7.261	0		
		43.8	43.6	后—前	−2.218	−2.117	−1		
		0.2	−0.2						
4	TP_3～BM_2	2.121	2.196	后K2	1.934	6.621	0	−0.0745	
		1.747	1.821	前K1	2.008	6.796	−1		
		37.4	37.5	后—前	−0.074	−0.175	+1		
		−0.1	−0.3						
每页检核	$\sum(9)=145.1$				$\sum(3)=5.506$			$\sum(4)=24.455$	
	$\sum(10)=145.4$				$\sum(7)=7.140$			$\sum(8)=26.089$	
	$\sum(9)-\sum(10)=-0.3$				$\sum(15)=-1.634$			$\sum(16)=-1.634$	
	$\sum(9)+\sum(10)=290.5$				$\sum(15)+\sum(16)=-3.268$			$2\sum(18)=3.268$	

(三)测站计算与检核

1. 视距的计算与检核

根据前、后视的上、下丝读数计算前、后视，进行视距计算：

$$后视距：(9)=[(1)-(2)]\times 100$$

$$前视距：(10)=[(5)-(6)]\times 100$$

$$前、后视距差：(11)=(9)-(10)$$

$$前、后视距差累积：(12)=本站(11)+上站(12)$$

2. 水准尺读数的检核

同一根水准尺黑面与红面中丝读数之差检核过程如下：

$$后尺黑面与红面中丝读数之差(13)=(3)+K-(4)$$

$$前尺黑面与红面中丝读数之差(14)=(7)+K-(8)$$

式中：K——红面尺的起点数，为 4.687 m 或 4.787 m。

3. 高差的计算与检核

$$黑面测得的高差(15)=(3)-(7)$$

$$红面测得的高差(16)=(4)-(8)$$

高差的校核如下：

$$黑、红面高差之差(17)=(15)-[(16)\pm 0.100]或(17)=(13)-(14)$$

$$高差中数：(18)=[(15)+(16)\pm 0.100]/2$$

在测站上，当后尺红面起点为 4.687 m，前尺红面起点为 4.787 m 时，及(15)＞(16)时取“＋”，反之取“－”。

在观测中应边观测边记录边进行校核，各项计算符合表 3－11 中相应等级限差要求时才可以搬站，否则应重测。

4. 每页水准测量记录计算检核

(1)视距计算检核

$$\sum(9)-\sum(10)=末站(12)$$

(2) 高差计算检核

$$\sum(3)-\sum(7)=\sum(15)$$

$$\sum(4)-\sum(8)=\sum(16)$$

$$\sum(15)+\sum(16)\pm 0.100=2\sum(18)$$

当$\sum(15)>\sum(16)$时用“+”,反之用“−”。

检核无误后,算出水准路线总长为$\sum(9)+\sum(10)$。

三、四等水准测量的成果整理与普通水准测量的成果整理相同,将高差闭合差按照路线长度或者测站数平均反符号分配。成果精度评定主要技术指标若不满足对应等级的要求,视超限程度,则需要重测单站或整条线路返工。使用数字水准仪进行四等水准测量时,采用中丝法单程观测,三等水准测量和支线应往返测。测站中的限差要求,提前输入仪器中,若超限,仪器会发出警报,可重测直至合格,测站检核合格后方可迁站。

三、三角高程测量

三角高程测量适用于地形起伏较大、两点间高差较大而不便于进行水准测量的测区,可使用全站仪或经纬仪观测。近年来全站仪的发展异常迅速,其不但测距精度高,而且使用十分方便,可以同时测定距离和垂直角,提高了作业效率,因此利用全站仪进行三角高程测量已相当普遍。使用全站仪测定两点间的水平距离或斜距及竖直角,根据三角高程测量原理,推算出两点间的高差,求出高程值,称为电磁波三角高程测量。

全站仪三角高程测量

(一) 三角高程测量原理

如图 3-20 所示,已知 A、B 两点间的水平距离为 D,A 点高程 H_A 已知,观测竖直角为 α,目标高为 ν,量得仪器高为 i,则 B 点的高程 H_B 为:

$$H_B=H_A+D\tan a+i-v \tag{3-35}$$

当观测两点的距离超过 300 m 时,一般还需考虑地球曲率及大气垂直折光的影响,简称球气差 f,B 点的高程 H_B 为:

$$H_B=H_A+D\tan a+i-v+f \tag{3-36}$$

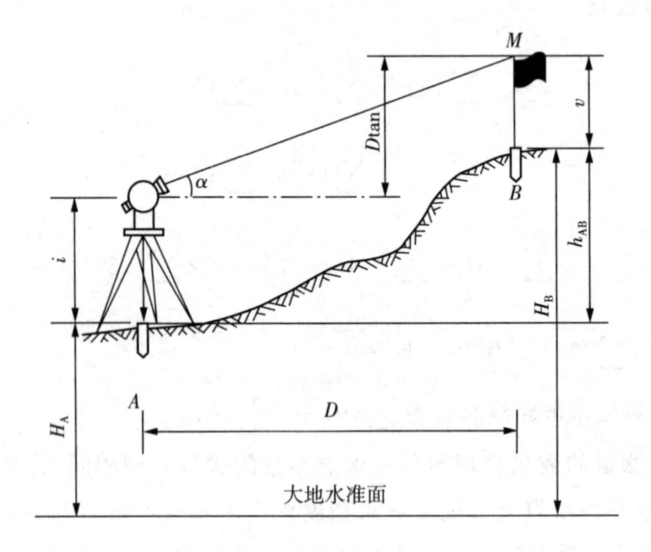

图 3-20　三角高程测量原理

根据经验推导：

$$f = 0.43\frac{D^2}{R} \tag{3-37}$$

用三角高程测量方法测定控制点高程，一般要求进行对向观测，两次测得高差较差在容许值范围内，则取其平均值作为最终的结果。可以认为在观测过程中，地球曲率和大气垂直折光对往返两次观测的影响相同，因此在对向观测法中通过取平均值将它们影响消除。当仪器设在已知高程点，观测该点与未知高程点之间的高差称为直觇；反之仪器设在未知点，测量该点与已知高程点之间的高差称为反觇。

(二)三角高程测量实施

三角高程测量控制网一般以平面控制网的为基础，布设成三角高程网或高程导线。为保证三角高程网的精度，应采用四等水准测量联测一定数量的水准点，作为高程起算数据。三角高程网中任一点到最近高程起算点的边数，当平均边长为 1 km 时，不超过 10 条，平均边长 2 km 时，不超过 4 条。全站仪三角高程测量前应严格进行仪器的检较，包括三角架稳定性和镜站对中杆的检较。竖直角观测是三角高程测量的关键工作，为减少垂直折光变化的影响，应避免在大风或雨后初晴时观测，也不宜在日出后和日落前 2h 内观测。实测试验证明，当仪器竖直角的测角中误差 $m_\alpha \leqslant \pm 2.0''$，边长在 2 km 范围内，电磁波测距三角高程测量完全可以代替四等水准测量，如果缩短边长或提高竖直角的测定精度，还可进一步提高测定高差的精度，如 $m_\alpha \leqslant \pm 1.5''$，边长在 1.2 km 范围内可达到三等水准测量的精度。根据《工程测量标准》(GB 50026—2020)，电磁波测距三角高程测量的技术指标见表 3-13 所示。

表 3-13　电磁波测距三角高程测量的技术要求

等级	垂直角观测				边长测量		仪镜高丈量精度/mm	对向观测高差较差/mm	附合或环线闭合差/mm
	仪器精度等级	测回数	指标差较差/″	测回较差/″	仪器精度等级	观测测次数			
四等	2″级仪器	3	7	7	10 mm 级仪器	往返各一次	±2	$40\sqrt{D}$	$20\sqrt{\sum D}$
五等	2″级仪器	2	10	10	10 mm 级仪器	往一次	±2	$60\sqrt{D}$	$30\sqrt{\sum D}$

注：1. D 为测距边的长度(km)；

2. 起讫点的精度等级，四等应起讫于不低于三等水准的高程点上，五等应起讫于不低于四等的高程点上；

3. 路线长度不应超过相应等级水准路线的总长度。

三角高程测量对向观测法的具体步骤如下：

1. 安置全站仪于测站上，测量仪器高，觇标立于测点上，量出棱镜高，读至 mm 位；棱镜高和仪器高用钢尺丈量两次，读至 mm。其较差四等不应大于 2 mm，五等不大于 4 mm。

2. 用全站仪采用测回法观测竖直角，取平均值作为最后结果。

3. 采用对向观测，方法同前两步。

4. 代入公式计算高差及高程。AB 边计算示例见表 3-14 所示。

表 3-14　三角高程测量计算表

待测点	B	
已知点	A	
觇法	直	反
平距 D/m	105.55	105.55
垂直角 α	+8°12′12″	−8°10′24″
$D\tan\alpha$/m	15.216	−15.160
仪器高 i/m	1.560	1.504
觇标高 v/m	−1.880	−1.245
球气差 f/m		
高差 h/m	14.896	−14.901
平均高差/m	14.899	
起算点高程/m	100.545	
所求点高程/m	115.444	

任务四　GNSS 控制测量

GNSS 控制测量不受通视条件限制，定位精度高、操作简单、便于携带及全天候作业的特点，大大提高测量工作的效率与质量，被广泛的应用于工程测量的各个环节。GNSS 控制测量主要有静态控制测量和动态控制测量。GNSS 静态控制测量可以达到毫米级精度，GNSS 动态控制测量即 RTK 技术可以达到厘米级精度，GNSS 静态控制测量常用作测区的首级控制，而 RTK 技术可以用做加密控制或服务于像片控制测量。GNSS 控制测量可用于二、三、四等和一、二级控制网的建立。

一、GNSS 静态控制测量

各等级 GNSS 定位测量控制网精度的标准主要由控制网的用途决定。根据《工程测量标准》(GB 50026—2020)规定，各等级 GNSS 定位测量控制网的主要技术指标见表 3－15。各等级控制网的基线精度按式 3－38 计算，即：

$$\sigma=\sqrt{A^2+(B\times d)^2} \tag{3-38}$$

式中：σ——距离中误差(mm)；

A——固定误差(mm)；

B——比例误差系数(mm/km)；

d——基线平均长度(km)。

表 3－15　各等级卫星定位测量控制网的主要技术指标

等级	基线平均长度(km)	固定误差 A(mm)	比例误差系数 B(mm/km)	约束点间边长相对中误差	约束平差后最弱边长相对中误差
二等	9	≤10	≤2	≤1/250000	≤1/120000
三等	4.5	≤10	≤5	≤1/150000	≤1/70000
四等	2	≤10	≤10	≤1/100000	≤1/40000
一级	1	≤10	≤20	≤1/40000	≤1/20000
二级	0.5	≤10	≤40	≤1/20000	≤1/10000

GNSS 静态控制测量的实施主要包括技术设计、外业观测和内业数据处理。

(一)设计方案

GNSS 控制测量设计方案的主要内容包括：规定 GNSS 接收机或其他测量仪器的类型、数量、精度指标以及对仪器校准或检定的要求，规定测量和计算所需的专业应用软件和其他配置；规定作业过程、各工序作业方法和精度质量要求；上交和归档成果及其资料的内容和要求。

设计方案需说明任务来源、目的、任务量、测区范围和行政隶属等基本情况；搜集各类已有的中比例尺(1∶1万～1∶10万)地形图、交通图等，各类控制点成果(三角点、导线点、水准点、已有控制点坐标系统、技术总结等有关资料)，测区有关地质、气象、交通、通信等方面的资料以及行政、乡、村规划表资料，必要时对测区做实地勘察，了解交通、水系分布、植被、控制点分布、居民点分布及当地民族风情等情况。说明专业技术设计书编写中所引用的标准、规范或其他技术文件。说明作业或成果的坐标系、高程基准、重力基准、时间系统、投影方法、精度或技术等级以及其他主要技术指标等。

(二)选点埋石

1. 选点

与传统控制测量的选点相比，由于GNSS控制网的网点之间不要求测站间相互通视，且网的图形结构比较灵活，所以选点工作简单很多。可以在高清遥感影像上初步选点，如图3-21所示，再到实地踏勘后精确选点。由于点位的选择对于保证观测工作的顺利进行和保证测量结果的可靠性有重要意义，所以在选点工作开始前，除了收集和了解有关测区的地理情况和原有测量控制点分布及标型、标石完好情况外，根据《全球定位系统(GPS)测量规范》(GB/T 18314—2009)，GPS测量按照精度和用途分为A、B、E级选点工作还应遵守以下原则：

(1)点位应选择在便于安置接受设备和操作、视野开阔、视场内障碍我的高度角不宜超过15°的地方，避免信号被遮挡吸收。

(2)选点人员应按照技术设计中的控制网图进行点位选定，点位调整不宜过大。

(3)点位应远离大功率无线发射源(如电视台、电台、微波站等)，其距离不小于200 m；远离高压输电线和微波无线电信号传送通道，其距离不应小于50 m。

(4)点位附近不应有强烈反射卫星信号的物件(如大型建筑物等)，以减弱多路径效应影响。

(5)点位应选在交通便利，并有利于其他测量手段扩展和联测的地方。

(6)点位应选在地面基础稳定，易于标石长期保存的地方。

(7)选点充分利用符合要求的已有控制点标石。

(8)选点时应尽可能使测站附近的局部环境(地形、地貌、植被等)与周围的大环境保持一致，以减少气象元素的代表性误差。

(9)非基岩的A、B级GNSS点的附近宜埋设辅助点，并测定其与该点的距离和高差，精度应优于±5 mm。

(10)各级GNSS网点可视需要设立与其通视的方位点，方位点应目标明显，观测方便，方位点距网点的距离一般不小于300 m。

(11)当利用旧点时，应检查旧点的稳定性、可靠性和完好性，符合要求方可利用。

(12)需要水准联测的GNSS点，应实地踏勘水准路线情况，选择联测水准点并绘出联测路线图。

(13)不论新选定的点或利用旧点，均应实地按表的要求绘制点之记，其内容要求在现场详细记录，不得追记。

(14)A、B级GNSS网点在其点之记中应填写地址概要、构造背景及地形地质构造略图。

(15)点位周围有高于10°的障碍物时，应绘制点的环视图，其形式见有关规范。

图3-21　遥感影像初步选点

2. 埋石

埋石工作即在控制点上建立观测标志或观测墩，主要工作包括标石制作(亦可现场浇筑)、现场埋设、标石整饰、绘制点之记等。埋设标石工作应严格按照规范的有关规定执行。GNSS网点一般应具有中心标志的标石，以精确标示点位。点的标石和标志必须稳定、坚固以利长期保存和利用。在基岩露头地区，也可以直接在基岩上嵌入金属标志。

依据控制网的精度指标和实际用途，标石可分为观测墩、天线墩、基本标石和普通标石四种类型。观测墩用于A级网，天线墩用于A、B级网，基本标石和普通标石用于B、C、D、E级网。

在确定标石类型后，需联系相关单位制作标石并进行埋石工作，其作业要求如下：

(1)各级控制点标石应用混凝土灌制或预制。

(2)埋设天线墩、基岩标石、基本标石时，应现场浇灌混凝土，而普通标石可预先制作，然后运往各点埋设。

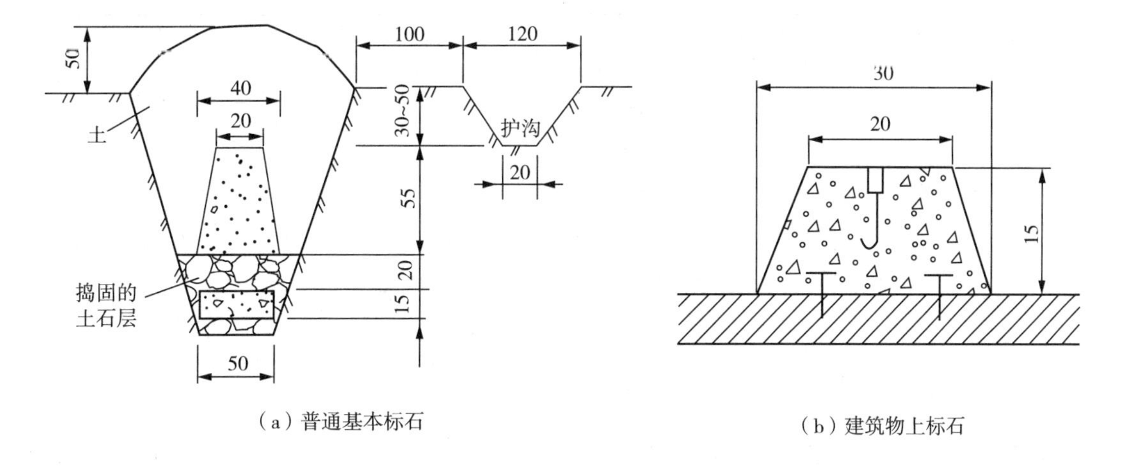

（a）普通基本标石　　（b）建筑物上标石

图 3－22　常用标石类型及规格（单位：cm）

(3)埋设标石时，须各层标志（上下标石）中心严格在同一铅垂线上，其偏差应小于 2 mm。

(4)当利用旧点时，首先应检查该点标石的保存状况是否完好、规格是否满足要求，如遇上标石被破坏，可以下标石为准，重埋上标石。

(5)埋石所占土地，应经土地使用者或管理部分同意，并办理相应手续。新埋标石应履行测量标志委托保管手续。

(6)B、C 级网点标石埋设后，至少需经过一个雨季，冻土地区至少需经过一个解冻冻期，基岩或基层标石至少需经过一个月后，方可用于观测。

(7)B、C、D、E 级 GNSS 点混凝土标石灌制时，均应在标石上表面压印控制点的类级、埋设年代，B、C 级 GNSS 点还应在标石侧面压印“国家设施　请勿碰动”字样。

每个点位标石埋设结束后，应按下表的格式填写点之记。

(三)拟定观测计划

外业数据采集工作是 GNSS 控制网的主要工作之一。在数据采集作业前，拟定外业观测计划可以有效组织和协调人员，提高工作效率，顺利完成野外数据采集任务，以避免造成人力、物力的浪费。作业调度者根据测区地形和交通状况，采用的 GNSS 作业方法设计的基线的最短观测时间等因素综合考虑，编制观测计划表，按该表对作业组下达相应阶段的作业调度命令。同时依照实际作业进展情况，及时做出必要调整。调度计划制定遵循以下原则：保证同步观测；保证足够重复基线；设计最优接收机调度路径；保证最佳观测窗口。

(四)外业观测

GNSS 外业观测的主要工作是利用接收机获取卫星定位信息，按流程主要分为作业准备、数据采集和成果质量检查等步骤。

测区：平陆区　　　　所在图幅：149E008013　点号：C002

点名	南疙疸	级别	B级	概略位置	$B=30°50'$　$L=110°10'$　$H=484$ m		
所在地	山西省平陆县城关镇上岭村			最近住所及距离	山西省平陆县招待所，距点位 8 km		
地类	山地	土质	黄土	冻土深度		解冻深度	
最近电信设施		平陆县邮电所		供电情况	上岭村每天可供交流电		
最近水源及距离		上岭村有自来水，距点 800 m		石子来源	点位附近	沙子来源	县建建筑公司
本点交通情况（至本点通路与最近车站、码头名称及距离）	由三门峡乘车轮渡过黄河，向北约 8 km 到山西省平陆县城，再由平陆县城乘车向东南约 7 km 至上岭村，再步行约 800 mm 到点上。每天有两班车，两轮人力车可到达点位。			交通线路图			

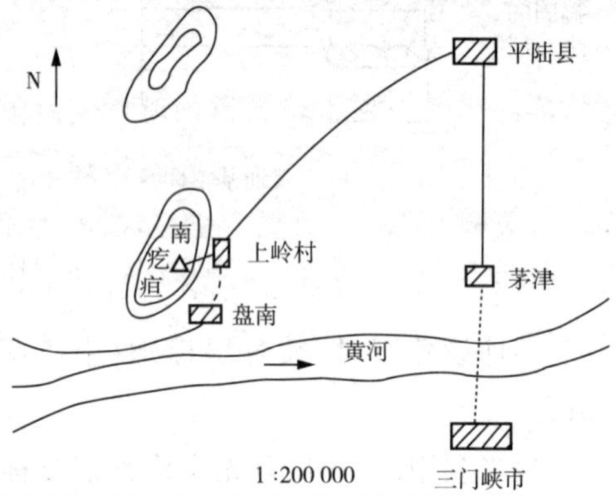

选点情况				点位略图
单位	国家测绘局第一大队测量队			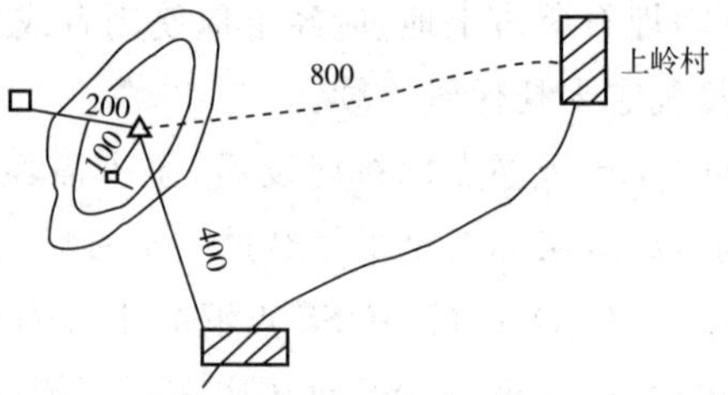
选点员	李×	日期	2000－6－5	
是否联测坐标高程		联测高程		
联测等级与方法		二等水准测量		
起始水准点及距离		点号为Ⅱ西本 023，距离本点 1.5 km，联测里程约 2 km		
地质概要、构造背景				地形地质构造略图

埋石情况				标石断面图	接收天线计划位置
单位	国家测绘局第一大队测量队			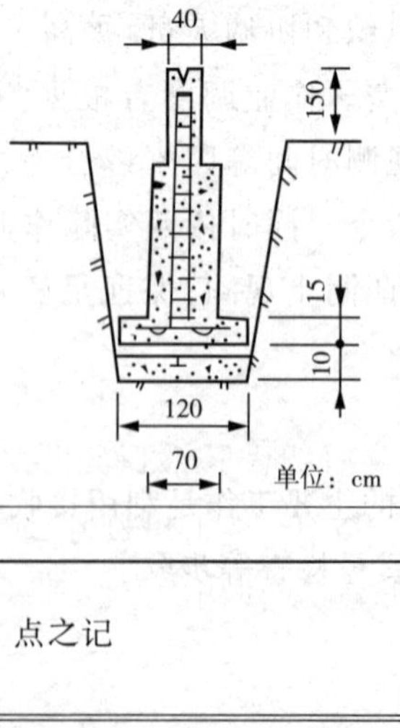	天线可直接安置在墩标顶上
埋石员	张×	日期	2000－7－12		
利用旧点及情况	利用原有的墩标				
保管人	陈×				
保管人单位及职务	山西省平陆县上岭村会计				
保管人住址	山西省平陆县上岭村				
备注					

图 3－23　点之记

1. 外业观测基本技术要求

根据《全球定位系统(GPS)测量规范》(GB/T 18314—2009),各等级控制网观测作业时应遵循的原则如下:

(1)A 级控制网外业观测按《全球导航卫星系统连续运行参考站网建设规范》(CH/T 2008)有关规定执行。

(2)B、C、D、E 级控制网观测的基本技术规定应符合表 3-16 的要求。

表 3-16 各等级控制网测量作业基本要求

项　目	级　别			
	B	C	D	E
卫星截止高度角/°	10	2	1	15
同时观测有效卫星数	≥4	≥4	≥4	≥4
有效观测卫星总数	≥20	4	≥4	≥4
观测时段数	≥3	≥2	≥1.6	≥1.6
时段长度	≥23h	≥4h	≥60 min	≥40 min
采样间隔/s	30	10—30	5—15	5—15

(3)B、C、D、E 级控制网观测可只记录天气状况,而不观测气象元素。

(4)出现雷电、风暴天气时,不宜进行 B 级控制网观测。

2. 外业数据采集

外业数据采集的主要工作包括接收机(天线)对中整平、天线定向、天线高度量取、开机前检查、外业观测等,并依次填写 GNSS 测量记录手簿。

(1)安置接收机(天线)

当接收机(天线)安装在三脚架上时,应注意接收机的位置不宜过低,一般与地面的距离应大于 1 m。接收机对中误差不应大于 1 mm,基座上的圆水准气泡必须严格居中。

(2)天线定向

将接收机天线上的定向标志指向正北,定向标准不明显的接收机天线可预先设置标记,每次按此标记安置仪器,以减弱相位中心偏差的影响。

(3)量取接收机(天线)仪器高

天线高的量取方法分为天线墩上天线高测定、三脚架上天线高测定和觇标仪器台上天线高测定三种情况,以三角架上天线高测定为例,在接收机(天线)安置好以后,备有专用测高标尺的接受机,将标尺插入天线的专用孔中,下端垂准中心标志,直接读出天线高,或需加一常数。

其他接受设备,可采用倾斜测量方法。从脚架三个空挡(互成 120°),测量天线高量测基准面至中心标志面的距离,互差应小于 3 mm,取平均值 L,天线底盘半径为 R,按天线高公式求出:

$$h=\sqrt{L^2-R^2} \tag{3-39}$$

天线高记录取位到 0.001 m，仪器高要在观测开始、结束时各量测一次，并及时输入仪器和记入测量观测手簿表 3 - 17。

表 3 - 17　GNSS 测量手簿记录格式

<table>
<tr><td>点号</td><td></td><td>点名</td><td></td><td>围幅编号</td><td></td></tr>
<tr><td>观测记录员</td><td></td><td>观测日期</td><td></td><td>时段号</td><td></td></tr>
<tr><td>接收机型号
及编号</td><td></td><td>天线类型
及型号</td><td></td><td>存储介质
类型及编号</td><td></td></tr>
<tr><td>原始观测
数据文件名</td><td></td><td>RINEX 格式
数据文件名</td><td></td><td>备份存储介质
类型及编号</td><td></td></tr>
<tr><td>近似纬度</td><td>°　′　″N</td><td>近似经度</td><td>°　′　″E</td><td>近似高程</td><td>m</td></tr>
<tr><td>彩样间隔</td><td>s</td><td>开始记录时间</td><td>h　min</td><td>结束记录时间</td><td>h　min</td></tr>
<tr><td colspan="2">天线高测定</td><td colspan="2">天线高测定方法及略图</td><td colspan="2">点位略图</td></tr>
<tr><td colspan="2">测前：　　　　测后
测定值 1：________ m　________ m
测定值 2：________ m　________ m
测定值 3：________ m　________ m
平均值：________ m　________ m
天线高测定值：________________</td><td colspan="2"></td><td colspan="2"></td></tr>
<tr><td colspan="2">时间(UTC)</td><td colspan="2">跟踪卫星数</td><td colspan="2">PDOP</td></tr>
<tr><td colspan="2"></td><td colspan="2"></td><td colspan="2"></td></tr>
<tr><td colspan="2"></td><td colspan="2"></td><td colspan="2"></td></tr>
<tr><td colspan="2"></td><td colspan="2"></td><td colspan="2"></td></tr>
<tr><td colspan="2"></td><td colspan="2"></td><td colspan="2"></td></tr>
<tr><td colspan="2"></td><td colspan="2"></td><td colspan="2"></td></tr>
<tr><td colspan="2"></td><td colspan="2"></td><td colspan="2"></td></tr>
<tr><td>记事</td><td colspan="5"></td></tr>
</table>

(4)开机前检

开机前检查工作主要包括接受对中整平是否符合要求，电源电量是否充足。分体式接收机还应检查主机、电源、电缆及天线等各项连接是否正确。

(5)外业观测

GNSS接收机在开始观测前，应进行预热和静置，根据作业调度表及调度员指令启动接收机电源，具体要求按接收机操作手册进行。观测时应按以下要求进行操作：

1)观测组应严格按规定的时间进行作业。

2)接收机在开始记录数据后，观测员可使用专用功能键和选择菜单，查看测站信息、接收卫星数、卫星号、卫星健康状况、各通道信噪比、相位测量残差、实时定位结果及其变化、存储介质记录和电源情况等，如发现异常情况或未预料的情况，应记录在测量手薄的备注栏，及时报告作业调度者。

3)每时段观测开始及结束前各记录一次观测卫星号、天气状况、实时定位的经纬度和大地高、PDOP值等。时段长度超过2 h时，应每当UTC整点时增加观测记录上述内容一次，夜间放宽到4 h。

4)观测期间应防止接收设备震动、更不得移动，要防止人员和其他物体碰动天线或阻挡信号。

5)观测期间，不能在天线附近50 m以内使用电台，10 m以内使用对讲机。

6)天气太冷时，接收机应适当保暖；天气很热时，接收机应避免阳光直晒，以确保接收机正常工作。

7)一时段观测过程中不应进行以下操作：

① 接收机重新启动。

② 进行自测试。

③ 改变卫星截止高度角。

④ 改变数据采样间隔。

⑤ 改变天线位置。

⑥ 按动关闭文件和删除文件等功能键。

8)经检查，所有规定作业项目均已全面完成，并符合要求，记录与资料完整无误，方可迁站。

(6)外业成果记录

B、C、D、E级GPS网外业成果记录主要内容有：

1)记录类型

GPS测量作业成果记录主要应包括这三类：观测数据，测量手簿，其他记录(偏心观测资料等)。

2)记录内容

① 观测数据(原始观测数据和Rinex格式数据)。

② 对应观测值的GPS时间。

③ 测站和接收机初始信息：测站名、测站号、观测单元号、时段号、近似坐标及高程、天线及接收机型号和编号、天线高与天线高量取位置及方式、观测日期、采样间隔、卫星截止高度角。

④ 存储介质及编号、备份存储介质及编号。

⑤ 近似维度、近似经度、近似高程：经纬度填至 1′，近似高程填至 100 m。

⑥ 天线高及其测定方法和略图，天线高测定值取至 0.001 m。

⑦ 点位略图：按点附近地形地物绘制，图中有 3 个标定点位的地物点，图的比例尺大小视点位具体情况确定。点位环境发生变化后，应注明新增障碍物的性质。

⑧ 测站作业记录：记载有效观测卫星数、PDOP 值等，B 级控制网每 4h 记录一次，C 级控制网每 2h 记录一次，D、E 级控制网在观测开始与结束时各记录一次。

⑨ 记事：记载开机时的天气状况，观测过程中出现的问题，出现问题的时间及处理情况等。

3)记录要求

观测前和观测过程中应按要求及时填写各项内容，书写要认真细致，字迹清晰、工整、美观；测量手簿各项观测记录一律使用铅笔，不应刮、涂改、不应转抄或追记，如有读、记错误，可整齐划掉，将正确数据写在上面并注明原因。其中天线高、气象读数等原始记录不应连环涂改。

4)数据传输

外业数据采集过程中，观测数据记录在接收机的内部存储器上。外业观测结束后须将其下载到计算机上以便进行后续的数据加工，这一过程称为数据传输。目前接收机多通过专用 USB 连接线与计算机连接，进行数据下载，具体可查阅相关设备说明书。

5)质量检核

外业观测结束后，应对外业观测记录和接收机观测数据进行质量检查，其内容包括资料的完整性，作业流程的规范性和观测数据的质量等内容。

① 资料的完整性：

主要包括：检查观测手簿中记录的内容是否完整，是否存在漏填、错填等情况；检查观测网图、点位略图和观测进度表是否如实填写；检查所有资料的记录是否符合规范，是否存在书写潦草、字迹不清等情况。资料的完整性检查应在作业结束前进行，以便于及时发现问题。

② 作业流程的规范性

检查观测仪器的完好性，观测时段的数量和观测时间的长度是否符合要求。

③ 观测数据的质量

通过专业的 GNSS 后处理软件进行数据解算，根据获得的重复基线较差、同步环和异步环换的闭合差及网平差的精度等结果评价观测数据的质量是否合格。

6)重测和补测

外业数据采集完毕后，需要检查观测成果的质量是否符合要求，若观测作业流程出现严重错误或经过内业数据处理后观测数据无法满足精度要求，则必须进行外业重测或补测，重测或补测的要求和注意事项如下：

未按施测方案要求、外业缺测、漏测，或数据处理后，观测数据不满足表的规定时，有关成果应及时补测。允许舍弃复测时基线边长较差、同步环闭合差、独立环闭合差检测中超限的基线，不必进行该基线或与该基线有关的同步图形的重测。但应保证舍弃基线后的独立环所含基线数满足相关规定，否则应重测该基线或有关的同步图形。

对需补测或重测的观测时段或基线，要具体分析原因，尽量安排一起同步观测。补测或重测的分析应写入数据处理报告。

表 3-18　GNSS 静态观测外业记录表

观测组：　　　　　　　　　　　　　　　　　　　　　　　日期：

<table>
<tr><td>控制网名称</td><td colspan="5"></td></tr>
<tr><td>测点名称</td><td></td><td colspan="2">测点类别</td><td colspan="2"></td></tr>
<tr><td>开始观测时间</td><td></td><td colspan="2">结束观测时间</td><td colspan="2"></td></tr>
<tr><td>卫星颗数</td><td></td><td colspan="2">数据采集间隔</td><td colspan="2"></td></tr>
<tr><td>GDOP/PDOP 值</td><td></td><td colspan="2">有效观测时间</td><td colspan="2"></td></tr>
<tr><td colspan="2">接收设备</td><td colspan="2">天气情况</td><td colspan="2">天线高(m)</td></tr>
<tr><td>接收机型号</td><td></td><td>天气</td><td></td><td>测量前</td><td></td></tr>
<tr><td>接收机编号</td><td></td><td>风向</td><td></td><td>测量后</td><td></td></tr>
<tr><td>天线类型</td><td></td><td>温度</td><td></td><td>平均值</td><td></td></tr>
<tr><td rowspan="3">测站近似位置</td><td>经度</td><td colspan="2"></td><td rowspan="3">时段内
其他点号</td><td></td></tr>
<tr><td>纬度</td><td colspan="2"></td><td></td></tr>
<tr><td>高程</td><td colspan="2"></td><td></td></tr>
<tr><td colspan="2">观测记事</td><td colspan="4">观测环草图</td></tr>
<tr><td colspan="2"></td><td colspan="4"></td></tr>
</table>

二、GNSS 静态数据处理

GNSS 静态控制网内业数据处理指采用专门的 GNSS 数据后处理软件对外业采集的原始观测数据进行加工处理，最终得到控制网成果的过程。其步骤主要包括：数据预处理、基线向量解算、基线向量网平差及高程拟合，数据处理流程详细见图 3－24 所示：

(一)GNSS 基线解算

每一个厂商所生产的接收机都会配备相应的数据处理软件，它们在使用方法上都会有各自不同的特点，但是，无论是那种软件，使用步骤大体相同。GNSS 基线解算的过程如下：

1. 原始观测数据的导入

各接收机厂商随接收机一起提供的数据处理软件都可以直接处理从接收机中传输出来的 GNSS 原始观测值数据，而由第三方所开发的数据处理软件则不一定能对各接收机的原始观测数据进行处理，要处理这些数据，首先需要进行格式转换。

2. 外业输入数据的检查与修改

导入了 GNSS 观测值数据后，就需要对观测数据进行必要的检查，主要包括：测站名、点号、测站坐标、天线高等，避免外业的误操作。

3. 基线解算

基线向量解算即通过不同测站间同步观测数据求解测站间像对坐标的过程。基线向量解算的基本数学模型有非差载波相位模型、单差载波相位模型、双差载波相位模型、三差载波相位模型 4 种模型。在几种差分模型中，双差载波相位模型得到了广泛应用。解算时以双差观测值作为平差计算的观测量，以基线向量为估计参数，建立误差方程，通过求解方程获得基线向量值及其相应的方差一协方差矩阵。实际应用中基线向量解算是由后处理软件自动完成的。软件解算时先设定基线解算的控制参数，通过控制参数的设定，确定数据处理软件采用何种处理方法进行基线解算。选择较好的控制参数可以提高基线解算精度。如何设置控制参数，要根据 GNSS 观测数据实际情况而定。

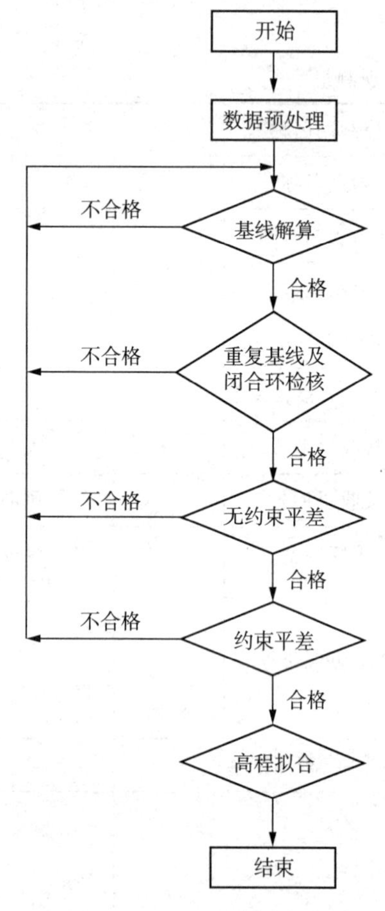

图 3－24 GNSS 静态控制内业数据处理流程

4. 基线处理结果质检

基线解算的质量直接关系到控制网成果的精度，基线解算完毕后，基线结果并不能马上用于后续的处理，还必须对基线的质量进行检验，只有质量合格的基线才能用于后续的数据处理，如果不合格，则需要对基线进行重新解算或重新测量。基线质检分为单条基线质检和基线间质检两部分。

(1)单条基线质检

基线解算质量控制的方法主要有以下几个指标：

观测值残差的均方根 RMS，RMS 表明了观测值与参数估计值间的符合程度，观测质量越好 RMS 就越小，反之亦然。

数据删除率。在基线解算时，如果观测值的改正数大于某一个阈值，则认为该观测值含有粗差，需要将其删除。被删除观测值的数量与观测值总数的比值，就是数据删除率。数据删除率从某一方面反映出了 GNSS 原始观测值的质量。数据删除率越高，说明观测值的质量越差。规范规定，同一时段观测值的数据剔除率应小于 10%。

除此之外还应该关注 RATIO 值、RDOP 值和单位权方差，其中 RATIO 值反映了整周未知数的可靠性，值越大，可靠性越高，RATIO 值既与观测值的质量有关，也与观测条件的好坏有关。像对精度衰减因子 RDOP 是基线解算时待定参数的协因数阵的迹的平方根，RDOP 值的大小与基线位置和卫星在空间中的几何分布及运行轨迹(观测条件)有关，RDOP 表明了 GNSS 卫星的状态对相对定位的影响，即取决于观测条件的好坏，它不受观测值质量好坏的影响。单位权方差值越小，表明基线的观测中残差越小而且相对集中，观测质量也较好，在一定程度上反映观测值质量的优劣。

(2)基线间质量检核

基线间质量检核包括同步环闭合差、异步环闭合差和重复基线较差检核。上述指标基于应用要求得出，在相关规范中有明确的限差要求。

同步环闭合差指同步观测基线所组成的闭合环闭合差，理论值为 0。实际观测中存在误差，该闭合差的大小反映出同步观测基线解质量的优劣。

异步环闭合差指独立基线组成的闭合环的三维向量闭合差。异步环闭合差满足限差要求，则说明组成异步环的所有基线向量质量合格；当异步环闭合差不满足限差要求时，则表明组成异步环的基线向量中至少有一条基线线路有问题。若要确定哪条基线向量不合格，可以通过多个相邻的异步环闭合差检验或重复观测基线较差综合判定。

重复基线较差指不同观测时段对同一条观测边进行重复观测所获得的基线长度之差。重复基线较差满足限差要求时，说明基线向量解算合格；反之则说明至少有一个时段观测的基线结果质量有问题，这条基线可通过多条复测基线来判定具体是哪个时段的基线观测值有问题。

(3)基线的精化处理

由于基线解算结果的质量会直接影响到 GNSS 测量成果的精度，在数据处理过程中，通过查看基线解算报告核查每一条基线向量的计算结果。对于解算不合格或解算质量欠佳的基线，可以通过人工剔除、调参重算等精化处理的手段进行处理。精化处理仍不合格再选择野外重新补测，以减少不必要的外业观测工作，降低生产成本。基线解算精化处理时主要有以下几个关注点：

1)基线解算时所设定的起算点坐标不准确，处理方法：较准确的起点坐标可通过进行较长时间的单点定位或通过与地心系坐标较准确的点联测得到；也可以采用在进行整网的基线解算时，所有基线起点的坐标均由一个点坐标衍生而来，使得基线结果均具有某一系统偏差，再在 GNSS 网平差处理时，引入系统参数的方法加以处理。

2)少数卫星观测时间太短可能导致其整周未知数无法准确确定。查看观测数据的记录文件中有关卫星的观测数据的数量或测站卫星跟踪图，可以发现有些卫星的观测时间太短，这将导致与该颗卫星有关的整周未知数无法准确确定。对于参与基线解算的卫星，如果与其相关的整周未知数未能准确确定，就将影响整个基线解算的结果。处理方法：删除观测时间太短的卫星数据，不让其参与基线解算。

3)存在未探测出或未正确修复的周跳。只要观测值存在周跳探测或修复不正确的情况，那么从该历元开始，相应卫星的后续载波相位观测值中会引入较大的偏差，从而严重影响基线解算结果的质量。出现该问题时，可以发现相关卫星的验后观测值残差序列存在显著的系统性跳跃。处理方法：对于周跳问题，可采用在发生周跳处增加新的模糊度参数或删除周跳严重的时间段的方法，来尝试改善基线解算结果的质量

4)多路径效应显著。由于多路径效应往往造成观测值残差较大，故可通过缩小残差检查阈值的方法或删除多路径效应严重的时间段或卫星来剔除残差较大的观测值。

5)对流层或电离层折射影响过大。对于对流层或电离层折射影响的判别，亦是通过观测值残差进行的，因多路径效应、对流层或电离层折射引起的波动通常不会超过 1 周，但却又显著地大于正常观测值的残差。处理方法：提高截止高度角，剔除易受对流层或电离层影响的低高度角观测数据；分别采用模型对对流层和电离层延迟进行改正；若使用双频 GNSS 接收机进行观测，则可采用无电离层观测值进行基线解算来消除电离层折射影响。

(二)GNSS 网平差

GNSS 网平差平差的目的有三个：一是消除由观测量和已知条件中存在的误差所引起的 GNSS 网在几何上的不一致。二是改善 GNSS 网的质量，评定 GNSS 网的精度；三是确定 GNSS 网在指定参照系下的坐标以及其他所需参数的估值。GNSS 网平差以解算后的基线向量为观测值，将基线向量的方差－协方差阵的逆矩阵作为观测值的权，建立误差方程和基准方程，先进行三维无约束平差。根据无约束平差的结果，判别在所构成的 GNSS 网中是否有粗差基线，如发现含有粗差基线，需要进行相应的处理，必须使最后用于构网的所有基线向量均满足质量要求。

在进行完三维无约束平差后，需要进行约束平差或联合平差，平差可根据需要在三维

空间中进行或二维空间中进行。约束平差的具体步骤是：

(1)指定进行平差的基准和坐标系统。

(2)指定起算数据。

(3)检验约束条件的质量。

(4)进行平差解算。

(5)成果转化输出

项目总结

学习重点

1. 导线测量。

2. 三、四等水准测量。

3. GNSS 静态测量。

学习难点

1. 测量误差与误差传播率。

2. 导线测量内业计算。

3. GNSS 静态数据处理。

思政园地

1. 英雄的国测一大队：资料引自：http://snsm.mnr.gov.cn/Home/GuoCeYiDaDui

2. 大地雄心—国测一大队纪事(四)重大工程先驱者：资料引自：http://vod.mnr.gov.cn/ztp/201911/t20191107_2479315.htm

练 习 题

一、单选

1. 地形图中 1∶500、1∶1000、1∶2000 的比例尺为常用的(　　)比例尺。

A. 小　　　　B. 中

C. 大　　　　D. 常规

2. 水准尺上中丝读数，A 同学读数为 1.122，B 同学读数为 1.123，请问该误差属于(　　)性质的误差。

A. 系统　　　　B. 偶然误差

C. 读数误差　　　　D. 仪器误差

3. 以下高程控制测量的方法中哪种方法精度最为可靠(　　)

A. 几何水准测量　　B. 三角高程测量　　C. GNSS 高程拟合

二、填空

1. 控制测量分为平面控制测量和(　　)控制测量，控制网按照用途不同分为国家控制网、城市控制网和(　　)控制网。专门为地形测图而布设的控制网称为(　　)控制网。

2. 测量误差主要由三方面产生：仪器误差、观测误差和(　　)。

3. 四等数字水准测量中，水准尺观测顺序为(　　)。

4. GNSS 静态控制内业数据处理包括：数据预处理、(　　)、(　　)及高程拟合。

5. 根据规范要求，四等水准测量黑红面所测高差的较差不应超过(　　)。

三、简答与计算

1. 什么是平面控制测量，都包括哪些方法？

2. 偶然误差的特性是什么？如何消除或减弱偶然误差对观测量的影响？

3. 全站仪观测某个水平角四个测回，其观测值为：69°31′18″、69°31′36″、69°31′24″、69°31′30″，试求该角度观测量算术平均值及其中误差。

4. 请填表计算闭合导线 2、3、4 点坐标。

点号	观测角	改正数	改正后角值	坐标方位角	水平距离	坐标增量		改正后坐标增量		坐标	
	° ′ ″	″	° ′ ″	° ′ ″	m	Δx (m)	Δy (m)	Δx (m)	Δy (m)	X (m)	Y (m)
1										5000.123	6000.456
				125 00 00	129.341						
2	73 00 12										
					80.183						
3	107 48 30										
					105.258						
4	89 36 30										
					78.162						
1	89 33 48										
				125 00 00							
2											
Σ											

5. 请填表计算附合导线 2、3、4 点坐标。

点号	观测角	改正数	改正后角值	坐标方位角	水平距离	坐标增量		改正后坐标增量		坐标	
	° ′ ″	″	° ′ ″	° ′ ″	m	Δ*x* (m)	Δ*y* (m)	Δ*x* (m)	Δ*y* (m)	*X* (m)	*Y* (m)
A										4028.53	4006.77
				317 52 06							
B	267 29 58										
					133.84						
2	203 29 46										
					154.71						
3	184 29 36										
					80.74						
4	179 16 06										
					149.93						
5	81 16 52										
				334 42 42	147.16						
C	147 07 34									3671.03	3619.24
D											
∑											

项目四 地形图数字化测绘

本章脉络

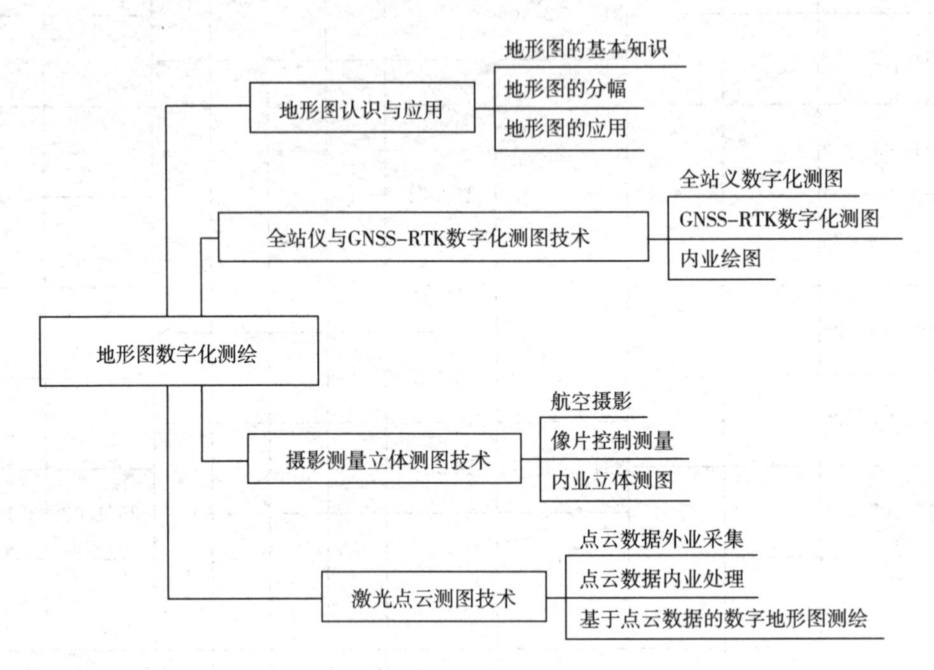

本章要点

地形图是工程设计的重要参考和依据。地形图的测绘方法很多，随着测量技术的不断更迭，已经由原来的经纬仪大平板测图转变为 RTK 配合全站仪数字化测图、航空摄影测量法测图与激光点云测图技术。本章主要讲述地形图的基本知识与地形图数字化测绘方法，是课程体系中重要技能实践应用性环节，也是测量新技术集中体现内容。

【知识目标】

1. 了解地形图比例尺、图式符号、分幅与编号等。
2. 熟悉地形图基本应用和地形图测绘的原理。
3. 掌握地形图的用途和地形图测绘常用方法。

【技能目标】

1. 能够使用 RTK 配合全站仪测绘地形图。
2. 能够使用 CASS 软件绘制地形图。
3. 能够使用地形图进行工程基本应用。

【素质目标】

1. 具备1+X“测绘地理信息数据获取与处理”中GNSS测量、地形成图中级水平，地形图认识与无人机航空摄影测量初级水平；“不动产数据采集与建库”中不动产基础性测绘初级水平。

2. 具备工程测量员(4—08—03—04)国家职业技能标准中地形测量高级工水平。

【思政目标】

1.“规范使用地图，一点都不能错”测绘法宣传主题，正确认识我国完整地理版图，树立国家版图意识，倡导规范使用标准地图，维护国家地理信息安全。

2.“无人机倾斜摄影三维建模”、”三维激光扫描“技术宣讲，激发开拓创新、与时俱进的工作态度。

任务一　地形图识图与应用

地形图是工程建设、国土规划重要的地理位置决策参考。地形测量图形成果包括纸质地形图成果及数字地形成果。数字地形成果包括数字线划图、数字高程模型、数字正射影像图及数字三维模型。地形测量数据源的获取可采用全站仪测图、RTK测图、三维激光扫描测图、移动测量系统测图、低空数字摄影测量测图、以及扫描数字化等方法。

一、地形图的基础知识

(一)地形图的概念

地形图是表达地表起伏形态和地理位置的地图，指按照一定比例尺，用规范的符号表示地球表面上的地物和地貌的平面位置与高程的正射投影图。换句话说，是将地球表面的房屋、道路、桥梁、农田、河流、湖泊、森林等地物要素与高山、丘陵、平原、洼地等地貌要素，经过综合取舍，按照一定的比例尺缩小，沿着铅垂线方向投影到水平图纸上，同时按要求注记地理名称、一般高程点等必要的属性信息。传统地形图以纸张或聚脂薄膜为载体。

地形图的基本知识—4D产品

(二)地形图比例尺

地形图上任一线段的长度与地面上对应线段水平距离之比，称为地形图的比例尺。常见比例尺有两种：数字比例尺和图示比例尺。

1. 数字比例尺

以分子为1的分数形式表示的比例尺称为数字比例尺。设图上一线段长为d，相应的实地水平距离为D，该图比例尺为：

$$\frac{d}{D}=\frac{1}{M} \tag{4-1}$$

式中：M 称为比例尺分母，数值越大，则图的比例尺越小，反之图的比例尺越大。数字比例尺也可写成 1∶500、1∶1000、1∶2000 等形式。

2. 图示比例尺

用一定长度的线段表示图上的实际长度，并按比例尺计算出相应地面上的水平距离将其注记在线段上，这种比例尺称为直线比例尺。直线比例尺是最常见的图示比例尺，一般绘于图纸的下方，与图纸一起复印或蓝晒。量距时以图示比例尺为准，可以克服由于图纸的干湿程度不同所产生的伸缩变形，如图 4－1 所示。

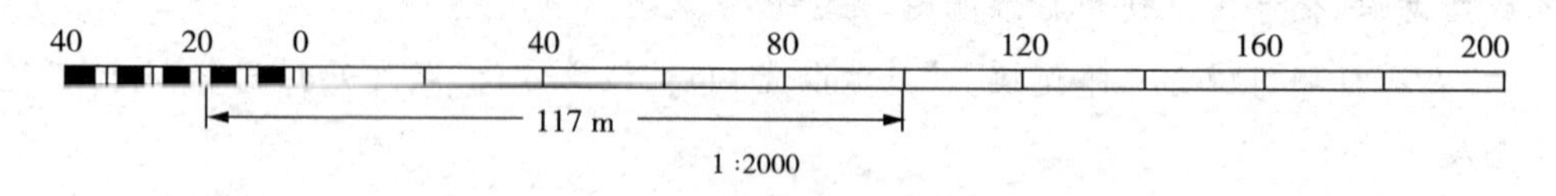

图 4－1　直线比例尺

我国地形图常用比例尺有 11 种，1∶500、1∶1000、1∶2000、1∶5000、1∶1 万、1∶2.5 万、1∶5 万、1∶10 万、1∶25 万、1∶50 万、1∶100 万，其中 1∶500、1∶1000、1∶2000、1∶5000 是常用大比例尺地形图，1∶1 万、1∶2.5 万、1∶5 万、1∶10 万是中比例尺地形图，小于 1∶10 万比例尺的地形图称为小比例尺地形图，本任务主要讲述大比例尺地形图。根据《工程测量标准》(GB 50026—2020)，地形图测图比例尺用途如表 4－1 所示。

表 4－1　地形图测图的比例尺

比例尺	用途
1∶5000	可行性研究、总体规划、厂址选择、初步设计等
1∶2000	可行性研究、初步设计、施工图设计、矿山总图管理、城镇详细规划等
1∶1000	初步设计、施工图设计、城镇、工矿总图管理；竣工验收等
1∶500	

(三)比例尺精度

人眼能分辨的两点之间的最小距离是 0.1 mm，故将图上 0.1 毫米所代表的实地距离称为地形图比例尺精度。例如，比例尺为 1∶1000 的地形图，其比例尺精度为 10 厘米。

比例尺精度的概念对于测图和用图有着重要的指导意义。首先根据比例尺精度可以确定距离测量应精确到什么程度，例如：测绘 1∶1000 比例尺的地形图时，地面上量距的精度为 0.1 mm×1000＝0.1 m，故实地量距只需取到 0.1 米；其次，当设计规定需要在图上能量出的实地最短长度时，可以根据比例尺精度确定合理的测图比例尺，例如要求在图上能表示出 5 cm 的精度，则所用的测图比例尺为 0.1 mm/0.05 m＝1∶500。

(四)地形图要素与分幅

地形图要素即地形图上的内容。一幅完整的地形图应有数学要素、地理要素和辅助要素。每一种要素在图纸上都有明确的要求及表示方法，地形图生产项目基本都是按照图式规范要求开展作业，个别要素会根据项目的实际情况进行特殊规定。

1. 数学要素

数学要素是地形图的数学基础，地形图上的所有内容都是建立在地形图的数学基础之上，它在地形图中起着控制作用，能保证地形图必要的精度。主要涉及地图投影、坐标系、比例尺、地图分幅编号等内容。

2. 地理要素

地理要素可以分为自然地理要素、社会经济要素。自然地理要素指反映地区的自然现状，即地理景观，主要指地表的自然景色和自然条件，包括水系、土质地貌、植被等。社会经济要素是指人类社会活动的成果，如地区的政治经济、文化和交通等情况，包括控制点、居民地、交通、管线、境界、独立地物等。

3. 辅助要素

辅助要素也称为整饰要素，是指便于读图、用图并且提高地形图的表现力和使用价值而附加的文字和工具性资料，包括图廓外的整饰要素和地形图资料说明，以及图内各种文字、数字注记等。

图廓外整饰要素是指位于内图廓以外，为阅读和使用地图而提供的具有一定参考意义的说明性内容或工具性内容，包括：图名、图例、图号、接图表等内容。如图 4-2 所示。

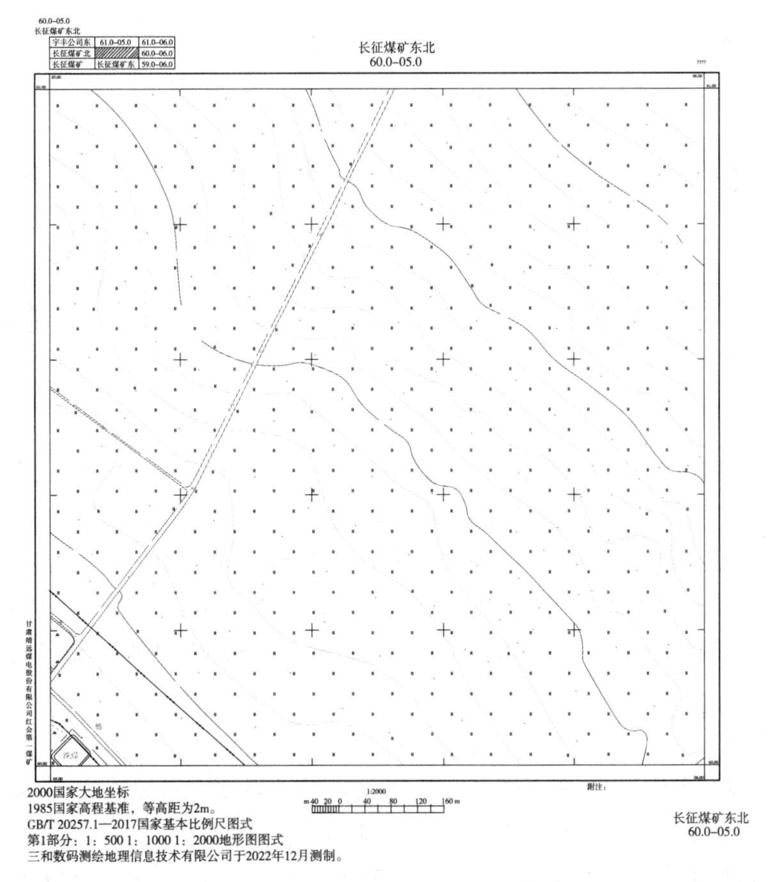

图 4-2　图廓外整饰要素

(五)地形图图式符号

地形图上表示的图形不是地面物体形象的简单缩小,而是使用特殊的符号来实现的,这就是地形图符号。地形图符号提供地图极大的表现能力,是空间信息的传递手段。在地形图上,地球表面上的自然和社会经济现象用统一规范的符号系统来表示,这些符号总称为地形图图式。地形图图式是测绘地形图和使用地形图的重要依据,目前 1∶500、1∶1000、1∶2000 数字线划图生产使用国家标准《国家基本比例尺地图图式　第 1 部分:1∶500　1∶1000　1∶2000 地形图图式》(GB/T20257.1—2017)规定的地形图图式。

1. 地物符号

地物的地形图符号表达一般分为点状要素、线状要素和面状要素。从比例尺的角度又可划分为依比例尺符号、半依比例尺符号以及不依比例尺符号。

一般点状要素多采用不依比例尺的非比例符号,也称为独立符号,它是地物其长度和宽度均不依比例尺的符号。具有特殊意义的地物,轮廓较小时,就采用统一尺寸,用规定的符号来表示。符号形状以读图方便为准,专门设计符号的定位点:中心点,底线中点,底线拐点等,如图 4-3 所示。

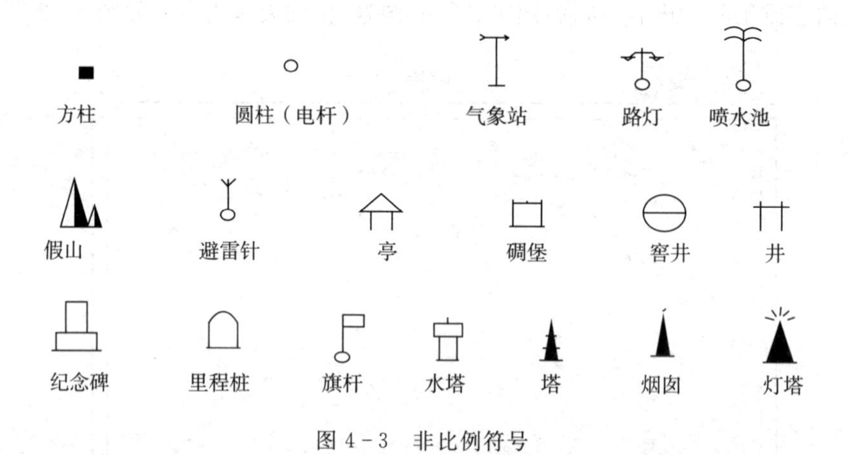

图 4-3　非比例符号

线状要素多采用半依比例尺符号,它是地物依比例尺缩小后,中心线位置即长度能依比例尺缩小而宽度不依比例尺的符号。如单线道路、围墙、篱笆、栅栏等,如图 4-4 所示。

轮廓较大,形状和大小可以按测图比例尺缩小的地物,多采用依比例符号,它是地物依比例尺缩小后,其长度和宽度能依比例尺表示的符号,多数的面状符号是依比例尺符号。如房屋、植被、池塘、大型城墙等,面状符号中间一般填充地物类型注记符号,如图 4-5 所示。

2. 地貌符号

地貌形态多种多样,一个测区按其起伏变化状况可划分为四种类型:地面倾斜角在 2°以下,相对高度小于 20 m,地势起伏小,称为平地;倾斜角在 2°～6°,相对高度不高于150 m,称为丘陵地;倾斜角在 6°～25°,相对高度高于 150 m,称为山地;绝大部分地面倾斜角在 25°

以上，地势陡峻，称为高山地。

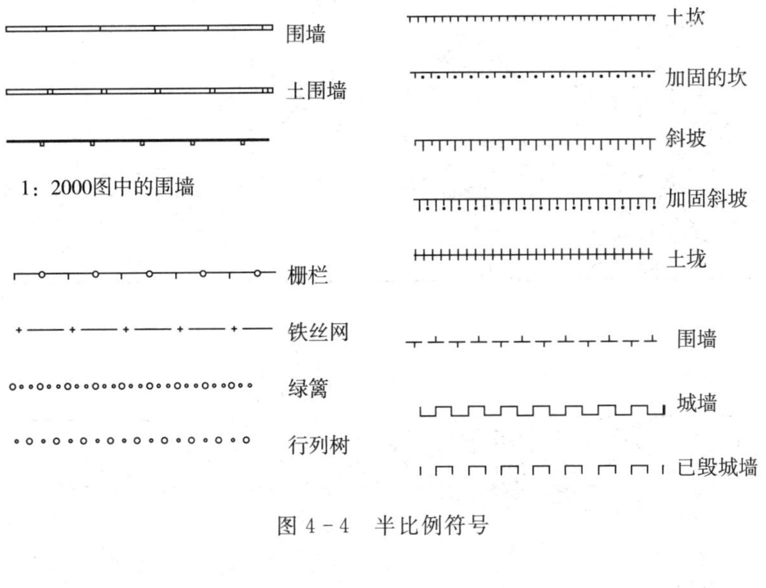

图 4-4　半比例符号

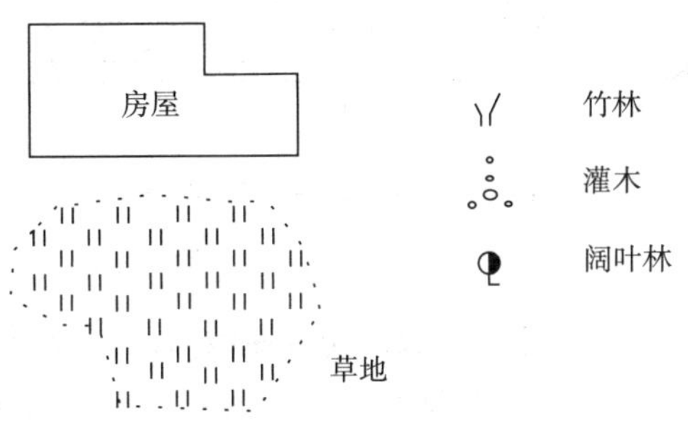

图 4-5　依比例符号

地貌是地形图上要表示的重要信息之一。如图 4-6(a)所示为某地的山地地貌，形态虽然较为复杂，但仍可归纳为几种基本形态：山顶（山头）、山脊、山谷、鞍部、盆地（洼地）、阶地、陡崖等。地面隆起高于四周地面的高地称为山丘，其最高点称为山头；四周高而中间低洼、形如盆状的低地称为洼地或盆地；由山顶向下延伸的山坡上隆起凸棱称为山脊，山脊上的最高棱线称为山脊线，因山脊上的雨水会以山脊线为分界线而流向山脊的两侧，所以山脊线又称为分水线；两山坡之间的凹部称为山谷，山谷中最低点的连线称为山谷线，在山谷中的雨水由两侧山坡汇集到谷底，然后沿山谷线流出，所以山谷线又称为集水线。山脊线、山谷线和山脚线统称地性线。地面倾角在 45°～70°的山坡叫陡坡，70°以上近于垂直的山坡称为绝壁，上部凸出、下部凹入的绝壁称为悬崖，相邻两个山头之间的最低处形状如马鞍状的地形称为鞍部（又称垭口），它的位置是两个山脊线和两个山谷线交会之处。

在图上表示地貌的方法有多种，大、中比例尺地形图主要用等高线法，对于特殊地貌采用规定符号表示。如图 4-6(b)所示为图 4-6(a)用等高线表示的地貌形态。

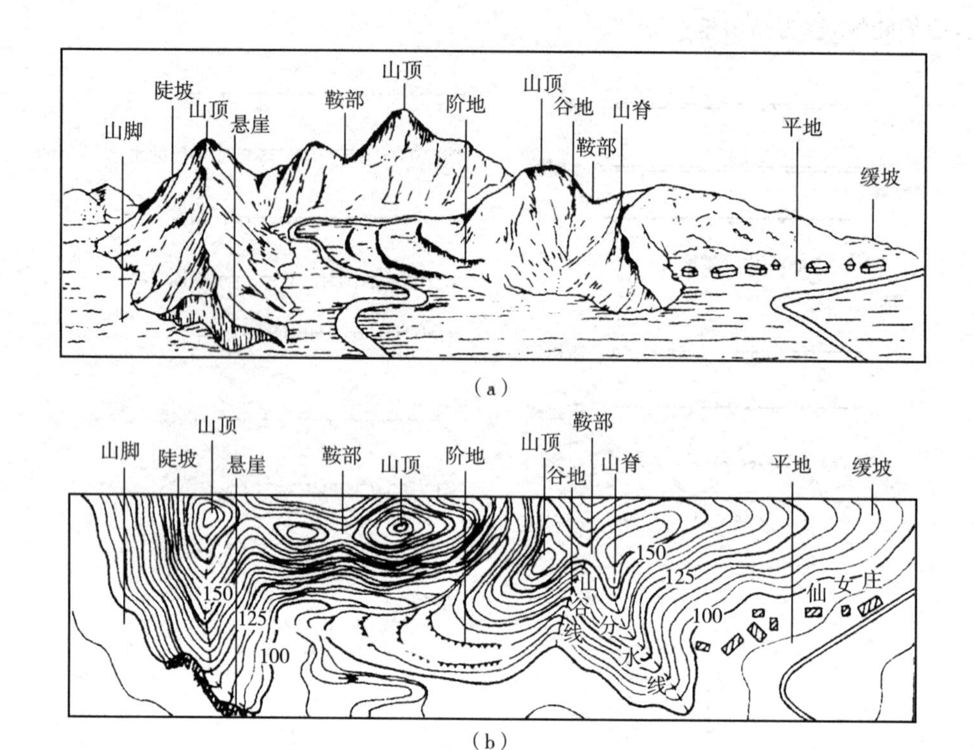

图 4-6　综合地貌及其等高线

(1)等高线定义

地面上高程相等的各相邻点连接而成的闭合曲线,称为等高线。如图 4-7 所示,设有一座位于平静湖水中的小山丘,山顶被湖水淹没时的水面高程为 115 m。然后水位每间隔 5 m 下降一次,露出山头,每次水面与山坡就有一条交线,形成一组闭合曲线,各曲线客观地反映了交线的形状、大小和相邻点相等的高程。将各曲线沿铅垂线方向投影到水平面 H 上,并按规定的比例尺缩绘到图纸上,即得到用等高线表示该山丘地貌的 110 m、105 m、100 m 等高线。

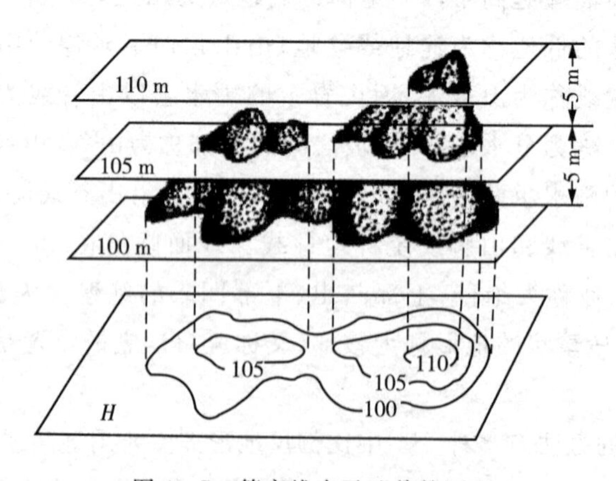

图 4-7　等高线表示地貌的原理

(2)等高距与等高平距

相邻等高线之间的高差称为等高距,常以 h 表示。图 4－7 中的等高距为 5 m。在同一幅地形图上,等高距 h 是相同的。相邻等高线之间的水平距离称为等高线平距,常以 d 表示。显然,h 与 d 的比值即为沿平距方向的地面坡度 i(一般以百分率表示),向上为正、向下为负,例如 $i=+5\%$、$i=-2\%$。因为同一幅地形图内等高距 h 为定值,h 与 d 成反比,d 愈小 i 就愈大,说明地面陡峻,等高线密集;反之地面平缓,等高线密集,显示的地貌愈逼真,测绘的工作量越大;等高线稀疏,显示的地貌愈粗略,测绘的工作量越小。但是,当 h 过小时,图上的等高线过于密集,将会影响图面的清晰醒目。因此应根据不同的用图要求、地面坡度大小和地形复杂程度理选择等高距 h,根据《工程测量标准》(GB 50026—2020),基本等高距见表 4－2。

表 4－2　地形图基本等高距

比例尺	平地(m)	丘陵地(m)	山地(m)	高山地(m)
1∶500	0.5	0.5	0.5、1.0	1.0
1∶1000	0.5	0.5、1.0	1.0	1.0、2.0
1∶2000	0.5、1.0	1.0	2.0	2.0
1∶5000	1.0	1.2	2.5	5.0

(3)等高线分类

为了能恰当而完整地显示地貌的细部特征,又能保证地形图清晰,便于识读和用图,地形图上主要采用以下几种等高线。

1)首曲线:在地形图上,按规定的基本等高距 h 描绘的等高线称为首曲线,也称基本等高线,首曲线的高程为基本等高距 h 的整数倍,用宽度为 0.15 mm 的细实线表示。如图 4－8所示 98 m、102 m、104 m、106 m、108 m 的等高线。

2)计曲线:每隔 4 条首曲线加粗的一条等高线称为计曲线或加粗等高线。为了便于阅图,计曲线上要注记其高程,该高程能被 5 倍基本等高距整除。计曲线宽度为 0.3 mm,如图 4－8 所示 100 m 的等高线。

3)间曲线:当首曲线不能很好地表示地貌特征时,按二分之一基本等高距描绘的等高线称为间曲线,在图上用长虚线表示。如图 4－8 所示高程为 101 m、107 m 的等高线。

4)助曲线:有时为显示局部地貌变化,按四分之一基本等高距描绘的等高线,称为助曲线,一般用短虚线表示。间曲线和助曲线可不闭合(局部描绘)。

(4)基本地貌的等高线

1)山丘和洼地:山丘的等高线特征如图 4－9(a)所示,洼地的等高线特征如图 4－9(b)所示。山丘与洼地的等高线都是一组闭合曲线,但它们的高程注记不同。内圈等高线的高程注记大于外圈者为山丘;反之,小于外圈者为洼地。也可以用示坡线表示山丘或洼地。

示坡线是垂直于等高线的短线，用以指示坡度下降的方向。

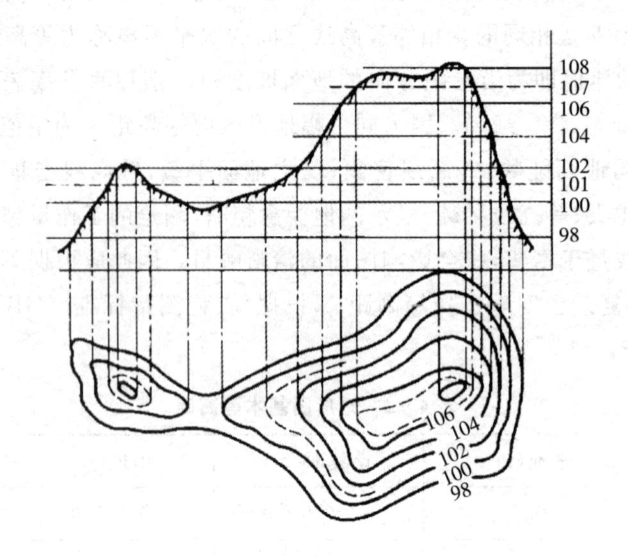

图 4-8　等高线的表示性质与种类

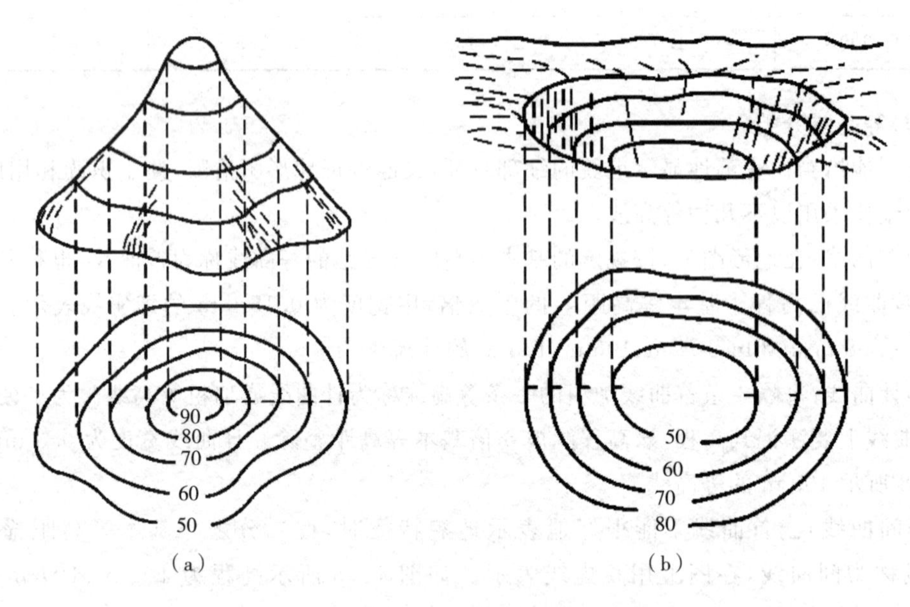

图 4-9　山丘和洼地

2)山脊和山谷：山脊等高线的特征表现为一组沿着山顶向低处凸出的曲线，如图 4-10(a)所示。山谷等高线的特征表现为一组凸向高处的曲线。如图 4-10(b)所示。

3)鞍部：鞍部是两个山脊的会合处，呈马鞍形的地方，是山脊上一个特殊的部位。鞍部往往是山区道路通过的地方，有重要的方位作用。鞍部的中心位于分水线的最低位置上，如图 4-11 所示 S 位置。鞍部有两对同高程的等高线，即一对高于鞍部的山脊等高线，另一对低于鞍部的山谷等高线，这两对等高线近似地对称。

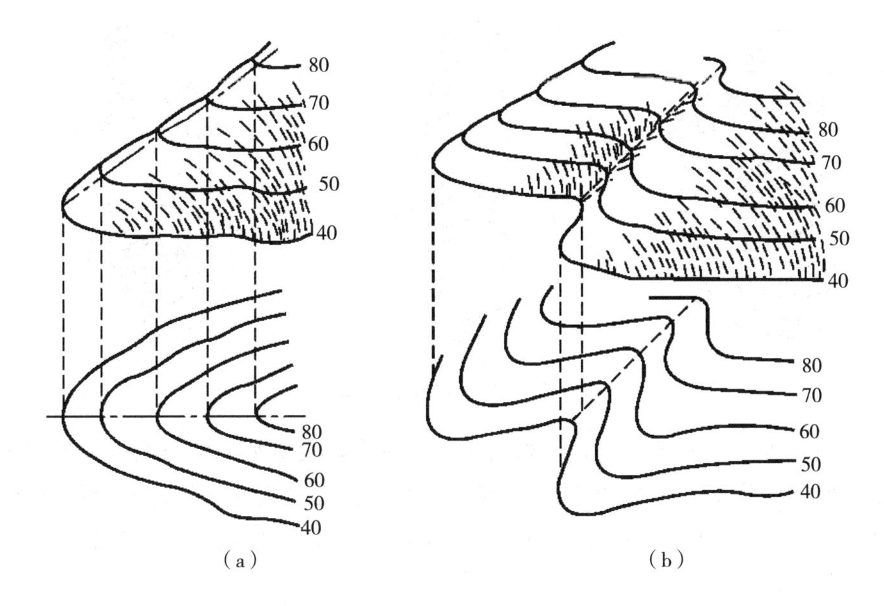

图 4-10　山脊和山谷

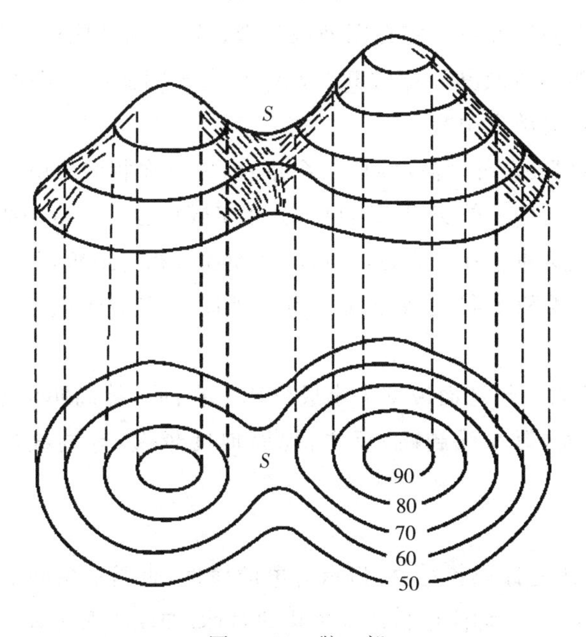

图 4-11　鞍　部

4)绝壁和悬崖:绝壁和悬崖都是由于地壳产生断裂运动而形成的,等高线非常密集,因此在地形图上要用特殊符号来表示。悬崖下部凹进,上部凸出,上部等高线投影到水平面时,与下部等高线重叠相交,下部凹进的等高线用虚线表示,如图 4-12 所示。

(5)等高线的特性

根据等高线的原理,可归纳出等高线的特性主要有以下几点:

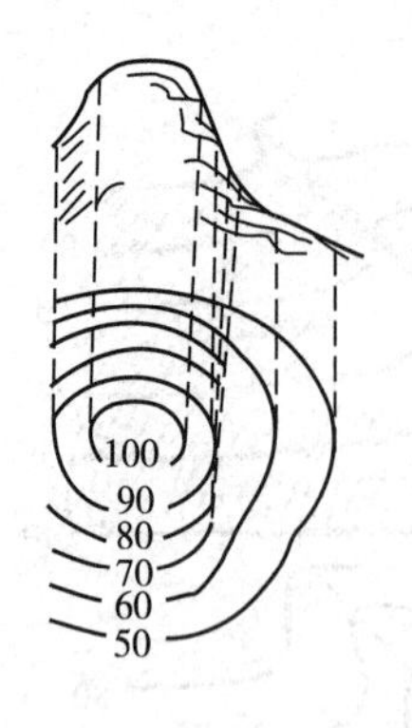

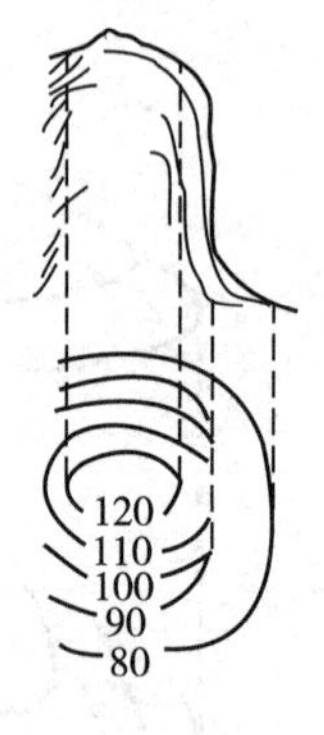

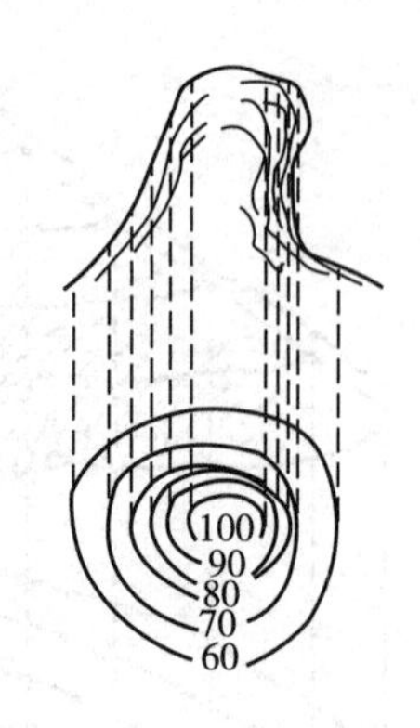

图 4-12 绝壁和悬崖

1)在同一条等高线上各点的高程都相等。因为等高线是水平面与地表面的交线,而在同一个水平面的高程是一样的,所以等高线的这个特性是显然的。但是不能得出结论说凡高程相等的点一定位于同一条等高线上。如当同一水平截面横截两个山头时,会得出同样高程的两条等高线。

2)等高线是闭合曲线。一个无限伸展的水平面与地表的交线必然是闭合的。所以某一高程的等高线必然是一条闭合曲线。但在测绘地形图时,应注意到:其一,由于图幅的范围限制,图廓线截断等高线而不一定在图面内闭合;其二,为使图面清晰易读,等高线应在遇到房屋、公路等地物符号及其注记时断开;其三,由于间曲线与助曲线仅应用于局部地区,故可在不需要表示的地方中断。

3)除了陡崖和悬崖处之外,等高线既不会重合,也不会相交。由于不同高程的水平面不会相交或重合,它们与地表的交线当然也不会相交或重合。但是一些特殊地貌,如陡壁、陡坎、悬崖的等高线就会重叠在一起,这些地貌必须加绘相应地貌符号表示。

4)等高线与山脊线和山谷线成正交。山脊等高线应凸向低处,山谷等高线应凸向高处。

5)等高线平距的大小与地面坡度大小成反比。在同一等高距的情况下,地面坡度越小,等高线的平距越大,等高线越疏;反之,地面坡度越大,等高线的平距越小,等高线越密。

3. 注记符号

地形图注记的作用是标识各对象,指示对象的属性,表明对象间的关系以及转译。包括名称注记和说明注记。名称注记指地理事物的名称,如注明居民地、河流、山脉、海洋、湖泊等名称的注记;说明注记又分文字和数字两种,用于补充说明制图对象的质量或数量属性。

文字注记是用文字说明制图对象种类、性质或特征的注记,以弥补符号的不足,如表示建(构)筑物功能的注记、林木的树种等,如图 4-13 所示。

数字注记是用数字说明制图对象数量特征的注记,例如高程、等高线数值、道路长度、水的流速等,如图 4-14 所示。

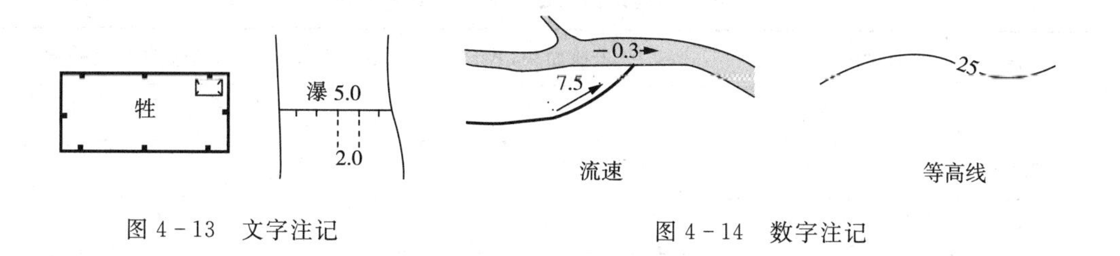

图 4-13　文字注记　　　　图 4-14　数字注记

二、地形图的分幅

为便于地形图的存储检索、管理和使用，同一区域内的地形图应进行统一分幅和编号。中小比例尺地形图采用按经纬线分幅的梯形分幅；大比例尺地形图按坐标格网线划分的正方形分幅法，根据图幅西南角点的坐标公里数编号，纵坐标在前，横坐标在后。比例尺为1∶500的地形图，坐标取位至 0.01 km；1∶1000、1∶2000 取位至 0.0 km；1∶5000 取位至 0 km。以 1∶5000 图为基础，取其图幅西南角的坐标数字（单位 km）作为 1∶5000 比例尺地形图编号。将 1∶5000 图四等分，得四幅 1∶2000 图的编号；在 1∶5000 图号之后附加各自的代号Ⅰ、Ⅱ、Ⅲ、Ⅳ，作为 1∶2000 比例尺的地形图编号；同理依次四等分，在 1∶2000 图幅编号的末尾分别加上Ⅰ、Ⅱ、Ⅲ、Ⅳ，作为 1∶1000 图幅的编号；在 1∶1000 比例尺的图号末尾再加上Ⅰ、Ⅱ、Ⅲ、Ⅳ，作为 1∶500 图幅的编号，如图 4-15 所示，不同比例尺正方形分幅图幅关系见表 4-3。

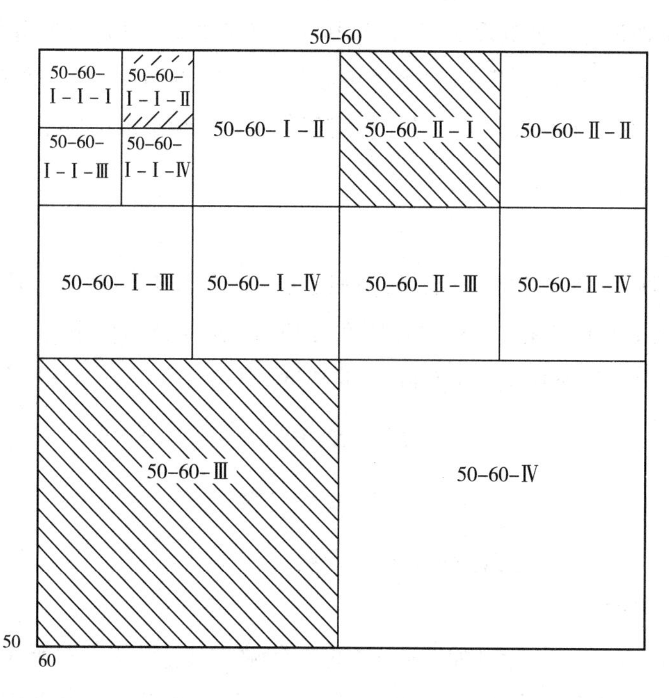

图 4-15　正方形分幅

表 4-3 不同比例尺正方形分幅图幅关系

比例尺	图幅(cm×cm)	实地面积(Km^2)	在 1∶2000 图幅内的分幅数
1∶5000	40×40	4	1
1∶2000	50×50	1	1
1∶1000	50×50	0.25	4
1∶500	50×50	0.0625	16

三、地形图的应用

地形图的应用

传统纸质地形图的应用主要有图上量取任意点坐标、两点间距离，计算任意点高程，推算两点间坡度，以及绘制断面图、计算汇水面积、测算土方量等。数字地形图是现有地形图上地理要素分层存储的矢量数据集，既包括空间位置信息也包括对象的属性信息，数据易于更新和编辑，易于创建专题属性和绘制专题地图。最具代表性的数字地形图是数字线划图 DLG，数字线划图是数字地形测量成果的一种，是以矢量数据形式表达地形要素的地理信息数据集，按照一定的规则和方法采用计算机生成、存储及应用的地形图，且保存各要素间空间关系和相关属性信息。DLG 全面地描述地表现象，色彩丰富，满足各种空间分析要求，可随机地进行数据选取和显示，与其他信息叠加，可进行空间分析与辅助决策，可用于国土规划、工程建设、资源管理、投资分析等各个方面，为数字中国、数字政府和数字经济提供空间定位框架和分析基础。本任务主要讲解传统纸质地形图的应用。

(一)地形图的基本应用

1. 量算点的坐标

如图 4-16 所示，在大比例尺地形图内图廓的四角注有实地坐标值。如图 4-16 所示，欲在图上量测 p 点的坐标，可在 p 点所在方格，过 p 点分别作平行于 X 轴和 Y 轴的直线 eg 和 fh，按地形图比例尺量取 af 和 ae 的长度，则：

$$\left.\begin{aligned} X_p &= X_a + af \\ Y_p &= Y_a + af \end{aligned}\right\} \tag{4-2}$$

式中：X_a、Y_a 为 P 点所在方格西南角点的坐标。

2. 量算点的高程

如图 4-17 所示，若所求点(如 p 点)正好在等高线上，则其高程等于所在的等高线高程；若所求点(如 k 点)不在等高线上，可通过 k 作一条大致垂直于相邻两条等高线的线段 mn，在图上量出 mn 和 mk 的长度，则 k 点高程为：

$$H_k = H_m + \frac{mk}{mn}k \tag{4-3}$$

在实际工作中，经常目估 mn 和 mk 的比例来确定 k 点的高程。

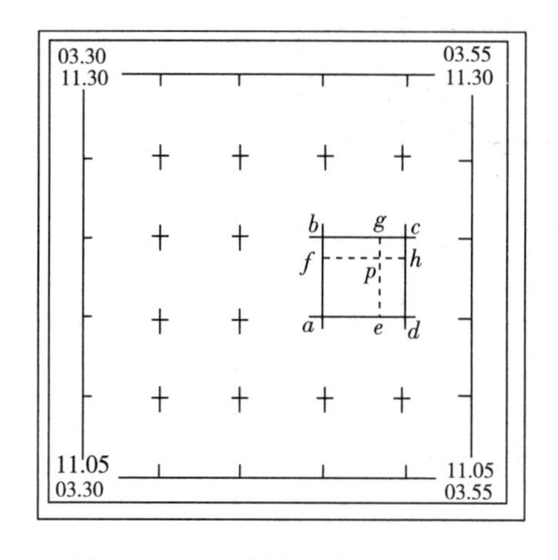

图 4 - 16　地形图上量测点的坐标

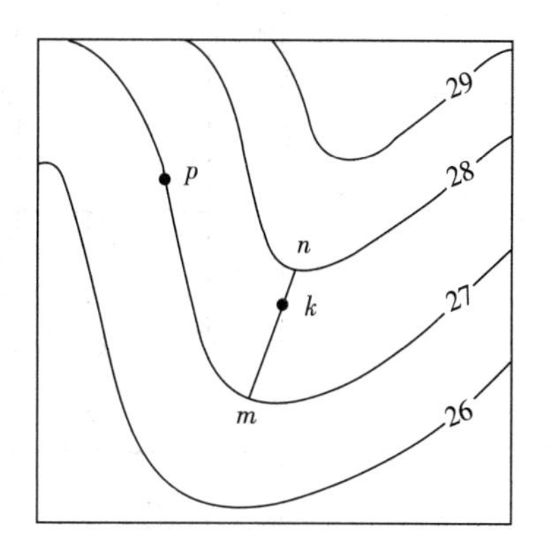

图 4 - 16　点的高程估算

3. 量算两点间的距离与坐标方位角

分别量算两点的坐标值，然后按坐标反算公式计算两点间的距离和坐标方位角。当量测距离和坐标方位角的精度要求不高时，可以用比例尺和量角器直接在图上量取两点间的距离和坐标方位角。如图 4 - 18，欲求 A、B 两点间的距离和坐标方位角，必须先用式(4 - 1)求出 A、B 两点的坐标，则 A、B 两点水平距离为：

$$D_{AB} = \sqrt{(X_B - X_A)^2 + (Y_B - Y_A)^2} \tag{4-4}$$

A、B 两点的象限角为：

$$R_{AB} = \arctan\left(\frac{Y_B - Y_A}{X_B - X_A}\right) \tag{4-5}$$

再根据直线所在的象限计算坐标方位角。

4. 量算两点的坡度

坡度是指直线两端点间高差与其平距之比。坡度一般用百分率(%)或千分率(‰)表示。在地形图上求得相邻两点间的水平距离和高差后，可计算两点间的坡度：

$$i = \tan\alpha = \frac{h}{D} = \frac{h}{d \cdot M} \tag{4-6}$$

式中：i——坡度；

h——直线两端点间的高差；

D——该直线的实地水平距离；

d——图上直线的长度；

M——比例尺分母。

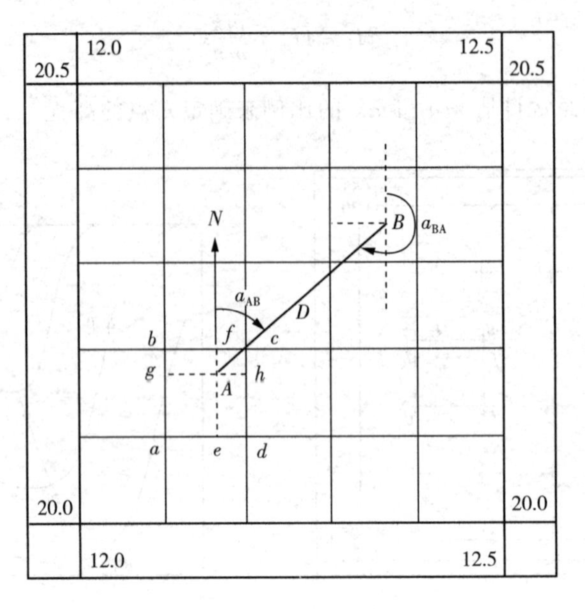

图 4-18　两点的距离和坐标方位角

(二)地形图在工程建设中的应用

1. 工程剖面图绘制

在工程设计中,当需要知道某一方向的地面起伏情况时,可按此方向直线与等高线交点的平距与高程,绘制剖面图。如图 4-19(a)所示,沿着绘制剖面的方向绘制直线 MN,记录其与等高线的交点 $a,b,c,\cdots,i$,计算其高程。以直线 MN 为横轴,表示 MN 的水平距离,过 M 点作 MN 的垂线为纵轴,表示过直线 MN 上每点的高程值。

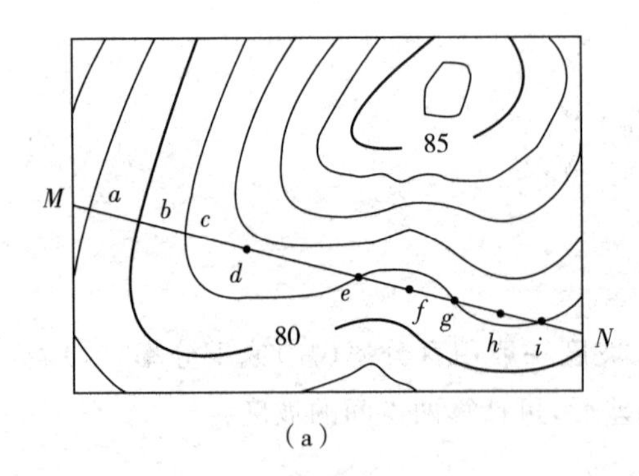

(a)

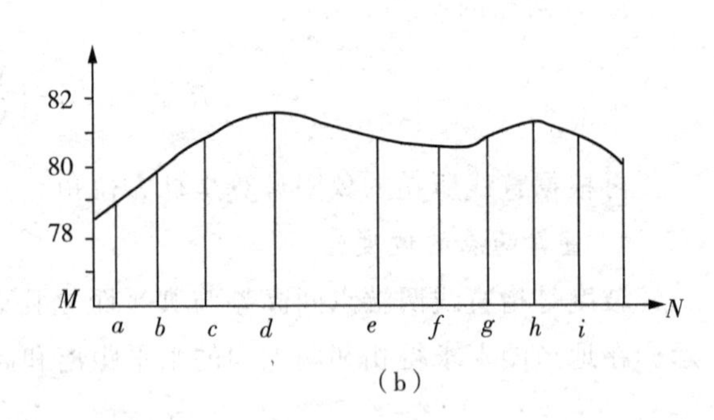

(b)

图 4-19　剖面图绘制

2. 区域汇水面积确定

在修筑桥梁、涵洞或修建水坝等工程建设中,需要知道有多大面积的雨水往这个河流或谷地汇集。地面上某区域内雨水注入同一山谷或河流,并通过某一断面(如道路的桥涵),这一区域的面积称为汇水面积,其分界线为山脊线。在地形图上,可用格网法、平行线法测定该面积的大小。如图 4-20 所示,通过山谷,在 MN 处要修建水库的水坝,就须确定该处的汇水面积，即由图中分水线（点划线）AB、BC、CD、DE、EF 与 FA 线段所围成的面积，根据该地区的降雨量就可确定流经 MN 处的水流量。区域汇水面积是设计桥梁、涵洞或水坝容量的重要数据。

图 4-20　确定汇水面积边界线

3. 选择最佳线路

在线路选线时，可以根据纸质地形图选择最佳路线，如建设中经常选取坡度较缓的地区作为选线的参考区域。对于工程建设而言，少占耕地、避开地质灾害危险区、减少施工预算都是决定最佳线路的因素，因此，需要依据地形图进行建设准备期的规划。在道路、管道等工程设计时，要求在不超过某一限制坡度条件下，选定最短线路（等坡度）。此时，可根据下式求出地形图上相邻两条等高线之间满足限制坡度要求的最小平距：

$$d_{\min}=\frac{h_0}{i \cdot M} \tag{4-7}$$

式中：h_0——等高距；

i——设计限制坡度；

M——比例尺分母。

如图 4-21 所示，按地形图的比例尺，用两脚规截取相应于 $d_{\min}$ 的长度，然后以 A 点为圆心，以此长度为半径，交 54 m 等高线得到 a 点，再以 a 点为圆心，交 55 m 等高线得到 b 点，依此进行，直到 B 点。然后将相邻点连接，便得到符和限制坡度要求的路线。同法可在地形图上沿另一方向定出第二条路线 $A-a'-b'-\cdots-B$ 作为比较方案。

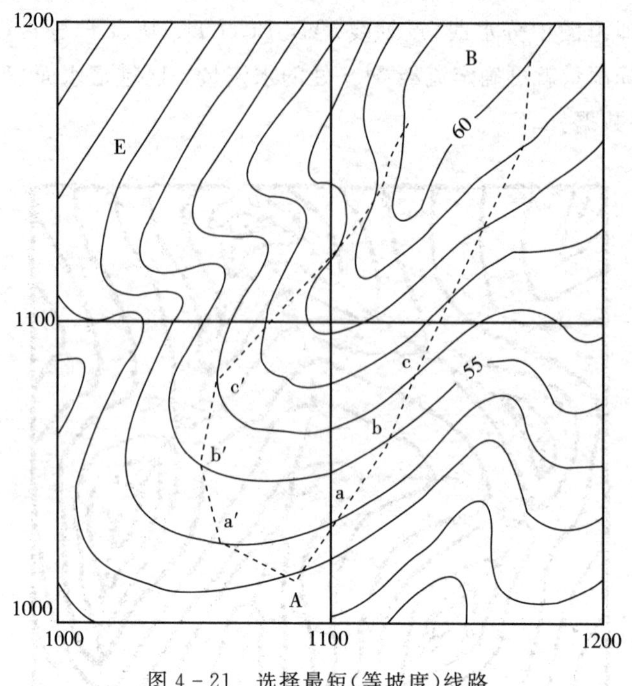

图 4－21　选择最短(等坡度)线路

任务二　全站仪与 GNSS-RTK 数字化测图技术

数字化测图是将采集的各种地物和地貌信息以数字化形式存储、处理、显示和输出的过程,生产流程为:地形数据采集,地形图绘制,成果输出。测图是将地表信息表达到图纸上的过程,在测图前需要在测区布设测图控制网,经过外业观测与内业平差计算,得到图根控制点,依据这些已知的图根控制点,再进行碎部点的测绘,达到控制测量误差的传播,和测图精度均匀的目的。地形图常用的生产方法有全野外数字测图法、航空摄影测量测图法和基于激光点云数据的测图法等。

全野外数字测图法是主要利用全站仪、GNSS-RTK 或两者结合进行外业碎部点采集,配合外业草图,内业利用数字成图软件制图。该方法适合小区域作业,大面积作业效率低、成本高,外业工作时间长、工作量大,主要有草图法和编码法两种方法。草图法是数字测图野外数据采集碎部点时,按照测站绘制工作草图,用工作草图记录地形要素名称、碎部点连接关系;内业根据工作草图,采用人机交互方式连接碎部点,这种生成图形的方法叫草图法。编码法是在野外测量碎部点时,每测一个地物点都要在电子手簿或全站仪上输入地物的编码,这样采集的数据就可以在相应的系统中完成自动绘图。由于草图法外业效率高,因此工作中常用草图法,本任务主要讲述全站仪草图法数字化测图步骤和 GNSS-RTK 法数字化测图主要要求,以广州南方测绘科技股份有限公司 CASS9.0 数字化地形地籍测量成图系统为例讲述内业绘图。

全站仪与 GNSS-RTK
数字化测图

一、全站仪数字化测图

1. 测图前准备工作

在外业测图之前，先收集测区基本资料，进行测区范围与地形的踏勘，可以借助 91 卫图或奥维地图等网络电子地图进行云踏勘，明确测区边界，了解测区地物地貌基本状况；准备全站仪与配套设备，检校仪器，收集控制点资料。

2. 草图法外业数据采集

外业使用检验合格的全站仪与反光棱镜，进行碎部点观测与草图绘制，主要操作步骤有：

(1)安置仪器

在已知控制点上安置全站仪，对中、整平后，用小钢尺量取仪器高。根据《工程测量标准》(GB 50026—2020)，仪器的对中偏差不应大于 5 mm，仪器高和反光棱镜高的量取应精确至 1 mm。打开仪器电源按钮，设置棱镜参数、气压、温度与地球曲率等相关参数。新建项目文件，存储外业实测数据。

(2)输入测站点坐标

测站数据的设定有两种方法：一是直接调用内存中的坐标数据(作业前已经输入的数据)，二是现场用键盘输入坐标数据。输入测站点坐标的目的是确定全站仪安置的位置。

(3)后视定向

后视定向数据输入一般有三种方法：一是调用内存中的坐标数据，二是直接输入控制坐标，三是直接键入定向边的方位角。数据输入完成后，精确瞄准后视点，进行后视定向，建议选择较远的图根点做为定向点。定向的目的是确定全站所处的方位。

(4)测站检查

定向完毕后，一般至少选择一个图根控制点进行测量，实测坐标与该点的已知坐标进行比较进行测站检核。根据《工程测量标准》(GB 50026—2020)，检查点的平面较差不应大于图上 0.2 mm，高程较差不应大于基本等高距的 1/5。

(5)碎部点测量

定向检查无误后，开始碎部点测量，即测量地物、地貌的特征点，例如房屋的角点、道路边界变换点、路灯灯杆点、井盖中心点等，测量时需要输入点号，输入棱镜高，照准目标，点击"测量"按钮，全站仪开始采集点位坐标，数据自动存储到开始建立的文件夹中。进入下一个特征点采集时，若棱镜高发生变动，则需要重新输入棱镜高，点号自动增加。根据《工程测量标准》(GB 50026—2020)，全站仪测图的最大视距长度应符合下表 4-4 中的规定，地形点的最大间距见表 4-5 中。

表 4-4　全站仪测图的最大测距长度

比例尺	最大测距长度(m)	
	地物点	地形点
1∶500	160	300
1∶1000	300	500

（续表）

比例尺	最大测距长度（m）	
	地物点	地形点
1∶2000	450	700
1∶5000	700	1000

表 4－5　地形点的最大点位间距

比例尺		1∶500	1∶1000	1∶2000	1∶5000
一般地区（m）		15	30	50	100
水域（m）	断面间	10	20	40	100
	断面上测点间	5	10	20	50

注：水域测图的断面间距和断面的测点间距，根据地形变化和用图要求，可进行调整。

（6）绘制工作草图

草图法作业时，应按测站绘制草图，并对测点进行编号，测点编号应与仪器的记录点号相一致。草图宜简化标示地形要素间的相关位置、地理名称、说明注记等属性信息。草图可按地物相互关系一块块地绘制，也可按测站绘制，地物密集处可绘制局部放大图。草图上点号标注应清楚正确，并和全站仪记录点号对应，草图的绘制要遵循清晰、易读、符号与图式相符、比例尽可能的协调的原则。

草图法一般需要三个人员为一组，一个观测，一个跑尺，另一个绘制草图。由于该法简单，容易掌握，野外作业速度快，大量应用在实际工作中，但是草图法需要人机交互绘制图形，内业工作量大。

二、GNSS-RTK 数字化测图

GNSS-RTK 测图应使用双频或多频接收机，仪器标称精度不宜低于 $10\ mm+5\times10^{-6}\times D$；测图作业可采用单基站 RTK 测量方法，在已建立连续运行基准站系统的区域宜采用网络 RTK 测量方法。

GNSS-RTK 大比例尺数字化测图实践教学视频

1．作业前的准备工作

（1）搜集测区的平面基准和高程基准的参数，应包括参考椭球参数、中央子午线经度、纵横坐标的加常数、投影面高程、评价高程异常等。

（2）搜集卫星导航系统的地心坐标框架与测区地方坐标系的转换参数，相应参考椭球的大地高基准与测区的地方高程基准的转换参数。

（3）网络 RTK 使用前，应在服务中心进行登记、注册，并获得系统服务的授权。

（4）基准转换可采用重合点求定三参数或七参数的方法进行。

（5）正式使用前，应对转换参数（模型）的精度、可靠性进行分析和实测检查，检查点应分布在测区的中部和边缘；采用卫星定位实时动态图根控制测量方法检测，检测结果平面较差不应大于图上 0.1 mm，高程不应大于等高距的 1/10；超限时，应分析原因，并应重新房间里转换关系。

(6)网络 RTK 的平面坐标系与项目坐标系不兼容时，应通过校准建立转换关系。

(7)应根据测区面积、地形和数据链的通信覆盖范围，均匀布设基准站。

(8)单基站站点的地势应宽阔，周围不得有高度角超过 15°的障碍物和干扰接受卫星信号或反射卫星信号的物体。

(9)单基站的有效作业半径不应超过 10 km，当基准站架设在已知点位时，接收机天线应对中、整平；对中偏差不应大于 2 mm；天线高量取应精确至 1 mm。

2. 流动站的作业规定

(1)流动站接收机天线高设置宜与测区环境相适应，变化天线高时应对手簿作相应更改。

(2)流动站作业的有效卫星数不宜少于 6 个，多星座系统有效卫星数不宜少于 7 个，PDOP 值应小于 6，并应采用固定解成果。

(3)应设置项目参数、天线高、天线类型、PDOP 值和高度角等。

(4)每点观测时间不应少于 5 个历元。

(5)流动站的初始化，应在对空开阔的地点进行。

(6)作业前，宜检测 2 个以上不低于图根精度的已知点；检测结果与已知成果的平面较差不应大于图上 0.2 mm，高程较差不应大于基本等高距的 1/5。

(7)作业中出现卫星信号失锁，应重新初始化，并应经重合点测量检查合格后，继续作业。

(8)结束前应进行已知点检查。

(9)不同基准站作业时，流动站应监测地物重合点，点位较差不应大于图上 6 mm，高程较差不应大于基本等高距的 1/3。

数字化测图内业实践教学视频

CASS 地形图绘制

(10)每日观测完成后，应转存测量数据至计算机，做好数据备份；采集的数据应进行检查，删除或标注作废数据、重测超限数据、补测错漏数据。

三、内业绘图

全站仪外业采集的碎部点或 GNSS-RTK 测图采集的碎部点都需要内业利用绘图软件，参考外业草图，绘制成数字地形图。

1. CASS9.0 主界面介绍

CASS9.0 的操作界面主要分为四部分，包括顶部下拉菜单、CAD 工具栏、右侧屏幕菜单、左侧的 CASS 工具栏以及底部的命令栏和状态栏，如图4－22所示。

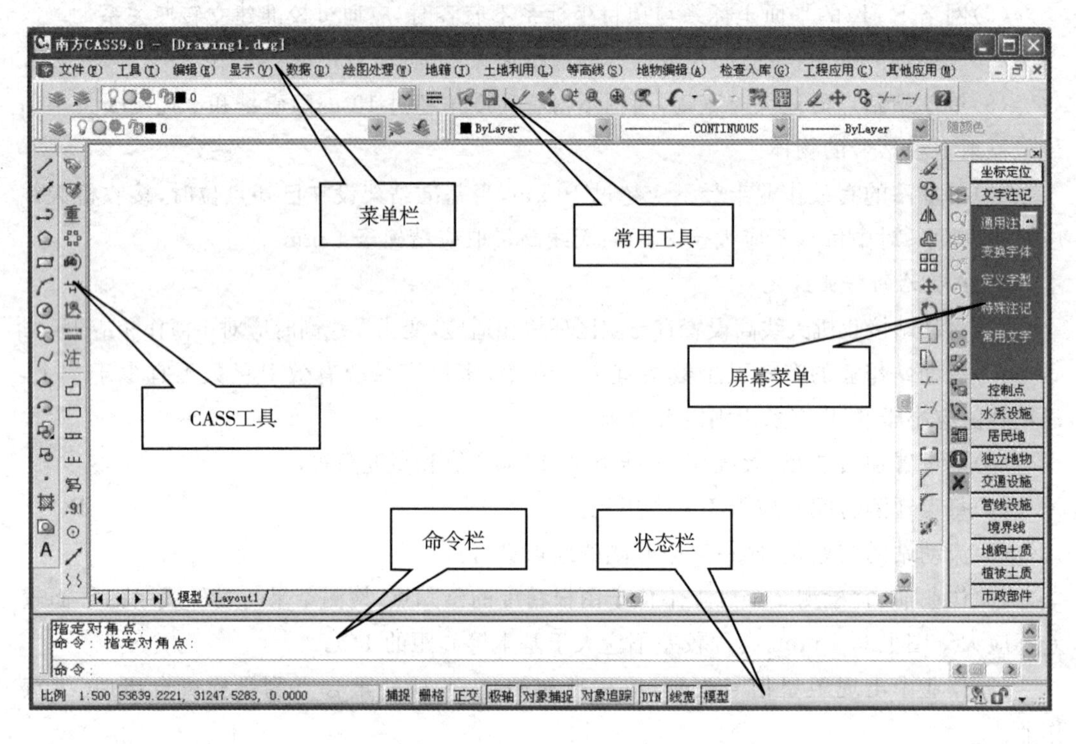

图 4－22　cass 软件主界面

2. 地物编绘

外业碎部点采集完成后，开始内业绘图工作。首先下载数据，即将全站仪存储器中的碎部点数据文件下载并导入到计算机中。该数据文件只有点号、坐标和高程。具体内业操作步骤如下：

(1)展点

展点前，可以先进行显示区设置和比例尺设置，也可以直接展点。展点主要有“野外测点点号展点”，“野外测点代码展点”和“野外测点点位展点”，如图 4－23(a)所示。一般选择“展野外测点点号”。初次展点，绘图命令栏会提示设置成图比例尺，输入比例尺信息后弹出选择数据文件对话框，选择需要下载的数据文件，如图 4－23(b)所示，点击确定键，测量点的点位和点号展到绘图区域内。

CASS 软件数据格式是后缀为“.dat”的坐标数据文件，其文本格式如下：

点名，编码，Y，　X，　H

……

点名，编码，Y，　X，　H

以下是一个包括 6 个已知点的坐标数据文件：

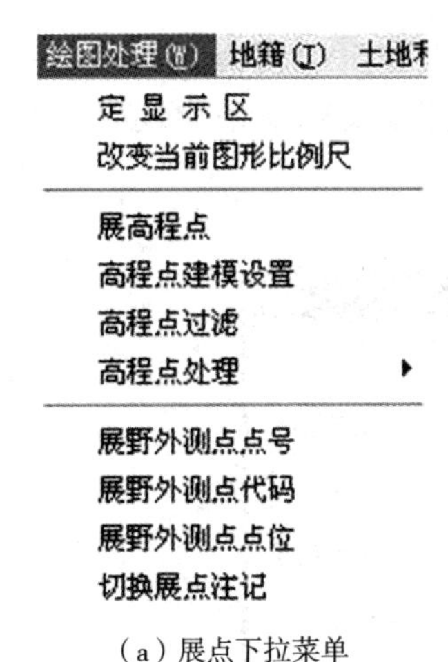

(a)展点下拉菜单

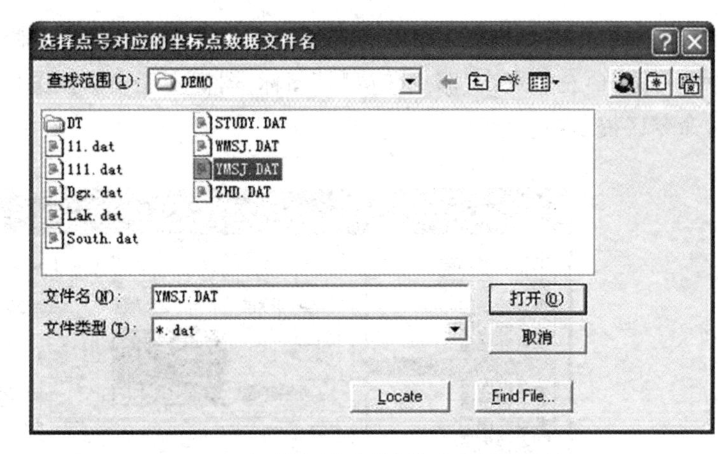

(b)选择测点点号定位成图法的对话框

图 4-23　展　点

D001,,5079.067,74022.786,545.192

D002,,5616.899,74020.518,550.745

D003,,6038.037,74802.118,566.173

D004,,5471.171,75529.050,555.333

D005,,5255.937,76261.087,574.434

D006,,4769.016,77020.392,562.556

D007,,4356.693,78052.609,568.476

当不输入已知点编码时,其后的逗号不能省略。

(2)地形图绘制

用鼠标单击屏幕右侧的"坐标定位"选项。根据工作草图,选择相应的地形图图式符号,设置捕捉方式为节点,然后在屏幕中将所有的地物绘制出来。系统中所有地形图图式符号都是按照图层来划分的,例如所有表示测量控制点的符号都放在"控制点"这一层,表示房屋及相关要素的符号都放在"居民地"这一层,所有表示植被的符号都放在"植被园林"这一层。

1)控制点

控制点主要有平面控制点和其它控制点。通过交互展绘各种测量控制点时,选择所有绘制的控制点符号,用键盘输入坐标或用鼠标捕捉展点,输入控制点点名和高程,系统将在相应位置上依图式展绘控制点的符号,并注记点名和高程值。

2)居民地

居民地主要包括一般房屋、普通房屋、特殊房屋、房屋附属等。一般房屋有结构和层数设置,绘制时可分为多点房屋类和四点房屋类,多点房屋类按提示顺序连接各房屋特征点最后闭合;四点房屋类指的是矩形房屋,可根据已知三点、已知两点及宽度或已知四点进行房屋绘制。普通房屋有简单房屋、破坏房屋、棚房和空架房屋。特殊房屋主要指窑洞和蒙古包。房屋附属主要是楼梯、台阶和阳台。

下面以作四点房屋为例进行说明。鼠标左键点击“居民地”选项，系统便弹出图4－24所示对话框，左键点击“四点砖房屋”图标，图标变亮表示该图标已被选中，点击“确定”。这时命令区提示：

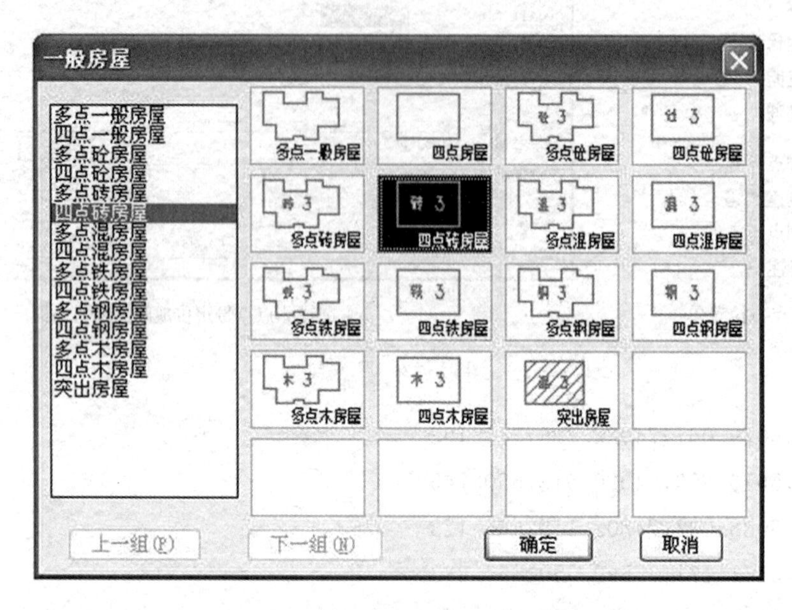

图4－24　居民地/一般房屋绘制

1. 已知三点/2. 已知两点及宽度/3. 已知四点＜1＞：

选择1(缺省为1)，则依次输入三个房角点；选择2，则依次输入房屋两个房角点和宽度(单位米，向连线方向左边画时输正值，向连线方向右边画时输负值)。选择3，则依次输入四个顶点。这里我们输入1，回车(或直接回车默认选1)，系统提示：

输入点：输入房屋的第一点。可用屏幕捕捉完成，移动鼠标至状态栏，在“对象捕捉”按钮上点击右键，进行捕捉“节点”设置，当鼠标靠近点号时，出现黄色标记，点击鼠标左键，完成捕捉工作。

输入点：输入房屋的第二点。

输入点：输入房屋的第三点。

房屋的第四点是自动解析完成的。

输入层数：＜1＞输入对应层数。完成四点房屋的绘制过程。

3)独立地物

独立地物有矿山采矿、工业设施、农业设施、公共设施、碑塑墩亭、文物宗教、科文卫体和其他设施。按照几何特性可分为面状独立地物和点状独立地物。面状独立地物的绘制与多点房屋的绘制步骤相同；点状独立地物在选取点状地物的图式符号后，用鼠标给定其定位点。当地物符号要求有绘制方向时，符号会随着鼠标的移动而旋转，按鼠标左键确定其方位即可。

下面以“路灯”为例进行说明。鼠标左键点击“独立地物/公共设施”，这时系统便弹出

“独立地物/公共设施”的对话框，如图 4－25 所示，鼠标左键点击选中“路灯”图标，然后点击“确定”。这时命令区提示：输入点：输入坐标或进行屏幕捕捉点位。这样便在坐标处或捕捉处绘好了一个路灯。

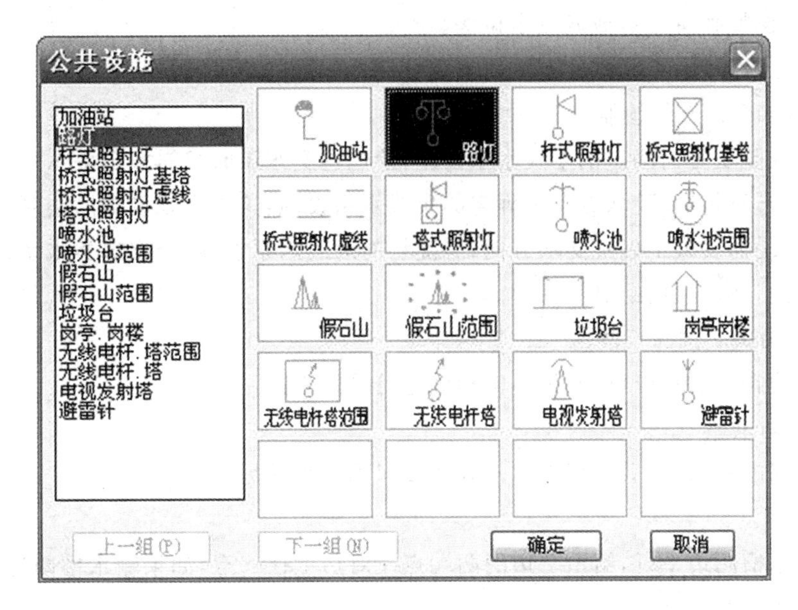

图 4－25 “独立地物/公共设施”图层图例

4)交通设施

交通设施分为铁路及其附属物、道路及其附属物、桥梁及其附属物、渡口码头和航行标志。交通设施的绘制方法有三类：

① 绘制两边平行的道路，如平行高速公路、平行等级公路、平行等外公路等。点击命令栏。根据提示信息，绘制好道路的一条边后，给定道路宽度，并选择“左右”即可绘制出双线道路。

② 绘制单线道路，如铁路、高速公路等，定位点一般沿道路中线。

③ 绘制交通设施，点状交通设施，例如路标、水鹤、汽车站等，此类只需输入一点；有些地物需输入起点和端点以确定其位置和形状，如过河缆、电车轨道电杆等，此类需输入两点；也有面状交通设施，需要输入多点闭合。

5)管线设施

管线设施包括的地物符号有电力线、通信线、管道、地下检查井和管线附属物。按照形状分为线状管线设施和点状管线设施。线状管线设施的绘制方法与多功能线的绘制相同。点状管线设施的绘制只需用鼠标指定该地物的定位点，输入点后有些地物符号会随着鼠标的移动而旋转，此时移动鼠标确定其方向后回车即可。

6)水系设施

水系设施包括自然河流、人工河渠、湖泊池塘、水库、海洋要素、礁石岸滩、水系要素和水利设施。主要有以下方法：

① 点状或特殊水系设施

单点式:地下灌渠出水口、泉等都属于这种地物,绘制时只需用鼠标给定点位。有的点状地物需要输入高程,根据提示键入高程值即可。

水闸:绘图操作有三点或四点定位法。

依比例水井:用 3 点画圆的方法来确定依比例水井的位置和形状。

② 线状水系设施的绘制

无陡坎或陡坎方向确定的单线水系设施:绘制这类水系时只需根据提示依次输入水系的拐点,然后进行拟合;陡坎方向不确定的单线水系设施:这类水系设施的绘制方法与上述大致相同,只是需要人工确定陡坎方向;有陡坎的双线水系设施:绘制这类水系设施时一般是先绘出一边,然后反向绘制另一边。

③ 示向箭头、潮涨、潮落

输入相应符号的定位点,并旋转鼠标确定符号的方向。

④ 各种防洪墙

先绘出墙的一边,然后根据提示输入宽度以确定墙的另一边。

⑤ 水槽

如果输水槽两边平行,给出一边的两端点及对边上任一点,如果输水槽两边不平行,需给出每一条边的两个点。

⑥ 面状水系设施

首先画出面状水系的边线,然后进行拟合。具体操作注意命令栏提示。

7)境界线

境界线主要有行政界限、地籍界限和其它界限。

境界线符号都绘制在 JJ 层。绘制境界线符号时只需依次给定境界线的拐点。

8)地貌土质

地貌土质主要包括等高线、高程点、自然地貌和人工地貌等。可按以下三类绘制。

① 点状元素

绘制时只需用鼠标给定点位。并旋转鼠标确定符号的方向。

② 线状元素

无高程信息的线状地物(自然斜坡除外),绘制这类地物时只需根据提示依次输入地物的拐点,然后进行拟合;有高程信息的线状地物,包括等高线和陡坎,绘制这类地物的方法与无高程信息的线状地物大致相同,只是需要先行输入高程信息;自然斜坡通过画坡底和坡顶线绘出斜坡。

③ 面状元素

包括盐碱地,沼泽地,草丘地,沙地,台田,龟裂地等地物,绘制这类地物时只要根据提示给出地块的各个拐点画出边界线,然后根据需要进行拟合。

9)植被园林

植被园林包括的地物类型有耕地、园地、林地、草地、城市绿地、地类防火和土质等。绘制时按点、线、面完成。

① 点状元素：包括各种独立树，散树。绘制时只需用鼠标定位即可。

② 线状元素：包括地类界，行树，防火带，狭长竹林等。绘制时用鼠标给定各个拐点，然后根据需要进行拟合。

③ 面状元素：包括各种园林，地块，花圃等。绘制时用鼠标画出其边线，然后根据需要进行拟合。

通过草图，将所有的地物绘制成图，完成了平面图的绘制工作，接下来进行等高线绘制和编辑修改工作。

3. 地貌绘制

在地形图中，等高线是表示地貌起伏的一种方法。在 CASS 软件中，等高线是自动勾绘，生成的等高线精度高。

(1)数字地形模型(DTM)的建立

数字地形模型(DTM Digital Terrain Model)，是地形表面形态属性信息的数字表达，是对带有空间位置特征和地形属性特征的数字描述。数字地形模型的属性为高程时，被称为数字高程模型，是仅仅对地球表面高低起伏的三维数字模拟表达，目前规则格网(RSG Regular Square Grid)和不规则三角网模型(TIN Triangulated Irregular Network)两种主要表达方式。CASS 在绘制等高线时建立的 DTM 是不规则三角网模型。

CASS9.0 自动生成等高线时，应先建立数字地面模型。选择“等高线/建立 DTM”菜单项，有两种建立方式，既由数据文件生成和由图面高程点生成，如图 4-26 所示。

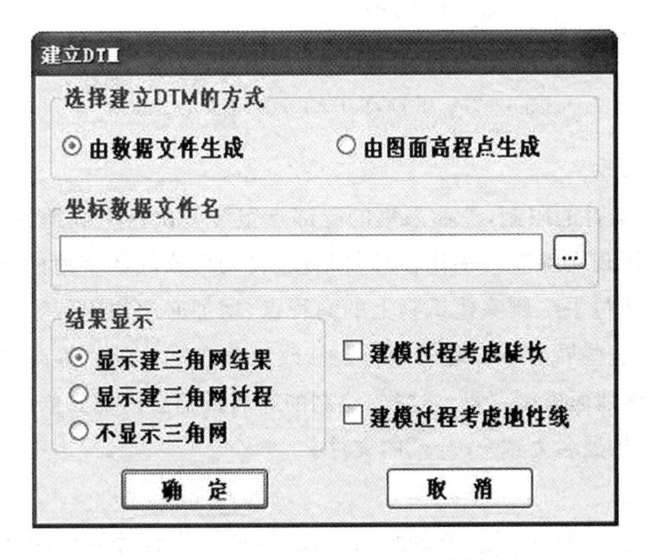

图 4-26 建立 DTM 的对话框

选择由数据文件生成三角网，则在坐标数据文件名中选择坐标数据文件，然后在“结果显示”中选择显示方式。显示方式分为三种：显示建三角网结果、显示建三角网过程和不显示三角网，最后选择在建立 DTM 的过程中是否考虑陡坎和地性线。点击确定后生成如图

4－27 所示的三角网。

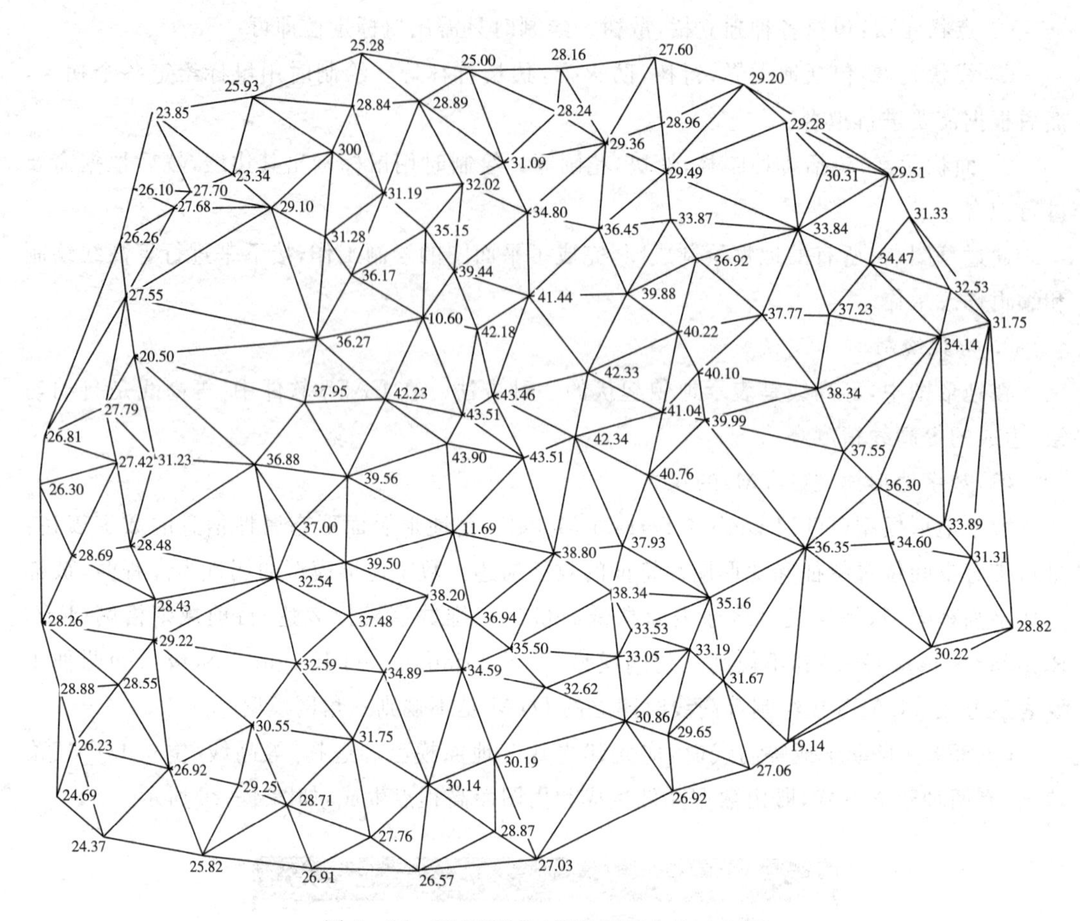

图 4－27　用 DGX. DAT 数据建立的三角网

(2)三角网的修改

一般由于地形条件的限制，外业采集的碎部点很难一次性生成理想的等高线，如楼顶上高程点；另外还因现实地貌的多样性和复杂性，自动构成的数字地面模型与实际地貌不太一致，这时可以通过手工删除建筑物上的高程点、增加必要高程特征点或修改三角网的边角结构等来修改这些局部不合理的地方。修改三角网后，选择“等高线/修改结果存盘”项，把修改后的数字地面模型存盘。这样，绘制的等高线不会内插到修改前的三角形内，系统会自动生成一个扩展名为：“＊.sjw”的文件。

(3)绘制等高线

建立了数字地面模型(DTM)并经编辑修改后，便可进行等高线绘制。等高线的绘制可以在平面图的基础上叠加，也可以在“新建图形”的状态下绘制。选择“等高线/绘制等高线”项，弹出如图 4－28 所示对话框：

对话框中会显示参加生成 DTM 高程点的最小高程和最大高程。如果生成多条等高线，则在等高距框中输入相邻两条等高线之间的等高距，最后选择等高线的拟合方式，拟合

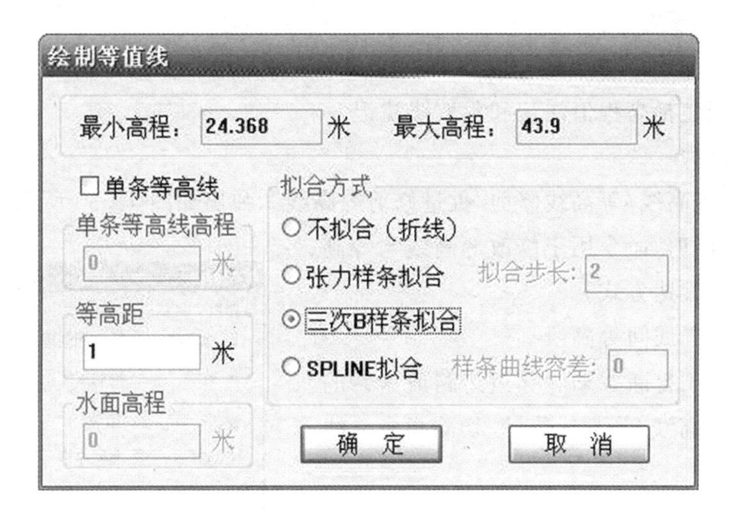

图 4-28　绘制等高线对话框

方式有不拟合(折线)、张力样条拟合、三次 B 样条拟合和 SPLINE 拟合，一般情况下，选择三次 B 样条拟合，如图 4-29 所示。

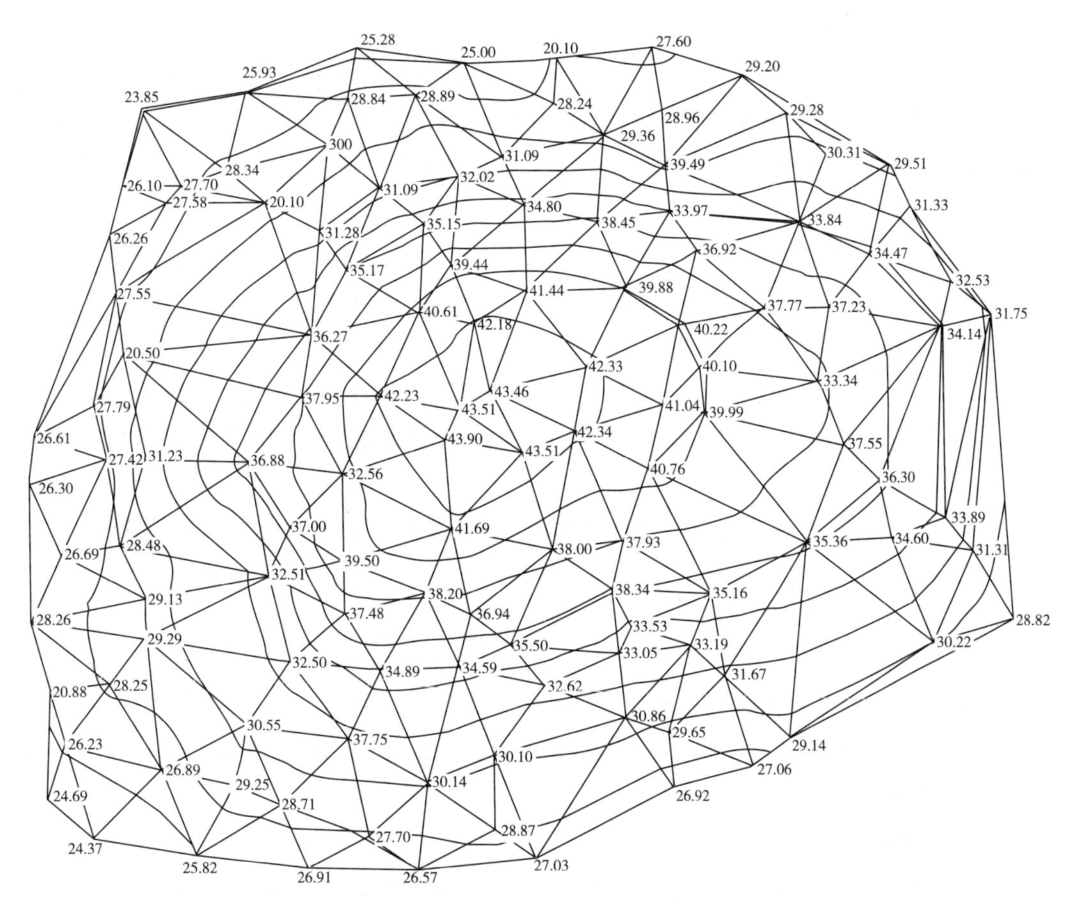

图 4-29　绘制完成后的等高线

(4)等高线的修饰

1)等高线注记

等高线注记包括高程值注记和示坡线注记。

2)等高线修剪

左键点击“等高线/等高线修剪/批量修剪等高线”,弹出如图 4-30 所示对话框:

“消隐”和“修剪”命令用于修改等高线与等高线注记值之间的表达方式。

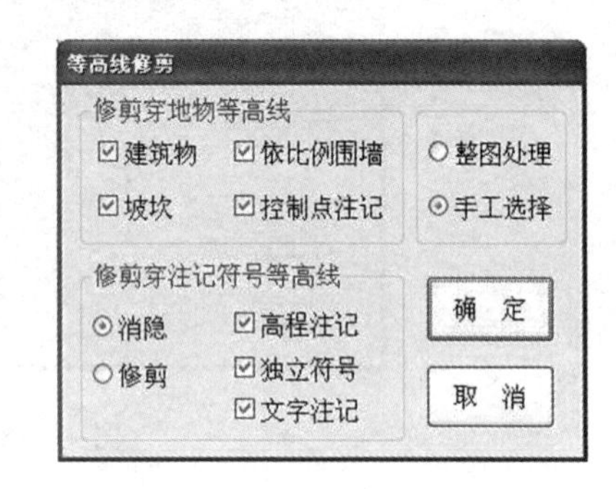

图 4-30 等高线修剪对话框

3)切除指定二线间等高线

该命令多用于打断并删除穿过道路或水系的等高线,选择“等高线/等高线修剪/切除指定二线间等高线”。

4)切除指定区域内等高线

选择一封闭复合线,系统将该复合线内所有等高线切除。注意封闭区域的边界一定要是复合线,否则系统将无法处理。

4. 地形图的编辑与注记

在大比例尺数字测图的过程中,由于实际地物、地貌的复杂性,漏测、错测是在所难免的,这时必须要有一套功能强大的图形编辑系统,对地形图进行人机交互图形编辑。在保证精度的情况下消除相互矛盾的地物、地貌,对于漏测或错测的部分,及时进行外业补测或重测。

图形编辑另一工作内容是地形图的更新,根据实测坐标和实地变化情况,随时对地图的地物、地貌要素进行增加、删除和修改等,以保证地图的现势性。

对于图形的编辑,CASS9.0 提供“工具”、“编辑”和“地物编辑”三种下拉菜单。其中“编辑”是由 AutoCAD 提供的编辑功能:包括图元编辑、删除、断开、延伸、修剪、移动、旋转、比例缩放、复制、偏移拷贝等,“工具”和“地物编辑”是由南方 CASS 系统提供的对地物的主要编辑功能。

地形图注记的目的是补充说明用符号无法知晓的信息,例如地理名称、河流流向、植被类型等。

5. 数字地形图的图幅

(1)图框参数设置

在分幅前,我们先对图框的辅助要素进行设置,单击“文件/CASS9.0 参数设置”,选择“图框设置”进行单位名称和坐标系统、高程系统等信息的设置,如图 4-31 所示,修改参数后点击确定存盘。

(2)单一分幅

单一分幅就是每次只完成一幅图的分幅,在 CASS 系统中,通常有标准分幅(50×50)、标准分幅(50×40)和任意分幅等类型。

CASS7.0参数设置

地物绘制 | 电子平板 | 高级设置 | 图框设置

测绘单位：XXX测绘公司

成图日期：2012年3月数字化制图.

坐标系：XXX地方坐标系

高程基准：1985国家高程基准，等高距为1米.

图式：2007年版图式.

测量员：XXX　绘图员：XXX

检查员：XXX　密级：

确定　取消　应用(A)　帮助

图 4-31　图框设置对话框

1)标准图幅(50×50)

给已有图形加 50 cm×50 cm 的图框。加载图框后，图框外的图形将被删除，所以操作此功能时要注意左下角坐标的输入，一般要求左下角坐标为图上 10 cm 所代表实地距离的整数倍，比如 1∶500 比例尺为 50 m 的整数倍，1∶2000 为 200 m 的整数倍。同时应考虑图的最大长度和最大宽度，从左下角算起，超出图上距离 50 cm 以外为图框外的图形，将被裁剪。

2)标准图幅(50×40)

给已有图形添加一个 50 cm×40 cm 的图框，操作和标准图幅(50×50)一样。

3)任意图幅

在有些时候，如图形在标准分幅图框中太小或有些大，不适合进行多幅分幅时，一般要考虑绘图仪的大小，决定是否进行分幅。在不进行分幅的情况下，多用任意图幅。任意分幅和标准分幅主要的区别就是可以自由的设置图框的横向和纵向长度，长度要根据图的最大长度和最大宽度计算出整分米数。如 1∶500 比例尺输出的图，实地最大长度为 438.47 m，最大宽度为 345.26 m，那么图框纵向长度 9 分米，横向长度为 7 分米。

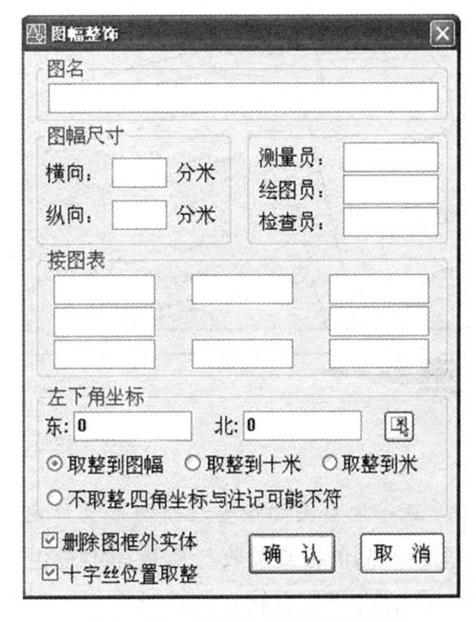

图 4-32　任意图幅分幅对话框

操作过程：执行此命令后，按图 4 - 32 的对话框输入图纸信息，此时“图幅尺寸”选项区域变为可编辑，输入自定义的尺寸及相关信息即可。

通过分幅整饰，形成了图 4 - 33 所示分幅图。

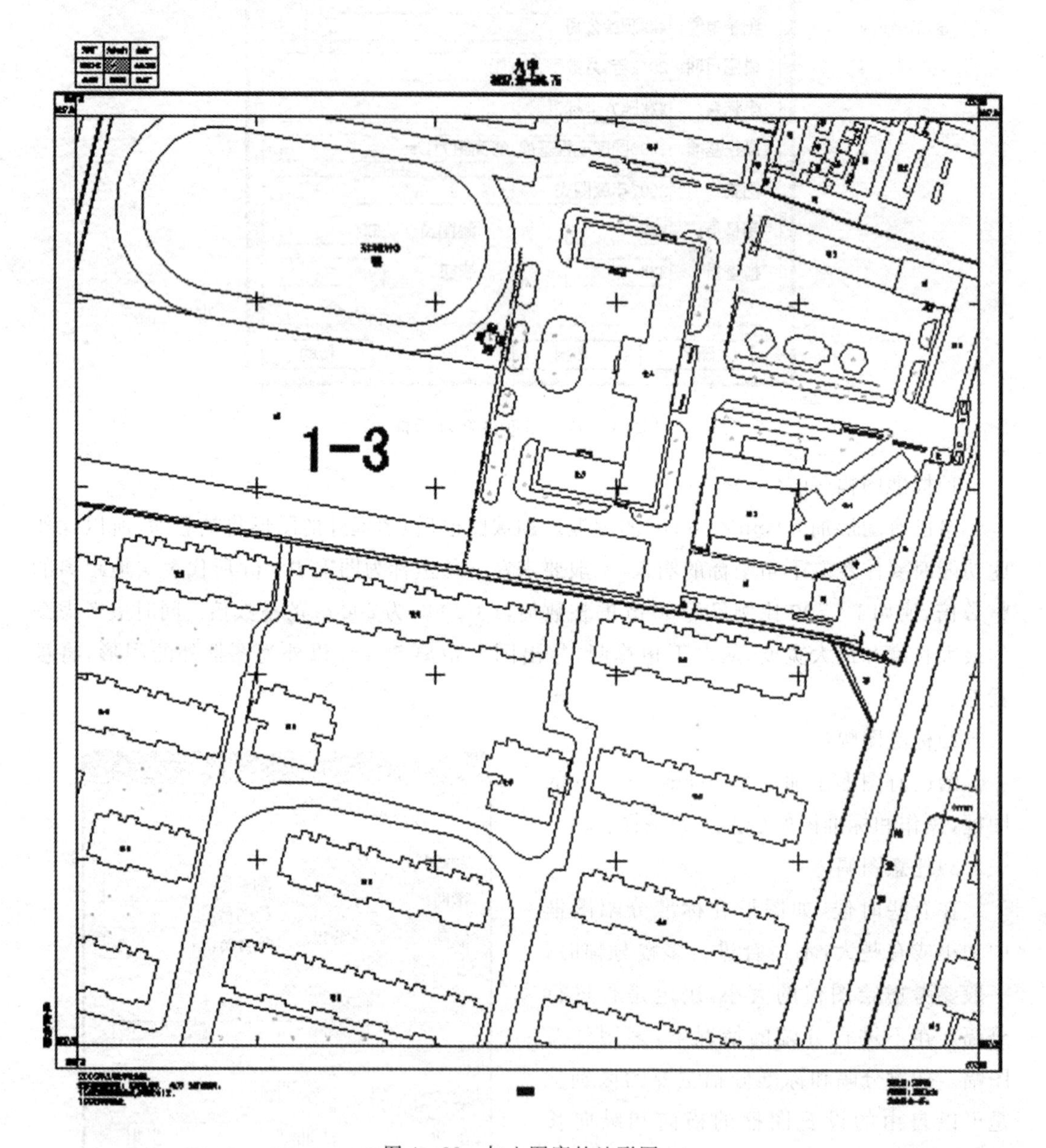

图 4 - 33　加入图廓的地形图

6. 数字地形图的检查验收与质量评定

测绘产品的检查验收与质量评定是生产过程的重要环节，为了控制测绘产品的质量，测绘工作者必须具有较高的质量意识和管理才能。因此完成数字地形图成图后必须做好检查验收和质量评定工作。地形图质检的主要内容见表 4 - 6：

表 4-6　数字地形图产品质量元素

一级质量元素	二级质量元素
基本要求	文件名称、数据格式、数据组织
数学精度	数学基础
	平面精度
	高程精度
	接边精度
属性精度	要素分类与代码的正确性
	要素属性值的正确性
	属性项类型的完备性
	数据分层的正确及完整性
	注记的正确性
逻辑一致性	拓扑关系的正确性
	多边形闭合
	结点匹配
要素的完备性及现势性	要素的完备性
	要素采集或更新时间
	注记的完整性
整饰质量	线划质量
	符号质量
	图廓整饰质量
附件质量	文档资料的正确、完整性 元数据文件的正确、完整性

(1)文件名及数据格式是否正确符合规定

(2)数学基础的检查

1)检查坐标系统是否正确。

2)将首末公里网、控制点等的图上坐标与控制点的已知坐标值进行对比。

(3)平面和高程精度的检查

每幅图一般选取20～50个检查点做平面和高程精度检查,检查点应均匀分布、随机选取明显地物点。

(4)接边精度的检测

通过量取两相邻图幅接边处要素端点 Δd 是否等于0来检测接边精度,未连接的记录其偏差值,检查接边要素几何上自然连接情况,避免生硬;检查面域属性、线划属性的一致性,并记录不一致的要素实体个数。

(5)属性精度的检测

1)检查各个层的名称是否正确,是否有漏层。

2)逐层检查各属性表中的属性项类型、长度、顺序等是否正确,有无遗漏。

3)按照地理实体的分类、分级等语义属性检索,目视检查各要素分层、代码、属性值是否正确或遗漏。

4)检查公共边的属性值是否正确。

5)检查注记的正确性。

(6)逻辑一致性检测

1)用相应软件检查各层是否建立了拓扑关系及拓扑关系的正确性。

2)检查各层是否有重复的要素。

3)检查有向符号,有向线状要素的方向是否正确,例如河流的流向。

4)检查多边形的闭合情况,标识码是否正确,例如房屋面、植被面是否闭合和对应国标标识码。

5)检查线状要素的结点匹配情况。

6)检查各要素的关系表示是否合理,有无地理适应性矛盾,是否能正确反映各要素的分布特点和密度特征。

7)检查双线表示的要素(双线铁路、公路)是否沿中心线数字化。

8)检查水系、道路等要素数字化是否连续。

(7)完备性及现势性的检测

1)检查数据源生产日期是否满足要求,检查数据采集时是否使用了最新的资料。

2)检查各要素及注记是否有遗漏。

(8)整饰质量检查

1)检查各要素符号是否正确,尺寸是否符合图式规定。

2)检查图形线划是否连续光滑、清晰,粗细是否符合规定。

3)检查各要素关系是否合理,是否有重叠、压盖现象。

4)检查各名称注记是否正确,位置是否合理,指向是否明确,字体、字大、字向是否符合规定。

5)检查注记是否压盖重要地物或点状符号。

6)检查图面配置、图廓内外整饰是否符合规定。

(9)附件质量检查

1)检查所上交的文档资料填写是否正确、完整。

2)逐项检查元数据文件内容是否正确、完整。

(10)质量评定

数字测绘产品质量实行优级品、良级品、合格品、不合格品评定制;检验批质量实行合格批、不合格批评定制。产品质量由生产单位评定,验收单位则通过检验批进行核定。

任务三　摄影测量立体测图技术

摄影测量是一门将摄影与测绘相结合的技术，在无人机进入摄影测量领域之前，摄影测量通常指的是航空摄影测量，简称为航测，按拍摄像片的方式不同又分为竖直摄影测量、倾斜摄影测量。

无人机简介

竖直摄影测量即传统的航空摄影测量，是在飞机上安置航摄仪，镜头竖直朝向地面按照规划好的航线连续拍摄具有一定重叠度的像片，利用航拍像片制作出地理信息产品的方法，该方法生产数字地形图是基于立体像对，佩戴立体眼镜，进行立体测图，又称为双像立体测图法。倾斜摄影测量是在飞行平台上搭载传感器从下视、前后、左右五个视角采集测区的像片，弥补了竖直摄影测量只能采集下视(顶视)像片的缺憾，利用三维建模软件构建测区的实景三维模型，三维模型上可以看到目标物的顶面及侧面纹理，在内业就可以方便的得到建筑物的层高、屋檐改正等细节信息，大大减少外业调绘的工作量，弥补了传统航测的不足。存在的问题有三维建模会损失一定的数据精度，例如模型上丢失电线杆、电线等细小的地物，需要外业补测；对于植被覆盖密度大的测区，高程精度相对较低。该方法生产数字地形图是基于三维模型的立体测图技术，可以摘掉立体眼镜进行立体测图，故称为裸眼立体测图。

传统航测技术投入成本高，技术人才培养周期长，随着无人机技术的高速发展，大大地降低了航测的专业成本，缩短了人才培养周期，航测技术也进入了“平民化、自动化、信息化”地快速发展阶段，即无人机摄影测量阶段。

一、航空摄影

摄影测量立体测图法，以航片为原始数据，首先在测区进行无人机或有人机航拍，采集测区的航片数据，如图 4－34 所示。对于中小型工程项目而言，无人机航测已经成为主要选择，以多旋翼无人机和复合翼无人机为主，动力源多采用电动，续航时间从几十分钟到数

无人机测绘外业

无人机测绘与摄影测量简介

小时不等，飞机上可以搭载可见光相机、多光谱相机、激光雷达等不同类型的传感器，获取测区的可见光像片、多光谱像片和激光点云数据等不同类型的遥感数据源，用于不同地理信息产品的测绘生产。主要作业流程有：

1. 了解项目需求

在航拍实施前，根据项目任务书的要求，明确测绘成果的形式、精度、数据类型、数据格式、成果坐标系、高程系、测区地理位置等，根据项目特点制定航测方案。

图 4-34　无人机航测

2. 测区踏勘

在航拍之前，通过卫星地图，例如奥维地图、91 卫图等了解测区基本情况，包括测区地理位置、测区范围、测区内高差、测区平均海拔高度、测区气候条件等，为无人机的起降、航线规划提供参考。

无人机测绘

3. 飞行环境评估

在明确测区基本信息后，应根据测区地理环境、气候条件，选择适配测区情况的机型。影响无人机飞行的因素主要包括以下几个方面：第一，测区海拔：无人机飞行高度应高于测区最高点 100 米左右，才能满足安全飞行与航片重叠度的需求。第二，地形条件：航线规划受制于测区地形条件，尤其在高差较大的山区，为了得到比例尺相对一致的航片，就需要根据测区内的高差进行仿地飞行或者分区飞行；测区内的地表覆盖物也是影响因素之一，例如沙漠、大面积盐碱地，地面反光强烈，就不宜在正午前后航拍；在陡峭的山区和高楼密布的城市测区，为了避免阴影，反而应当在正午前后航拍。第三，风力与风向。风力与风向会影响无人机的起降与飞行安全，飞行前一定要提前了解风力风向数据，避免在大风天气飞行。第四，电磁和雷电。无人机空中飞行平台与地面站之间的通讯主要靠无线电，要保证导航系统及数据链不受强磁场干扰，否则会导致无人机失联，发生飞行安全事故。

4. 申请空域

根据现行航空管理法律法规要求，无人机飞行任务实施前应办理空域使用申请和审批手续，获得使用许可后方可实施。飞行计划申请所需材料：公司三证、任务委托合同、飞手资格证、飞行区域边界范围线、飞行高度、作业时间、使用机型、任务性质、特情处置措施。时刻牢记安全生产，不仅让无人机成功地飞向蓝天，更要让无人机安全地飞回地面。

5. 飞行计划准备

在航飞前，应对所有设备进行检查，主要包括航测相机检校、存储卡内存余量检查、飞机性能的检测、电池电量检测等。

6. 航线规划

航线规划主要包括：设置测区范围、航高、航向重叠度和旁向重叠度、飞行速度和航线外扩范围等参数。在飞机执行航测任务时，要时刻通过图传画面和飞控软件实时监测飞机飞行状态，保证飞行安全，遇到紧急情况，启动“一键返航”功能。常用的航线规划软件有大疆智图、飞马无人机管家、Altizure 等，可根据飞机型号和任务需求选择。如图 4-35 所示为大疆智图航线规划界面。

图 4-35　大疆智图航线规划界面

二、像片控制测量

像片控制测量简称为像控，是在实地测定用于空三加密或直接用于测图定向的像片控制点的三维坐标。利用这些控制点可以得到同一套点的像方坐标和物方坐标，进而可以解算出像片上的像方坐标到物方坐标的转换参数，实现像方坐标向物方坐标的过渡。

像片控制测量可以在航空摄影前进行也可以在航空摄影后进行，建议在航空摄影前做像控，用易于辨识的符号制作控制点标靶，均匀布设在测区内，通过航空摄影可以将这些控制点清楚地记录到航片上。如果项目工期短，任务重，可以在航拍后再做像控，这时可以利用像片上的明显地物特征点，例如地面上的路标箭头，斑马线中辨识度强的某个角点，篮球场中划线的交叉点等明显的辨识度强的稳定地物点作为像片控制点，如图 4-36 所示。

像控点的布设原则在测区四周与中央均匀布设控制点。为保险起见，在控制点易被破坏的地区成对布设控制点。像控点的密度取决于项目成果的精度要求，成果精度高，控制点布设密度大。从解析空中三角测量原理上讲，3 个控制点就可以进行空三解算，为了提高空三精度，并考虑航拍废片率，控制点点位不佳，拍摄角度引起的地物遮挡等因素，建议布设多余控制点，以增加像控成果的可靠性。倾斜摄影测量大比例尺地形图测绘，像控点的密度还应该适当增加。

L型

对三角型

地面明显标志

图 4-36　像控点标志

像片控制测量的方法有全站仪导线测量法，GNSS-RTK 快速静态测量法，后者速度快，精度满足工作要求，常被采用。

三、内业立体测图

(一)竖直摄影测量双像立体测图

1. 新建工程

完成外业航拍数据采集后，选用主流航测成图软件，下载航拍数据，检查航片的重叠度、航片是否清晰、色调是否一致、层次是否鲜明、反差是否合理，制作快拼图，检查是否存在漏飞区域。收集相机参数文件，整理像控点数据，剔除无效影像，在航测软件中按照航带顺序导入航片。

2. 解析空中三角测量

为了减少野外控制测量工作量，利用航片与所摄目标之间的空间几何关系，根据测区内少量外业测量的控制点，通过内业解析的办法获取每张航片经过严密平差后的外方位元素和其他待求点平面位置和高程的工作，称为解析空中三角测量，简称为空三加密。

空三加密的算法有航带法、单模型法和光束法。其中基于共线条件方程的光束法空三平差解算最为严密，精度可靠。空三加密成果精度的高低直接影响到后续4D产品的质量好坏，因此空三成果必须通过质检合格后方可进行下一步作业。空三加密的主要环节是转刺像控点，要得到高精度空三成果，必须制定合理的刺点策略，并准确转刺每一个控制点。按照先转刺测区四周的像控点，再转刺测区中央的像控点，至少转刺3个像控点后进行第一轮平差计算，查看平差结果进行第二轮的点位调整与平差计算，层层递进，逐步收敛，逐渐的逼近最小二乘解。当平差报告中的误差分析符合限差要求后(一般像方不超过三分之一像素，具体数值参见数字航空摄影测量空中三角测量规范)输出空三成果。不同的平差软件空三成果数据的类型不太一样，主要有工程文件、外方位元素文件、加密点坐标文件等。

3. 双像立体测图

将空三成果导入立体测图软件，恢复立体模型，应检查单模型的上下视差、像控点的平面坐标和高程残差、与相邻模型的同名点高程较差，检查无误后按照图幅结合表分发测图任务。由于无人机航测搭载的相机多为非量测相机，像幅尺寸小，无人机轻巧，飞行姿态易受外界环境的影响，飞行姿态不稳定，像片重叠度的设置比有人机航测的高，航向重叠度在80%左右，旁向重叠度在60%左右。因此相对有人机航片而言，无人机航片的立体像对数量多，姿态差，每幅立体像对的有效利用区域有限。立体像对上越靠中心位置的数据精度越高，越往四周精度越低。所以在立体测图时，采集每个立体像对的中心区域，这就需要在立体测图前画出立体像对的有效使用范围，从而保证立体采集的数据精度。测图时必须佩戴立体眼镜，在立体视觉下开展测图工作，如图4-37(a)所示，随着技术的发展，外部数据输入设备已经由手轮脚盘替换为三维鼠标，如图4-37(b)所示。

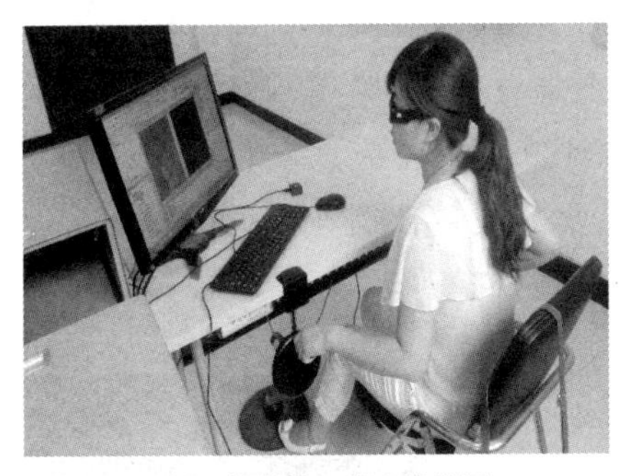

(a) 立体眼镜双像立体测图

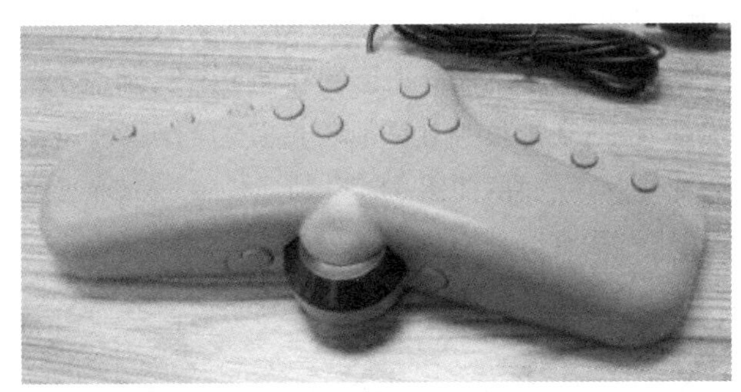

(b) 三维鼠标

图4-37　双像立体测图

数字线划图DLG数据采集应符合下列规定：

1)数据采集可采用先内业测图、后外业调绘再编绘成图，也可以采用先外业调绘、后内业成图的方式。

2)对地形信息进行图形采集的同时，宜按现行国家标准《基础地理信息要素分类与代码》GB/T13923 规定，对实体以点、线、面及注记方式进行分类采集，并应根据专业设计的要求分层存放。

3)像片测图范围不应超出图上定向点连线 10 mm，距影像边缘不应小于 10 mm。

4)采集依比例尺表示地物时，测标中心应切准轮廓线或拐角测点连线；采集不依比例尺表示地物时，测标中心应切准地物相应的定位点或定位线；采集独立地物依比例尺表示时，应实测外廓，填绘符号；不依比例尺表示时，应表示定位点或定位线。

5)地貌宜用等高线表示。地貌测绘时宜先测注高程点，对地形特征点应测注高程，高程点数量在图上 0.01 m^2 范围内不应少于 10 点。

采集中应做到地物、地貌元素无错漏、不变形、不移位，以测标中心切准各类要素的定位点或定位线为准则。对于因遮挡或模糊不清的要素，内业无法测定位置时，应做出明显统一的标记，以便外业调绘时补测，以内业定位，外业定性为原则开展立体测图工作。

(二)倾斜摄影测量裸眼三维测图

随着测绘技术的不断迭代更新，无人机倾斜摄影测量测量成为数字测图的主流技术，该技术从一个垂直、四个倾斜的角度同步采集目标的影像，如图 4 - 38 所示，为倾斜摄影测量所使用的五镜头相机，获取目标物顶视及前后左右四个侧视影像，通过三维重建技术，得到测区的三维实景模型。通过像片控制测量、解析空中三角测量可以将模型纳入到地面测量坐标中，在此三维模型不需要佩戴立体眼镜就可以开展立体测图工作，因此被称为裸眼三维测图技术。数据采集是按照点、线、面要素分层分类绘制存储，采用“加点”工具采集点要素，采用“画线”工具采集线、面要素，在采集各对象地理位置的同时，可以添加对象的属性信息，例如，建筑物层高，建筑物结构等，如图 4 - 39 所示。在三维模型上采集的矢量数据与三维模型的套合如图 4 - 40 所示。

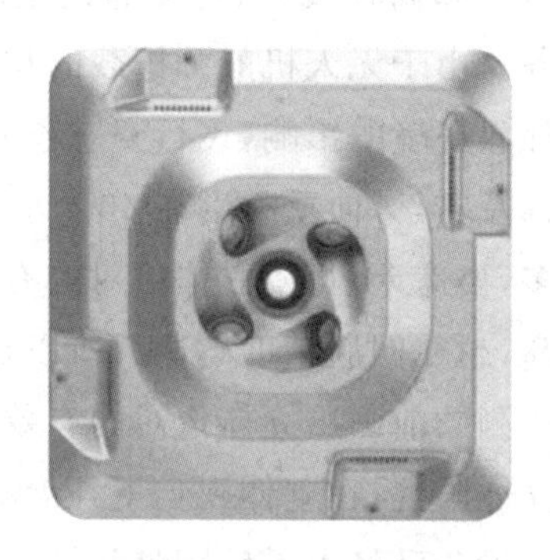

图 4 - 38　倾斜摄影五镜头相机

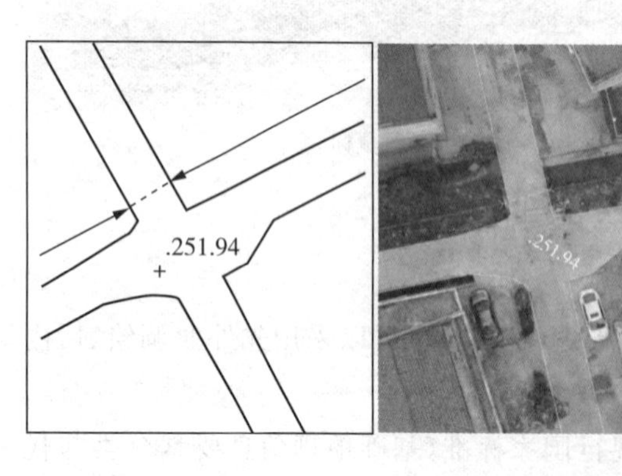

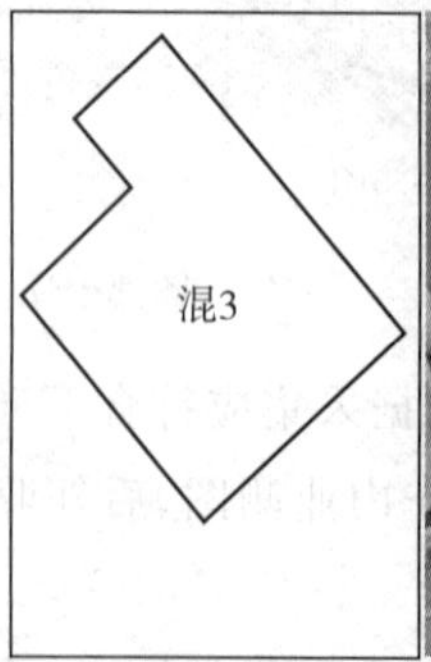

图 4 - 39　三维裸眼测图点、线面要素采集

图 4-40　三维模型套合 DLG 数据

任务四　激光点云测图技术

三维激光扫描技术通过高速激光扫描测量的方式,快速获取被测对象表面大量激光点的三维坐标信息,构建出一个用于表示实体的点集,该点集因密度大,看似一团云,被称为点云。点云是以离散、不规则方式分布在三维空间中的点的集合,可以直接快速构建出结构复杂、不规则场景的三维可视化模型。随着测绘新技术的不断推陈出新,基于高精度点云数据的测绘应用越来越受到推崇。激光点云数据具有位置精准,激光穿透力强,可多次回波的特点,能够获取植被覆盖下的地表信息,被越来越多的应用在地理信息产品的生产中。基于点云三维模型的测图常用于测绘建筑物立面图、地形图,也可以代替等高线以三维可视化的形式模拟地表的起伏形态,即基于点云的三维地表数字模型,简称为数模,它是工程设计的基础资料。

三维激光扫描测图作业通常包括制定技术方案、外业数据采集、内业数据处理三部分。技术方案的制定即根据项目特点选择三维激光扫描作业的方式、使用的设备、数据采集的技术路线、设站数等;外业数据采集工作主要包括对测区进行踏勘,了解测区地形和目标特征,合理布设控制点,设置扫描站点、标靶。数据采集时需保证一定的重叠度,扫描完对数据做初步检查;内业数据处理主要包括点云解算、点云去噪、点云配准、滤波分类以及特征提取。本任务简要讲述点云数据的外业采集、内业处理流程与测图应用。

一、点云数据的外业采集

三维激光扫描是点云数据的主要获取途径,即将激光雷达(Lidar)、定位定姿系统、数码相机和控制系统集成一体,搭载在不同的平台上。平台不同又可以分为星载激光雷达、机载激光雷达、车(船)载激光雷达、地面固定站式激光雷达和便携式激光雷达等五种主要形式。卫星上搭载激光雷达对地观测适用于省级以上大范围测绘项目;飞机上搭载激光雷达又称为机载激光雷达,适用于城市级别的测绘项目,精度可达厘米级;地面固定站式激光雷达是在地面三脚架上安置激光雷达,多适用于某一个具体观测目标,例如水利大坝、桥梁、文物等,精度可达毫米级;便携式激光雷达即采用地面退扫式、背包式、手持式或穿戴式平台,观测者采用背包等方式在移动的过程中进行大范围的点云数据采集,多用于室内、街景的点云观测,精度可达厘米级。

以机载雷达数据获取为例,参照《机载激光雷达数据获取技术规范》(CH/T 8024—2011)要求,外业采集工作主要包括:布设测区控制点,根据扫描区域规划航线,设置测区范围、扫描频率、扫描角、飞行速度、飞行航线及飞行航高,航拍获取扫描数据。

机载激光雷达获取的点云数据密度应能满足内插数字高程模型数据的需求。具体见表 4-7 的规定。

表 4-7　点云密度要求

分幅比例尺	数字高程模型成果格网间距/米	点云密度/(点/米^2)
1∶500	0.5	≥16
1∶1000	1.0	≥4
1∶2000	2.0	≥1

机载激光雷达点云数据获取时航线设计与分区主要要求如下:

(1)飞行高度的确定应综合考虑点云密度和精度要求,激光有效距离及飞行安全的要求,同时应考虑激光对人眼的安全性要求;

(2)航线旁向重叠设计应达到 20%,最少为 13%,保证飞行倾斜姿态变化较大情况下不产生数据覆盖漏洞,在丘陵山地地区,设计时应适当加大航线旁向重叠度;航向起始和结束应超出半幅图幅范围,旁向应超出半幅图幅范围,超出部分不小于 500 m,且不大于 2000 m。

(3)航线一般应按照东西或南北直线飞行,特殊任务情况下,则应按照公路、河流、海岸线、境界等走向飞行,项目执行时可以按照飞行区域的面积、形状,并考虑到安全和经济性等实际情况选择飞行方向;

(4)机载设备在起飞前进行加电检测,在起飞前 5 min 开机,落地后 5 min 关机,保证 IMU 和 GNSS 数据记录完整;

(5)航线俯仰角、侧滚角一般不大于 2°,最大不超过 4°;

(6)需要时,为避免 IMU(惯性导航系统)误差积累,每次进入测区前,当次飞行结束后,飞机均应应平飞 3～5 min。

利用三维激光扫描目标对象后,获得大量密集的有三维坐标(X、Y、Z)、激光反射强度和颜色信息(RGB)数据,这些数据共同创建了可以识别的三维结构,从而得到建筑物的相对位置信息、尺寸、纹理和形状。

二、点云数据的内业处理

在三维激光扫描获取点云数据的过程中，由于扫描范围有限，对于大范围测区，需要多测站或多架次进行扫描，因此会得到多块具有不同坐标系统且存在噪声的点云数据。三维扫描中常常会受到物体遮挡、光照不均匀等因素的影响，容易造成复杂形状物体的区域扫描盲点，形成孔洞。所以需要对三维点云数据进行配准、去噪、压缩、修补孔洞等预处理，进一步进行点云滤波分类、特征提取及目标物三维建模等操作。通过数据预处理，可以有效剔除点云中的噪声，在保持扫描对象几何特征的基础上实现点云数据的简化，并将不同架次的点云数据统一到同一个坐标系下，为后续三维建模提供稳健的数据基础。

1. 数据配准

点云数据配准，也称为点云数据拼接或坐标纠正。对于地面固定设站式点云数据，需要将不同测站上扫描的数据纳入到同一坐标系中，就需要点云拼接，常用方法有：标靶拼接、重叠拼接和控制点拼接。标靶拼接是点云拼接最常用的方法，首先在扫描两站的公共区域放置 3 个或以上的标靶，依次对各个测站的数据和标靶进行扫描，然后对不同测站相同标靶数据进行点云数据配准，即可完成拼接。

对于机载 Lidar 点云数据，则需要进行包括飞行轨迹解算和点云格式解码的操作，其中，飞行轨迹解算是通过融合基站信息、机载 GNSS 信息、机载 IMU 信息等，通过计算得到载体位置、姿态等信息。点云格式解码是将激光扫描仪采集的原始数据通过软件解码，并进行坐标转换得到当地坐标系下的点云数据。机载 Lidar 数据解算过程如下图 4－41 所示。

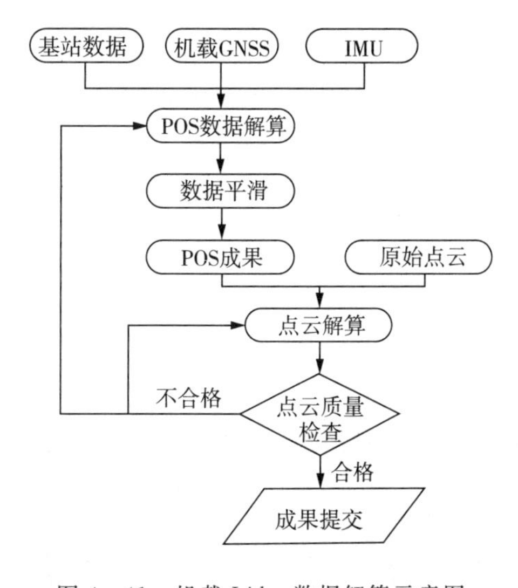

图 4－41　机载 Lidar 数据解算示意图

对于机载 Lidar 数据，若进行多个架次飞行则需要进行重叠拼接，要求在多个架次扫描目标时要有一定的区域重叠度，重叠部分要有明显特征点，利用这些特征点对应的同名点进行拼接。为提高拼接精度，可以在扫描区域提前布设像控点，利用控制点进行拼接。

2. 点云去噪

检测和移除点云中的噪声或不感兴趣的点，点云的噪声可以理解为误差点，例如，雾霾、空中悬浮物、飞鸟等遇到激光后反射得到的点位，还包括移动的地物点，例如，车辆、船只和塔吊等。

3. 修补孔洞

点云数据外业采集结束后，需要内业创建粗模，检查数据，若有扫描盲区应及时做出补救措施，主要采取外业补测或无人机影像数据补充等方式进行修补作业。

4. 点云数据压缩

扫描得到的点云数据量非常大，其在操作、显示、存储及输出等方面都会消耗大量的内存，使得处理速度变慢，处理效率低下。因此需要在对原有点云数据保证一定精度的前提下进行数据压缩，达到数据精简的目的。

5. 点云滤波和分类

为了从三维激光点云数据中提取更有价值的信息，需要对原始点云数据进行滤波和分类处理。三维激光点云数据包括地面点和非地面点，将真实的地面点与非地面点区分开来的工作称为点云数据滤波，点云数据分类则是在滤波的基础上进一步将非地面点细分为植被、水系、交通、居民地、管线等不同类别的点的集合。需要说明的是，滤波和分类的定义不同的学者有不同的理解，有些学者认为滤波就是分类，二者区别是滤波强调对数据的过滤或滤除，分类则更加强调对地物的认知和属性的识别。

三、基于点云数据的数字地形图测绘

基于点云数据的数字地形图测绘是在点云构建的三维模型上人工采集矢量数据，以山维科技的“EPS 点云地理要素矢量对象化协同处理系统”为例讲解。

1. 点云数据加载

原始点云数据格式通常有：*.las，*.txt 等，EPS 软件需要将原始点云数据转换为 *.pcd，转换后的 *.pcd 文件可被加载到软件中。

2. 数据采集

点云数据可以叠加测区数字正射影像图 DOM、倾斜摄影测量三维实景模型，进行二三维联动立体测图，也可以进行点云切片实现三维变二维，二维采三维的高效降维采集模式，具体数据采集分为点、线、面要素的分层分类采集。使用“加点”工具，绘制以点状表示的地物，如高程点、路灯、独立树等；使用“画线”工具，绘制以线状或面状表示的地物，包括房屋、道路、地类界、斜坡等，如图 4-43、图 4-44 所示。绘制中，应使用捕捉以避免图形悬挂。启动“点云切片”功能，可用于建筑物立面图的采集；

图 4-43 基于点云的房屋要素采集

图 4-44 基于点云的交通要素采集

对于点云数据而言，具有精准的位置信息，因此更多的应用还在于明显地物目标的自动提取，例如自动识别并提取道路路面上的斑马线、交通指示标识、停车位等道路标志物要素。如图 4－45 所示。

图 4－45　基于点云的交通标志自动提取

由于激光穿透力强，可以多次接收回波，因此，常常可以穿透植被得到植被覆盖下的地表形态，因此激光点云更多的被用在提取植被覆盖区的数字高程模型 DEM，进而衍生出等高线，如图 4－46 所示。也常应用于建筑物立面测量，室内及地下工程的三维建模，也可以与无人机倾斜影像数据融合建模，得到结构完整，细节纹理清晰，模型精细度高的三维地理实体产品。也可以应用在点云数据去噪、分类后提取土方量，绘制断面图等工程应用。

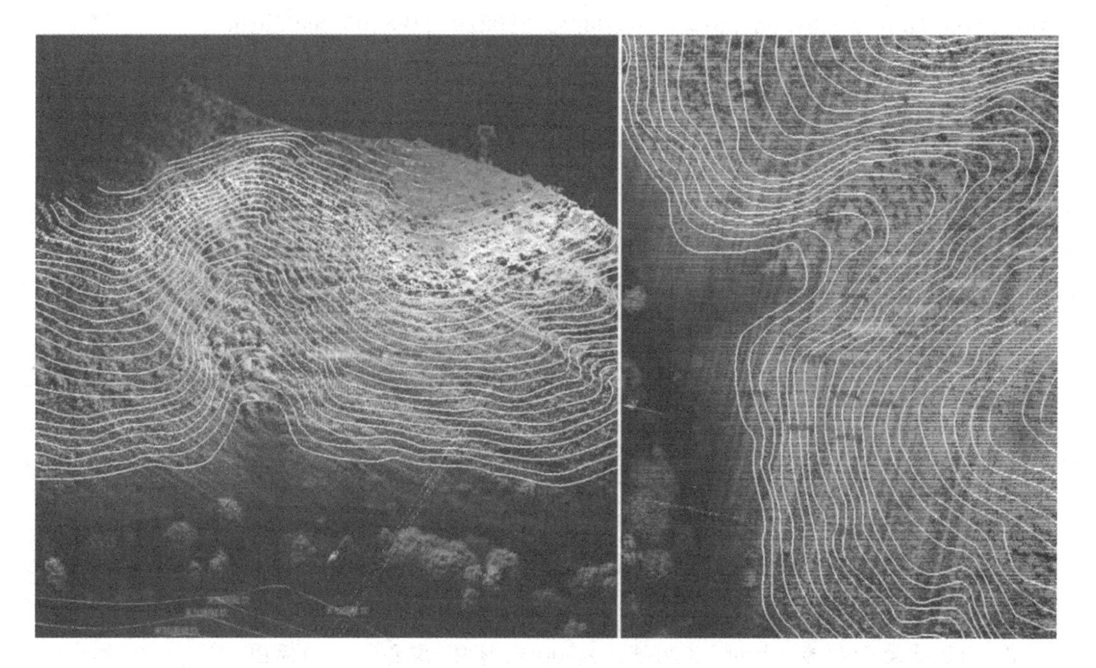

图 4－46　基于点云模型的等高线提取

3. 质检与输出

与所有的测量成果一样，基于点云数据采集得到的数字地形图也需要通过质检才能整饰输出。EPS 软件有数据质检模块，可以做“数据精度检查”与“数据合法性检查”，其中“数据合法性检查”包括“数据标准检查、空间关系检查、等高线检查”等几大类质检项目。也可以通过第三方质检软件做更具有针对性的检查。质检合格后，可以输出到 cass，数据格式为 *.dwg 或 *.dxf，也可根据需要输出 *.mdb，*.shp 等常用数据格式。

项目总结

学习重点

1. 地形图识读。
2. 地形图的应用。
3. 全站仪与 GNSS-RTK 数字测图技术。

学习难点

1. 全站仪与 GNSS-RTK 数字测图技术。
2. 摄影测量立体测图技术。
3. 激光点云测图技术。

思政园地

1. 自然资源部发布 2023 版标准地图“规范使用地图，一点都不能错”：资料引自：http://vod.m.mnr.gov.cn/spxw/202308/t20230829_2798406_han.htm

2. 标准地图了解一下：资料引自：http://vod.mnr.gov.cn/ztp/202008/t20200829_2545056.htm

3. 大地雄心—国测一大队纪事（五）飞跃地平线：资料引自：http://vod.mnr.gov.cn/ztp/201911/t20191107_2479317.htm

练 习 题

一、单选题

1. 地形图中 1∶500、1∶1000、1∶2000 的比例尺为常用的(　　)比例尺。

A. 小　　B. 中　　C. 大　　D. 常规

2. 下列选项中不属于地貌要素的是(　　)。

A. 洼地 B. 湖泊 C. 丘陵 D. 高山

3. 测区实地面积为 1 km^2，若测绘 1∶500 地形图，需要(　　)幅图。

A. 1　　B. 4　　C. 8　　D. 16

4. 等高线上高程值注记一般注记在(　　)上。

A. 首曲线　　B. 计曲线　　C. 间曲线　　D. 都可以

5. 下列不属于数字地形图产品数学精度检查项目的是(　　)

A. 数据格式　　B. 数学基础　　C. 平面精度　　D. 接边精度

二、填空题

1. 地形图是表达(　　)和地理位置的地图,指按照一定比例尺,用规范的符号表示地面上的地物和(　　)的平面位置和(　　)的(　　)投影图。

2. 等高线可以分为首曲线、计曲线、间曲线和(　　)。

3. 激光点云数据具有位置精准、激光穿透力强,可(　　)的特点,能够获取植被覆盖下的地表信息。

三、简答题

1. 等高线的特性有哪些?

2. 像片控制测量的目的是什么?

3. 点云数据内业处理的工作内容主要包括哪些?

项目五 道路与桥梁工程测量

本章脉络

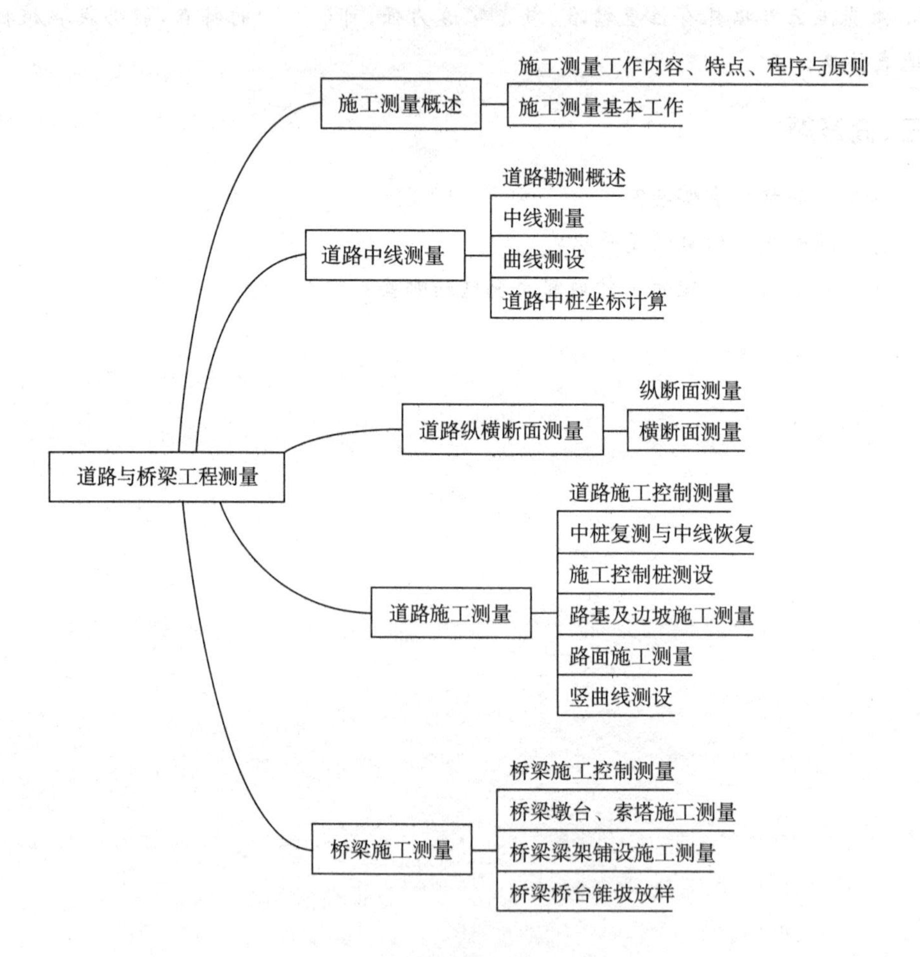

本章要点

道路与桥梁是典型的线型工程，在道路与桥梁的勘测、施工和运营阶段都需要测量技术的服务和支撑。通过对道路与桥梁工程测量内容、方法和要求的讲解，学生重点掌握施工建设环节道路与桥梁工程测量技术和应用。本章内容是课程体系重点的专业测量技能培训内容之一，重点培养学生以道路与桥梁工程为代表的施工测量的技术与能力。

学习目标

【知识目标】

1. 了解施工测量的内容、特点、程序与原则。

2. 熟悉道路、桥梁测量工作基本内容、程序。

3. 掌握施工测量基本工作与方法。

【技能目标】

1. 能够进行道路中线测量与施工测量。

2. 能够进行道路中桩坐标计算。

3. 能够进行桥梁轴线、墩台施工测量。

【素质目标】

1. 具备1+X“测绘地理信息数据获取与处理”中水准仪、全站仪、GNSS测量中级水平。

2. 具备工程测量员(4—08—03—04)国家职业技能标准中工程测量对应专业高级工水平。

【思政目标】

1. 以“交通强国”为引领,“大国工程”、”大国工匠“等工程案例和人物介绍,培养树立攻艰克难、精益求精、无私奉献的工匠精神。

2. 典型工程安全事故案例展示,引导养成生产安全第一的工作意识和态度。

任务一　施工测量概述

施工测量是各种工程对象在施工阶段所进行的测量工作统称,直接为工程施工服务,既是施工的先导,又贯穿于整个施工过程。从三通一平(通水、通电、通路、场地平整)、建(构)筑物定位、基坑施工,墙体施工、建(构)筑物构件安装等工序,都需要进行施工测量,才能使建(构)筑物各部分的尺寸、位置符合设计要求,因此施工测量工作至关重要。

一、施工测量简介

(一)工作内容与特点

1. 施工测量内容

施工测量主要包括施工控制测量、施工放样、竣工测量三个部分。

(1)施工控制测量

施工控制测量主要有施工平面控制和高程控制,为施工放样、施工期间的变形监测、监理和竣工测量等提供统一的坐标和高程基准。施工控制网的网形、大小、点位分布与施工对象、工程范围相适应,点位分布便于施工放样,且应有富余的控制点以供检校;控制网的精度可以不遵循“先高级后低级”的原则,分级布网时,次级网精度可比首级网精度高,网中控制点精度亦不要求均匀，但须保证关键点位和方向的精度相对较高。

施工平面控制网的建立首选 GNSS 静态测量与全站仪相结合方法。带状工程可选择 GNSS 静态测量作为首级控制，导线进行加密控制；桥梁、水电站枢纽区工程可选择布设边角网作为控制网，采用高精度全站仪(测量型机器人)施测，地势开阔也可以选择 GNSS 静态测量技术；建筑施工可采用建筑基线和建筑方格网的形式。

施工高程控制网一般采用水准测量，跨度较大的带状工程可采用四等电磁波测距三角高程测量方法。

(2)施工放样

施工放样是采用一定的技术方法，按照设计要求以一定的精度，将设计图纸上工程建(构)筑物的平面位置和高程确定到地面并设置标志以作为施工依据的过程，也称施工放样。

(3)竣工测量

工程竣工后，要测绘和编绘竣工总图，真实反映工程设计与施工的情况。竣工总图是进行运营管理的重要技术资料，也是将来扩、改建的技术档案资料。竣工总图以竣工测量为主，以设计和施工资料为辅进行编绘。编绘要充分利用已有资料。竣工总图一般采用 1∶500的大比例尺，坐标系统、高程基准、图示符号应与施工总平面图(设计图)一致，局部复杂的构筑物可以采用 1∶100 或 1∶200 的辅助图表示，地面以下工程，应在覆土前实测。

2. 施工测量特点

(1)施工测量的成果必须符合设计目的和工程质量要求。一般施工测量精度高于测图阶段的精度，应满足工程对象行业相关规范要求，根据建(构)筑物的等级、大小、性质、材料和工艺等不同来确定测设精度。如果精度设计过高，会加大测量难度降低工作效率，延缓工期；如果精度设计过低，则会影响工程质量，造成质量、安全事故。例如一般工业建筑物的测设精度高于民用建筑物，钢结构建筑物的测设精度高于钢筋混凝土建筑物，装配式建筑物测设的精度高于非装配式建筑物，高层建筑物测设的精度高于低层建筑物，吊装施工的测设精度高于现场浇筑施工。

(2)施工测量贯穿于工程施工的全过程，测量工作必须配合施工进度要求。施工测量工作的好坏直接影响工程的质量和进度，测量人员必须熟悉施工图纸内容及其对测量工作的要求，及时按照测量方案密切配合施工进度，满足施工精度的要求和测设的频率，保证工程质量。

(3)施工测量服务于其他施工工作，测量环境易受干扰或破坏。为保证测量质量可靠以及人身、设备、点位安全，施工测量应顾及工程的施工流程和工艺，在满足人身、仪器和测量标志安全的前提下，既要保证结果可靠还应力求快捷。测量标志应埋设于便于使用、保管和不易破坏位置，点位稳固，如有破坏应及时恢复。

(4)为了保证工程安全建设和后期的正常运营，施工阶段应进行变形监测，对于有深挖基坑、高边坡支护等施工内容的大型工程，应在施工初期开展变形监测。

(二)工作程序与原则

施工测量应遵循“从整体到局部,先控制后碎部,步步有检核”的原则。即先在施工场地建立统一的平面控制网和高程控制网,以此为基础,进行细部施工放样等工作。选择合适方法外业观测和内业成果检验,保证施工各环节符合规范要求,防止产生错误,影响后续工序。根据施工测量的原则,一般按以下程序进行:

1. 熟悉图纸

研读设计文件,了解工程意义。熟悉设计图纸,深刻把握各施工环节的精度需求。

2. 建立施工控制网

根据精度需求,结合实际地形建立施工控制网,控制点的布设应顾及施工工艺和流程,确保控制点在施工过程中不被破坏。若施工区已有控制网,应实地现场检视起算控制点是否完好,检核起算数据是否正确。

3. 编制施工放样方案

根据设计文件、施工方案,做出计划,编制施工放样方案,包含进度计划,仪器、人员需求等。

4. 计算放样数据

依据设计总平面图,准备放样数据。根据放样点的设计坐标与施工控制点坐标,利用坐标反算原理,计算放样数据。在设计总平面图上多方寻找检核条件,实现多条件检核,通过检核保证放样成果正确且有理有据。

5. 放样测量

根据设计的放样测量方案,选用合理的仪器,按要求放样。重新测量放样后标定在实地的目标点,作为基础数据保存,为后续检查、工作交接做好基础。

6. 建立施工测量台账

在设计图上标注,填写相关备注等,形成施工测量台账。

7. 复核检查

每道施工工序完成后,通过测量检查各部位的实际平面位置及高程是否符合设计要求。随着施工的进展,对一些大型、高层或特殊建(构)筑物进行变形观测,作为鉴定工程质量和验证工程设计、施工是否合理的依据。

二、施工测量基本工作

测设(施工放样)是施工测量中最基本、最重要的部分,工作量大、责任重,应做好充分准备才能进行。随着测量新技术、新方法和新仪器的迅猛发展,测设越来越方便,精度也越来越有保障。实际工作中,应本着为施工服务的原则,综合考虑施工现场的地形条件、控制点的分布情况、建(构)筑物的大小、类型和形状、建(构)筑物施工部位的不同、施工测量的精度要求和已有仪器设备情况等因素灵活选择测设方法,不同方法最终都转化为测设的基本工作,即已知水平距离的测设、已知水平角的测设和已知高程的测设。

(一)已知水平距离的测设

已知水平距离的测设是从地面上一个已知点开始,沿已知方向,根据已知的水平距离,定出该段距离另一端点的工作。短于一个尺长的距离放样可采用钢尺量距技术,长距离放样一般采用全站仪电磁波测距技术。

1. 钢尺测设法

钢尺测设法根据精度要求分为一般方法和精密方法,由于全站仪的应用普及,钢尺测设法一般在精度要求不高时采用,本任务介绍钢尺距离测设的一般方法。如图 5-1 所示,根据已知水平距离 D_{AB} 及其起点 A 和方向 P,标定出该距离终点 B。

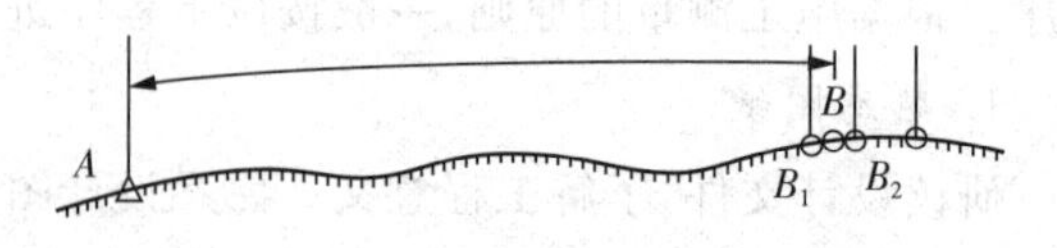

图 5-1　钢尺测设已知距离一般方法

先用钢尺从起点 A 开始沿方向 AP 丈量水平距离 D_{AB},标定临时点 B_1;然后把钢尺前后平移 30～50 cm(改变零刻度),再次丈量水平距离 D_{AB},标定临时点 B_2,取 B_1、B_2 连线的中点 B 作为水平距离 D_{AB} 另一端点。

2. 全站仪测设法

当测设长距离或精度要求较高时,采用全站仪进行测设。如图 5-2 所示,在 A 点安置全站仪,棱镜沿已知方向前后移动,在 B_1 点安置反光棱镜,测出水平距离 D',仪器解算 D' 与应测设的水平距离 D 之差 $\Delta D=D-D'$。根据 ΔD 的数值在现场用小钢尺沿测设方向将 B_1 改正 B 点。将反光棱镜安置于 B,实测 AB 距离,其与测设距离之差 ΔD 在限差之内则现场定点,否则应反复进行改正,直至符合限差要求为止。

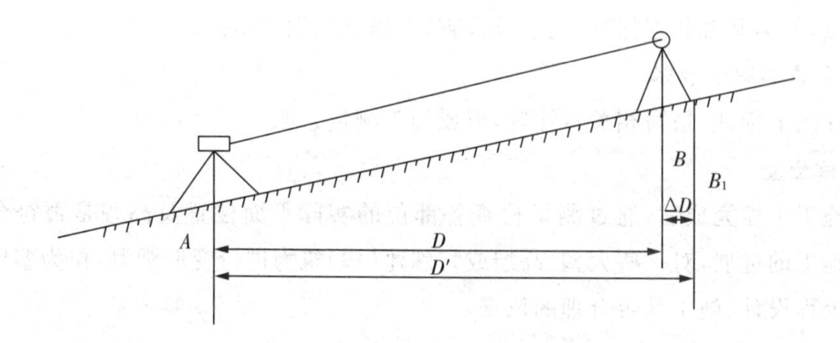

图 5-2　全站仪测设已知距离

(二)已知水平角的测设

已知水平角的测设是根据水平角的设计值和一个已知方向,把该角的另一个方向在实地标定,使用全站仪、经纬仪均可。按照测设精度不同,主要有一测回法和多测回法(归化法)。

1. 一测回法

当精度要求不高时,可采用一测回法进行已知水平角的测设。该法可消除仪器的视准轴误差,也称正倒镜分中法。如图 5-3 所示,根据已知水平角 β_A、已知边 AB,标定出该角

另一边 AP。

先在 A 点安置仪器。盘左(上半测回)照准 B 点目标,水平度盘置零,顺时针旋转照准部使得水平度盘读数为 β_A,制动照准部。指挥辅助人员将标志移动到视线上,标定临时点 P_L。盘右(下半测回)照准 B 点目标,顺时针旋转照准部使得水平度盘读数为 $180°+\beta_A$,制动照准部。指挥辅助人员将标志移动到视线上,标定临时点 P_R。

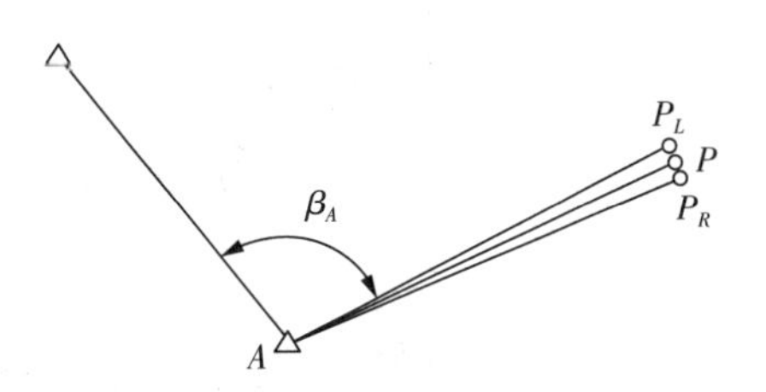

图 5-3 一测回法已知水平角测设

取 P_L 、P_R 连线的中点 P,用水平角测回法观测 $\angle BAP$。若其与已知水平角值 β_A 的差值符合限差规定,则 $\angle BAP$ 即为测设的 β_A 角,标定水平角 β_A 另一边 AP 的端点 P。

2. 多测回法(归化法)

如图 5-4 所示,在一测回法测设结果的基础上,测量水平角 $\angle BAP$ 多个测回,取各测回平均值为 β;测量水平距离 D_{AB}。计算已知角 β_A 与 β 的差值 $\Delta\beta$,过 P 作 AP 的垂线 PP_N,计算 PP_N(归化量)的长度:

$$\Delta\beta=\beta_A-\beta$$

$$PP_N=D_{AP}\cdot\Delta\beta/\rho'' \tag{5-1}$$

式中:$\rho''=206265$。

PP_N 符合限差规定,则沿 PP_N 方向量取归化量 PP_N,标定 P_N 作为水平角 β_A 另一边 AP_N 的端点。即将 P 点归化调整至 P_N。多测回法也称为归化法放样,精度相对较高。

(三)已知高程的测设

根据已知点的高程,把设计高程位置在实地标定出来,称为高程放样。高程放样通常采用水准测量高程放样法,也可采用全站仪高程放样法,精度要求不高时还可采用 GNSS-RTK 高程放样法。

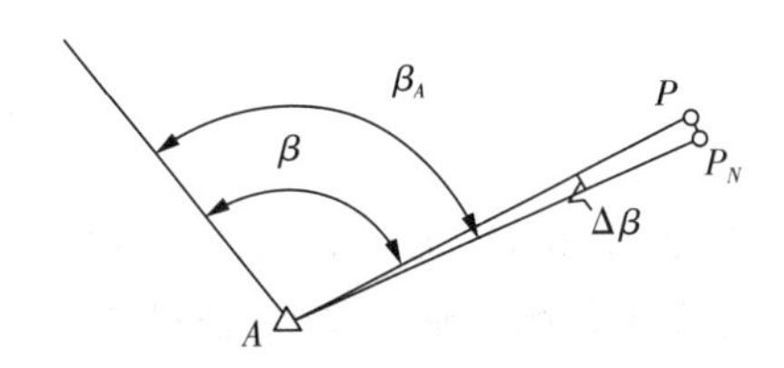

图 5-4 多测回法已知水平角测设

1. 水准测量高程放样

(1)地面上测设已知高程

如图 5-5 所示,某建筑物的室内地坪设计高程为 28.000 m,附近有一已知水准点 BM_1,其高程 $H_1=27.160$ m。现在要求把该建筑物的室内地坪高程测设到木桩 A 上,作为施工时高程控制的依据。测设步骤如下:

1)在水准点 BM_1 和木桩 A 之间安置水准仪,在 BM_1 立水准尺,整平后读取后视读数 a 为 2.166 m,计算视线高程:

$$H_i=H_1+a=27.160+2.166=29.326\text{ m} \tag{5-2}$$

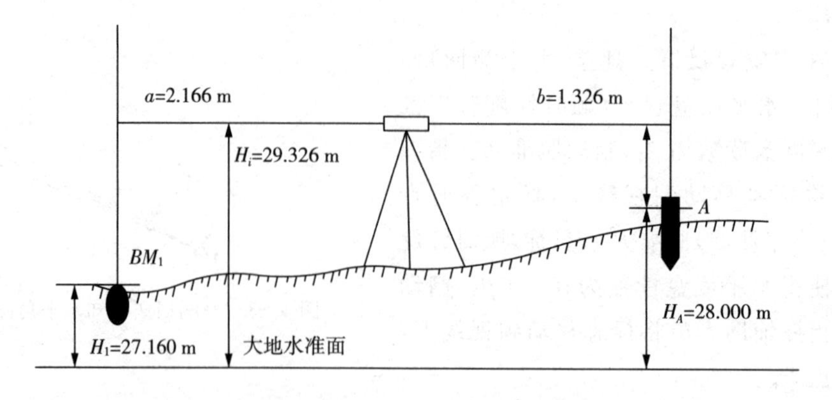

图 5-5　地面上测设已知高程

2)计算 A 点水准尺尺底为室内地坪高程时的前视读数 b：

$$b = H_i + H_{设} = 29.326 - 28.000 = 1.326 \text{ m} \tag{5-3}$$

3)水准尺紧靠木桩 A 侧面上下移动，当水准仪水平视线在尺上读取读数等于 1.326 m 时，紧靠尺底在木桩上画一水平线，其高程即为 28.000 m。为了醒目，一般在横线下用红油漆画"▼"并注明高程 28.000 m。

当需要向高楼面或基坑坑底测设高程时，因水准尺长度有限，可用钢尺辅助进行高程的传递和测设，具体方法见项目六。

2. 全站仪、GNSS-RTK 高程放样法

全站仪或 GNSS-RTK 高程放样是先用全站仪或 GNSS-RTK 测量待放样点桩顶高程 $H_{测}$，根据设计高程，计算下返量 ΔH：

$$\Delta H = H_{测} - H_{设计} \tag{5-4}$$

当下返量 ΔH 为正时，表示桩顶高程大于放样高程，可用钢卷尺以桩顶为准，向下量取 ΔH 并在木桩侧边画一横线，此横线即为高程 $H_{设计}$ 的实地位置。当下返量 ΔH 为负时，表示桩顶高程小于放样高程，应向上量取 ΔH，来确定高程 $H_{设计}$ 的实际位置。一般来说，下返量为 ΔH 为正的情形最好作业，所以若下返量为 ΔH 为负时，应及时更换木桩。

三、点的平面位置测设

点的平面位置测设是按设计要求以一定的精度将设计图纸上点的平面位置在现场标定。传统方法主要有直角坐标法、极坐标法、角度交会法、距离交会法，全站仪坐标放样和 GNSS-RTK 坐标放样是目前常用的方法。本任务主要介绍传统放样方法。

1. 直角坐标法

工程现场如有控制方格网且放样对象与方格网平行或垂直时，采用直角坐标法测设点的平面位置比较方便。其原理是根据直角坐标，计算放样点到基线的纵横向距离，并通过

实地丈量纵横向距离确定放样点的平面位置。如图 5-6 所示，已知直角坐标系原点 O 的坐标和放样点 A、B、C、D 的坐标，采用直角坐标法放样的具体步骤如下：

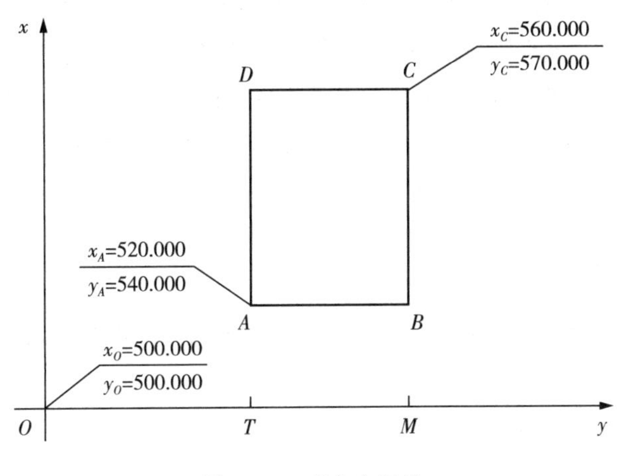

图 5-6　直角坐标法

(1)放样和检核数据计算

$$D_{OT}=y_A-y_O=540-500=40(\text{m})$$

$$D_{OM}=y_B-y_O=570-500=70(\text{m})$$

$$D_{TA}=D_{MB}=x_A-x_O=520-500=20(\text{m})$$

$$D_{TD}=D_{MC}=x_D-x_O=560-500=600(\text{m})$$

$$D_{AB}=D_{CD}=y_B-y_{OA}=570-540=30(\text{m})$$

$$D_{AD}=D_{BC}=x_D-x_A=560-520=40(\text{m}) \tag{5-5}$$

$$D_{AC}=D_{BD}=\sqrt{D_{AB}^2+D_{AD}^2}=50(\text{m}) \tag{5-6}$$

(2)放样

1)按已知水平距离测设方法，从 O 点起始沿 Oy 方向放样距离 D_{OT} 与 D_{OM}，标定 T、M 点。

2)将全站仪或经纬仪安置在 T 点并照准 O 点，按已知水平角测设方法测设 90°，此时望远镜瞄准方向与 Ox 方向平行，并沿此方向放样距离 $D_{TA}=20$ m，实地标定 A 点；同理放样距离 $D_{TD}=60$ m，实地标定 D 点。

3)再将全站仪或经纬仪安置在 M 点照准 O 点，按已知水平角测设方法测设 90°，此时望远镜瞄准方向与 Ox 方向平行，并沿此方向放样距离 $D_{MB}=20$ m，实地标定 B 点；同理放样距离 $D_{MC}=60$ m，实地标定 C 点。

(3)检核

分别测量矩形 ABCD 四个边长和两条对角线长度，与其设计值 30 m、40 m 和 50 m 进行比较，在允许误差范围内即可。

2. 极坐标法

以两个已知点构成极坐标系，其中一个已知点为极点，指向另一个已知点方向为极轴。根据已知点和放样点坐标，利用坐标反算原理计算相应坐标方位角与距离，再计算水平夹角，通过角度放样和距离放样确定放样点平面位置，称为极坐标法。如图 5-7 所示，A、B 为已知控制点，P 为放样点，三点坐标均已知，采用极坐标系法放样的具体步骤如下：

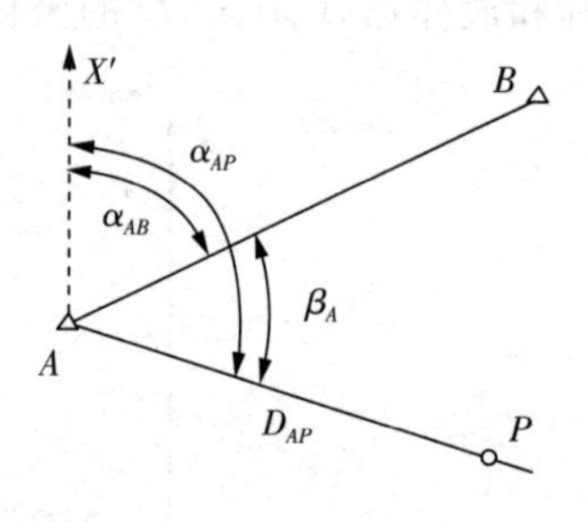

图 5-7　极坐标法

(1)放样数据计算

根据 A、B、P 的坐标，按坐标反算原理分别计算坐标方位角 α_{AB}、α_{AP} 和距离 D_{AP}，再计算水平角 β_A：

1)坐标方位角 α_{AB}、α_{AP} 计算

$$\alpha_{AB}=\arctan\frac{\Delta y_{AB}}{\Delta x_{AP}};\alpha_{AP}=\arctan\frac{\Delta y_{AP}}{\Delta x_{AP}} \tag{5-7}$$

注意每条边在计算时，应先根据 Δx 和 Δy 的正负情况，判断该边所属象限，再计算坐标方位角。

2)水平角 β_A 计算

$$\beta_A=\alpha_{AP}-\alpha_{AB} \tag{5-8}$$

3)水平距离 D_{AP} 计算

$$D_{AP}=\sqrt{\Delta x_{AP}^2+\Delta y_{AP}^2} \tag{5-9}$$

(2)放样

1)在 A 点安置全站仪或经纬仪，瞄准 B 点按已知水平角测设方法放样水平角 β_A，实地标定 AP 方向。

2)从 A 点起始沿着 AP 方向放样距离 D_{AP}，实地标定 P 点位置。

(3)检核

放样出 P 点之后，测量与其它点间的水平角、水平距离，与计算值求差进行检核。

【例 5-1】 已知 $x_A=348.758$ m、$y_A=433.570$ m；$x_P=370.000$ m、$y_P=458.000$ m，$\alpha_{AB}=103°48'48''$，计算测设数据 β 和 D_{AP}。

解：

$$\alpha_{AP}=\arctan\frac{\Delta y_{AP}}{\Delta x_{AP}}=\arctan\frac{458.000-433.570}{370.000-348.758}=48°59'34''$$

$$\beta=\alpha_{AB}-\alpha_{AP}=103°48'48''-48°59'34''=54°49'14''$$

$$D_{AP}=\sqrt{\Delta x_{AP}^2+\Delta y_{AP}^2}=\sqrt{(370.000-348.758)^2+(458.000-433.570)^2}=32.374$$

3. 角度交会法

角度交会法是在两个或多个控制点上安置全站仪或经纬仪，通过测设两个或多个已知水平角交会出待定点的平面位置。适用于待测设点距控制点较远或量距困难。如图 5－8 所示，A、B 为已知控制点，C 为待放样点，三个点构成三角形 ABC。

(1)放样和检核数据计算

根据 A、B、C 的坐标，按照坐标坐标反算原理分别计算坐标方位角 α_{AB}、α_{AC} 和 α_{BC}，再分别计算出内角 β_1 和 β_2。

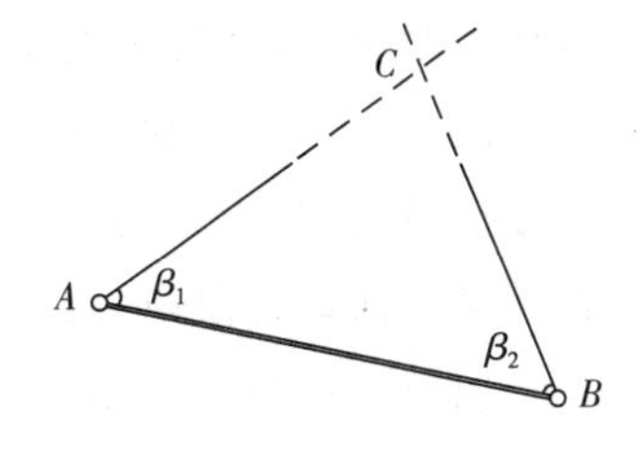

图 5－8　角度交会法

(2)放样与检核

分别在 A、B 两点安置全站仪或经纬仪，按照已知水平角测设的方法分别放样角度 β_1、β_2，两个方向交会之处便是放样点 C。为提高精度，实际工作中，需在 C 点附近的各方向线两侧临时标定木桩(桩顶钉上小钉，称为“骑马桩”)，用线绳连接每个方向线上的两个骑马桩，线绳交接处即为放样目标位置。放样角度 β_1、β_2 一般介于30°～120°。

4. 距离交会法

已知点和放样点构成三角形，根据已知坐标计算相应三角形边长，以距离为测设元素确定放样点平面位置，称为距离交会放样法。距离交会放样法适用于地势平坦且放样距离较小，不超过钢尺一尺段长并便于量距的情况。如图 5－9 所示，A、B 为已知控制点，C 为待放样点，三个点构成三角形 ABC。

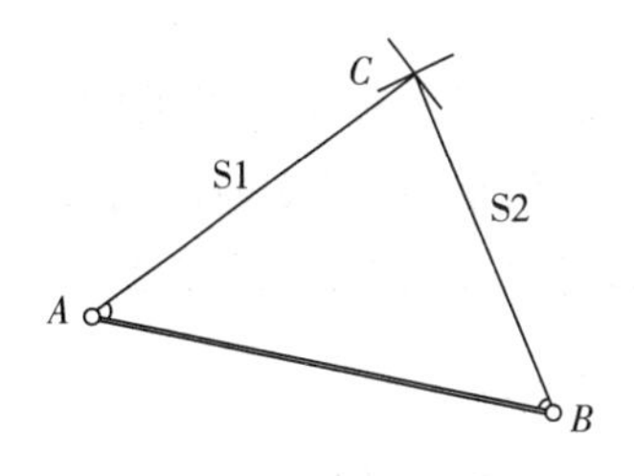

图 5－9　距离交会法

(1)放样数据计算

根据 A、B、C 的坐标，按照坐标反算原理分别计算距离 $S1$、$S2$。

(2)放样

使用两把钢尺，分别使尺的零刻划线对准 A、B 两点，同时拉紧、拉平钢尺。分别以 A、B 点为圆心，以 $S1$、$S2$ 为半径画圆弧，两圆弧相交两点，其中一点即为放样目标点。

(3)检核

距离交会放样法实际操作时要注意放样点所在实际位置，不要将其镜像点误作放样点。可根据附近相关参照物找出距离、角度等检核条件进行检核。

任务二　道路中线测量

道路是供机动车、非机动车和行人通行的各种带状工程构筑物的统称，主要包括公路、城市道路、工矿道路、林区道路和乡村道路等，它是一种带状的三维空间工程结构物，主要由路基、路面、排水结构物、桥涵、隧道、防护工程及各种附属设施等组成。道路中心线是一条空间曲线，它在水平面上的投影称为道路平面线形，平面线形应与地形、地貌、环境和景观等相协调。

一、道路勘测概述

道路工程项目建设首先应进行勘测设计，一般采用两阶段设计，即初步设计和施工图设计。技术简单、方案明确的小型建设项目，可采用一阶段设计，即施工图设计；技术复杂、基础资料缺乏或不足的建设项目及重点工程部位，例如特大桥、长隧道等，根据需要可采用三阶段设计，即初步设计、技术设计和施工图设计。

在道路勘测设计阶段，应全面深入调查研究，考虑社会效益和环境影响，注重技术经济效益，为设计提供准确、完整数据资料，保障设计文件质量，为施工奠定坚实基础。道路勘测工作通常采用两阶段勘测，即初测和定测。初测是两阶段设计和三阶段设计中初步设计阶段的外业勘测工作。其依据上级已批准的《工程项目可行性研究报告》中所拟定的修建原则和基本确定的各路线方案，在指定范围内，按照相关规范要求，进行平面控制测量与高程控制测量，测绘带状地形图和纵横断面图，收集沿线水文、地质等相关资料，从中确定采用方案，为初步设计搜集编制所需勘测资料。

定测是施工图设计阶段的外业勘测和调查工作，为施工图设计和编制工程预算提供详细资料。其依据上级批准的初步设计确定的路线方案，具体核实路线方案，现场标定路线，进行中线测量、纵横断面测量和局部大比例尺地形图测绘，进行详细测量和调查，为道路纵坡设计及工程量计算等提供详细资料。本任务主要讲述定测阶段的中线测量主要工作内容。

二、中线测量

道路工程施工测量—中线测量

道路的平面线形受地物、地貌、水文和地质等因素的影响，不可能是一条直线，而是由许多直线段和曲线段组成，曲线段位于直线段转向处，称为平曲线，平曲线常见的形式有圆曲线、缓和曲线、回头曲线和复曲线（由两个不同半径的圆曲线组成）等，如图 5-10 所示。由于受地形起伏的影响，道路的坡度也要发生变化。两相邻坡度的代数差超过一定数值时，变坡处要用曲线连接，这种曲线称为竖曲线，如图 5-11 所示。

如图 5-12 所示，交点（JD）是路线改变方向时，两相邻直线段延长后相交的点；当相邻两交点不通视或直线段较长，在直线段或其延长线上测设一定数量的点，起到传递方向的作用，称为转点（ZD）。

中线测量的任务是把初步设计确定的道路平面线形通过直线和平曲线的测设，将中心线的平面位置用木桩具体标定在现场，主要有路线交点（JD）、转点（ZD）的测设，路线转折角（α）测量，中线里程桩的测设和测定路线的实际里程。中线测量是道路工程测量中关键性环节，是测绘纵、横断面图等的基础和后续工作的依据。中线的测设方法主要根据设计坐标，通过 GNSS-RTK、全站仪坐标放样完成，极坐标法等传统方法辅助。根据《工程测量

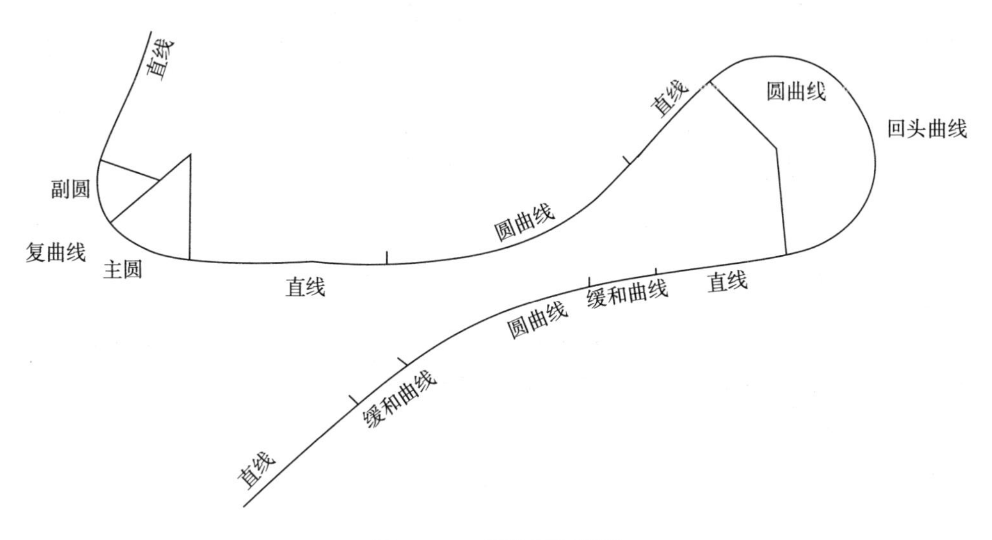

图 5－10 道路平面线形

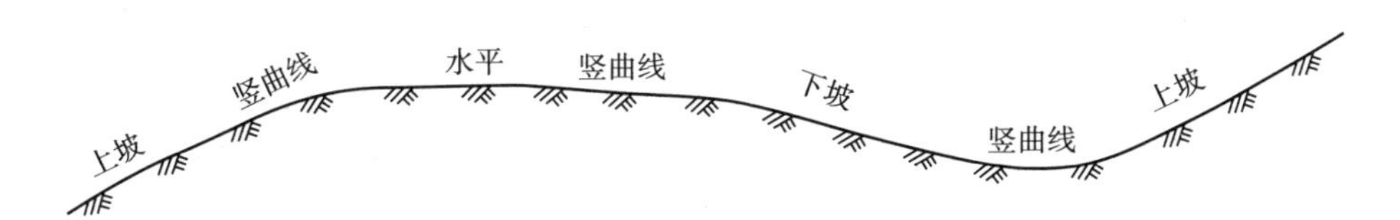

图 5－11 道路竖曲线

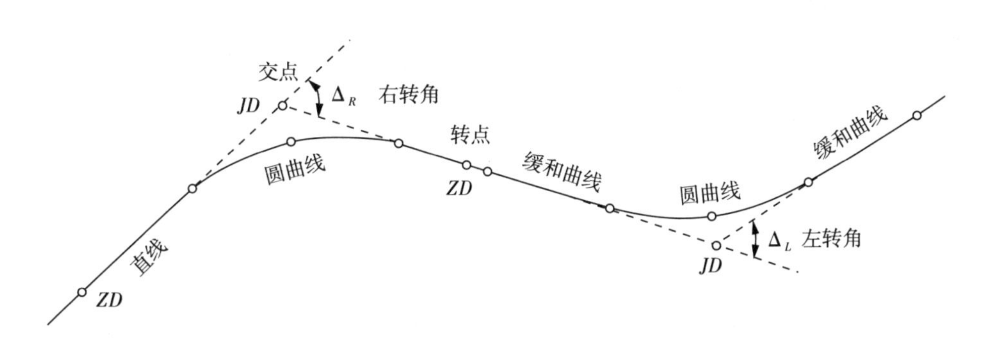

图 5－12 交点与转点

标准》(GB 50026—2020)规定，线路中线测量应与初测导线、航测像控点或卫星定位测量控制点联测。中桩测量误差分别如表 5－1、5－2 所示。

表 5－1 直线段中线桩位测量限差

线路名称	纵向误差(m)	横向误差(m)
铁路、一级及以上公路	$S/2000+0.1$	0.1
二级及以下公路	$S/1000+0.10$	0.15

注：表中 S 为转点至中线桩位的距离，以米计。

表 5-2　曲线段中线桩位测量闭合差限差

线路名称	纵向闭合差		横向闭合差(m)	
	平地	山地	平地	山地
铁路、一级及以上公路	1/2000	1/1000	0.10	0.10
二级及以下公路	1/1000	1/500	0.10	0.15

(一)交点与转点的测设

交点(JD)和转点(ZD)是线路的控制点。对于低等级、线形简单的道路,可采用一次定测的方法直接在现场标定。对于高等级、地形复杂地段,应在初测的带状地形图(比例尺一般为 1∶1000 或 1∶2000)上确定,称为纸上定线,再到现场进行实地测设。传统方法是通过经纬仪结合钢尺,采用放点穿线法、拨角放线法、基于既有地物的距离交会法、基于控制点的极坐标法等。下面简单介绍基于既有地物的距离交会法和基于控制点的极坐标法。

1. 交点测设

(1)基于既有地物的距离交会法

根据交点(JD)与既有地物的关系,采用距离交会法或直角坐标法测设交点。如图 5-13 所示,已知交点 JD 到两房角和电线杆的距离 a、b、c,在现场用距离交会法测设交点。

(2)基于控制点的极坐标法

根据交点(JD)设计坐标和附近控制点坐标,利用坐标反算原理计算出相关测设数据,按极坐标放样法测设交点。如图 5-14 所示,先计算出控制点 A 到 JD 之间的距离 D,AB 与 AP 之间的水平角 β,然后以 A 点为极点,AB 为极轴测设交点 JD。

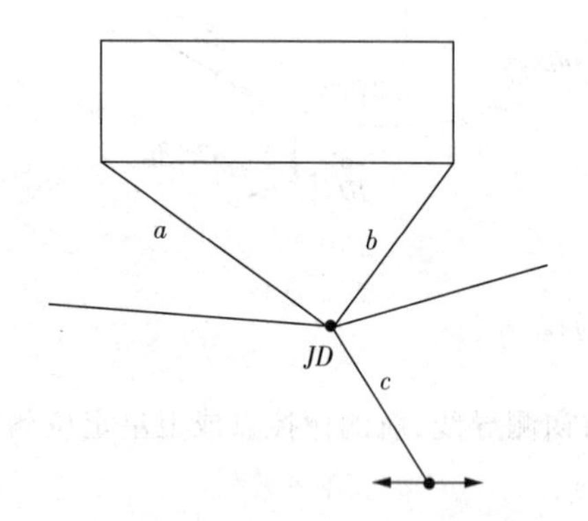

图 5-13　基于既有地物的距离交会法

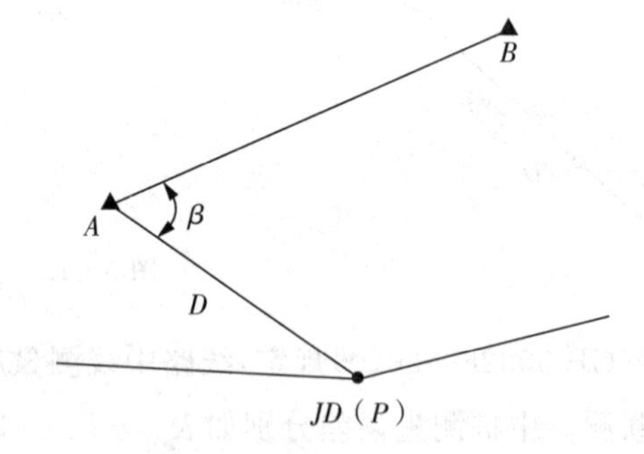

图 5-14　基于控制点的的极坐标法

2. 转点测设

当相邻两各交点(JD)互不通视或直线段较长时,需要在中间增设一个或数个点,传递方向,称为转点(ZD)。交点至转点或转点至转点间的距离在 50～500 m 之间,一般为 200～300 m。在不同线路交叉处,桥涵等构筑物处也应测设转点。

(1)两交点间测设转点

两交点间测设转点测设一般采用“归化法”。如图 5－15 所示，在JD_5和JD_6之间测设转点 ZD。先在需要设置转点的大致位置初定一点 ZD'，安置测角仪器，后视照准目标JD_5，采用正倒镜分中法定出JD_6'，量取JD_6'与前视目标JD_6的偏差 f。如果 f 在允许范围内，将 ZD'作为转点 ZD；否则，按式 5－10 计算偏距 e，将 ZD'横向调整 e，即定出转点 ZD 位置。式中 a 为 ZD 至JD_5的距离，用 ZD'至JD_5的距离代替；b 为 ZD 至JD_6的距离，用 ZD'至JD_6的距离代替。

$$e=\frac{af}{a+b} \tag{5-10}$$

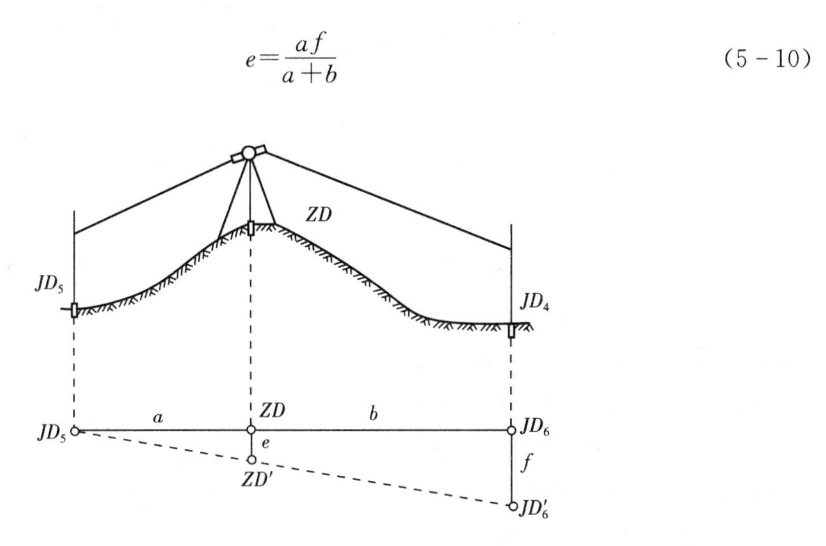

图 5－15　两交点间测设转点

(2)两交点延长线上测设转点

如图 5－16 所示，当在互不通视的两交点JD_7、JD_8的延长线上测设转点 ZD 时，可先将测角仪器安置于目估的初定转点 ZD'，用正倒镜照准远处目标 JD_7 定出JD_8'。如果JD_8'与JD_8之间的偏差 f 在容许范围之内，即可将 ZD'点作为转点 ZD。否则，应将 ZD'横向移动偏距 e 定出 ZD 位置。偏距 e 按式 5－11 计算，式中 a 为 ZD 至JD_7的距离，用 ZD'至JD_7的距离代替；b 为 ZD 至JD_8的距离，用 ZD'至JD_8'的距离代替。

$$e=\frac{af}{a-b} \tag{5-11}$$

(二)转角测量与分角线测设

转角是线路在平面内由一个方向偏转至另一个方向时的偏转角度，即偏转后的方向与原方向之间的水平夹角，是曲线设计和测设的重要参数。如图 5－17 所示，当偏转后的方向在原方向的右侧时，称为右转角 $\alpha_{右}$，反之称为左转角 $\alpha_{左}$。先用测回法观测位于线路前进方向右侧的水平角 β，当 $\beta>180°$时，为左转角；$\beta<180°$时，为右转角。按式 5－12 计算转角 α：

$$\alpha_{左}=\beta-180°$$
$$\alpha_{右}=180°-\beta \tag{5-12}$$

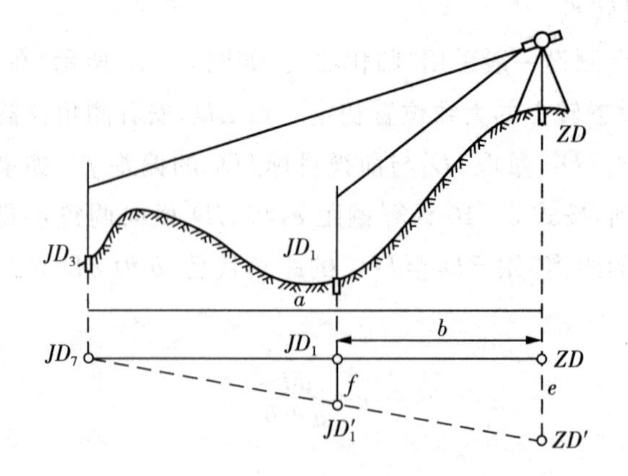

图 5-16　两交点延长线上测设转点

路线前进方向右侧水平角 β 测定后，将交点处曲线段所在一侧水平角的分角线测设到实地，以供后续曲线测设使用，称为分角线测设。分角线的测设可先计算分角线方向值 c，再按已知水平角放样的方法测设分角线。如图 5-17 所示，当线路左转时，分角线方向在左侧，分角线方向值 $c=(360°-\beta)/2$；当线路右转时，分角线方向在右侧，分角线方向值 $c=\beta/2$。

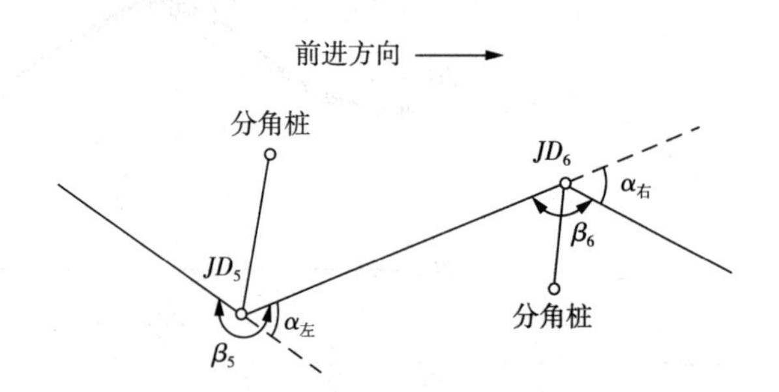

图 5-17　转角测量与分角线测设

(三)里程桩的设置

里程桩也称为中桩，是从线路起点开始，沿线路前进方向以一定的里程间距设置的中桩，用于标识线路位置、长度和形状。里程桩的“里程”是指线路起点至中桩的累计距离，也称为桩号。里程桩测设标定后要给其编号，标明该桩至线路起点的里程，称为桩号。桩号格式依行业习惯，一般为“K 千米数＋不足千米的尾数”或“千米数＋不足千米的尾数”，如线路起点桩号为 K0＋000 或 0＋000。

里程桩主要有整桩和加桩两种。整桩是按里程间距整倍数设置的中桩，百米桩和千米桩均属于整桩。根据线路类别、建设阶段的不同，里程间距也不相同。直线段里程间距一般为 20 m、30 m、50 m 等；曲线段根据不同半径及地形，里程间距一般为 5 m、10 m、20 m 等。里程间距太大会影响纵坡设计质量和工程量的计算；当曲线桩或加桩距离整桩较近时，整桩可不设，但百米桩、千米桩不能不设。根据《工程测量标准》(GB 50026—2020)规定，直线段桩距不宜大于 50 m，平曲线宜为 20 m，具体要求参考相关规范。

加桩是特殊地点增加设置的中桩，主要分为地形加桩、地物加桩、曲线加桩、地质加桩、行政区域加桩和断链桩。中线方向纵、横向地形变化处加桩是地形加桩；与其他线状地物交叉处，桥梁、涵洞、隧道等构筑物处，拆迁建筑物处，占有耕地与经济林的起终点处加桩是地物加桩；曲线段上的中桩称为曲线加桩；土质变化及不良地质地段的起点、终点处加桩是地质加桩；县级以上行政区划分界处等的加桩称为行政区域加桩；“断链”是因局部改线、分段进行中线测量、距离测量有误或分离式路基左右幅存在里程差等原因引起的桩号不衔接现象。为说明该情况，不影响全线桩号，在断链处设置的加桩称为断链桩。断链桩应设置在直线段，桥涵、隧道、平曲线、公路立交等范围内不宜设置断裂桩。断链桩分为长链桩和短链桩，桩号重叠称为长链，桩号间断称为短链。断链桩上应标明换算里程及增减长度，以“新里程＝后里程(增加长度)”格式标注桩号，例如“K5＋220＝K5＋200(长 20 m)”是长链，“K2＋105＝K2＋120(短 15 m)”是短链。

路线起、终点桩、交点桩、转点桩、大中桥位桩及隧道起终点桩等重要里程桩也称为路线控制桩，是整个线路的骨架。控制桩一般制作成桩顶边长为 6 cm 的方桩，桩顶距地面约 2 cm，顶面钉一小钉表示点位，并在旁边设置板桩标注桩号作为指示桩(2.5 cm×6 cm)。除了控制桩，其他中桩可用板桩钉在点位上，高出地面约 15 cm，桩号字面朝向线路起点。为了后续找桩方便，桩的背面应循环书写 1～10，并面向后面的里程桩，如图 5-18 所示。里程桩的设置是在中线测量过程中逐桩进行的。在施工后期，里程桩可用打入地面的竹签、钢签标识，竹签、钢签链挂标注桩号的塑料卡条。

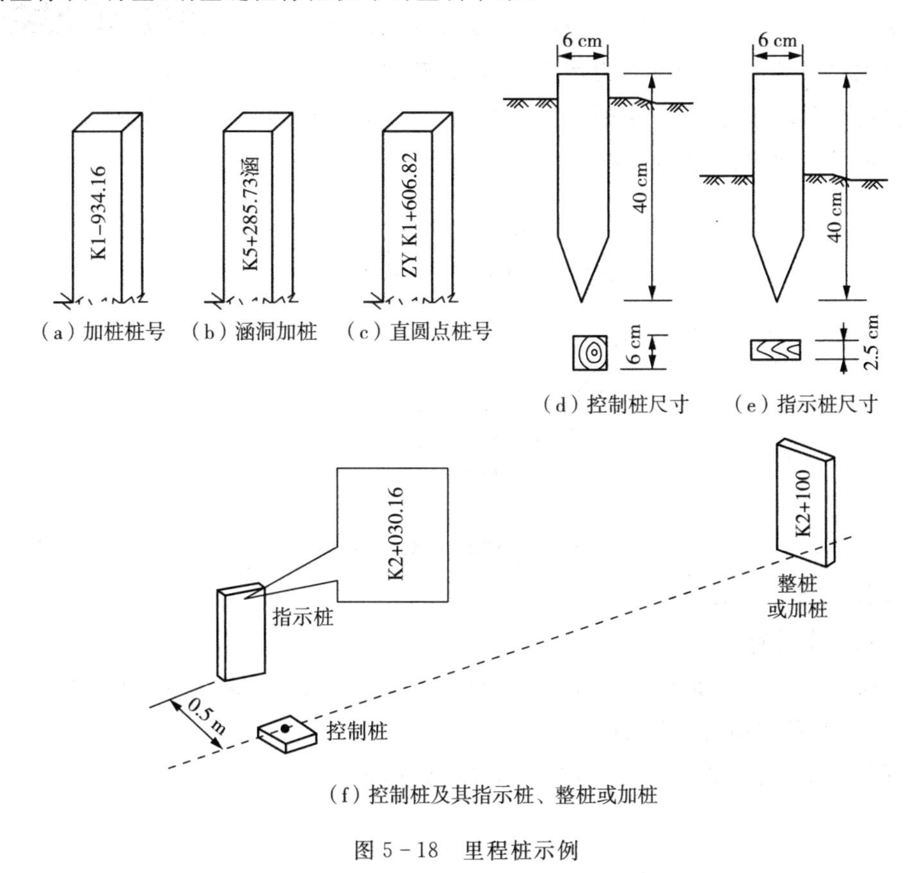

图 5-18　里程桩示例

为便于以后施工时恢复路线及放样，对于中线控制桩等重要桩志均须妥善固定和保护，以防止丢失和破坏。为此，应主动与当地政府联系协商保护桩志的措施，并积极向当地群众宣传保护测量桩志的重要性，协助共同维护好桩志。桩志固定方法应因地制宜地采取埋土堆、垒石堆、设护桩等形式加以固定，在荒坡上亦可采取挖平台方法固定。埋土堆、垒石堆顶面为 40 cm×40 cm 的方形或直径为 40 cm 的圆形，高 50 cm，堆顶应钉设标志桩。为控制桩位，除采取固定措施外，还应设护桩（亦称“栓桩”）。护桩方法很多，如距离交会法、方向交会法、导线延长法等，应根据实际情况灵活采用。道路工程测量通常采用距离交会法定位。护桩一般设三个，护桩间夹角不宜小于 60°，以减小交会误差。

（四）曲线测设

曲线段是在两直线段方向变化处起缓和连接作用。曲线段的一般形式是“缓和曲线—圆曲线—缓和曲线”，低等级道路或铁路专用线一般是在两直线段之间直接插入圆曲线。

1. 圆曲线测设

如图 5-19 所示，圆曲线是具有一定半径的一段圆弧，是最基本的平曲线形式，也称为单曲线。圆曲线起点（直圆点）ZY、中点（曲中点）QZ 和终点（圆直点）YZ 称为圆曲线的主点，这些点对曲线的平面位置和形状起着控制作用。圆曲线半径 R 根据地形条件和工程要求确定。传统圆曲线的测设是根据直线段测设已确定的交点（JD）为参考，先确定圆曲线主点位置，称为主点测设。再按照一定的密度进行加密点测设，详细标定圆曲线的平面位置，称为详细测设。

道路工程施工测量－圆曲线测设

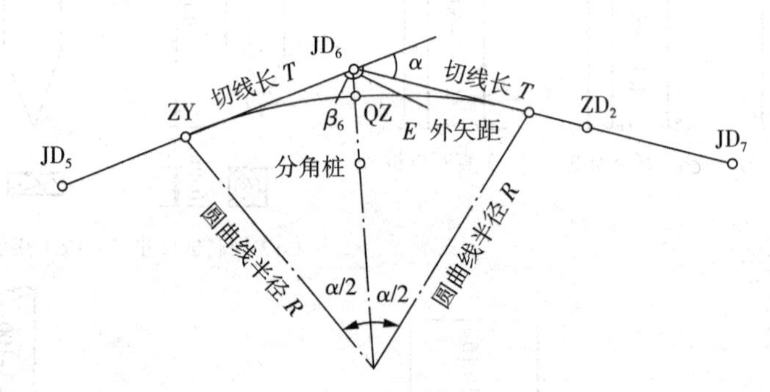

图 5-19　圆曲线测设示意图

（1）圆曲线主点测设

1）主点要素计算

根据交点 JD 桩号（里程）、转角 a 和设计半径 R 计算主点测设要素，包括切线长 T、曲线长 L、外矢距 E 和切曲差 D，即

切线长是 JD 至 ZY 的距离或 JD 至 YZ 的距离 T：

$$T=R\tan\frac{\alpha}{2} \tag{5-13}$$

曲线长是 $ZY \rightarrow QZ \rightarrow YZ$ 的弧长 L：

$$L=\frac{\alpha\pi R}{180^{\circ}} \tag{5 14}$$

外矢距是 JD 至 QZ 的距离 E：

$$E=R\left(sec\frac{\alpha}{2}-1\right) \tag{5-15}$$

切曲差是 2 倍切线长与曲线长之差 D：

$$D=2T-L \tag{5-16}$$

2)主点桩号计算

根据 JD 桩号和主点要素计算主点桩号。先计算起点 ZY 桩号，然后按里程增加方向逐点向前推出各主点桩号，即：

$$\begin{aligned} ZY_{\text{里程}} &= JD_{\text{里程}}-T \\ YZ_{\text{里程}} &= ZY_{\text{里程}}+L \\ QZ_{\text{里程}} &= YZ_{\text{里程}}-\frac{L}{2} \end{aligned} \tag{5-17}$$

根据式 5－18 进行校核：

$$JD_{\text{里程}}=QZ_{\text{里程}}+\frac{D}{2} \tag{5-18}$$

3)主点测设

如图 5－19 所示，首先测设曲线起点 ZY 点。以 JD_6 为测站，安置全站仪或经纬仪，照准 ZY 方向的交点 JD_5 或转点 ZD，测设 JD_6 至 ZY 的距离 T，定出 ZY 点；量取 ZY 至最近中桩的距离，与两桩号之差进行检核，若不超限，便可标定。

同理再测设曲线终点 YZ 点。全站仪或经纬仪照准 YZ 方向的交点 JD_7 或转点 ZD，测设 JD_7 至 YZ 的距离 T，标定 YZ 点。但需往返测量 T 进行检核，也可利用邻近地物条件进行检核。

曲线中点 QZ 点测设时。先照准分角线方向的标志分角桩，测设外矢距 E，标定 QZ 点。

【例 5－2】 设某圆曲线 JD 桩号 $K5+968.43$，转角 $\alpha=34°12'$，半径 $R=2100$ m，计算圆曲线主点测设要素和里程。

解： 根据式 5－13 至 5－16 分别计算 ZY、QZ、YZ 测设要素：$T=61.53$ m，$L=119.38$ m，$E=9.25$ m，$D=3.68$ m。

根据 JD 里程，按式 5－17、5－18 分别计算主点里程：

JD 里程	$K5+968.43$
$-T$	-61.53

ZY 里程	K5+906.90
$+L$	+119.38
YZ 里程	K6+026.28
$-L/2$	−59.69
QZ 里程	K5+966.59
$+D/2$	+1.84
JD 里程	K5+968.43

(2)圆曲线详细测设

当地形平坦、曲线长小于 40 m 时，测设 ZY、QZ、YZ 三个主点通常能满足设计和施工需要。如果曲线较长、地形变化大，除了测设三个主点之外，还需要按照一定的里程间距(桩距)l，在圆曲线上测设加密中桩，称为圆曲线详细测设。圆曲线上加密里程桩的桩号有两种处理方法：一种为整桩号法，将曲线上靠近起点 ZY 的第一个桩设置为整桩，然后按桩距连续向 YZ 点测设，这样测设的中桩均为整桩。另一种为整桩距法，从曲线起点 ZY 和终点 YZ 开始，分别以桩距连续向中点 QZ 测设加密中桩，这样测设的里程桩均不是整桩，但应测设百米桩和千米桩。一般采用整桩号法。随着 GNSS-RTK 和全站仪的普及应用，根据中桩点坐标测设广泛应用。本任务主要讲述圆曲线详细测设的传统方法：偏角法和切线支距法。

1)偏角法

如图 5－20 所示，偏角法是以曲线起点 ZY(或终点 YZ)为测站，以前方(或后方)交点 JD 为后视，先放样偏角Δ_i 确定中桩 P_i 所在方向，然后放样长弦(ZY 至 P_i 的距离)或短弦(P_{i-1} 至 P_i 的距离)测设里程桩 P_i 位置的方法。放样长弦(ZY 至 P_i 的距离)在偏角方向上进行，称为长弦偏角法。放样短弦(P_{i-1} 至 P_i 的距离)是从前一个中桩起始往偏角方向放样距离，称为短弦偏角法。

以长弦偏角法为例，按整桩号法设桩。已知圆曲线半径 R，转角 a，曲线长 L，桩距 l。第 1 个里程桩 P_1 是整桩，至 ZY 的弧长为l_i(小于桩距 l，等于两桩号之差)。偏角为弦切角，等于弧长所对应圆心角的一半。桩距 l 对应的偏角 Δ 和弦长 c 分别按式 5－19 计算：

$$\Delta=\frac{\varphi}{2}=\frac{l\times180^\circ}{2\pi R}$$

$$c=2R\sin\Delta \tag{5-19}$$

根据上式，第 1 个里程桩 P_1 至 ZY 的弧长l_1 对应的偏角Δ_1 和弦长 C_1 分别为：

$$\Delta_1=\frac{\varphi_1}{2}=\frac{l_1\times180^\circ}{2\pi R}$$

$$c_1=2R\sin\Delta_1 \tag{5-20}$$

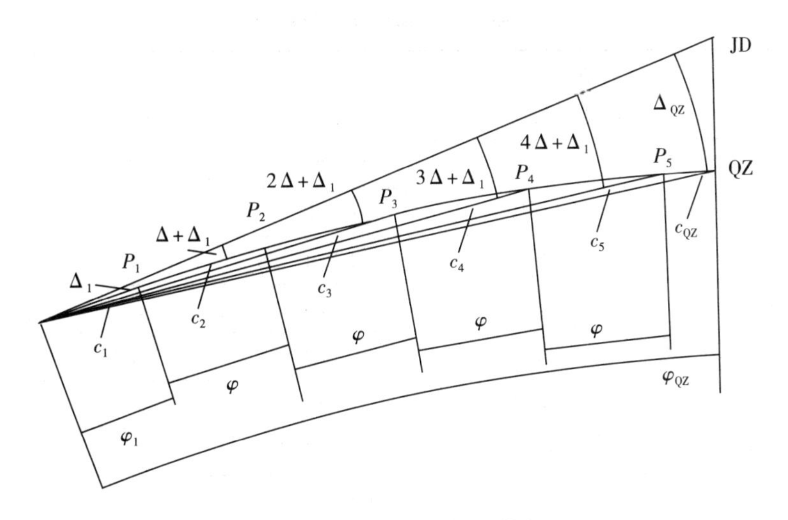

图 5－20　圆曲线详细测设偏角法

第 i 个里程桩 P_i 对应的偏角Δ_i 和弦长 C_i 分别为：

$$\Delta_i=\Delta_1+(i+1)\Delta(i=2,3,4,\cdots)$$

$$c_i=2R\sin\Delta_i \tag{5-21}$$

其中，QZ 至 ZY 的弧长为 $L/2$，对应的偏角 Δ_{QZ} 和弦长 C_{QZ} 分别为：

$$\Delta_{QZ}=\frac{\varphi_{QZ}}{2}=\frac{L\times180^\circ}{4\pi R}=\frac{\alpha}{2}$$

$$c_{QZ}=2R\sin\frac{\alpha}{2} \tag{5-22}$$

YZ 至 ZY 的弧长为 L，对应的偏角 Δ_{YZ} 和弦长 C_{YZ} 分别为：

$$\Delta_{YZ}=\frac{\varphi_{YZ}}{2}=\frac{L\times180^\circ}{2\pi R}=\alpha$$

$$c_{YZ}=2R\sin\alpha \tag{5-23}$$

根据圆曲线的对称性，还可以曲线终点 YZ 为测站，以后方交点 JD 为后视，进行放样。以 ZY 为测站测设曲线前半段，称为“正拨”；以 YZ 为测站测设曲线后半段，称为“反拨”。反拨时，偏角按$\delta_i=360^\circ-\Delta_i$ 计算。短弦偏角法测设时存在测点误差累积的缺点，一般从曲线两端向中间或自中点向两端测设曲线的方法。当测设中点 QZ(或终点 YZ)完成之后，即可与原测点进行比较，曲线方向上的纵向闭合差小于或等于 1/1000，分角线方向上的横向闭合差小于或等于 0.1 m 即为合格。

【例 5－3】 上例中圆曲线从 ZY 点和 YZ 点分别向 QZ 用偏角法详细测设，整桩号法设桩，桩距 20 m，各桩偏角和弦长见表 5－3。

表 5-3 偏角法计算表

桩　号	各桩至 ZY 或 YZ 的曲线长度 li(m)	偏角值 ° ′ ″	长弦 (m)	短弦 (m)
ZY:K5+906.90	0.00	0 00 00	0.00	0.00
+920	13.10	01 52 35	13.10	13.10
+940	33.10	02 44 28	33.06	19.99
+960	53.10	07 36 22	52.94	19.99
QZ:K5+966.59	59.69	08 33 00	59.27	6.59
+980	46.28	06 37 46	46.18	13.41
K6+000	26.28	03 45 33	26.26	19.99
+020	6.28	00 54 00	6.28	19.99
YZ:K5+026.28	0.00	0 00 00	0.00	6.28

2)切线支距法

如图 5-21 所示,切线支距法的实质是直角坐标法。以 ZY(或 YZ)为坐标原点,以交点 JD 方向为 x 轴,以半径方向为 y 轴,建立直角坐标系。计算中 P_i 的坐标(x_i,y_i)为放样数据,从 ZY 沿 JD 方向放样距离 x_i,标定临时点 N_i;在 N_i 测设直角定出 y_i 方向,从 N_i 沿 y_i 方向放样距离 y_i 标定 P_i。每测设完成一个中桩,均应量测至前点桩距作为检核;当 QZ(或 YZ)测设后,与原测点进行比较,纵、横闭合差不超限即为合格。该法适用于地形平坦地区,误差不累积。中桩 P_i 坐标(x_i,y_i)按式(5-24)计算:

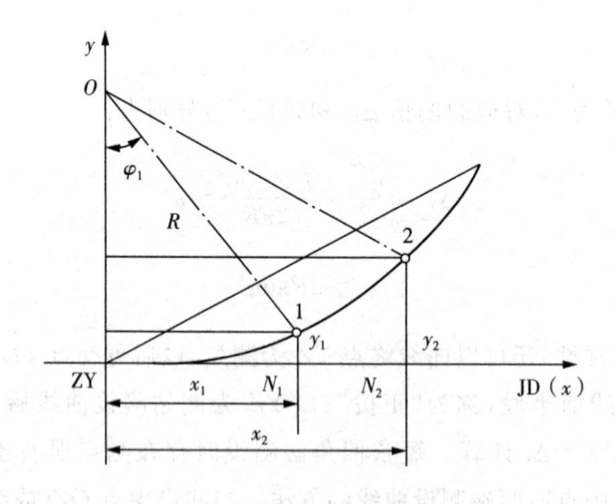

图 5-21　圆曲线详细测设切线支距法

$$x_i=R\sin\varphi_i(i=1,2,3,\cdots)$$

$$y_i=R(1-\cos\varphi_i)(i=1,2,3\cdots) \quad (5-24)$$

式中：φ_i 为第 i 个中桩 P_i 至 ZY 的弧长l_i 对应的圆心角：

$$\varphi_i=\varphi_1+\frac{(i+1)180^\circ}{\pi R}(i=1,2,3,\cdots) \tag{5-25}$$

其中 φ_1 第1个里程桩 P_1 至 ZY 的弧长l_1（小于桩距 l，等于两桩号之差）对应的圆心角，P_1 的坐标（x_1、y_1）分别为：

$$\varphi_1=\frac{l_1\times 180^\circ}{\pi R}$$

$$x_1=R\sin\varphi_1$$

$$y_1=R(1-\cos\varphi_1) \tag{5-26}$$

【例 5-4】 上例中从 ZY 点和 YZ 点分别向 QZ 采用切线法进行详细测设，整桩号法设桩，桩距 20 m，各桩坐标计算见下表。

表 5-4 切线支距法计算表

桩　号	各桩至 ZY 或 YZ 的曲线长度 l_i(m)	横坐标 x_i (m)	纵坐标 y_i (m)
ZY:K5+906.90	0.00	0.00	0.00
+920	13.10	13.09	0.43
+940	33.10	32.95	2.73
+960	53.10	52.48	7.01
QZ:K5+966.59	59.69	58.81	8.84
+980	46.28	45.87	5.33
K6+000	26.28	26.20	1.72
+020	6.28	6.28	0.10
YZ:K5+026.28	0.00	0.00	0.00

2. 缓和曲线测设

道路工程施工测量—缓和曲线测设

车辆由直线段进入圆曲线段时，会突然产生离心力，离心力危及车辆运行安全，车辆会有向曲线外侧倾倒的趋势。因此道路在曲线段设计超高，即路面外侧高、内侧低，呈单向横坡形式，使车辆产生内倾力以抵消离心力的影响。为了不使超高台阶式升降，在直线段与圆曲线段之间插入一段曲率半径由$+\infty$渐变为 R 或由 R 渐变为$+\infty$的过渡曲线，称为缓和曲线。

带有缓和曲线的平曲线基本型由三部分组成，由直线终点到圆曲线起点的缓和曲线称为第一缓和曲线，由圆曲线起点到圆曲线终点的单曲线段，由圆曲线终点到下一段直线起点的第二缓和曲线。如图 5-22 所示，其主点位包括起点 ZH、

中点 QZ、终点 HZ 及圆曲线与缓和曲线的交点圆缓点 YH 和缓圆点 HY。缓和曲线与直线相交处半径为$+\infty$，与圆曲线相交处半径等于圆曲线半径 R。我国目前均采用回旋线作为缓和曲线。回旋线上任一点 P_i 的曲率半径 ρ_i 与该点到曲线起点的长度 l_i 成反比，即：

$$\rho_i=\frac{C}{l_i}(l_i=0,\rho_i\to\infty;l_i=l_0,\rho_i=R)\text{或 }\rho_i\, l_i=C=R\, l_0 \tag{5-27}$$

式中：C 为常数，称为曲线半径变更率；ρ_i（单位 m）为缓和曲线上某点的曲率半径；l_i 为缓和曲线上某点至起点的曲线长（单位 m）；l_0 为缓和曲线总长；R 为圆曲线半径。

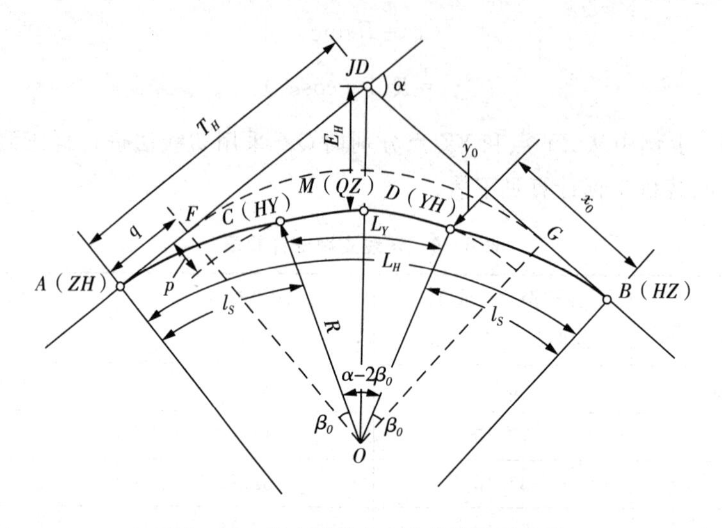

图 5-22　基本型带有缓和曲线的平曲线

（1）缓和曲线常数与参数方程

1）缓和曲线参数方程

如图 5-23 所示，以 ZH（或 HZ）为坐标原点，以过原点的切线并指向 JD 方向为 x 轴，切线的垂线并指向曲线内侧方向为 y 轴，建立直角坐标系。该坐标系是以 ZH（或 HZ）为原点的切线直角坐标系。在切线直角坐标系中，在适应测量精度的情况下舍去高次项，结合 $C=R\, l_0$，缓和曲线上任一点 P_i 的坐标(x_i,y_i)为：

$$x_i=l_i-\frac{l_i^5}{40C^2}=l_i-\frac{l_i^5}{40R^2\ l_0^2}$$

$$y_i=\frac{l_i^3}{6C}=\frac{l_i^3}{6Rl_0} \tag{5-28}$$

式中：l_i 为 P_i 到 ZH（或 HZ）的缓和曲线长，l_0 为缓和曲线总长。当 $l_i=l_0$ 时，P_i 是 HY（或 YH）的坐标(x_i,y_i)：

$$y_0=l_0-\frac{l_0^3}{40R^2}$$

$$y_0=\frac{l_0^2}{6R} \tag{5-29}$$

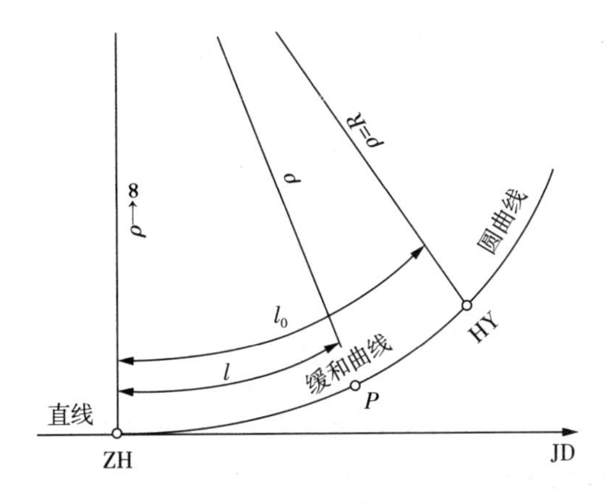

图 5-23　缓和曲线切线直角坐标系

2)缓和曲线常数

我国铁路和公路采用的方法是圆曲线的半径不变,圆心向曲线内测移动一定的距离后插入缓和曲线,如图 5-24 所示。缓和曲线的一半长度处在原圆曲线范围内,另一半处在原直线内,这样就使圆曲线沿垂直于其切线的方向,向里移动距离 p,圆心由 O 移至 O_1,构成基本型带有缓和曲线的平曲线。确定缓和曲线与直线和圆曲线相连的主要数据是缓和曲线常数,主要有 β_0、δ_0、m、p。β_0 是 ZH 处切线与 HY 处切线的交角,也是 HZ 处切线与 YH 处切线的交角,称为切线角;δ_0 是 ZH 至 HY 之弦线与 ZH 处切线间的夹角,也是 HZ 至 YH 之弦线与 HZ 处切线间的夹角,称为缓和曲线总偏角;m 是切垂距,圆曲线内移后,过新圆心作切线的垂线,其垂足到 ZH(或 HZ)的距离;p 是圆曲线的内移距,垂线长与圆曲线半径 R 之差。

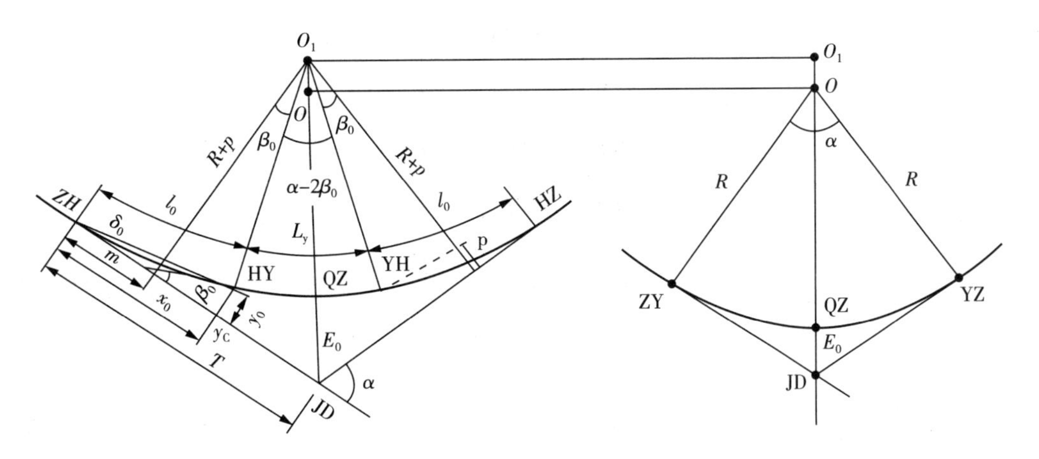

图 5-24　缓和曲线的插入

缓和曲线常数计算公式分别如下:

$$\beta_0=\frac{l_0\times180^\circ}{2\pi R} \tag{5-30}$$

$$\delta_0 \approx \frac{l_0}{3} = l_0 \times \frac{180°}{6\pi R} \tag{5-31}$$

$$m = \frac{l_0}{2} - \frac{l_0^3}{240R^2} \tag{5-32}$$

$$p = \frac{l_0^2}{24R} \tag{5-33}$$

(2)带有缓和曲线的平曲线主点测设

1)主点测设元素

如图 5-25 所示，在圆曲上增设缓和曲线后，原来的圆曲线变短、圆心内移。根据 JD 桩号(里程)、转角 α、圆曲线半径 R 和缓和曲线长 l_0，结合缓和曲线常数计算主点测设元素：缓和曲线切线长 T、曲线长 L、外矢距 E、切曲差 q。公式分别如下：

$$T = (R+p)\tan\frac{\alpha}{2} + m \tag{5-34}$$

$$L = L_y + 2l_0 = \frac{\pi R(\alpha - 2\beta_0)}{180°} + 2l_0 \tag{5-35}$$

$$E_O = (R+p)\sec\frac{\alpha}{2} - R \tag{5-36}$$

$$q = 2T - L \tag{5-37}$$

2)主点桩号计算

根据 JD 桩号，计算出起点 ZH 桩号，然后按里程增加方向逐点向前推算出各主点桩号。点桩号计算公式如下：

$$\begin{aligned}
ZH_{里程} &= JD_{里程} - T \\
HY_{里程} &= ZH_{里程} + l_0 \\
YH_{里程} &= HY_{里程} + l_y \\
HZ_{里程} &= YH_{里程} + l_0 \\
QZ_{里程} &= HZ_{里程} - \frac{L}{2}
\end{aligned} \tag{5-38}$$

检核计算：

$$JD_{里程} = QZ_{里程} + \frac{q}{2} \tag{5-39}$$

3)曲线主点测设

如图 5-24 所示，传统方法先进行曲线起点 ZH 测设。以 JD 为测站，安置全站仪或经纬仪，照准 ZH 方向的交点 JD 或转点 ZD，测设距离 T，定出 ZH；测设距离 $T-x_0$，定出垂足 Y_c，备用。量取 ZH 至最近中桩的距离，与两桩号之差进行检核，若不超限，便可标定，注明桩号。仪器照准 HZ 方向的交点 JD 或转点 ZD，测设距离 T，定出 HZ；测设距离 T，定出垂足 Y_c，备用。但需往返测量 T 进行检核，也可利用邻近地物条件进行检核。曲线中点 QZ 测设。仪器照准分角桩，测设外矢距 E_0，标定曲线中点 QZ。重复测量进行检核。HY、YH 点测设采用切线支距法。在垂足 Y_c 上安置仪器，照准 $ZH(HZ)$ 方向的交点 JD 或转点 ZD，向曲线内拨角 90°，测设距离 y_0，即可测设出 $HY(YH)$。

(3)道路中线逐桩坐标计算

带有缓和曲线的平曲线详细测设传统方法有切线支距法、偏角法和极坐标法。切线支距法是以直缓点 ZH 或缓直点 HZ 为坐标原点，以过原点的切线为 x 轴，过原点的半径为 y 轴，算出缓和曲线和圆曲线上各点的坐标后，按照直角坐标法，利用缓和曲线和圆曲线上各点的坐标测设曲线。偏角法是根据中桩点的弦偏角和弦长进行测设，注意偏角分为缓和曲线段上的偏角与圆曲线段上的偏角两部分分别计算；极坐标法是根据缓和曲线中桩点与控制点之间的相对位置关系，通过角度和距离测设进行定点。目前由于 GNSS-RTK 和全站仪的普及和广泛应用，可将整个中线与控制点置于统一的平面直角坐标系，先计算各中桩点与控制点在统一坐标系中的坐标，再用 GNSS-RTK 和全站仪坐标放样功能放样中桩点位置。下面主要介绍根据坐标转换进行道路中线逐桩坐标的计算。

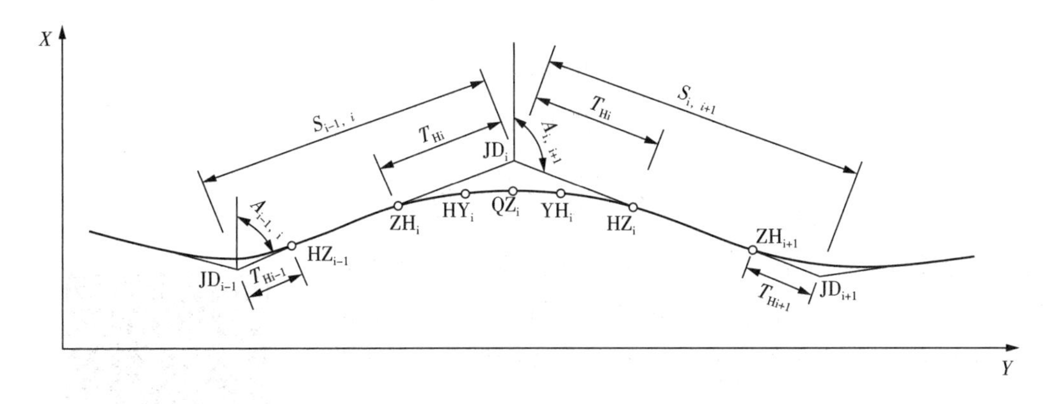

图 5-25　道路中线坐标系示意图

如图 5-25 所示，XOY 是测量坐标系，交点坐标（x_{JD}、y_{JD}）已经测算，先根据坐标反算求解路线相邻交点连线的坐标方位角 A 和距离 D。确定圆曲线半径 R 和缓和曲线长 Ls 后，结合各中桩桩号，求解各中桩坐标（x、y）。

道路中桩坐标计算—直线段坐标计算

1)直线段中桩坐标计算

直线段是从 HZ（或路线起点）点至 ZH 点。先按式(5-41)计算 HZ 点坐标：

$$x_{HZ_{i-1}}=x_{JD_{i-1}}+T\cos A$$
$$y_{HZ_{i-1}}=y_{JD_{i-1}}+T\sin A \qquad (5-40)$$

式中：（x_{JDi-1}、y_{JDi-1}）为 JD_{i-1} 的坐标；T 为切线长；$A_{i-1,i}$ 为 JD_{i-1} 至 JD_i 的坐标方位角。

再按式(5－42)计算直线段上其他中桩点坐标：

$$x_i = x_{HZ_{i-1}} + D_i \cos A_{i-1,i}$$

$$y_i = y_{HZ_{i-1}} + D_i \sin A_{i-1,i} \tag{5-41}$$

道路中桩坐标计算一圆曲线段坐标计算

式中：(x_i、y_i)为 i 号中桩点坐标，D_i 为 i 号中桩点至 HZ_{i-1} 的距离。

2) ZH 点至 HZ 点中桩坐标计算

该段包括缓和曲线和圆曲线。先计算出曲线段上中桩点的切线支距坐标(x,y)，再通过平面直角坐标转换换算为统一坐标(X,Y)。先以缓和曲线起点 ZH 或终点 HZ 为坐标原点，以切线为 x 轴，过原点的半径为 y 轴，则缓和曲线上各点和圆曲线上各点切线支距坐标可分别按(5－40)和(5－41)计算：

$$\begin{cases} x = li - \dfrac{li^5}{40R^2 l_s^2} \\ y = \dfrac{li^3}{6Rl_o} \end{cases} \tag{5-42}$$

$$\begin{cases} x = R\sin\varphi + q \\ y = R(1-\cos\varphi) + p \end{cases}$$

$$\varphi = \frac{l - l_o}{R} \cdot \frac{180^0}{\pi} + \beta_0 \tag{5-43}$$

道路中桩坐标计算一缓和曲线段坐标计算

式中：l 为缓和曲线上某点到 ZH(HZ)点的曲线长；L_0 为缓和曲线总长；R 为圆曲线半径；q 为切线增长值；p 为内移值；β_0 为缓和曲线全长所对应的中心角；l 为该点至 ZH 或 HZ 的曲线长。

再根据平面直角坐标系的坐标转换进行坐标换算。ZH 点至 QZ 点之间的中桩坐标计算按式(5－44)进行，QZ 点至 HZ 点之间的中桩坐标计算按式(5－45)进行。

$$\begin{bmatrix} X \\ Y \end{bmatrix} = \begin{bmatrix} x_{ZHi} \\ y_{ZHi} \end{bmatrix} + \begin{bmatrix} \cos A_{i-1,i} - \zeta.\sin A_{i-1,i} \\ \sin A_{i-1,i} + \zeta.\cos A_{i-1,i} \end{bmatrix} \begin{bmatrix} x \\ y \end{bmatrix} \tag{5-44}$$

$$\begin{bmatrix} X \\ Y \end{bmatrix} = \begin{bmatrix} x_{HZ_i} \\ y_{HZ_i} \end{bmatrix} + \begin{bmatrix} -\cos A_{i-1,i} - \zeta.\sin A_{i,i+1} \\ -\sin A_{i-1,i} + \zeta.\cos A_{i,i+1} \end{bmatrix} \begin{bmatrix} x \\ y \end{bmatrix} \tag{5-45}$$

式中：$A_{i,i+1}$ 为 JD_i 至 JDi_{+1} 的坐标方位角；ξ 为当曲线右转时为 1，左转时为－1。

【例 5－5】 已知某道路曲线第一切线上控制点 ZD_1(500，500)和 JD_1(750，750)，圆曲线设计半径 R＝1000 m，缓和曲线长 Ls＝100 m，JD_1 里程为 $DK1+300$，转向角 $\alpha_{右}=23°$

03′38″。请计算曲线主点 ZH、HY、QZ 点坐标，及第一缓和曲线上 $K1+100$ 中桩点和圆曲线上、圆曲线上 $K1+280$ 中桩点的坐标。

解：1. 缓和曲线常数计算

常规坐标计算演示

$$\beta_0=\frac{l_s}{2R}\times\frac{180°}{\pi}=2°51'53.2''$$

$$q=\frac{l_s}{2}-\frac{l_s^3}{240R^2}=49.996$$

$$p=\frac{l_s^2}{24R}=0.417$$

2. 缓和曲线要素计算

$$T_H=(R+p)\cdot\tan\frac{\alpha}{2}+q=254.084$$

$$L_y=R\cdot(\alpha-2\beta_0)\frac{\pi}{180°}=302.483$$

$$L_H=L_y+2l_s=502.483$$

$$E_H=(R+p)sec\,\frac{\alpha}{2}-R=21.022$$

$$D_H=2T_H-L_H=5.685$$

3. 缓和曲线主点里程计算

JD 里程	$DK1+300$
$-T$	-254.084
ZH 里程	$DK1+045.916$
$+l_s$	$+100$
HY 里程	$DK1+145.916$
$+L_y$	$+302.483$
YH 里程	$DK1+448.399$
$+l_0$	$+100$
HZ 里程	$DK1+548.399$
$-\frac{L_H}{2}$	-251.242
QZ 里程	$DK1+297.157$
$+\frac{D_H}{2}$	$+2.843$
JD 里程	$DK1+300$

4. 曲线主点和中桩坐标计算

(1)ZH 点坐标计算

由控制点 ZD_1 和 JD_1 坐标得：

$$\alpha_{JD_1-ZD_1}=225°$$

$$\alpha_{ZH-JD_1}=\alpha_{JD_1-ZD_1}-180°=45°$$

则 ZH 点坐标：

$$X_{ZH}=X_{JD1}+T_H\cdot\cos\alpha_{JD_1-ZD_1}=570.335$$

$$Y_{ZH}=Y_{JD1}+T_H\cdot\sin\alpha_{JD_1-ZD_1}=570.335$$

(2)$K1+100$ 中桩点坐标计算

该点位于第一缓和曲线段上

$$l=DK1+100-ZH\text{ 里程}=54.084$$

切线支距坐标：

$$x=l-\frac{l^5}{40R^2l_s^2}=54.083$$

$$y=\frac{li^3}{6Rl_o}=0.264$$

转换后坐标：

$$X_{K1+100}=X_{ZH}+x\cos\alpha_{ZH-JD_1}-y\sin\alpha_{ZH-JD_1}=608.391$$

$$Y_{K1+100}=Y_{ZH}+x\sin\alpha_{ZH-JD_1}+y\cos\alpha_{ZH-JD_1}=608.764$$

(3)HY 点坐标计算

$$l=l_s=100$$

切线支距坐标：

$$x=l-\frac{l^5}{40R^2l_s^2}==99.975$$

$$y=\frac{li^3}{6Rl_o}=1.667$$

转换后坐标：

$$X_{HY}=X_{ZH}+x\cos\alpha_{ZH-JD_1}-y\sin\alpha_{ZH-JD_1}=639.849$$

$$Y_{HZ}=Y_{ZH}+x\sin\alpha_{ZH-JD_1}+y\cos\alpha_{ZH-JD_1}=642.207$$

(4)$DK1+280$ 中桩点坐标计算

该点位于圆曲线上：

$$l=K1+280-ZH\text{ 点里程}=234.084$$

$$\varphi=\frac{l-l_o}{R}\cdot\frac{180^\circ}{\pi}+\beta_0=10^\circ32'50''$$

切线支距坐标：

$$x=R\cdot\sin\varphi+q=233.042$$

$$y=R(1-\cos\varphi)+p=17.313$$

转换后坐标：

$$X_{K1+280}=X_{ZH}+x\cos\alpha_{ZH-JD_1}-y\sin\alpha_{ZH-JD_1}=722.878$$

$$Y_{K1+280}=Y_{ZH}+x\sin\alpha_{ZH-JD_1}+y\cos\alpha_{ZH-JD_1}=747.363$$

(5)QZ点坐标计算

$$l=L_H/2=251.242$$

$$\varphi=\frac{l-l_s}{R}\cdot\frac{180^\circ}{\pi}+\beta_0=11^\circ31'49.1''$$

切线支距坐标：

$$x=R\cdot\sin\varphi+q=249.880$$

$$y=R(1-\cos\varphi)+p=20.598$$

转换后坐标：

$$X_{QZ}=X_{ZH}+x\cos\alpha_{ZH-JD_1}-y\sin\alpha_{ZH-JD_1}=732.462$$

$$Y_{QZ}=Y_{ZH}+x\sin\alpha_{ZH-JD_1}+y\cos\alpha_{ZH-JD_1}=761.593$$

任务三　道路纵横断面测量

沿着道路的中线竖直剖切后展开在竖直面上的断面称为路线纵断面。沿着道路中线上任意点，沿与其切线垂直的法线方向的断面称为路线横断面。纵断面测量是测出线路中线各里程桩的地面高程，按一定比例尺绘制成纵断面图，表示线路纵向地面高低起伏变化，为路线坡度设计、中桩填挖量计算等提供依据；横断面测量是测量中桩两侧垂直于线路中线方向的地面高程，了解地面起伏情况，绘制成横断面图，供路基设计、土石方量计算以及边桩放样等提供资料。

路线纵横断面测量一

一、纵断面测量

纵断面测量的方法有水准测量、全站仪三角高程测量或GNSS-RTK，本任务主要介绍水准测量进行纵断面测量。水准测量进行纵断面观测一般分两步进行，先进行高程控制测量，即沿线路附近每隔一定距离设置水准点，按等级水准测量的精度要求测定其高程，称为基平测量；然后根据各水准点高程，分段测量线路中线各里程桩的地面高程，称为中平测量。

（一）基平测量

基平测量遵循水准高程控制测量的基本原则，根据道路的设计等级技术要求，观测线路沿线的水准高程控制点的高程。

基平测量首先需沿路线方向布设高程测量的控制点，在勘测、施工阶段甚至长期都要使用，应选在地基稳固、易于引测以及施工时不易破坏的地方，按规范要求造标埋石。水准点的位置一般距离中线 50～200 m。永久性水准点布设密度应视工程需要而定，一般较长路线应每隔 20～30 km 布设一点，较短路线每隔 300～500 m 布设一个；在平原和微丘区，每隔 1～2 km 布设一个；在重丘和山区，每隔 0.5～1 km 布设一个；在路线起点和终点、大桥两岸、隧道、涵洞及需要长期观测高程的重点工程附近均应布设。

基平测量使用水准仪等级不低于 DS_3，可采用一台水准仪往返测，也可使用两台水准仪单程观测。高速、一级公路一般按四等水准测量方法施测，二级及其以下公路可按普通水准测量方法施测，具体要求可参考相关规范。起始水准点应尽量与附近高等级水准点联测，获得绝对高程。如果联测困难，可采用与带状地形图相同的高程基准假定高程。沿线观测时，尽量与附近高等级水准点联测以便检核。外业观测成果合格，取高差平均值作为各测段相邻水准点间高差，根据起始点高程计算各水准点高程。否则重新观测。

（二）中平测量

根据基平测量获得线路沿线的水准高程控制点的高程，以相邻水准点为一测段，从一个水准点出发，逐个观测测段内线路中桩的地面高程，附合到下一个水准点上，称为中平测量，也称中桩抄平。中平测量采用普通水准测量方法单程观测。每一测段观测完后，中平测量观测的测段高差与基平测量观测的测段高差进行求差，称为测段高差闭合差，其限差一般应满足：

$$f_{h容许}=\pm 30\sqrt{L}\,(\text{mm})（高速、一级、二级公路）$$

$$f_{h容许}=\pm 50\sqrt{L}\,(\text{mm})（三级及其以下公路） \tag{5-47}$$

式中：L—水准路线长度，以 km 为单位。

外业观测成果合格后，不需要进行高差的调整，根据中平测量观测的测段高差与起始点高程计算中桩点地面高程，否则应重新观测。中平测量实施中，每一测站除观测中桩，还须设置传递高程的转点，视线距离 150 m 以内为宜。相邻转点间观测的中桩称为中间点。为提高传递高程的精度，每一测站应先观测后视、前视转点，读数读至 mm，再观测中间点。中桩点的读数称为中视，读数读至 cm，水准尺立于紧靠桩边的地面上。

如图 5－26 所示，水准仪安置于Ⅰ站，先后视水准点 BM_1，再前视第一个转点 TP_1，读数并记录表5－5中的后视、前视栏内；然后观测 BM_1 和 TP_1 之间的里程桩 $k0+000$～$k0+060$，将其读数记入中视读数栏内。第一测站观测完毕后，将仪器搬至第Ⅱ站，先后视转点 TP_1，再前视第二个转点 TP_2，然后观测各中间点 $k0+080$～$k0+120$，读数并分别记入后视、前视和中视栏。按上述步骤继续往前观测，直至附合于另一个水准点 BM_2。

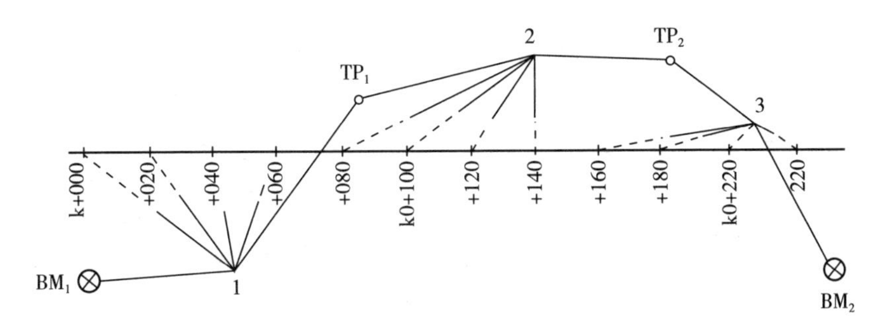

图5－26　中平测量示意图

如图5－27所示，每个测站按视线高法计算中桩高程。先计算视线高程，再计算转点高程，最后计算各中桩高程。

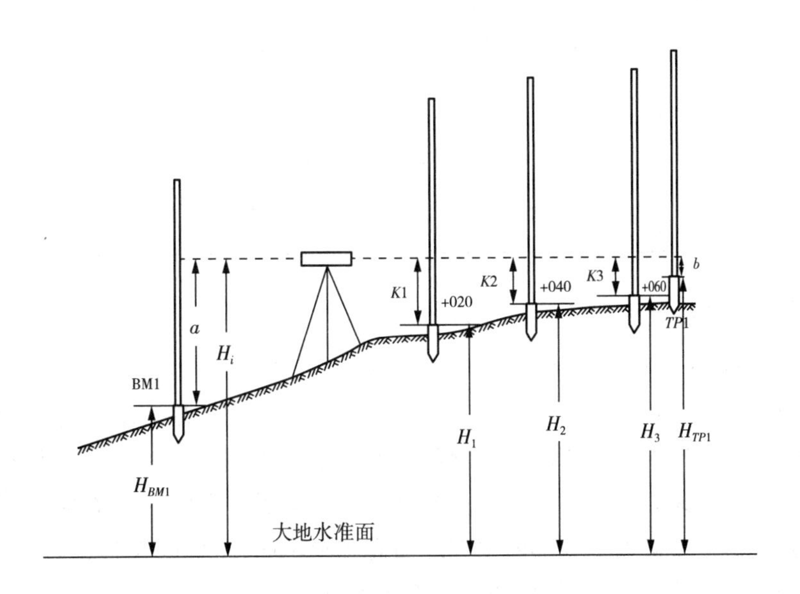

图5－27　中平测量视线高法

$$测站视线高程\ H_i = 后视点高程\ H_{BM1} + 后视读数\ a \tag{5-48}$$

$$前视转点的高程\ H_{TP1} = 视线高程\ H_i - 前视读数\ b \tag{5-49}$$

$$中桩高程\ H_K = 测站视线高程\ H_i - 中视读数\ K_i \tag{5-50}$$

注意中平测量跨越沟谷时，沟底和沟坡均有中桩点。因为高差较大，如果通过增加测站或转点的方法进行观测，影响测量速度和精度，所以可以采用沟内沟外分开测量的方法施测。这种方法可使沟内、沟外高程传递各自独立，互不影响，沟内测量路线为支水准路线，施测时应严格观测，记录表中单独记录。

表 5-5　中平测量记录计算表

点号	水准尺读数(m)			视线高(m)	高程(m)	备注
	后视	中视	前视			
BM_1	2.047			53.340	51.293	基平测量测得： $H_{BM1}=51.293$ m $H_{BM2}=51.329$ m 检核： $f_{h容许}=\pm50\sqrt{L}$ $=\pm50\sqrt{0.22}$ $=\pm23$(mm) $f_h=51.329-51.208$ $=21$(mm) $\leqslant23$(mm)
K0+000		1.92			51.42	
+020		1.52			52.82	
+040		2.01			51.33	
+060		1.36			51.98	
TP_1	1.734		1.012	54.062	52.328	
+080		1.08			53.52	
+100		2.55			51.51	
+120		2.70			51.36	
+140		2.60			51.46	
TP_2	1.213		2.580	52.695	51.482	
+160		2.18			50.52	
+180		2.04			50.66	
+200		1.65			51.05	
K0+220		1.27			51.43	
BM_2			1.387		51.308	

(三)纵断面图绘制

纵断面图一般采用直角坐标系绘制，横坐标为中桩的里程，纵坐标为中桩高程。常用的里程比例尺有1∶5000、1∶2000和1∶1000几种。为了明显地表示地面起伏，一般高程比例尺比里程比例尺大10或20倍，例如里程比例尺用1∶1000时，高程比例尺则为1∶100或1∶50。纵断面图的上半部一般从左到右绘有贯穿全图的两条线，细折线表示中线方向的地面线，是根据中平测量的中桩地面高程绘制的；粗折线表示纵坡设计线。上部还注有水准点编号、高程和位置；竖曲线示意图及其曲线元素及其结构物里程和基本信息等。纵断面图的内容具体见项目八任务一，本任务不作详述。

二、横断面测量

路线纵横断面测量二

横断面测量首先要测设横断面的方向，然后在该方向上测定地面坡度变化点或特征点间的距离和高差。按一定的比例绘制横断面图，供路基横断面设计、土石方等工程量计算和桥涵、挡土墙等设计使用。横断面测绘的密度，除各中桩应施测外，在大中桥头、隧道洞口、挡土墙等重点工程地段，根据需要适当加密。横断面测量的宽度根据工程需求和地形情况确定，一般中线两侧 15～50 m。横断面测量应反映地形、地物、地质的变化，并标注相关水位、建筑物、土石分界等位置。横断面测量中高程、距离读数一般取位至 0.1 m，精度要求不高。根据《工程测量标准》(GB 50026—2020)，横断面测量的误差要求如表 5－6 所示。

表 5－6　横断面测量的限差

线路名称	距离(m)	高程(m)
铁路、一级及以上公路	$L/100+0.1$	$h/100+L/200+0.1$
二级及以下公路	$L/50+0.1$	$h/50+L/100+0.1$

注：L 为测点至线路中线桩的水平距离(m)；h 为测点至线路中线桩的高差(m)。

(一)横断面方向的确定

直线段上横断面方向是与路线相垂直的方向，曲线上横断面方向与中线在该桩的切线方向垂直。横断面方向的确定可用杆头有十字形木条的方向架确定，也可用全站仪、经纬仪采用测设 90°角方法确定。在此不作详述。

(二)横断面的测量方法

1. *标杆皮尺法*

如图 5－28 所示，将标杆立于 A 点，皮尺靠中桩地面拉平量出至 A 点的距离，皮尺截于标杆的红白格数(每格 0.2 米)即为两点间高差。同理测出测段 A—B、B—C 的距离和高差，直至需要的测绘宽度为止，适用于低等级道路横断面观测。记录表中按路线前进方向分左右侧，分子表示高差，分母表示距离，正号表示升高，负号表示降低，如表 5－7 所示。

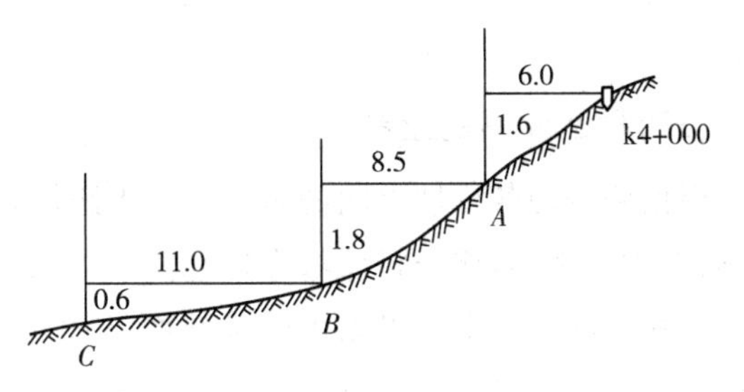

图 5－28　标杆皮尺法

表 5－7　标杆皮尺法记录表

左侧	桩号	右侧
0.6/11.0　－1.8/8.5　－1.6/6.0	k4＋000	＋1.5/5.2　＋1.8/6.9　＋1.2/9.8
－0.5/7.0　－1.6/4.5　－0.8/6.0	k4＋020	＋0.8/7.2　＋1.1/4.9　－0.5/7.8

2. *水准仪皮尺法*

在地面平坦地区，可采用水准仪皮尺法进行横断面观测，适用于横断面精度要求较高且横断面方向起伏不大的情况。如图 5－29 所示，安置水准仪，以中桩点为后视，以中桩两侧横断面方向地形特征点为前视，用视线高法求得各测点高程。用皮尺量出各特征点到中桩的平距。为了提高观测效率，在一个测站上可以观测多个横断面。

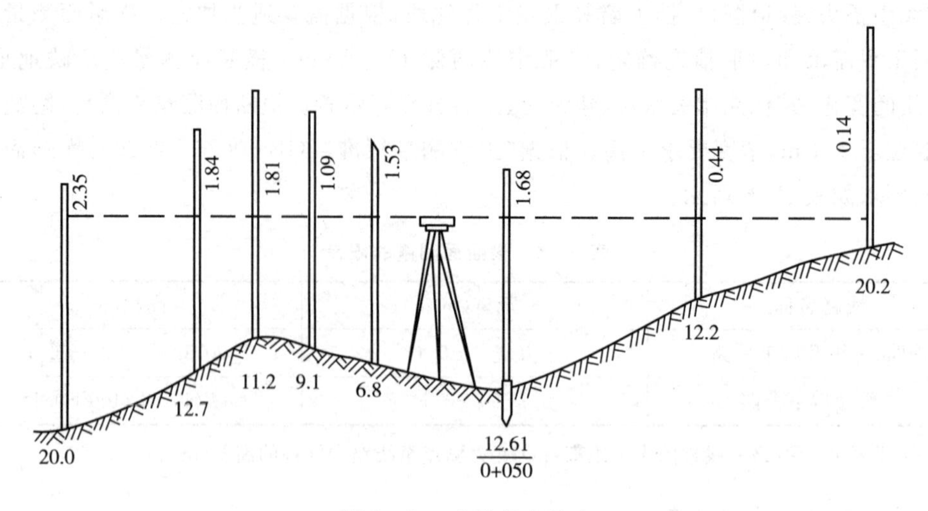

图 5－29　水准仪皮尺法

3. 全站仪法

利用全站仪对边测量功能，直接测得各横断面上地形特征点相对中桩的水平距离和高差。也可测出各横断面上地形特征点的坐标和高程，通过数据转换得到相对中桩的平距和高差。

（三）横断面图的绘制

根据测得的各变坡点间的高差和水平距离，可绘出各中桩的横断面图。以平距为横坐标，高差为纵坐标，逐一将变坡点标在图上，再用直线把相邻点连接起来，即绘出断面的地面线。在横断面图上还可绘出路基断面设计线，并标注中线填挖高度、横断面上的填挖面积以及放坡宽度等。由于计算面积的需要，横断面图的距离比例尺与高差比例尺是相同的。横断面图的内容具体见项目八任务一，本任务不作讲述。

任务四　道路施工测量

道路工程施工主要包括路基、路面、桥涵、道路排水及其他附属构造物施工等。道路施工测量是使用测量仪器和设备，根据设计图纸中各项元素（路线平纵横元素）和已知控制点（路线控制桩），将道路中线位置、道路用地界桩、路堤坡脚、路堑坡顶及边沟等附属物位置在实地标定，作为施工的依据。道路施工测量的主要任务包括控制点复测和加密、道路中桩复测及中线恢复、测设施工控制桩、路基施工测量、路面施工测量、竖曲线的测设等。

一、道路施工控制测量

道路勘测阶段已建立了平面控制网和高程控制网，施工阶段道路施工控制测量主要任务是对其进行现场检视复测和加密。勘测设计完成以后，往往要经过一段时间才能施工。在此期间内，导线点或路线控制桩位置和精度可能发生变化，需对其进行复测；由于人为或其他原因，控制点丢失、被破坏，应进行补测；在路基范围以内的导线点，应将其移至路基范围以外。

(一)控制点复测

控制点复测的任务主要是检查其坐标和高程的正确性。以导线为例，首先根据导线点的坐标反算转角 β_i 和各导线边长 D_i，再现场观测各转角 β_i' 和导线边长 D_i'，若观测值和计算值差值在容许误差范围内，则认为点的位置正确。

水准点高程按水准测量的方法进行检核，尽量与国家水准点闭合。高速公路和一级公路采用四等水准测量，二级或其以下公路采用五等水准测量。为满足施工需要，人工构造物附近、高填深挖、工程量集中及地形复杂地段按精度要求加密一定数量的水准点，并与相邻路段水准点闭合。

施工单位控制点复测时，不仅要检查本标段的点，还应对前后相邻标段的点检核，否则可能在标段衔接处出现道路中线错位或断高。因此复测时，相邻标段的控制点必须闭合。施工期间一般每隔半年复测控制点。季节冻融地区，在冻融以后也应进行复测。控制点丢失后应及时补上，并对控制点做好保护。

(二)控制点加密

若控制点分布密度不满足使用，或其他原因导致控制点丢失、破坏，需要进行加密。加密单点可采用前方交会、支导线或任意测站等方法进行，加密多点可采用全站仪导线测量进行。若将开挖范围内的控制点移至开挖范围以外，可根据移点的多少分别采用交会法或导线法。控制点的高程用水准测量或全站仪三角高程测量方法复测加密。

二、中桩复测与中线恢复

中桩复测是指施工前对原有中桩进行测量，以检核中桩里程和高程，复测成果与原测成果较差若不超限，采用原测成果。根据《工程测量标准》(GB 50026—2020)，中桩复测与原测成果较差限差如表 5-8 所示。道路中线测量后，一般不立即施工，在这段期间内，部分中桩可能会丢失、移动或破坏。因此施工前需进行中线恢复，以恢复丢失、移动或破坏的中桩，改线地段应重新定线并测绘纵横断面图。中桩恢复的方法与中线测量相同。

表 5-8　中线桩复测与原测成果较差的限差

线路名称	水平角(″)	距离相对中误差	转点横向误差(mm)	曲线横向闭合差(mm)	中线桩高程(mm)
铁路、一级及以上公路	≤30	≤1/2000	每 100 m 小于 5，点间距大于或等于 400 m 小于 20	≤100	≤100
二级及以下公路	≤60	≤1/1000	每 100 m 小于 10	≤100	≤100

三、施工控制桩测设

道路施工过程中，中桩会被挖掉或掩埋。为了在施工过程中能够控制中线位置，需在不受施工干扰、便于引测、易于保存桩位的地方测设施工控制桩（也称护桩）。施工控制桩测设方法主要有平行线法、延长线法、交叉法等。

（一）平行线法

地势平坦、填挖高度不大、直线较长地段，在中桩两侧一定距离处，各测设一排平行中线的施工控制桩，如图 5-30 所示。

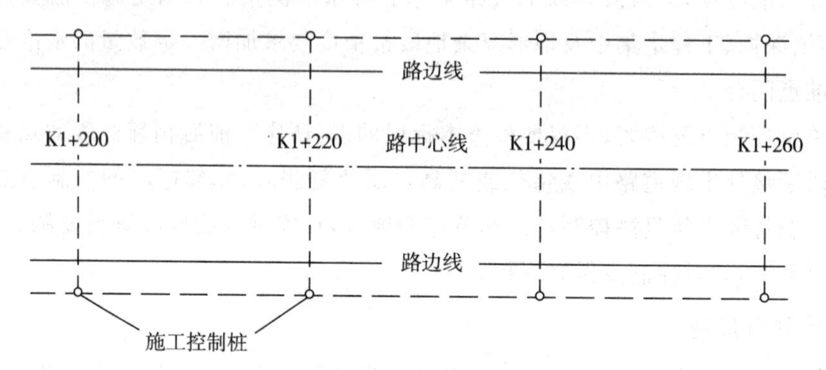

图 5-30　平行线法测设控制桩

（二）延长线法

地势起伏大、直线较短的路段，沿道路转弯处的中线延长线上及 QZ 至 JD 的延长线上，分别至少测设两个施工控制桩，应测出各控制桩至 QZ 和 JD 的距离，用于控制 QZ、JD 的位置，如图 5-31 所示。

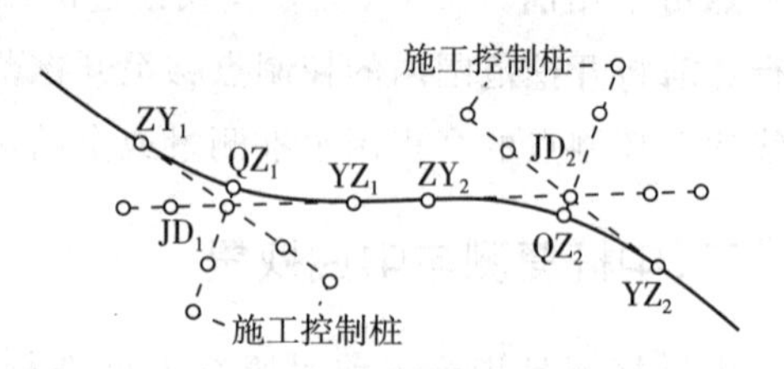

图 5-31　延长线法测设控制桩

（三）交叉法

地形条件复杂地段，根据中桩周围的地形条件，灵活布设施工控制桩，如图 5-32 所示。

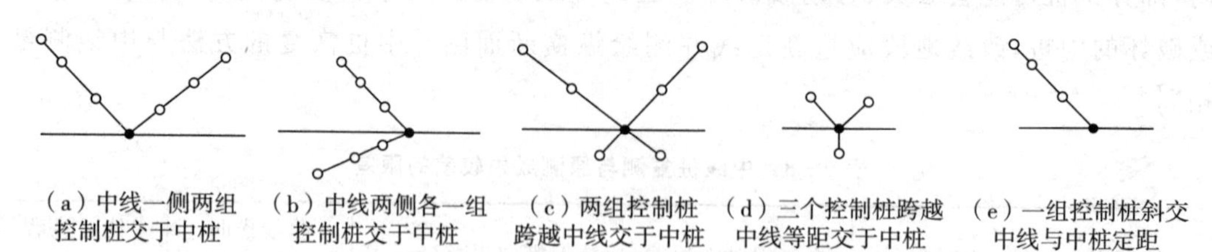

（a）中线一侧两组控制桩交于中桩　（b）中线两侧各一组控制桩交于中桩　（c）两组控制桩跨越中线交于中桩　（d）三个控制桩跨越中线等距交于中桩　（e）一组控制桩斜交中线与中桩定距

图 5-32　交叉法测设控制桩

四、路基及边坡施工测量

路基是根据道路位置，用土或石料按照一定技术要求修筑的作为路面基础的带状构造物。路基形式主要有路堤、路堑和半填半挖三种。填方路基称为路堤，挖方路基称为路堑，如图 5－33 所示。

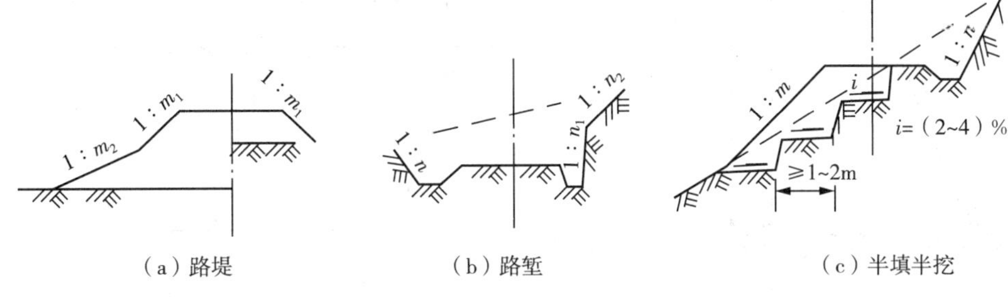

图 5－33　路基典型形式

（一）路基边桩测设

路基边桩的测设是根据设计横断面方向、两侧边桩至中桩的距离在实地将路堤（或路堑）坡脚线（或坡顶线）放样出来并用桩位标定，确定路基开挖或填筑范围，作为路基施工的依据。边桩测设方法主要有图解法、解析法。也可计算边桩点坐标，采用坐标放样法，在此不作叙述。

1. 图解法

图解法主要适用于较低等级公路且填挖方不大时，采用此法较为方便。该法的主要依据是路基横断面图，即根据已戴好“帽子”的横断面图放样边桩。直接在横断面图上量取中桩至边桩的距离，然后在实地用钢尺沿横断面方向丈量距离并标定边桩。每个横断面对应边桩测设后，再分别将路中线两侧的路基坡脚桩或路堑坡顶桩用灰线连接起来，即为路基填挖边界。

2. 解析法

解析法适用于施工现场没有路基横断面设计图，只有施工填挖高度。即根据路基填挖高度、边坡率、路基宽度和横断面地形情况，先计算中桩至边桩的距离，再在实地沿横断面方向按距离放样边桩。该法精度比图解法高，主要分为两种情况：

（1）平坦地段

如图 5－34 所示，路堤、路堑边桩至中桩距离分别按式 5－51、5－52 计算：

$$D=\frac{B}{2}+m\times H \tag{5-51}$$

$$D=\frac{B}{2}+S+m\times H \tag{5-52}$$

式中：B——路基宽度（m）

m——边坡率

H——填挖高度（m）

S——路堑边沟顶宽（m）

（2）倾斜地段

在倾斜地段，路基边桩至中桩距离随地面横向坡度的变化而变化。如图 5－35（a）所

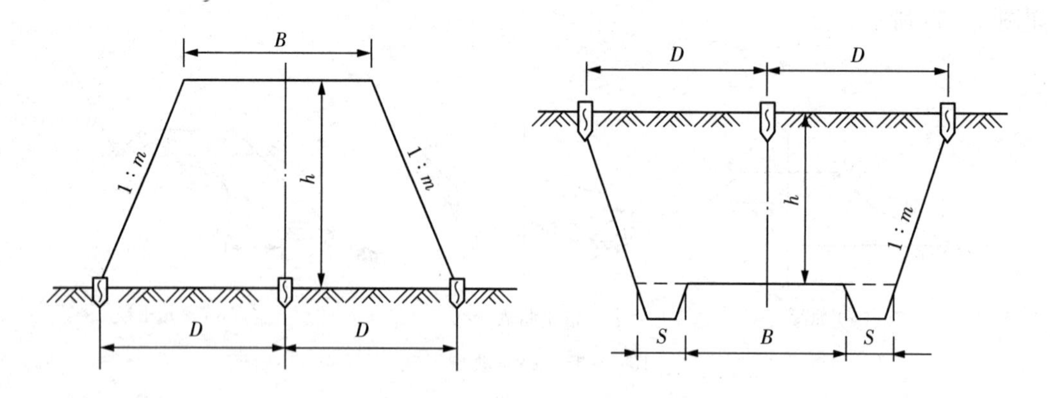

图 5-34　平坦地段路堤、路堑边桩测设

示，以路堤上坡边桩测设为例，先估计边桩大致位置在 1 点处，测出水平距离 D'_1、高差 h_1，则路基面到 1 点的高差为 $H-h_1$，中桩与边桩的水平距离 D_1 为：

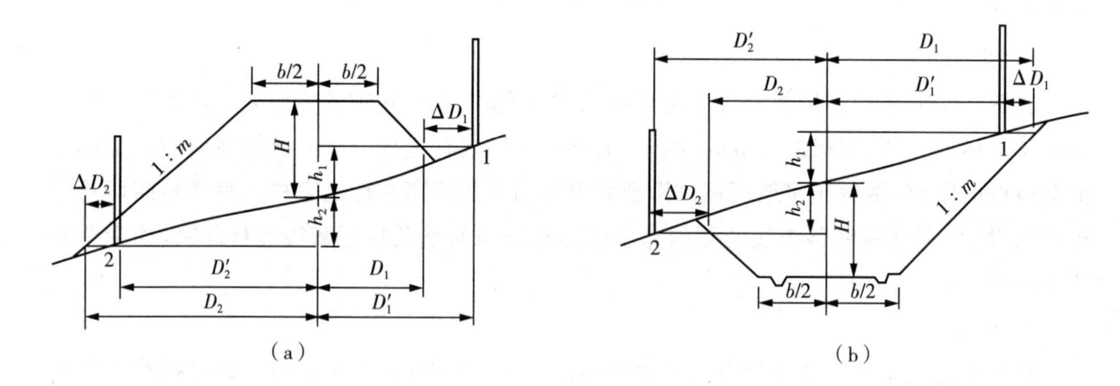

图 5-35　倾斜地段路堤、路堑边桩测设

$$D_1=\frac{b}{2}+m(H-\Delta_1) \qquad (5-53)$$

计算中桩与边桩实际水平距离 D'_1 和设计距离 D_1 的差值 ΔD_1：

$$\Delta D_1=D'_1-D_1 \qquad (5-54)$$

若 $\Delta D_1>0$，应向内移动；若 $\Delta D_1<0$，应向外移动；当 $-0.1\ \mathrm{m}\leqslant\Delta D_1\leqslant 0.1\ \mathrm{m}$ 时，则可认为此位置就是边桩的位置。否则根据实测资料重新估计边桩位置，重新试探，直至满足要求，因此称为逐渐趋近法。

路堑边桩与中桩距离计算与路堤计算原理相同，中桩与边桩的水平距离仍可按式计算。但需要加上边沟宽度。注意 H 是路基中桩位置填挖高度的绝对值，h_1，是边桩相对于中桩的高差，应考虑正负号，下坡一侧相对于中桩的高差是负值。

(二)路基边坡测设

边桩测设后，为保证填、挖的边坡达到设计要求，还需把设计的边坡在实地标定出来以指导施工。边坡测设的常用方法有竹竿绳索法、边坡样板法、插杆法等。

1. 竹竿绳索法

如图 5－36(a)所示，O 为中桩，A、B 为边桩，CD 是路基宽度。测设时在 C、D 处竖立竹竿，CC'、DD'的高度等于中桩填土高度 H，C'、D'处用绳索连接，同时将 C'、D'用绳索连接到边桩 A、B 上。当路堤填土不高时，可挂一次线。当填土较高时，如图 5－37(b)所示，可分层挂线。

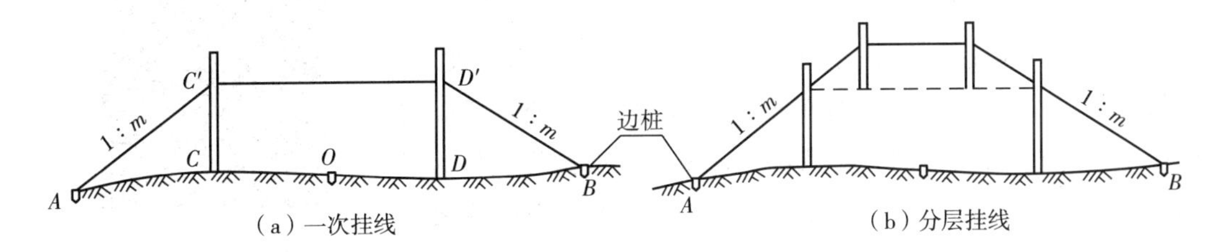

图 5－36　竹竿绳索法边坡测设

2. 边坡样板法

按设计坡度制作边坡样板，分为固定式和活动式两种样板。如图 5－37(a)所示，固定式边坡样板主要用于路堑边坡的放样，安置在路基边桩外侧的地面上，在开挖路堑时，在坡顶外侧按设计坡度设立固定式边坡样板，可指示边坡开挖、修整和检核工作。如图 5－37(b)所示，活动式边坡样板也称活动边坡尺，它既可用于路堤也可用于路堑的边坡放样。当水准器气泡居中时，边坡样板的斜边所指示的坡度正好为设计坡度，可依此指示与检验路堤的填筑或检核路堑的开挖。机械化施工时，宜在边桩处插上标杆以表明坡脚位置。每填筑 2～3 m 后，用平地机或人工修整边坡，使其达到设计坡度。

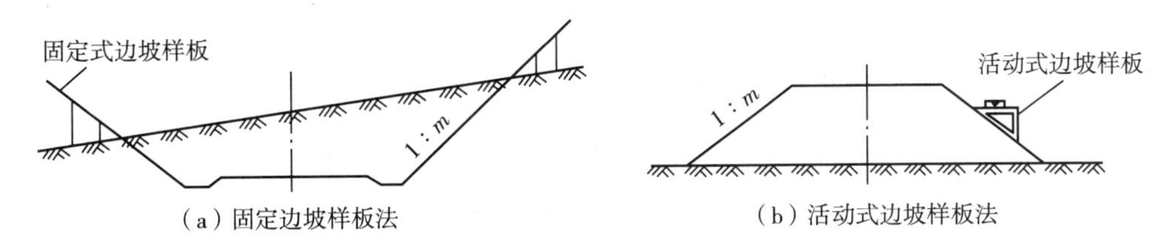

图 5－37　边坡样板法边坡测设

五、路面施工测量

路面是用筑路材料铺在路基顶面，供车辆直接在其表面行驶的一层或多层的道路结构层。路面施工测量主要包括中线恢复、高程放样和测设边线。其精度要求比路基施工放量的精度高。为保证精度和便于测量，一般在路面施工前，将路线两侧的导线点和水准点引测到路基上不易破坏的桥梁、通道的桥台上或涵洞的压顶石上。引测的导线点和水准点要和高一级的导线点和水准点附合或闭合，满足规范精度要求。

路基、垫层施工完成后，为便于铺筑路面要进行路面测设。首先恢复中桩，然后采用水准测量测出各中桩的路基高程(方法同纵断面测量一致),然后测设铺筑路面的设计高程。路面铺筑还应根据设计的路拱线形数据,由施工人员制成路拱样板,控制施工。路拱坡度主要考虑路面排水的要求,路面越粗糙,要求路拱坡度越大。但路拱坡度过大将对行车不利,故路拱坡度应限制在一定范围内。对于六、八车道的高速公路,因其路基宽度大,路拱平缓不利于横向排水,宜采用较大的路面横坡。对于平曲线段要顾及外侧超高。

六、竖曲线测设

道路工程施工测量—竖曲线测量

在道路纵坡变化处,由上坡转为下坡或下坡转为上坡,为了保证行车安全、舒适以及行车视距,在坡度变化处设置竖向曲线,这种曲线称为竖曲线。我国一般采用二次抛物线作为竖曲线线型。竖曲线有凹形和凸形两种形式。顶点在曲线之上的为凸形竖曲线,顶点在曲线之下的为凹形竖曲线,如图 5 - 38 所示。

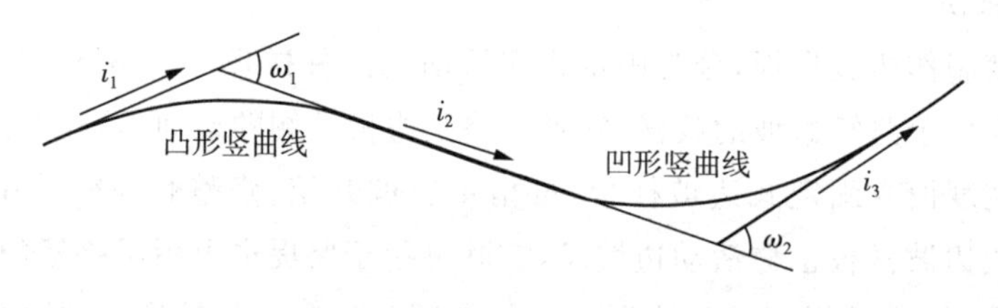

图 5 - 38　竖曲线形式

竖曲线测设是在线路中桩上测设设计高程、标注填挖深度,以指导施工。此处用到的中桩高程,是经过中桩复测检核的纵断面测量成果。设计高程按竖向直坡段和竖向曲线段分别计算。

(一)直坡段中桩设计高程的计算

如图 5 - 39 所示,直坡段中桩的设计高程 $H_{设}$ 按式(5 - 55)计算:

$$H_{设}=H_{起点}+i\cdot(S-S_{起点}) \tag{5-55}$$

式中:$H_{设}$ 为中桩设计高程,S 中桩里程,$H_{起点}$ 为直坡段起点高程,$S_{起点}$ 为起点里程;i 为设计坡度,由设计图或设计文件给出,上坡为“+”下坡为“-”。

挖填深度:

$$h=H-H_{设} \tag{5-56}$$

式中:h 为中桩处填挖深度,H 为中桩地面高程;“+”为挖,“-”为填。

(二)竖曲线段中桩设计高程的计算

根据线路纵坡设计的竖曲线半径 R 和竖曲线两侧坡度 i_1,i_2 来计算测设数据。如图 5 - 39所示,竖曲线要素计算如下。

首先计算相邻坡度线的坡度转向角 a。因为 a 是一个非常小的值,所以:

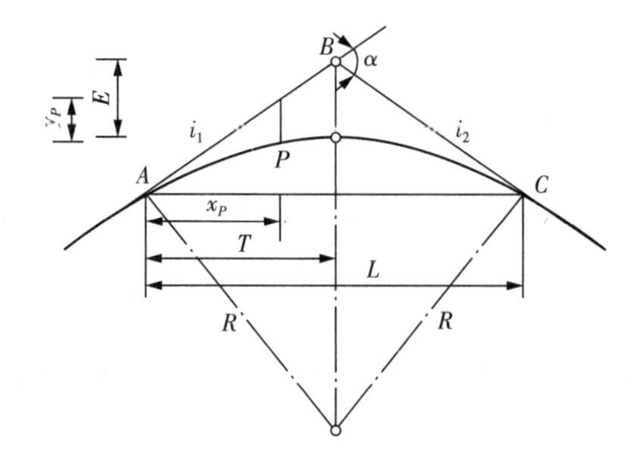

图 5-39　竖曲线测设元素

$$a = i_1 - i_2 \tag{5-57}$$

竖曲线长度 L：

$$L = R\,|i_1 - i_2| = Ra \tag{5-58}$$

切线长度 T：

$$T = \frac{1}{2}R\,|i_1 - i_2| = L/2 \tag{5-59}$$

中点竖距 E：

$$E = \frac{T^2}{2R} \tag{5-60}$$

为了进行竖曲线细部测设，还需计算竖曲线上任意一点 P 处的竖距 y_P：

$$y_p = \frac{x_P^2}{2R} \tag{5-61}$$

式中：x_P 为竖曲线上任意一点 P 至竖曲线起点或终点的水平距离，即里程之差。

竖曲线上任意一点 P 对应到切线处的设计高程由下式计算：

$$H_{P切} = H_A + i \cdot (S_P - S_A) \tag{5-62}$$

式中：$H_{P切}$ 为任意一点 P 对应到切线处的设计高程；S_P 为 P 的里程；H_A 为竖曲线起点 A 的高程；S_A 为起点 A 的里程；i 为设计坡度。竖曲线上任意一点 P 的设计高程 $H_{P设}$ 按下式计算：

$$H_{P设} = H_{P切} \pm y_P \tag{5-63}$$

式中：y_P 为点 P 处的竖距，凹形竖曲线取"+"，凸形竖曲线取"-"。

【例 5-6】 设某凹形竖曲线相邻坡度值分别为 $i_1 = -1.114\%$，$i_2 = +0.154\%$，$R = 5000$ m，变坡点的桩号为 K3+670，高程为 49.60 m，计算竖曲线测设元素、起点、终点的桩号和高程、曲线上每隔 10 m 间距里程桩的高程改正数和设计高程。

解:根据公式求得:

$$T=\frac{1}{2}R|i_1-i_2|=\frac{1}{2}\times5000|-1.114\%-0.154\%|=31.7(m)$$

$$L=R|i_1-i_2|=5000|-1.114\%-0.154\%|=63.4(m)$$

$$E=\frac{T^2}{2R}=\frac{31.70^2}{2\times5000}=0.10(m)$$

起点桩号$=K3+(670-31.70)=K3+638.30$,终点桩号$=K3+(638.30+63.40)=K3+701.70$

起点高程=49.60+31.7×1.114%=49.95 m,终点高程=49.60+31.70×0.154%=49.65 m

根据竖曲线$R=5000$ m 和桩距x_i,可求得竖曲线上各桩的高程改正数y_i,见表5-9:

表5-9　竖曲线各桩高程计算表

桩号	至起点、终点距离 X_i(m)	高程改正数 Y_i(m)	切线高程(m)	竖曲线高程(m)	备　注
K3+638.30			49.95	49.95	竖曲线起点
K3+650	$X_i=11.7$	$Y_i=0.01$	49.82	49.83	$i_1=-1.114\%$,
K3+660	$X_i=21.7$	$Y_i=0.05$	49.71	49.76	$i_1=-1.114\%$,
K3+670	$X_i=31.7$	$Y_i=0.10$	49.60	49.70	变坡点
K3+680	$X_i=21.7$	$Y_i=0.05$	49.62	49.67	$i_2=+0.154\%$
K3+690	$X_i=11.7$	$Y_i=0.01$	49.63	49.64	$i_2=+0.154\%$
K3+701.70			49.65	49.65	竖曲线终点

任务五　桥梁施工测量

桥梁是为道路跨越天然或人工障碍物而修筑的建筑物。一般由上部结构、下部结构和附属构造物组成。上部结构指主要承重结构和桥面系;下部结构包括桥台、桥墩和基础;附属构造物则指桥头搭板、锥形护坡、护岸、导流工程等。桥梁按其用途,可分为铁路桥、公路桥、铁路公路两用桥与城市立交桥等;按桥轴线长度分为特大桥、大桥、中桥和小桥。

桥梁施工测量是桥梁工程在施工阶段的测量工作,主要包括施工控制测量、墩台的中心定位、墩台基础与顶部放样、梁的架设测量以及竣工测量等。

一、桥梁施工控制测量

中小型桥梁,由于河窄水浅、桥台桥墩间的跨度较小,可直接利用勘测阶段的控制点进行放样,无须再建立专用的施工控制网。但须经过复测检核,证明能够满足施工控制测量的精度要求。

大中型、特大型桥梁，由于所跨越的河道水域宽阔，桥墩、索塔在水域中建造，施工期较长；而且其墩台、索塔较高，基础较深，墩台、索塔间跨距大，梁部结构复杂，对施工测量的精度要求也高。因此需要布设专用的桥梁施工平面控制网和高程控制网。桥梁施工控制网的等级依据桥长、跨越水域宽度、结构和设计要求合理选择，根据《工程测量标准》(GB 50026—2020)规定，如表 5－10 所示。桥梁施工控制网在使用过程中，应定期复测检核，复测精度与首次相同。

桥梁平面控制及高程控制

表 5－10　桥梁施工控制网等级选择

桥长 L/m	跨越宽度 l/m	平面控制网等级	高程控制网等级
$L>5000$	$l>1000$	二等或三等	二等
$2000<L\leqslant 5000$	$500<l\leqslant 1000$	三等或四等	三等
$500<L\leqslant 2000$	$200<l\leqslant 500$	四等或一级	四等
$L\leqslant 500$	$l\leqslant 200$	一级	四等或五等

注：1. L 为桥的总长

2. l 为跨越的宽度指桥梁所跨越的江(河、峡谷)的宽度。

(一)桥梁施工平面控制测量

桥梁施工平面控制测量一般主要采用 GNSS 静态相对定位、导线测量和三角网测量方法施测，具有一套起算数据的独立网，根据线路测量控制点定位。控制网边长介于主桥轴线长度的 0.5～1.5 倍。跨越水域时，每岸应布设不少于 3 个控制点，且轴线上宜布设 2 个控制点。

如图 5－40 所示，采用导线测量时，网形布设灵活、简单，可在桥轴线上游沿岸布设最有利于交会墩台、索塔的导线点以避免远点交会时精度差的缺陷。如图 5－41 所示，采用三角网测量时，基本网形为包含桥轴线的三角形，也可构成双三角形、大地四边形或更复杂的多边形网，大桥、特大桥正桥两端一般都有引桥与线路衔接。为了保证全桥与线路衔接的整体性，在布设正桥控制网(主网)的同时，还需布设引桥控制网(附网)。布设时，线路交点必须是附网中的一个控制点，曲线主点最好也能纳入附网中。

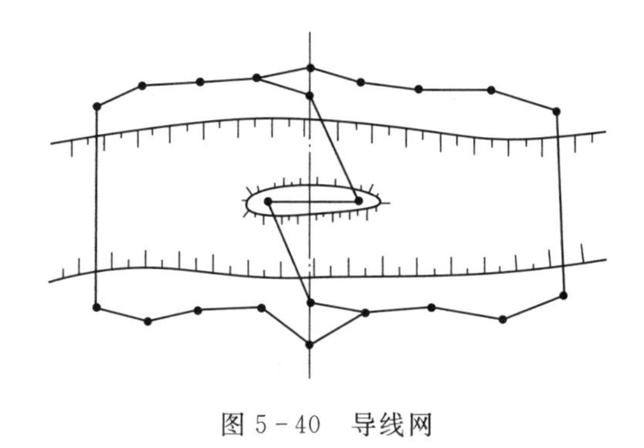

图 5－40　导线网

图 5－41　三角网

(二)桥梁施工高程控制测量

桥梁施工高程控制测量可按桥梁大小、施工要求的不同,采用相应等级水准测量进行。当精度要求低于三等水准时,也可采用全站仪三角高程测量施测;当精度要求为五等水准时,可采用 GNSS 高程测量施测。

为了在桥址两岸建立统一、可靠的高程系统,应布设基本高程点(每岸不少于 3 个);当引桥长于 1 km 时,在引桥的两端也需设置基本高程点。基本高程点应选在尽可能靠近施工场地、地质条件好、不受水淹、不被扰动的地基稳定处,并埋设永久性标石或在基岩上凿出标志。所有基本高程点组成统一的桥梁施工高程控制网。为了方便桥墩、桥台、索塔高程放样,当基本高程点较远时,应增加布设施工高程点。施工高程点应与基本高程点构成附合(闭合)路线。

当高程路线遇到宽阔水域(江河湖塘、山谷沟壑)时,两岸高程传递需采用跨河高程测量。跨河高程测量主要有跨河水准测量、跨河三角高程测量与跨河 GNSS 高程测量等,消除或削弱水准仪 i 角误差、地球曲率和大气折光等的影响。

二、桥梁施工测量

桥梁墩台定位及轴线测设

(一)桥墩、桥台、索塔定位

在桥梁基础施工之前,将桥墩、桥台、索塔中心设计平面位置放样出来的工作称为桥墩、桥台、索塔定位。桥墩、桥台、索塔定位的方法根据桥梁大小、仪器、地形及设计要求等情况,主要有测距法、极坐标法、方向交会法或 GNSS 法等。

1. 小型桥梁桥墩、桥台、索塔定位

桥梁基础施工测量

建造跨度较小的小型桥梁时,为便于桥墩、桥台、索塔定位和施工,一般采用临时筑坝截断河流的方法或选在枯水季节。小型桥梁中线一般由道路的中线来决定,因此,小型桥梁(包括城市立交桥)的桥墩、桥台、索塔定位可采用线路工程中线路测量方法。

对于直线桥梁可采用直接测距法。如图 5-42 所示,先根据轴线控制桩 A、B 和各桥墩、桥台、索塔中心点的里程,求其间距 l_i,然后使用检定过的钢尺或全站仪,采用已知水平距离测设的方法,沿桥轴线方向从控制桩 A 开始测向另一端依次测设出各桥墩、桥台、索塔的中心位置,最后与另一端的控制点 B 附合,进行校核。对于曲线桥梁,则可利用线路控制点和桥墩、桥台、索塔中心点的设计坐标,采用方向交会法或极坐标法进行定位。

2. 大、中型桥梁桥墩、桥台、索塔定位

对于大、中型桥梁,由于其跨度大、河面宽,桥墩、桥台、索塔往往处于水中,施工前需利用桥梁施工平面控制点,采用方向交会法进行桥墩、桥台、索塔定位。

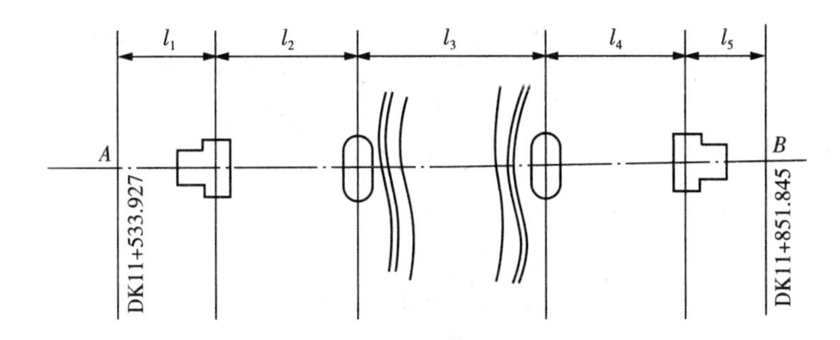

图 5-42 桥墩、桥台、索塔定位的直接测距法

如图 5-43 所示，A 是桥轴线上的施工控制点，C、D 是分别位于轴线上、下游的施工控制点，$P_i(i=l,2,3,4)$ 为待测设的桥墩、桥台、索塔中心。根据 P_i 坐标计算出测设数据 a_i 和 β_i，，然后分别在 C、D 点上安置测角仪器，测设水平角 a_i 和 β_i 与桥轴线方向交会出桥墩、桥台、索塔的中心位置。由于存在测量误差，与桥轴线方向交会时会形成示误三角形。如果示误三角形在桥轴线上的边长 C_1C_2 不大于限差，则取 c 在桥轴线上的垂足作为交会点 P 的最终位置。

为了保证桥墩、桥台、索塔定位的精度，交会角 γ 应接近 90°且不大于 120°。由于桥墩、桥台、索塔位置有远有近，因此交会时不应将仪器始终固定在两个控制点上，有必要对控制点进行选择。如图 5-43 所示，放样 P_i 宜在节点 1、节点 2 上进行交会。为了获得较好的交会角，应充分利用两岸的控制点，选择最为有利的观测条件，必要时也可以在控制网中增设插点以满足测设要求。

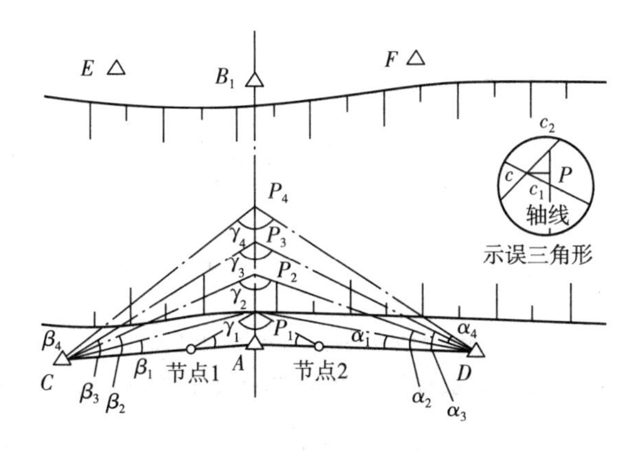

图 5-43 与桥轴线方向交会及其示误三角形

在桥梁施工过程中，随着工程的进展，需要反复多次地交会出桥墩、桥台、索塔的中心位置，且要迅速、准确。为此可把交会的方向延长到对岸，并用觇牌进行固定，如图 5-44 所示。这样，在以后的交会中，就不必重新测设角度，用仪器直接瞄准对岸的觇牌即可。桥墩、桥台、索塔筑高后可能阻挡视线，可在其施工至水面之后，将交会的方向延长至侧身，用油漆画出瞄准标志。

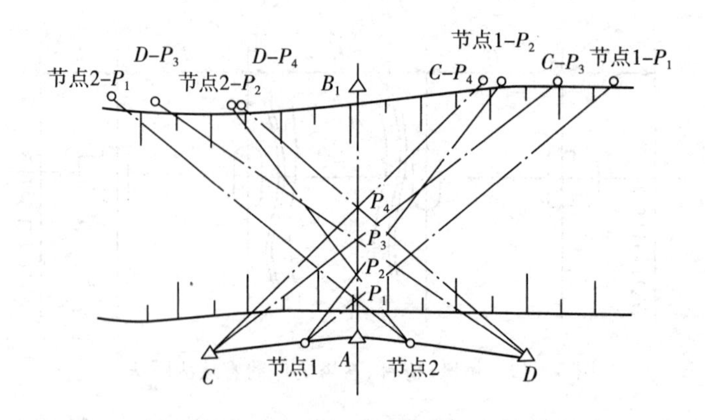

图 5-44　对岸设置照准觇牌

(二)桥墩、桥台、索塔轴线测设

桥墩、桥台、索塔定位后，还应测设出纵横轴线，作为其细部放样的依据，下面以直线桥梁为例，介绍桥墩、桥台、索塔的纵、横轴线测设方法。

直线桥梁桥轴线与桥墩、桥台、索塔横轴线相重合，因而可以利用桥轴线两端的控制桩测设桥墩、桥台、索塔横轴线。

在无水区，桥墩、桥台、索塔纵轴线可通过已放样出的桥墩、桥台、索塔中心点上安置测角仪器，后视桥轴线方向测设 90°水平角获得。在施工过程中，需要经常恢复桥墩、桥台、索塔的纵轴线位置。因此，为了简化工作，应在桥墩、桥台、索塔中心点四周的纵横轴线上设置轴线控制桩，将其准确地标定在地面上，如图 5-45 所示。

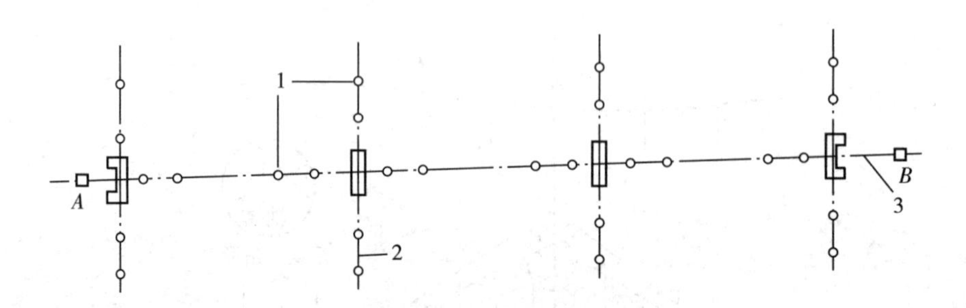

1—轴线控制桩；2—纵轴线；3—桥轴线

图 5-45　桥墩、桥台、索塔纵、横轴线及其控制桩设置

轴线控制桩的位置应选在离施工场地一定距离、通视良好、地质条件稳定的地方，每侧各设置 2～3 个。这样，在个别轴线控制桩丢失、损坏后也能及时恢复桥轴线，并且在桥墩、桥台、索塔施工到一定高度且影响到两侧轴线控制桩通视时，也能利用同一侧的轴线控制桩恢复轴线。

水中的桥墩、桥台、索塔，上述方法无法实现其轴线测设。一般先在初步定出的桥墩、桥台、索塔位置处设筑岛、建围堰或搭建测揖平台。用交会或其他方法精确测设出桥墩、桥台、索塔的中心位置，并将轴线测设于筑岛、围堰或测抵平台上。

(三)桥墩、桥台、索塔基础施工测量

桥梁墩台施工测量

地形地质条件不同,桥墩、桥台、索塔基础的施工方法不同,施工测量方法各异。下面分别予以介绍。

1. 明挖基础施工测昼

明挖基础多在地面无水的地基上施工,先挖基坑,然后在基坑内砌筑基础或浇筑混凝土基础。

如果是浅基础,可连同承台一次砌筑或浇筑,如图 5-46 所示。如果在水域内明挖基础,则要先建立围堰,将水排出后再进行开挖。在桥墩、桥台、索塔基础开挖前,应根据已放样出的墩台中心点及其轴线位置,结合基础尺寸,在地面上标定出开挖边界线,如图 5-47 所示(坑底平面尺寸,应比基础襟边加宽 0.3~0.5 m)。

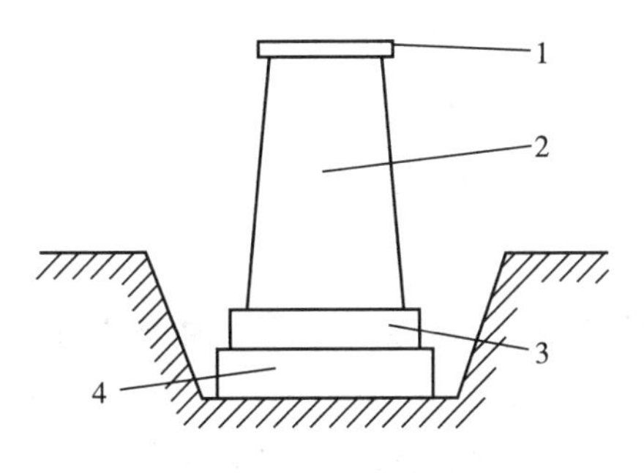

1—墩帽;2—墩身;3—承台;4—基础

图 5-46　明挖基础

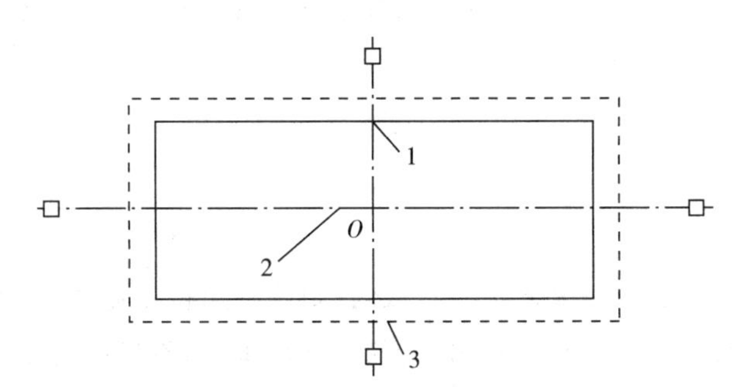

1—桥轴线;2—墩台纵轴线;3—开挖边界线

图 5-47　明挖基础放样

开挖基坑的高程控制,可根据具体情况采用水准测量、全站仪三角高程测量或悬吊钢尺等方法进行。

基坑开挖好后,在确定桥墩、桥台、索塔轴线控制桩准确无误后,根据轴线控制桩将桥墩、桥台、索塔的中心及轴线投影到基坑底部,做好标记;定出基础底部角点,引导砌筑基础或立模浇筑混凝土基础。

2. 桩基础施工测量

桩基础是一种常用的桥梁基础类型。根据施工方法的不同,桩基础可分为打(压)入桩和钻(挖)孔桩。打(压)入桩是将桩预制好,然后在现场按设计位置及深度将其打(压)入地下。而钻(挖)孔桩,则是先在基础设计位置上钻(挖)好桩孔,然后在桩孔内放入钢筋笼,并浇筑混凝土成桩。在桩基础完成后,在其上浇筑承台,使桩与承台连成一个整体。之后,在承台上修筑墩身,如图 5-48 所示。

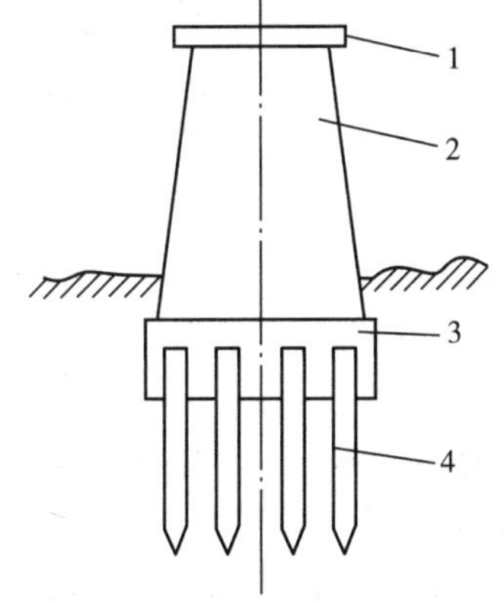

1—墩帽;2—墩身;3—墩台;4—桩

图 5-48　桩基础与墩

在桩基础施工前，需先放样出各桩的平面位置。在无水的情况下，每一根桩的中心点可根据已放样出的桥墩、桥台、索塔中心点及其轴线位置，结合桩在纵横轴线坐标系中的设计坐标，用直角坐标法进行测设，如图 5-49(a)所示。如果各桩为圆形布置，则各桩多以其与桥墩、桥台、索塔纵、横轴线的偏角和至桥墩、桥台、索塔中心点的距离，用极坐标法进行测设，如图 5-49(b)所示。一个桥墩、桥台、索塔的全部桩位宜在场地平整后一次性放样完成，并以木桩标定，以便桩基础的施工。

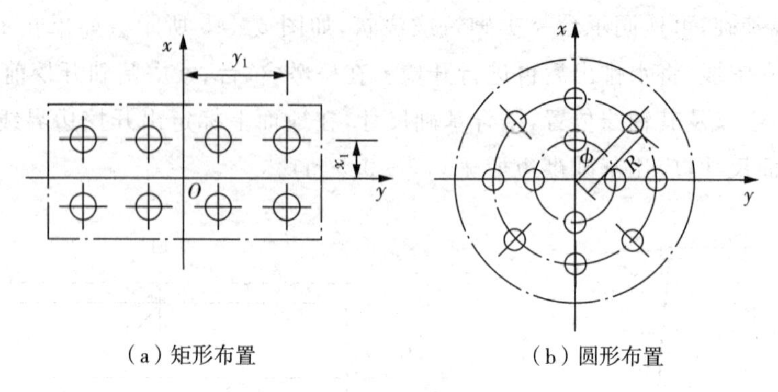

(a) 矩形布置　　(b) 圆形布置

图 5-49　桩基位置放样

如果桩基础位于水域内，则可利用桥梁施工平面控制点，采用交会放样法或极坐标放样法直接将桩位定出。若在桥墩、桥台、索塔附近搭设有施工平台，如图 5-50 所示，先在平台上测定两条与桥轴线平行的直线 AB、$A'B'$，然后按各桩之间的设计尺寸定出各桩位放样线 1—1′、2—2′、3—3′等，沿此方向测距即可测设出各桩的中心位置。

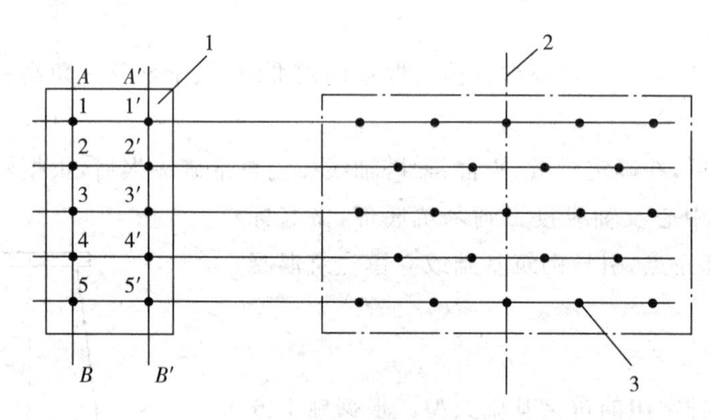

1—施工平台；2—桥轴线；3—桩位

图 5-50　利用施工平台测设桩基础位置

桩基础施工过程中的高程控制根据具体情况采用水准测量、全站仪三角高程测量等方法进行。

在桩基础施工中，要注意控制桩的深度和倾斜度。每个钻(挖)孔的深度可用线绳吊以重锤测定，打(压)入深度则可根据桩的长度来推算。对于钻(挖)孔桩，由于在钻孔时为了防止孔壁坍塌，孔内灌满了泥浆，因而倾斜度的测定无法在孔内直接进行，而是利用测斜仪测定钻孔机导杆的倾斜度，并利用钻孔机上的调整设备进行校正。钻孔机导杆以及打(压)入桩的倾斜度，可用靠尺法测定。

3. 沉井基础施工测量

沉井基础是一个井筒状的结构物，从筒内挖出土石，井筒依靠自身重力克服井壁摩阻力后下沉到设计标高，然后采用混凝土封底并填塞井孔。沉井既是基础，又是施工时的挡土挡水围堰结构物。沉井施工完成之后，在沉井外壁用油漆标出竖向轴线，在竖向轴线上隔一定的间距画出标尺。标尺的尺寸从刃角算起，刃角的高度应从井顶理论平面往下量出。四角的高度如有偏差应取齐，可取其中最低点为零点。沉井接高时，标尺应相应地向上画。

沉井下沉过程中，一组人员在沉井两平面轴线方向上同时安置测角仪器，瞄准沉井轴线方向后，调整沉井使其竖向轴线与望远镜竖丝重合，从而确保沉井的几何中心在下沉过程中不致偏离设计中心；另一组人员在井顶测点竖立水准尺，用水准仪联测井顶与水准点，计算出沉井的下沉量或积累量，了解沉井下沉的深度。沉井下沉时的中线及标高控制，每下沉 1 m 至少检测一次。如果发现沉井有位移或倾斜，应立即纠正。

(四)墩身、墩帽、索塔施工测量

基础完成之后，在基础顶面放样桥墩、桥台、索塔轴线，弹上墨线，按墨线和尺寸设立模板，浇筑混凝土。随着砌筑(或浇筑)高度的增加，应及时对其中心位置检查。砌筑至离墩帽顶约 30 cm 时，要测设出纵、横轴线，然后支立模板。为确保墩帽中心位置正确，在浇筑混凝土之前，应复核纵、横轴线。

(五)梁架铺设施工测量

梁架铺设是桥梁施工的最后一道重要工序。通过梁架铺设，将桥墩、桥台、索塔连接成一个整体。在梁架铺设之前，应对方向、距离和高程进行一次全面的精确测量。

桥梁变形监测

桥梁中线方向的测定，在直线部分可采用准直法，用测角仪器正倒镜观测，在桥墩、桥台、索塔中心标板上刻划出中线方向。如果跨距较大(大于 100 m)，应逐墩观测左、右角。在曲线部分，则可采用测定长弦偏角法等测设中心点。

相邻桥墩、桥台、索塔中心点之间的距离，需用全站仪测设，适当调整中心点，并在中心标板上刻划里程线，与中线方向正交，形成桥墩、桥台、索塔中心十字线，使其里程与设计里程完全一致。

桥墩、桥台、索塔顶面的高程，需用水准测量测定，并与两岸基本水准点联测构成附合水准路线。

大跨度钢桁架或连续梁，一般采用悬臂或半悬臂安装梁架。安装梁架之前，应在横梁顶部和底部中点作出标志，以便架梁时测量钢梁中线与桥梁中线的偏差值。在梁的安装过程中，应不断地进行测量，以保证钢梁始终在正确的平面位置上，使中线方向偏差、最近节点高程差和距离差符合设计和施工要求。

全桥架通后，还需对方向、距离和高程等进行一次全面的测量，其成果资料可作为钢梁整体纵、横移动和起落调整的施工依据，称为全桥贯通测量。

(六)桥台锥坡放样

桥台两边的护坡通常为1/4锥体，坡脚和基础边缘线的平面为1/4椭圆。根据椭圆的几何性质，其坡脚和基础边缘线的放样，可采用以下几种方法。

1. 拉线法

如图5-51所示，已知锥坡的高度为H，两个方向的坡率分别为m、m，则椭圆的长轴$a=mH$，短轴$b=nH$。在实地确定锥坡顶点的平面位置O以及长、短半轴方向后，在一根绳子的中间做上标记，使绳子的两端长度分别等于长轴a和短轴b，当绳子的两端沿着长、短半轴方向移动时，绳子上的标记经过的轨迹即为坡脚与基础的边缘线。

2. 内、外坐标法

如图5-52所示，若以锥坡顶点的平面位置O为原点，以1/4椭圆的长、短轴为坐标轴建立直角坐标系xOy，计算出椭圆上任一点P在该坐标系中的坐标(x,y)，那么在实地确定锥坡顶点的平面位置O以及长、短半轴方向后，采用直角坐标法即可放样出坡脚与基础的边缘线。在施工中，为了减少土方回填，往往将开挖弃土堆放在锥坡内，因而不便使用内坐标法放样锥坡。这时可以采用平移x轴或y轴的方法，从外侧向内侧量距放样出坡脚与基础的边缘线。如图5-53所示，从椭圆短轴端点由外向内量距$y'=b-y$，即可放样出椭圆上的一系列点。

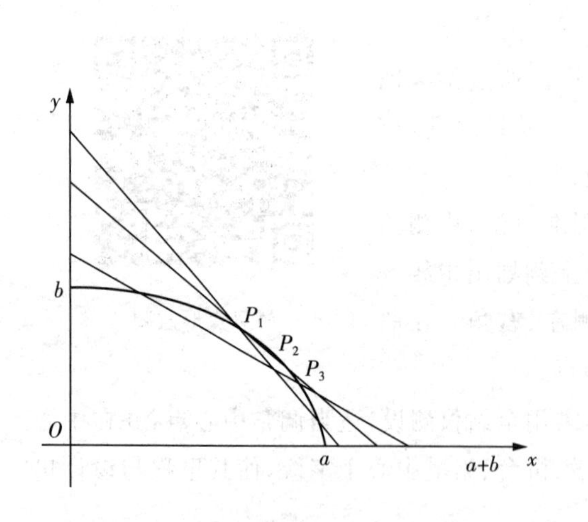

图5-51　锥坡放样的拉线法

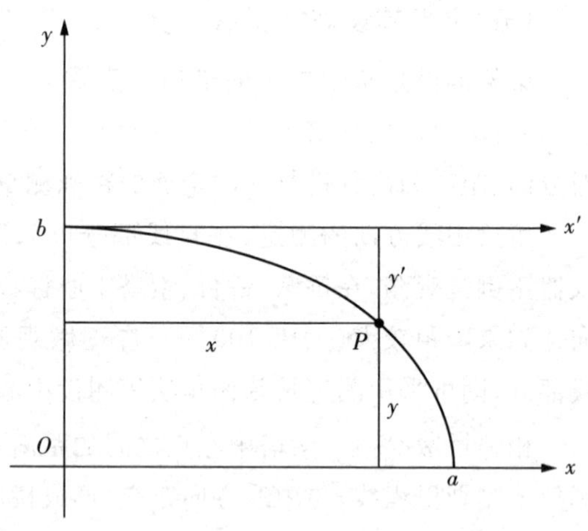

图5-52　锥坡放样的内、外坐标法

项目总结

学习重点

1. 施工测量的基本工作。

2. 道路中线测量的内容与方法。

3. 道路纵横断面测量。

4. 道路施工测量的内容与方法。

学习难点

1. 施工测量内容、特点、程序与原则。

2. 道路中桩坐标计算。

3. 桥梁施工测量内容、特点和方法。

思政园地

1. 大国工程一看见锦绣山河：资料引自：https://live.baidu.com/m/media/pclive/pchome/live.html? room_id=7744378268&source=h5pre

2. 刘先林：测绘科研一线的“大国工匠”：资料引自：https://www.mnr.gov.cn/zt/kj/kjcxrw/202012/t20201208_2594200.html

练 习 题

一、单选

1. 下列关于施工测量的叙述中，(　　)是错误的。

A. 各项工程在施工阶段进行的测量工作称为施工测量。

B. 施工测量的主要任务就是测设点位。

C. 施工测量和普通测量是本质上不同的两种测量工作。

D. 施工测量贯穿整个建筑物、构筑物的施工过程。

2. 公路中线测量时短链是指(　　)

A. 实际里程大于原桩号

B. 实际里程和原桩号一致

C. 实际里程小于原桩号

D. 原桩号测错

3. 线路施工复测的目的是(　　)。

A. 重新测设桩点

B. 恢复定测桩点，检查定测质量

C. 修订桩点的平面位置和高程

D. 全线里程贯通，消除断链。

4. 中平测量是测定路线(　　)的高程。

A. 水准点　　B. 转点　　C. 中桩　　D. 以上所有

5. 中型桥梁平面控制网不常采用的控制方法是(　　)

A. 导线网　　B. 三角网　　C. GNSS 网　　D. 交会

二、简答与计算

1. 施工测量工作内容主要有哪些?

2. 测设的基本工作有哪些?

3. 测设一段长为 48.642 m 的水平距离 AB,先沿 AB 方向按一般方法测设 48.642 m,定出 B'点,再用名义长度为 30 m 的钢尺精确量得 AB'的水平距离为 48.658 m,问应如何对 B'点进行改正?

4. 某水准点 A 的高程为 126.546 m,水准仪在该点上的标尺读数为 1.658 m,现欲测设出高程为 127.248 m 的 B 点,问 B 点上标尺读数为多少时,其尺底高程为欲测设的高程?

5. 已知线路交点里程为 K12+478.56,线路转角(右角)为 $28°24'$,圆曲线半径 $R=$ 300 m,请计算圆曲线元素和各主点里程,并说明主点测设步骤。

6. 线路纵、横断面测量的任务是什么?包括哪些内容?

7. 简述桥梁施工控制测量的作用、内容与方法。

项目六　建筑施工测量

本章脉络

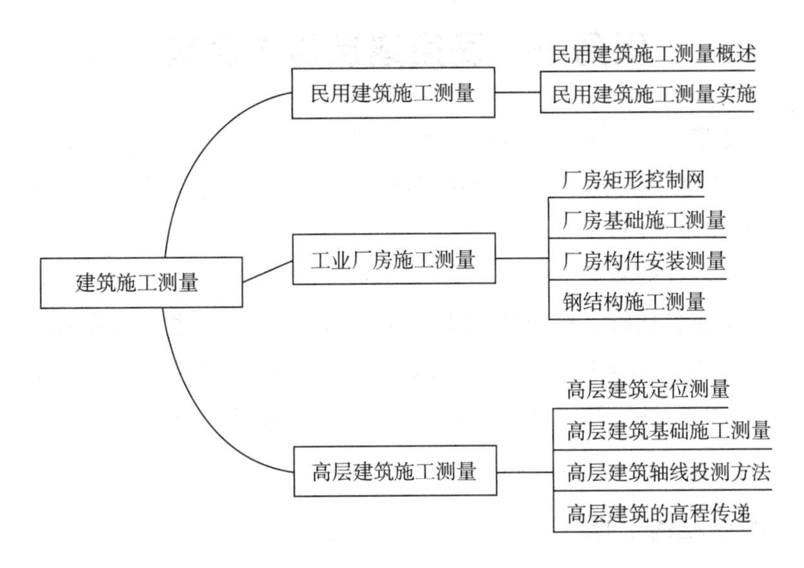

本章要点

贯穿于施工全过程的施工测量是建筑施工前的先导，本任务针对民用建筑、工业厂房、高层建筑施工中标高、轴线、变形测量的常用方法进行讲解，让学生能够根据施工建筑物特点，按照测量精度要求，安全、快捷的为建筑物施工和运营监测提供测量技术服务。本章内容是课程体系重点的专业测量技能培训内容之一，重点培养学生以建筑工程为代表的施工测量的技术与能力。

学习目标

【知识目标】

1. 了解建筑施工测量与变形监测的内容。
2. 掌握建筑物基本的施工测量方法。
3. 熟悉建筑工程施工测量技术规范要求。

【技能目标】

1. 能够运用水准仪进行不同建筑物高程测设。
2. 能够运用全站仪进行建筑物轴线测设。

【素质目标】

1. 具备 1＋X“测绘地理信息数据获取与处理”中水准仪、全站仪、GNSS 测量中级水平。

2. 具备工程测量员(4—08—03—04)国家职业技能标准中工程测量对应专业高级工水平。

【思政目标】

以“上海中心”等超高层建筑大国工程介绍,树立施工安全质量风险辨识意识,养成严谨踏实工作作风,培养树立绿色节能、和谐统一、创新发展的工程建设观。

任务一　民用建筑施工测量

民用建筑一般指住宅、办公楼、商店、医院、学校、饭店等建筑物,有单层、低层(2～3层)、多层(4～7 层)和高层(8 层以上)的建筑物。由于类型不同,其测量的方法和精度也不同,但测量的过程基本相同。

建筑工程施工阶段的测量工作分为施工前的测量工作和施工过程中的测量工作。建筑施工前的测量工作包括施工控制网的建立、场地布置、工程定位和基础放线等。施工过程中的测量工作包括基础施工测量、墙体施工测量、建(构)筑物的轴线投测和高程的传递、竣工测量、沉降监测等,其中施工放样是每道工序作业的先导,验收测量是每道工序的最后环节。

一、施工测量准备工作

(一)熟悉施工图纸

施工图纸是施工测量的依据,在测设前应熟悉建筑物的尺寸和施工方案,以及施工建筑物与相邻地物的相互关系等。对各施工图纸的有关尺寸及坐标位置应仔细核对,必要时要将图纸上的主要数据打印出来,装订成册,以便现场随时查用。测设时应具备的图纸主要有建筑总平面图、建筑平面图、基础平面图和基础详图、建筑物的立面图和剖面图,具体内容见项目八。各种图纸在施工测量种的主要作用如下:

1. 建筑总平面图

建筑总平面图上给出了设计建筑物与原有建筑物或测量控制点之间的平面尺寸关系,并注明了各栋建筑物的室内地坪高程,是测设建筑物总体位置和高程的重要依据。

2. 建筑平面图

建筑平面图标明了建筑物首层、标准层等各楼层的总体尺寸,以及楼层内部各轴线之间的尺寸关系,它是测设建筑物细部主线的依据。

3. 基础平面图和基础详图

从基础平面图中查取基础边线与定位轴线的平面尺寸,以及基础布置与基础剖面的位置关系。

从基础详图中查取基础立面尺寸、设计标高，以及基础边线与定位轴线的尺寸关系，这是基础高程测设的依据。

4. 建筑物的立面图和剖面图

从建筑物的立面图和剖面图中，可获得基础、地坪、门窗、楼板、屋面的设计高程。这是高程测设的主要依据。

(二)现场踏勘

现场踏勘的目的是为了全面了解现场的地物、地貌和原有的测量控制点的分布情况，检核原有平面控制点和水准点，以获得正确的测设起始坐标数据和测站点位。

(三)编制施工测量方案

建筑工程项目应根据设计要求、场地定位条件、现场地形和施工方案等制定专项测量方案。方案内容主要包括编制依据、人员配置、使用的测量仪器及工具、测设方法及精度要求、施工测量管理制度等。报相关部门审批后，方可实施。根据施工测量方案和施工进度安排，首先对需要测设的设计数据进行检核，以免出现设计数据错误。其次对需要测设的建筑物的轴线交点进行坐标计算或转换，绘制测设略图，打印成册，方便外业携带和查阅，确保现场测量的数据准确。

二、民用建筑施工测量内容

(一)轴线交点桩测设

建筑物的定位是指根据设计条件，依次测设出建筑物主轴线交点桩，即为角桩。将建筑物主轴线交点测设到地面上，并以此作为基础放线和细部轴线放线的依据。根据测设方案计算轴线交点坐标，利用施工场区已有平面控制点。一般采用全站仪极坐标法或 RTK 坐标放样法测设所需要的轴线交点平面位置。根据《工程测量标准》(GB 50026—2020)相关规定：按照建筑物的结构尺寸，采用标定后钢尺复测轴线距离，测距精度达到 1/3000 以上，方可进行下步作业。

(二)恢复轴线的方法

基槽开挖后，建筑物定位的角桩和轴线交点的中心桩将被挖掉，为了便于施工中恢复个轴线位置，应把各轴线延长到槽外安全地点，并做好标志。

1. 测设轴线控制桩

适用于大型民用建筑。如图 6 - 1(a)、(b)所示，一般情况下，应将角桩向建筑物基槽外侧 2～4 m 合适的位置打入轴线控制桩(引桩)A、B、C、D、A'、B'、C'、D'，用小钉在桩顶准确标示出轴线 $A-A'$、$B-B'$、$C-C'$、$D-D'$的位置，并用混凝土包裹木桩，如下剖面图所示。

引桩的测设方法：首先根据轴线角桩的设计坐标，计算出需要打入的轴线控制桩(引桩)的坐标，利用场区平面控制点，采用全站仪极坐标法，进行引桩的测设。如有条件，可把轴线引测到周围原有的地物上，并做好标记，代替轴线控制桩。

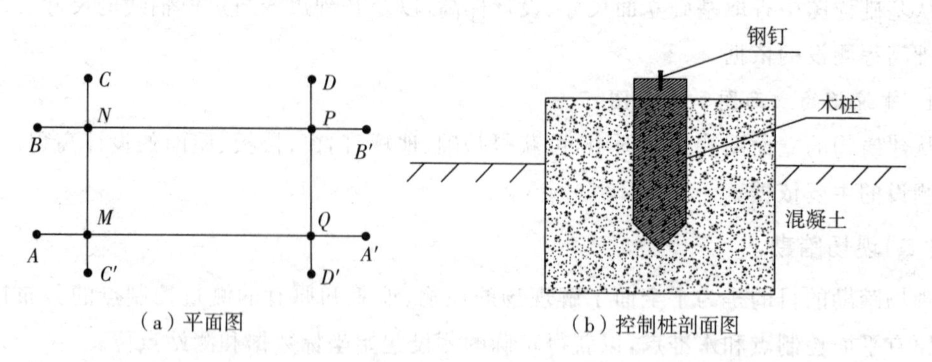

(a) 平面图　　(b) 控制桩剖面图

图 6-1　轴线控制桩

2. 设置龙门板

传统的测设轴线的方法，一般适用于小型民用建筑。为了便于施工，常在基槽开挖前将各轴线引测到槽外的水平木板上，以作为挖槽后各阶段施工恢复轴线的依据。水平木板称为龙门板，固定木板的木桩，称为龙门桩。如图 6-2 所示，设置龙门板的步骤如下：

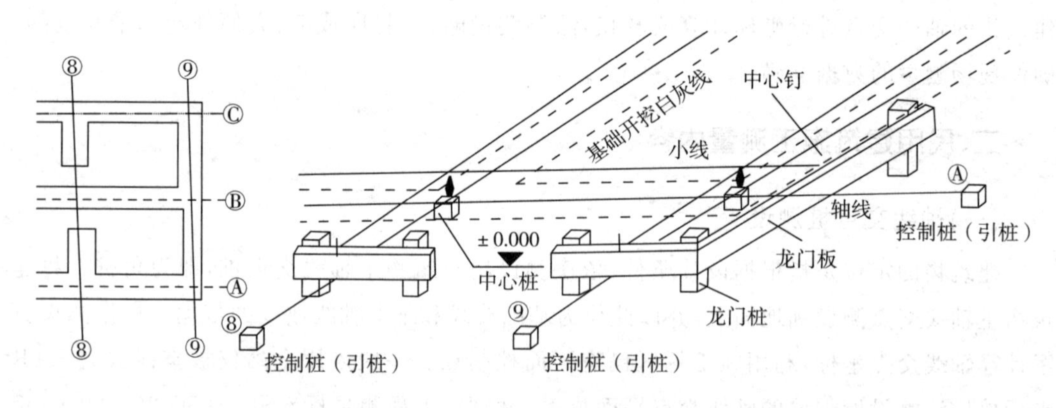

图 6-2　测设龙门板

(1)在建筑物四角和中间隔墙两端基槽开挖边界线以外 1.5～2 m 处钉设龙门桩，桩要竖直、牢固，桩的侧面与基槽平行。

(2)根据附近水准点，用水准仪在每个龙门桩外侧测出该建筑物室内地坪设计高程线即±0.000 m 标高线，并作出标志。在地形条件受限制时，可测设比±0.000 m 高或者低的整分米线的标高线。但同一个建筑最好只选用一个标高。如地形条件受限制时，必须标注清楚，以免使用时发生错误。

(3)沿龙门桩上±0.000 m 标高线钉设龙门板，其顶面的高程必须同在±0.000 m 标高的水平面上，然后用水准仪校核龙门板的高程，其限差为±5 mm。

(4)把全站仪安置于中心桩上，将各轴线引测到龙门板顶面上，并钉小钉做标志(称为中心钉)，其投点误差为±5 mm。如果建筑物较小，也可以用垂球对准定位桩中心，在轴线两端龙门板间拉一小线绳使其紧贴垂球线，用这种方法将轴线延长标定在龙门板上，并做好标志。

(5)用钢尺沿龙门板顶面，检测中心钉间的距离，其相对误差不得超过限差。校核无误后，以中心钉为准，将墙宽、基础宽标定在龙门板上。最后根据基槽上口宽度拉线，用石灰撒出开挖边界线。

龙门板应标记轴线编号。龙门板使用方便，它可以控制±0.000 m 以下标高和基槽宽、基础宽、墙身宽、以及墙柱中心线等，但占地大，使用木材多，影响交通，故在机械化施工时，一般都是设置控制桩。

(三)基础高程测设

建筑物基础工程施工测量的主要工作是控制基槽开挖深度和控制基础墙体标高。

1. 基础开挖深度的控制

施工中，基槽是根据基槽灰线开挖的。当开挖接近槽底时，在基槽壁上自拐角开始每隔 3～5 m 测设一个比基槽底设计标高高 0.3～0.5 m 的水平桩(又称腰桩)，作为挖基槽深度、修平槽底和打基础垫层的依据。高程点的测量容许误差为±10 mm。

一般根据施工现场已测设的±0.000 m 标高线，龙门板顶高程或水准点，用水准仪高程测设的方法测设水平桩，如图 6－3 所示，设槽底设计高程为－1.700 m，欲测比槽底设计标高高 0.500 m 的水平桩。首先在适当位置安置水准仪，立水准尺于龙门板顶面上，读取后视读数为 0.774 m，求得测设水平桩的前视读数为 $b=0.774+1.700-0.500=1.974(\mathrm{m})$，然后立尺于槽内一侧，并上下移动，直至水准仪视线读数为 1.974 m，即可沿尺底在槽壁打一小木桩，即为要测设的水平桩。

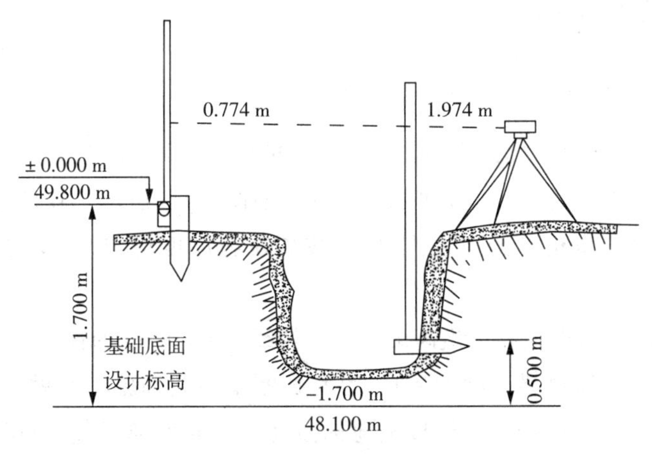

图 6－3　基础水平桩测设

2. 基础垫层标高的控制

为控制垫层标高，在基槽沿水平桩顶面弹一条水平墨线或拉上白线绳，以此水平线直接控制垫层标高，也可根据水准点或龙门板顶的已知高程，直接用水准仪来控制垫层标高。基础垫层打好后，根据龙门板上的轴线钉或轴线控制桩，用拉绳挂垂球或用全站仪将轴线投测到垫层上，并用墨线弹出墙中心线和基础边线，作为砌筑基础的依据。

3. 基础标高的控制和弹线

房屋基础墙(±0.000 m 以下的砖墙)的高度是利用基础皮数杆来控制的。立基础皮数杆时,可在立杆处打一木桩,用水准仪在木桩侧面抄出一条高出垫层标高某一数值的水平线,将皮数杆上相同的标高线与木桩上的水平线对齐,并将皮数杆固定在木桩上,即可作为砌筑基础的标高依据。

当基础墙砌筑到±0.000 m 标高下一层砖(防潮层)时,应用水准仪检测防潮层标高,其允许偏差为±5 mm。防潮层做好后,根据龙门板上的轴线钉或引桩进行投点,其投点误差为±5 mm。当基础施工结束后,用水准仪检查基础面的标高是否符合设计要求,基础面是否水平,俗称“找平”,以便立墙身皮数杆砌筑墙体。

(四)墙体施工测量

建筑物墙体工程施工过程中的测量工作主要包括墙体定位和高程控制。

1. 墙体定位

在基础工程结束后,应对龙门板或控制桩进行复核,以防位移。复核无误后,可利用龙门板或控制桩将轴线测设到基础或防潮层等部位的侧面,如图 6－4 所示,作为向上投测轴线的依据。同时也把门、窗、和其他洞口的边线在外墙立面上画出。放线时先将各主要墙的轴线弹出,请检查无误后,再将其余主线全部弹出。

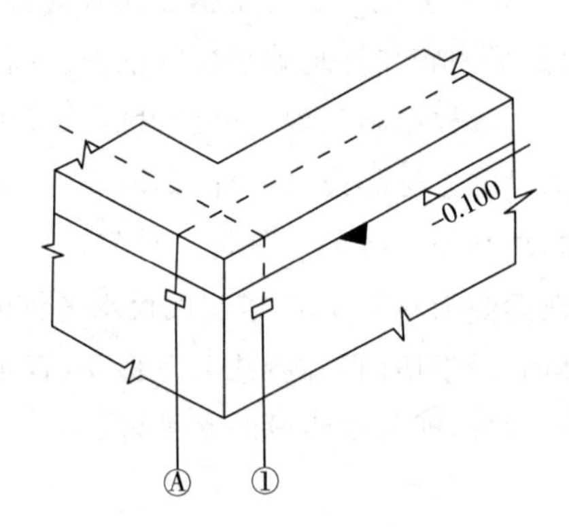

图 6－4　墙体轴线

2. 墙体各部位标高控制

在墙体砌筑施工中,墙身各部位的标高和砖缝水平及墙面平整是用皮数杆来控制和传递的。

皮数杆是根据建筑剖面图画有每皮砖和灰缝的厚度,并注明墙体上窗台、门窗洞口、过梁、雨篷,圈梁、楼板等构件高程位置的专用木杆,如图 6－5 所示。在墙体施工中,用皮数杆可以,保证墙身各部位构件的位置准确,每皮砖灰缝厚度均匀、每皮砖都处在同一水平面上。

砖砌到 1.2 m,用水准仪测设出高出室内地坪线+0.500 m 的标高线,该标高线作为用来控制层高及设置门、窗过梁高度的依据;也是控制室内装饰施工时做地面标高、墙裙、踢脚线、窗台等装饰标高的依据。在楼板板地标高处 10 cm 处弹墨线,根据墨线把板底安装用的找平层抹平,以保证浇筑楼板时板面平整及地面抹面施工。在抹好找平层的墙顶面上弹出墙的中心线及楼板安装的位置线,并用钢尺检查合乎要求后,浇筑楼板。楼板浇筑完毕后,用垂球将底层轴线引测到二楼楼面上,作为二层楼的墙体轴线。对于二层以上的各层同样将皮数杆移到楼层,使杆上±0.000 m 标高线正对楼面标高处,即可进行二层以上墙体的砌筑。在墙身砌到 1.2 m 时,用水准仪测设出该层+0.50 m 的标高线。

内墙面的垂直度可用如图 6－6 所示的 2 m 拖线板检测,将拖线板的侧面紧靠墙面,看

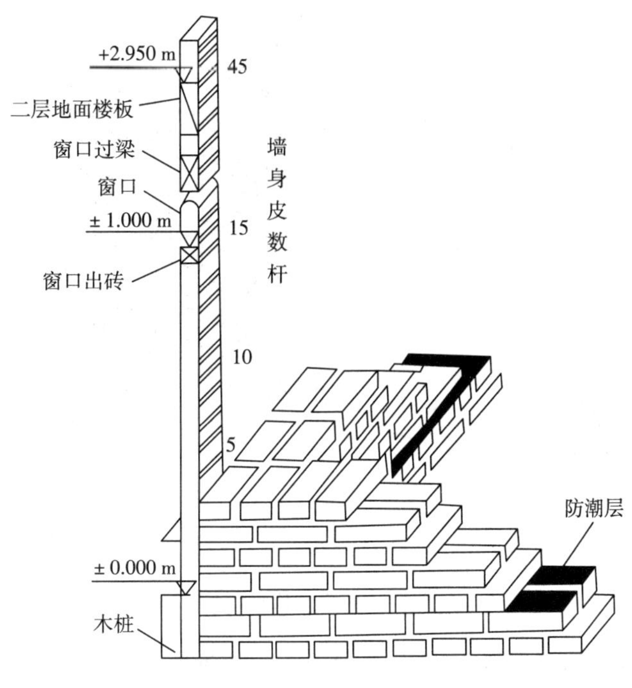

图 6－5　基础皮数杆

板上的垂线是否与板的墨线一致。

3. 建筑物的轴线投测

多层建筑砌筑过程中，为了保证轴线位置正确，可用铅垂或全站仪将轴线投测到各层楼板边缘或柱顶上。铅垂投测轴线简便易行，不受施工场地限制，一般能保证施工质量，但有风或建筑物较高时，投测误差较大，应采用全站仪投测法。

(1)铅垂投测轴线

将较重的铅垂悬吊在楼板或柱顶边缘，当铅垂尖对准基础墙面上的轴线标志时，吊线在楼板或柱顶边缘的位置，即为楼层轴线端点位置。各轴线的端点投测完后，用钢尺检核各轴线的间距，符合要求后，继续施工，并把轴线逐层自下向上传递。

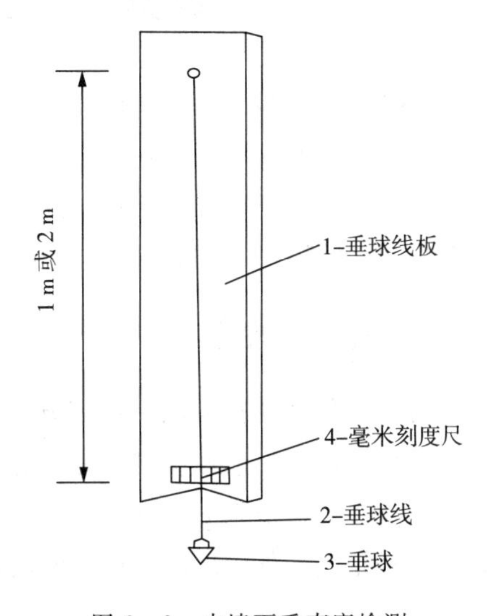

图 6－6　内墙面垂直度检测

(2)全站仪投测轴线

如图 6－7 所示，在轴线控制桩上安置全站仪后，瞄准基础墙面上的轴线标志，用盘左、盘右取中的方法，将轴线投测到楼层边缘或柱顶上。将所有轴线的端点投测完之后，用钢尺检核其间距，相对误差不得大于 1/2000，合格后才能弹线，为施工提供依据。

民用建筑一般规模比较小，其测量精度要求较低。施工测量方法比较简单，在施工测

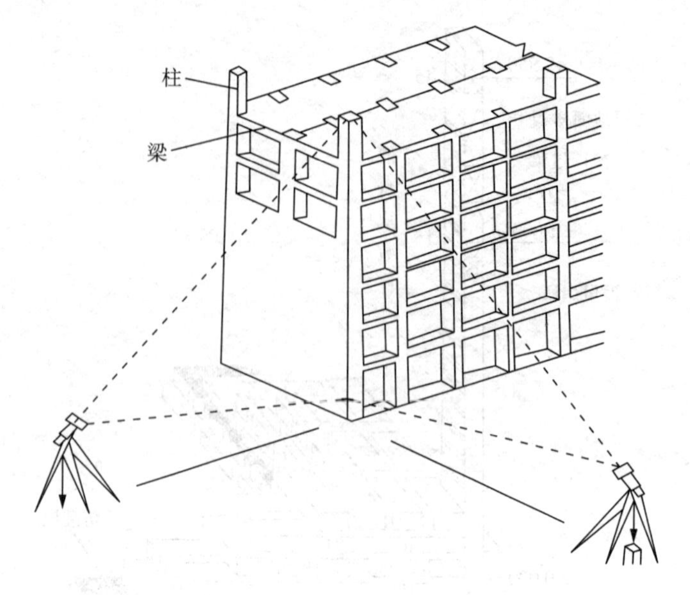

图 6-7　全站仪投测法

量中主要是做到易操作、高效率等，以满足建筑工程质量要求。

任务二　工业厂房施工测量

工业建筑主要指工业企业的生产性建筑，如厂房、仓库、运输设施、动力设施等。厂房可分为单层厂房和多层厂房，按照施工方法分为装配式和现浇整体式。目前我国使用较多的是钢结构或预制钢筋混凝土柱装配式单层厂房，其施工测量主要工作包括厂房柱形控制网的测设、厂房柱列轴线测设、基础施工测量、厂房构件安装测量及设备安装测量等。

一、厂房矩形控制网

厂房的定位多是根据现状建筑方格网进行测量控制的。厂房施工中多采用由柱轴线控制桩组成的厂房矩形控制网作为厂房的基本控制网。如图 6-8 所示，Ⅰ、Ⅱ、Ⅲ、Ⅳ为建筑方格网点，a、b、c、d 为厂房最外边的四条轴线的交点，其设计坐标已知，A、B、C、D 为布置在基坑开挖范围外的厂房矩形控制网的四个角点，称为厂房控制桩。厂房控制桩的坐标可根据厂房外型轮廓轴线交点的坐标和设计距离 l_1、l_2 求出。先根据建筑方格网点Ⅰ、Ⅱ用直角坐标法精确测设 A、B 两点，然后由 A、B 测设 C、D 点，最后校核$\angle DCA$、$\angle BDC$ 及边长 CD。对于一般性厂房来说，《工程测量标准》(GB 50026—2020)规定其角度误差不应超过$\pm 10''$，边长误差不应超过 1/10000。

为了便于厂房细部的测设，在测设厂房矩形控制网的同时，还应沿控制网每隔若干柱间距(20 m 左右)，增设一个木桩，称为距离指标桩。对于小型厂房也可采用民用建筑的测设方法，直接测设厂房的四个角点，再由轴线投测到龙门板或控制桩上。对于大型或设备基础复杂的厂房，则应先精确测设厂房控制网的主轴线 MON 和 POQ，如图 6－9 所示。再根据轴线测设厂房控制网 $ABCD$。

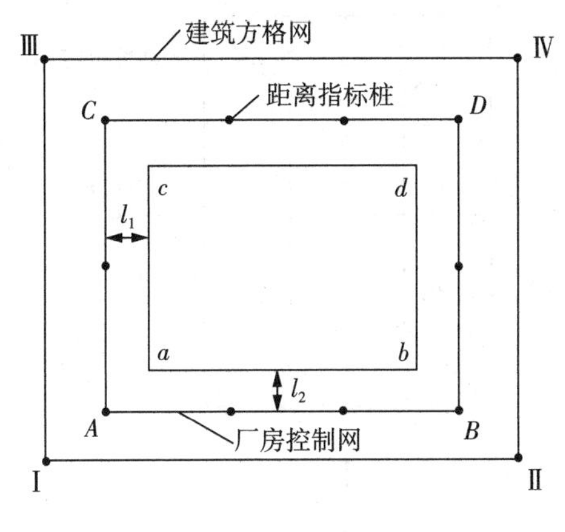

图 6－8　矩形控制网

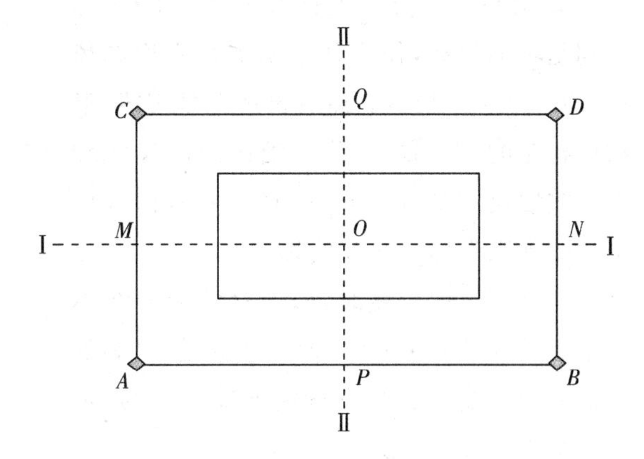

图 6－9　大型厂房控制网的主轴线

二、厂房基础施工测量

（一）厂房柱列轴线测设

厂房矩形控制网建立后，可按柱列间距和跨距用钢尺从靠近的距离指标桩量起，沿矩形控制网各边定出柱列轴线桩的位置，并在桩顶钉小钉，作为桩基放样和构件安装的依据，如图 6－10 所示Ⓐ－Ⓐ、Ⓑ－Ⓑ、①－①、②－②等轴线均为柱列轴线。

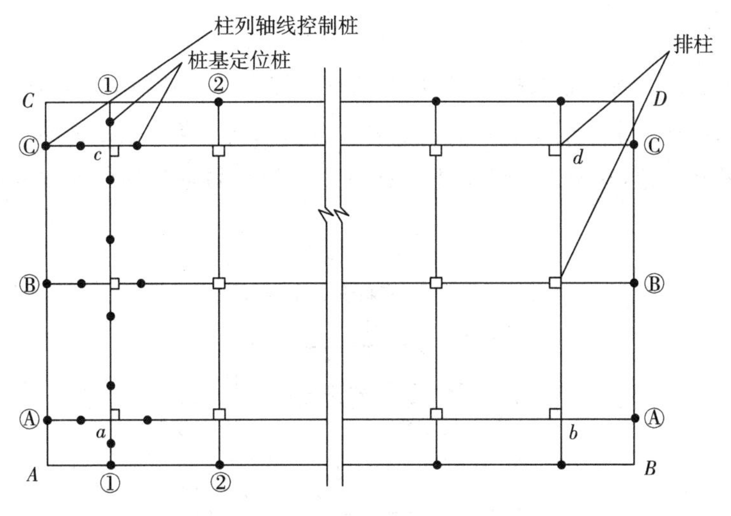

图 6－10　厂房平面示意图

（二）柱基定位和放线

在两条相互垂直的柱列轴线控制桩上，安置两台全站仪，沿轴线方向交会出各柱基的位置(即柱列轴线的交点),此项工作称为柱基定位。如图 6－11 所示,在基坑边线外 1～2 m 处的轴线方向上打入 4 个小木桩,测出到基坑的距离,作为开挖基坑和立模的依据,即为基坑定位桩。然后再装上拿细线,最后用特制的“T”形尺,按基础详图的尺寸和基坑放坡尺寸测设出开挖边线,并撒白灰标出。此项工作称为柱基放线。

柱基定位和放线时,应注意柱列轴线不一定都是柱基的中心线,而一般立模、吊装等习惯用中心线,此时,应将柱列轴线平移,定出柱基中心线。

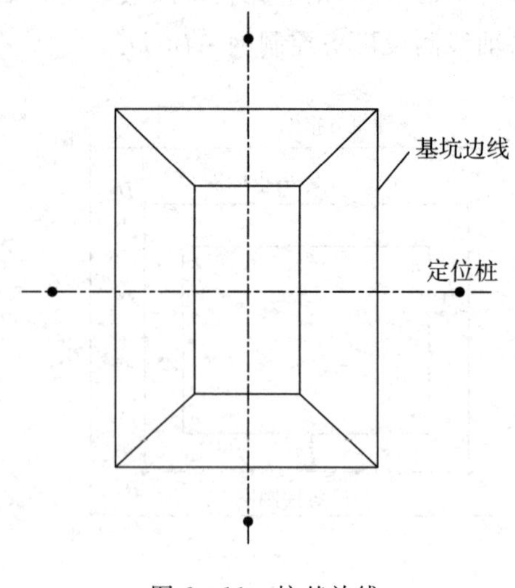

图 6－11　柱基放线

(三)柱基高程测量

基坑挖至接近设计标高时,在坑壁的四个角上测设相同高程的水平桩。桩的上表面与坑底设计标高统一相差 0.3～0.5 m,用作修正坑底和垫层施工的高程依据。

基础垫层打好后,根据基坑周边定位小木桩,用拉线吊铅垂的方法,把柱基定位线投测倒垫层上,弹出墨线,用红油漆,画出标记,作为柱基立模板和布置基础钢筋的依据。

立模时,将模板底线对准垫层上的定位线,并用铅垂检查模板是否垂直。立模后,将柱基顶面设计标高测设到模板内侧,作为浇筑混凝土的高度依据。

(四)杯口放线

如图 6－12 所示,根据轴线控制桩,用全站仪把柱中线投测到基础顶面上,用红油漆画出“▶”标志,在把杯口中线引测到杯底。在杯口内壁测设一条比基础顶面底 0.1 m 的标高线,弹出墨线做好标记,并画出“▼”标志。杯口放线的目的是为杯口的填高修平和柱子的安装做准备。

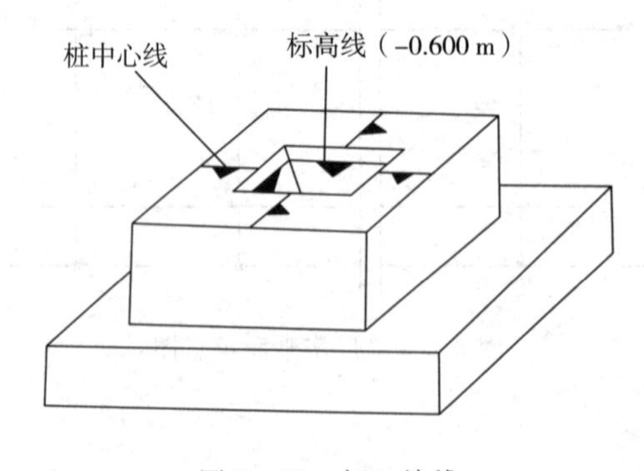

图 6－12　杯口放线

三、厂房构件安装测量

装配式厂房主要由柱子、吊车梁、屋架、天窗架和屋面板等主要构件组成。一般工业厂房都采用预制构件现场安装的方法施工。下面主要介绍柱子、吊车梁和屋架等构件在安装过程中测量工作。

(一)柱子的安装测量

1. 柱子的安装测量的精度要求

柱子安装必须严格遵守《工程测量标准》(GB 50026—2020)限差要求:

(1)柱脚中心线与柱列轴线之间的平面尺寸容许偏差为±5 mm。

(2)牛腿面实际标高与设计标高的容许误差,当柱高在5 m以下时为±5 mm;5 m以上时为±8 mm。

(3)柱的垂直度容许偏差为柱高的1/1000,且不超过20 mm。

2. 柱子安装前的准备工作

(1)柱身弹线。首先将每根柱子按轴线位置进行编号,再检查柱子尺寸是否满足设计要求。然后在柱子的三个侧面用墨线弹出柱子中心线,并在每面中心线的上端和下端及近杯口处用红油漆画出"▶"标志。以供校正时对照。再根据牛腿面的设计标高,从牛腿面向下用钢尺量出±0.000 m和−0.600 m的标高线,并用红油漆画出"▼"标志,如图6-13所示。

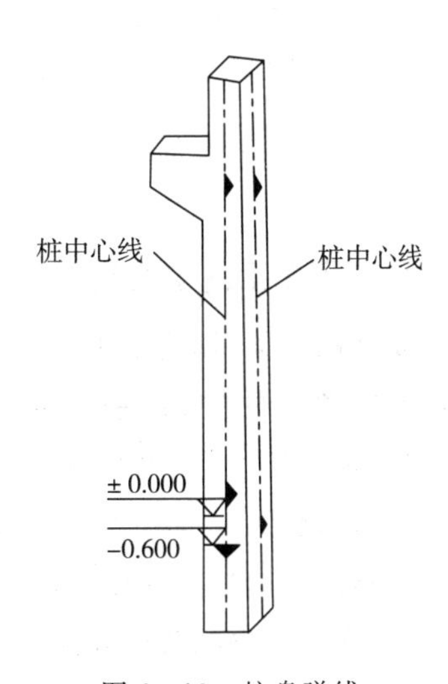

图6-13 柱身弹线

(2)杯底找平。先量出柱子的−0.600 m的标高线至柱地面的长度,再在相应的柱基杯口内,量出0.600 m的标高线至杯底的高程,比较确定杯底找平厚度,用水泥砂浆根据找平厚度,在杯底进行找平,使柱安装后的牛腿面标高符合设计要求。

3. 柱子安装时的测量工作

柱子安装测量的目的是保证柱子牛腿面的高程符合设计要求,柱身竖直且立于准确的轴线位置上。

(1)柱子就位与标高控制。吊车将预制柱子吊入杯口后,应使柱子的三面的中心线与杯口中心线对齐,用楔子临时固定。等柱子立稳后,水准仪测量柱身上的±0.000 m的标高线,其容许误差为±3 mm。

(2)柱子垂直度测量。如图6-14(a)所示,用两台全站仪,分别安置在柱基纵、横轴线上,离柱子的距离大于1.5倍柱高,先用望远镜瞄准柱底的中心线标志,固定照准部后,再缓慢抬高望远镜观察柱子中线偏离十字丝竖丝的方向,指挥吊车拉直柱子,直至从两台全站仪中观测到的柱子中心线都与十字丝竖丝重合为止,在杯口与柱子的缝隙中浇筑混凝土，以固定柱子的位置。实际安装时，一般是一次把许多柱子都竖起来，然后进行垂直校正。这时可把两台全站仪分别安置在纵横轴线的一侧，一次可校正几根柱子，如图 6-14(b)所示，仪器视线偏离轴线的角度 β 应在 15°以内。

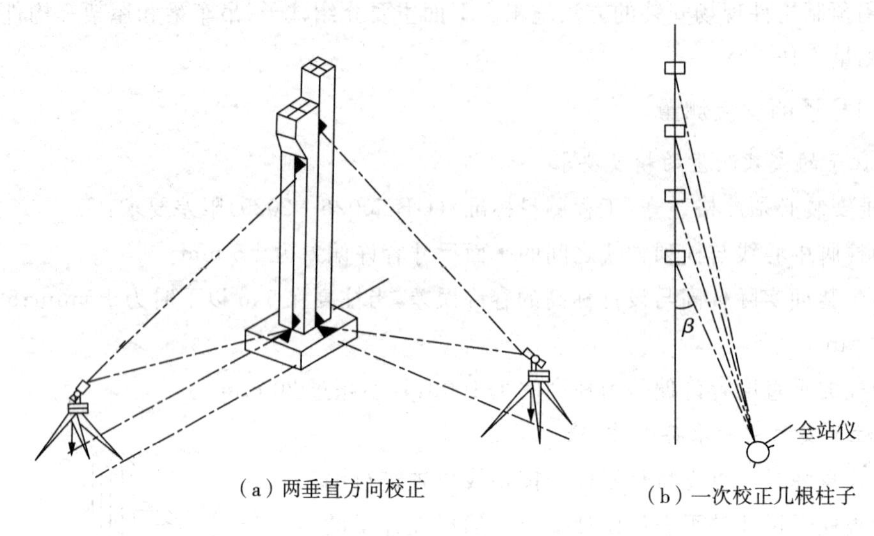

(a) 两垂直方向校正　　(b) 一次校正几根柱子

图 6-14　柱子垂直度控制

(二)吊车梁的安装测量

安装吊车梁时，测量工作的主要任务是使安置在柱牛腿上的吊车梁的平面位置、顶面标高及梁端面中心线的垂直度均符合设计要求。

1. 吊车梁安装前的准备工作

(1)根据柱子上的±0.000 m 标高线，用钢尺沿柱面向上量出吊车梁顶面设计标高线，作为调整吊车梁顶面标高的依据。

(2)在吊车梁的顶面和两端面上，用墨线弹出梁的中心线，作为安装定位的依据。

(3)根据厂房中心线，在牛腿面上投测出吊车梁的中心线。

如图 6-15(a)所示，利用厂房中心线 A_1A_1，根据设计轨道间距，在地面上测设出吊车梁中心线 $A'A'$ 和 $B'B'$。在吊车梁中心线的一个端点 A'(或 B')安置全站仪，瞄准另一端点 A'(或 B')，固定照准部，上仰望远镜，即可将吊梁中心线投测到每根柱子的牛腿面上，然后在牛腿面上用墨线弹出梁的中心线。

2. 安装吊车梁的测量工作

安装时，使吊车梁两端的梁中心线与牛腿面梁中心线重合，使吊车梁初步定位。采用平行线法，对吊车梁的中心线进行检测，校正的方法如下：

(1)如图 6-15(b)所示，在地面上从吊车梁中心线向厂房中心线方向测设出距离 a(一般为 1 m)，得到平行线 $A''A''$ 和 $B''B''$。

(2)在平行线一端点 A(或 B)上安置全站仪，瞄准另一端点 A(或 B)，固定照准部，上仰望远镜进行测量。

(3)此时另外测量员在梁上移动横放的木尺，当视线正对准尺上1 m刻划线时，尺的零点应与梁面上的中心线重合。如不重合，需移动吊车梁，使吊车梁中心线到$A''A''$(或$B''B''$)间距等于1 m为止。

吊车梁安装就位后，先按柱面上定出的吊车梁设计标高线对吊车梁面进行调整，然后采用水准仪每隔三米测设一点高程，并与设计高程相比较，其容许误差为±3 mm。

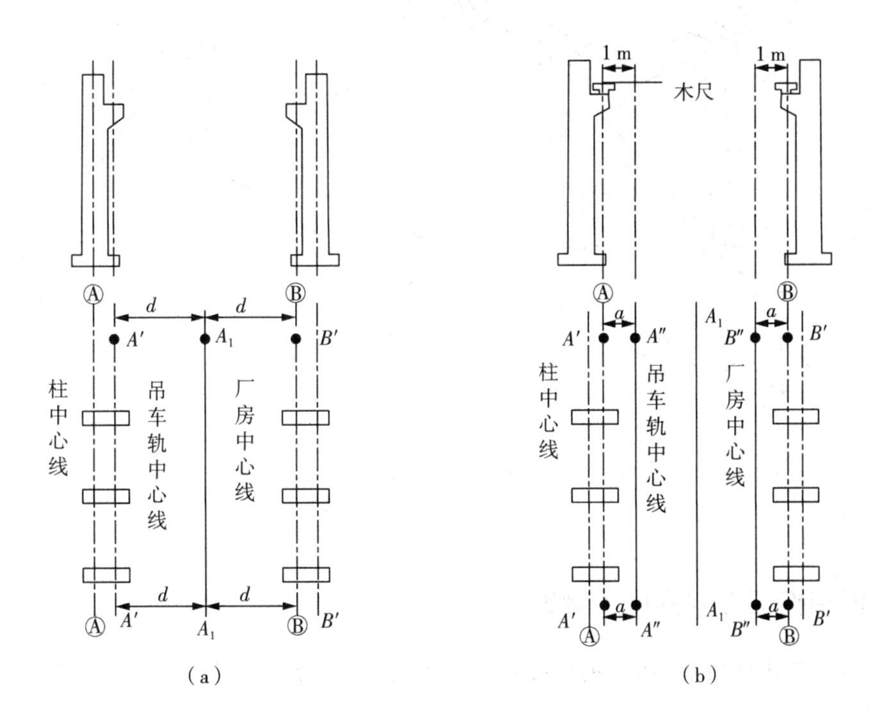

图6-15　吊车梁的安装测量

(三)屋架的安装测量

1. 屋架安装前的准备工作

屋架吊装前，用全站仪或其他方法在柱顶面放出屋架定位轴线，并应弹出屋架两端头的中心线，以便进行定位。

2. 安装屋架的测量工作

屋架吊装就位时，应使屋架的中心线与柱顶面上的定位线对齐，允许误差为±5 mm。屋架的垂直度可用铅垂或全站仪进行检查。用全站仪校核的方法如下。

(1)如图6-16所示，在屋架上安装三把木尺，一把木尺安装在屋架上弦中点附近，另外两分别安装在屋架的两端。自屋架几何中心沿木尺向外量出一定距离，一般为500 mm，作出标志。

(2)在地面上距离屋架中线500 mm处，安置全站仪，观测三把木尺标志是否在同一竖直面内，如果屋架竖向偏差较大，则用吊车校正，最后将屋架固定，屋架安装的垂直度允许偏差对薄腹梁为±5 mm，对桁架为屋架高的1/250。

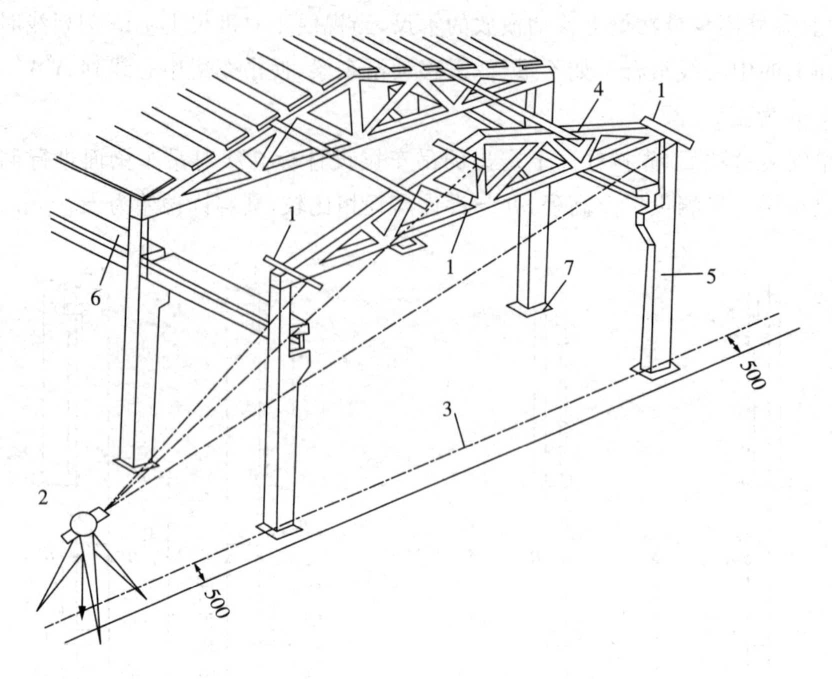

1—木尺；2—全站仪；3—定位轴线；4—屋架；5—柱；6—吊车梁；7—杯形基础

图 6-16　屋架安装测量

四、钢结构工程中的施工测量

随着科学技术的发展，我国钢构技术日益成熟，已大量的采用钢结构来建造工业厂房。其基本测量程序与工业建筑、民业建筑的施测程序基本相同，不过也有其独特的地方。

（一）平面控制

建立施工控制网对高层钢结构施工是极其重要的。控制网离施工现场不能太近，应考虑到钢柱的定位、检查、校正。一般布设网格轴线或导线网。

（二）高程控制

高层钢结构工程标高测设极为重要，其精度要求高，故施工场地的高程控制网，应根据城市二等水准点来建立一个独立的三等水准网，以便在施工过程中直接应用。在进行标高引测时必须先对水准点进行检查。三等水准高差闭合差容许误差应达到$\pm 0.3\sqrt{n}$(mm)，其中 n 为测站数。

（三）定位轴线检查

定位轴线从基础施工起应高度重视，必须在定位轴线测设前做好施工控制点及轴线控制点。带柱基础浇筑混凝土完成后，再根据轴线控制点将定位轴线引测到柱基钢筋混凝土底板面上，然后自检定位轴线是否同原定位重合、闭合；每根定位线总尺寸误差值是否超过限差值，纵、横轴线是否垂直、平行。

(四)柱间距检查

柱间距检查是在定位轴线认可的前提下进行的，一般采用标定的钢尺实测柱间距。根据《钢结构工程施工质量验收标准》(GB 50205—2020)有关要求规定：柱间距离偏差值应严格控制在±3 mm 范围内。柱间距超过±5 mm，则必须调整定位轴线。原因定位轴线的交点是柱基点，钢柱竖向间距以此为准，框架钢梁的连接螺孔的直径一般比高强螺栓直径大1.5～2.0 mm，若柱间距过大或过小，直接影响整个竖向框架的安装连接或钢柱的垂直，安装中还会有安装误差。

(五)单独柱基中心检查

检查单独柱基的中心线与定位轴线之间的误差，若超过限差要求，应调整柱基中心线使其与地位轴线重合，然后以柱基中心线为依据，检查地脚螺栓的预埋位置。

(六)标高实测

以高等级水准点的为依据，实测钢柱柱基表面标高，将测得的标高偏差用平面图表示，作为临时支承标高块调整的依据。

(七)轴线位移校正

任何一节框架钢柱的校正，均以下节钢柱顶部的实际中心线为准，使安装的钢柱的底部对准下面钢柱的中心线即可。因此，在安装的过程中，必须进行钢柱位移的检测，并根据实测的位移量以实际情况加以调整。调整位移时应特别注意钢柱的扭转，因为钢柱扭转对框架钢柱的安装很不利，必须引起重视。

结构安装测量的精度是根据国标建筑工程各专业工程施工质量验收规范和施工测量部门所提供的数据确定的，以满足工业厂房的使用功能。

任务三　高层建筑施工测量

高层建筑物的特点是建筑物层数多、高度高、建筑结构复杂、装修标准较高。在施工过程中对建筑物各部位的平面位置、垂直度以及轴线尺寸、标高等精度要求都十分严格，同时对质量检测的允许偏差也有非常严格的要求。此外，由于高层建筑工程量大，多设地下工程，又多为分期施工，工期较长，施工现场变化较大，为保证工程的整体性和局部施工的精度要求，在实施高层建筑施工测量时，事先要定好测量方案，选择适当的测量仪器，并制定各种控制和检测的措施，以确保测量精度。

一、高层建筑定位测量

(一)高层建筑控制测量

1. 平面控制测量

平面控制测量应先从整体考虑，遵循“先整体后局部，先控制后细部”，“高精度控制低精度”的原则，布设平面控制网形并应平行建筑四周，组成闭合图形，以便使用和控制网的自身闭合校核。目前城市高层建筑施工一般采用导线网、建筑方格网。控制线尽量避开墙、柱等障碍物，使对应控制点间要视线保持相互通视，轴线间距离便于丈量，控制网应分布在全场区，控制每栋建筑的主要轴线，控制线要分布合理。根据《工程测量标准》(GB 50026—2020)规定，导线测量应符合表 6-1 要求。建筑方格网适用于建筑物布置比较规则和密集的大中型建筑场地。建筑方格网一般在总平面图上进行设计，施工方格网是测设在基坑开挖范围以外的一定距离，平行于建筑物主要轴线方向的矩形控制网。

表 6-1 导线测量技术指标表

等级	导线长度(km)	平均边长(m)	测角中误差(″)	测距相对中误差	测回数		方位角闭合差(″)	导线全长相对闭合差
					2″级仪器	6″级仪器		
一级	2.0	100～300	5	1/30000	3		$10\sqrt{n}$	≤1/15000
二级	1.0	100～300	8	1/14000	2	4	$16\sqrt{n}$	≤1/10000

注：n 为测站数

2. 高程控制测量

高程控制一般采用水准测量。水准网应布设成闭合、附合水准路线，并与国家水准网联测，以建立统一的高程系统。建筑物场区水准网一般布设成两级，首级网作为整个场地的高程基本控制，一般采用二等水准测量方法。

(二)测设主轴线控制桩

在施工方格网的四边上，根据建筑物主要轴线与方格网的间距，测设主要轴线的控制桩。测设时要以施工方格网各边的两端控制点为准。建筑物的主轴线等重要轴线也应在施工方格网的边线上测设出来，与四廓的轴线一起称为施工控制网中的控制线。控制线的间距，《工程测量标准》(GB 50026—2020)规定一般为 30～50 m，测距精度不低于 1/10000，测角精度不低于±10″。如果高层建筑轴线投测采用全站仪法，应在更远处且安全稳定的地点引测轴线控制桩，轴线控制桩与建筑物之间的距离应大于建筑物的高度，避免投测轴线时仰角过大。

二、高层建筑基础施工测量

(一)测设基坑开挖边线

高层建筑一般都有地下室，因此要开挖基坑。开挖前要根据建筑物的轴线控制桩确定角桩及建筑物的外围边线，再考虑边坡的坡度和基础施工所需工作面的宽度，测设区基坑的开挖边线并撒出白灰线。

(二)基坑开挖时的测量工作

高层建筑的基坑一般都很深，需要放坡并进行边坡支护加固，在开挖过程中，除了用水准仪控制开挖深度之外，还应采用全站仪检查边坡的位置，防止基坑底边线内收、基础位置不够。

(三)基础放线及标高控制

1. 基础放线

基坑开挖完成后,有以下三种情况:

(1)先打垫层,再做箱形基础或筏板基础。这时要求在垫层上测设区基础的各条边界线、梁轴线、墙宽线和柱位线等。

(2)在基坑底部打桩或挖孔,做桩基础。这时要求在基坑底部测设各条轴线和桩孔的定位线,桩做完后,还要测设桩承台和承重梁的中心线。

(3)先做桩,然后在桩上做箱形基础或筏板基础,组成复合基础,这时的测量工作是前两种情况的结合。

测设轴线时,通常测设轴线的交点,一定要标注清楚,以免用错。另外,一些基础桩、梁、柱、墙的中线一定与建筑轴线重合,因此要认真按图施测,防止出错。从地面往下投测轴线时,采用全站仪极坐标法放样点位,再采用钢尺对点位间的距离进行检核,以确保精度。

2. 基础标高的测设

基坑完成后,应及时用水准仪根据地面上±0.000 m 标高线,将高程引测到坑底,并在基坑护坡的围护桩上做好整米数的标高线。从地面高程控制点引测时,可多测几个测站,也可用悬吊钢尺代替水准尺进行施测。

如图 6-17 所示,已知高处水准点 A 的高程 $H_A=195.267$ m,需测设低处 P 的设计高程 $H_p=188.600$ m。施测时,用检定过的钢尺,挂一个与要求拉力相等的重锤,悬挂在支架上,零点一端向下,先在高处安置水准仪,读取 A 点上水准尺的读数 $a_1=1.642$ m 和钢尺上的读数 $b_1=9.216$ m。然后,在低处安置水准仪,读取钢尺上的读数 $a_1=1.358$ m,可得低处 P 点上水准尺的应读读数 b_2 为:

$$b_2=H_A+a_1-(b_1-a_2)-H_p \tag{6-1}$$

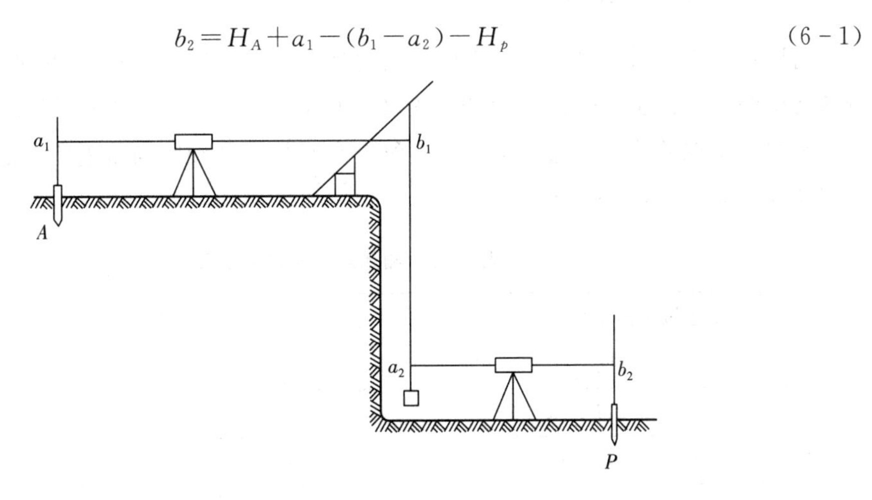

图 6-17 基坑悬挂钢尺法测设高程

由该式算得

$$b_2 = 195.267 + 1.642 - (9.216 - 1.358) - 188.600 = 0.451(\text{m})$$

上、下移动低处 P 的水准尺，当读数恰好为 $b_2 = 0.451$ m 时，沿尺底边画一横线，即设计高程标志。

从低处向高处测设高程的方法与此类似。如图 6-18 所示，已知低处水准点 A 的高程 H_A，需测设高处 P 的设计高程 H_p，先在低处安置水准仪，读取读数 a_1 和 b_1，再在高处安置水准仪，读取读数 a_2，则高处水准尺的应读读数 b_2 为：

$$b_2 = H_A + a_1 + (a_2 - b_1) - H_p \tag{6-2}$$

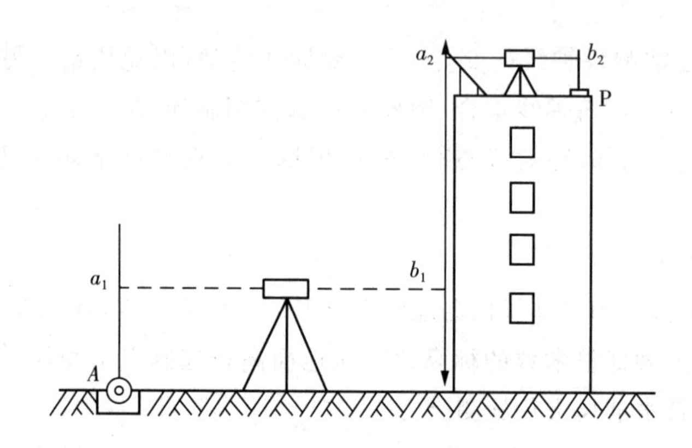

图 6-18　高层悬挂钢尺法测设高程

如果现场不便直接测设高程，也可先用钢尺配合水准仪将高程引测到低处或高处的某个临时点上，再在低处或高处按照一般水准测量方法进行测设。

三、高层建筑轴线投测

高层建筑施工测量的主要任务是轴线的竖向传递，以控制建筑物的垂直偏差，正确进行各楼层的定位放线。根据《工程测量标准》(GB 50026—2020)规定：高层建筑层高测量偏差和竖向测量偏差均不超过±3 mm，建筑全高测量偏差和竖向偏差不应超过 $3H/10000$，且累计误差应符合表 6-2 要求。

表 6-2　测量累计允许偏差表

建筑全高(H)(m)	测量累计允许偏差(mm)
每层	±3
30 m$<H\leqslant$60	±10
60 m$<H\leqslant$90 m	±15
90 m$<H$	±20

轴线竖向传递的方法很多，下面介绍两种常用的投测方法。

(一)全站仪投测法

高层建筑物在基础工程完工后，用全站仪将建筑物的主要轴线从轴线控制桩上精确引测到建筑物四面底部立面上，并设标志，以供向上投测和下一步施工用。全站仪投测法与一般民用建筑轴线的投测方法相同，如图 6-7 所示。

当楼层数超过 10 层时，如果控制桩距离建筑物太近会使望远镜的仰角过大，影响测设精度，必须把轴线再延长，再建筑物更远处或在附近建筑的楼顶面上，重新建立引桩，如图 6-19 所示。

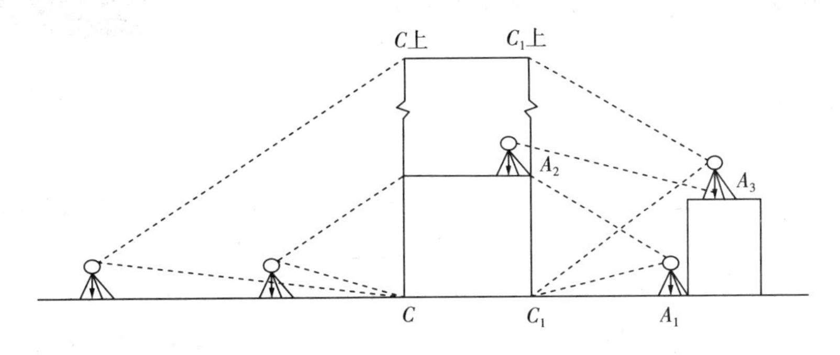

图 6-19 全站仪投测法

(二)吊铅垂投测法

如图 6-20 所示，利用直径为 0.5 mm 的钢丝悬吊 10 kg 重的特制大铅垂，以底层轴线控制点为准，通过预留孔直接向各施工层投测轴线。每个点的投测应进行两次，两次投点的偏差在投点高度小于 5 m 时不大于 3 mm，高度在 5 m 以上时不大于 5 mm，即可认为投点无误，取其平均位置，将其固定下来，然后，在检查这些点间的距离和角度。如与底层相应的距离、角度相差不大，可作适当调整。最后根据投测上来的轴线控制点加密其他轴线。

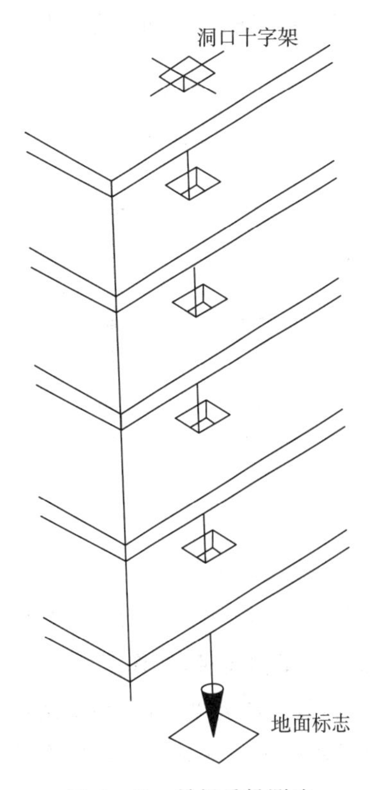

图 6-20 吊铅垂投测法

(三)垂准经纬仪法

垂准经纬仪法就是利用能提供竖直向上(或向下)视线的专用测量仪器，进行轴线投测。常用有激光垂准仪和激光经纬仪等。该法精度高、占地少、速度快。垂准经纬仪法要事先在建筑底层测设轴线控制网，建立稳固的轴线标志，在标志上方每层楼板都预留 20 cm×20 cm 的垂准孔，供视线通过。

1. 激光垂准仪

如图 6－21 所示，激光垂准仪中轴是空心的，配有弯曲成 90°角的目镜，能竖直观测正下方或正上方的目标。使用时可安置在底层轴线控制点上，向上方投测轴线；也可安置在工作面的预留孔洞上瞄准底层的轴线标志，向工作面上投测轴线。投点方法作业步骤如下：

图 6－21　激光垂准仪

（1）指挥上方，使标志中心初步移在镜里十字丝交点附近（图 6－22a）。

（2）指挥使标志中心精确移在十字丝交点中心（图 6－22b）。

（3）垂准仪旋转 180°，使标志中心折射在纵丝下（上），离十字丝交点一微小距离 d（图 6－22c）。

（4）指挥上方，在纵丝上向交点方向移 d/2 的距离，即此点为仪器旋转小圆轨迹的中心，旋转 0°和 180°两个对径位置，镜里会出现的情况（图 6－22d）。

（5）垂准仪水平旋转 90°与 270°位置，按上述方法测量移至在横丝上（图 6－22e）。

（6）检查投点位置正否，旋转四方，如点对称折射在十字丝线上，那点才算投正（图 6－22f）。

（7）点投好后，通知上方，固定标志。

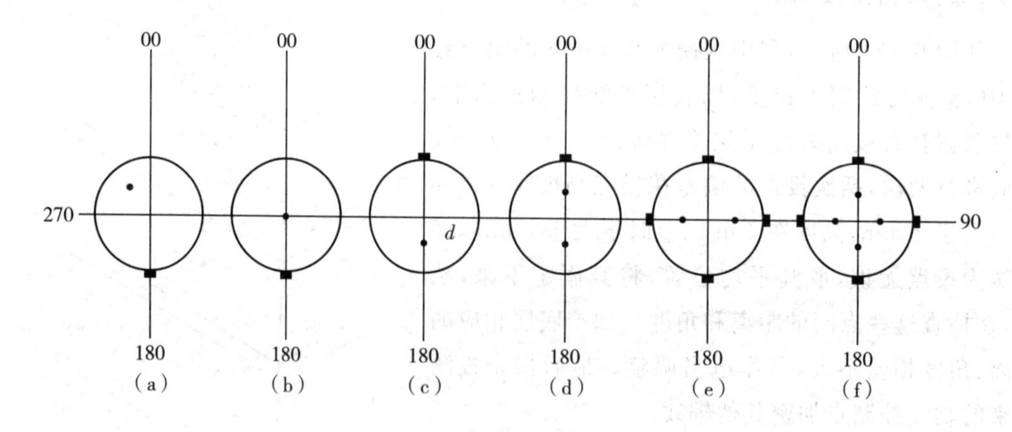

图 6－22　垂准仪投点

2. 激光经纬仪

如图 6－23 所示，激光经纬仪可从望远镜发出一束激光代替人眼进行观测。使用激光经纬仪投测轴线时，在作业面的预留口处设置半透明的接收靶，在地面的控制点上对中整平仪器，打开激光器，调节物镜调焦旋钮，使接收板上的光斑最小，再水平旋转仪器，调整并保证接收靶上的光斑中心始终在同一点。然后移动接收靶使光斑中心与靶中心点重合，则靶心即为欲投测的轴线点。

图 6-23　激光经纬仪与接收靶

四、高层建筑的高程传递

在高层建筑施工中，高程要由下层传递到上层，以使建筑物上层各部位的标高符合设计要求。高层建筑底层±0.000 m标高点可依据施工场地内的水准点来测设，±0.000 m以上点高程传递，一般用钢尺沿结构外墙、边柱和楼梯间等向上竖直量取，即可把高程传递到施工层上。由此法传递高程时，一般高层建筑至少有三处底层标高点向上传递，以便于相互校核。由底层传递上来的同一层几个标高点，必须用水准仪进行校核，其误差应不超过±3 mm。高层建筑物的高程传递也可利用悬吊钢尺进行水准测量或使用全站仪对天顶测距法。

(一)悬吊钢尺水准测量法

如图 6-24(a)所示，首层墙体砌筑到 1.5 m 标高后，用水准仪在内墙面上测设一条“±500 mm”的标高线，作为首层地面施工及室内装饰的标高依据。以后每砌一层，就通过吊钢尺进行水准测量，从下层“±500 mm”标高线处，向上测设设计层高，得到上一楼层的“±500 mm”标高线。对第二层 b_2 计算见式(6-3)所示：

$$b_2=a_2-h_1-(a_1-b_1) \tag{6-3}$$

在进行第二层的水准测量时，上下移动水准尺，使其读书为 b_2，沿水准尺底部在墙面上画线，即可得到该层的“±500 mm”的标高线。对第三层 b_3 见式(6-4)所示：

$$b_3=a_3-(h_1+h_2)-(a_1-b_1) \tag{6-4}$$

同理测设出第三层的“±500 mm”的标高线。

(二)全站仪天顶测距法

对于超高层建筑，吊钢尺有困难时，可以在楼梯间或电梯井安置全站仪，通过对天顶方向测距的方法引测高程。如图 6-24(b)所示，操作步骤如下：

1. 在投测点安置全站仪，置平望远镜（使竖直角显示为 0°），读取竖立在首层“±500 mm”标高线上水准尺的读数为 a_1。a_1 即为全站仪横轴至首层“±500 mm”标高线的仪器高。

2. 将望远镜指向天顶（使竖直角显示为 90°），将一块中间有一个 ϕ30 mm 圆孔的 40 cm×40 cm 的钢板放置在需要传递高程的第 i 层楼面垂准孔上，使圆孔的中心对准测距光线，将棱角扣在铁板上，操作全站仪测得距离 d_i.

3. 在第 i 层安置水准仪，将一根水准尺立在铁板上，设其读数为 a_i。见式(6-5)所示：

$$b_i = a_1 + d_i - k + (a_i - H_i) \qquad (6-5)$$

式中：H_i 是第 i 层楼面的设计高程编号；k —棱镜常数，也可以采用反光贴，此时 $k=0$。

4. 另一把水准尺竖立在第 i 层“±500 mm”标高线附近，上下移动水准尺，使其读数为楼面 b_i，沿水准尺底部在墙面上画线即可得到第 i 层的“±500 mm”标高线。

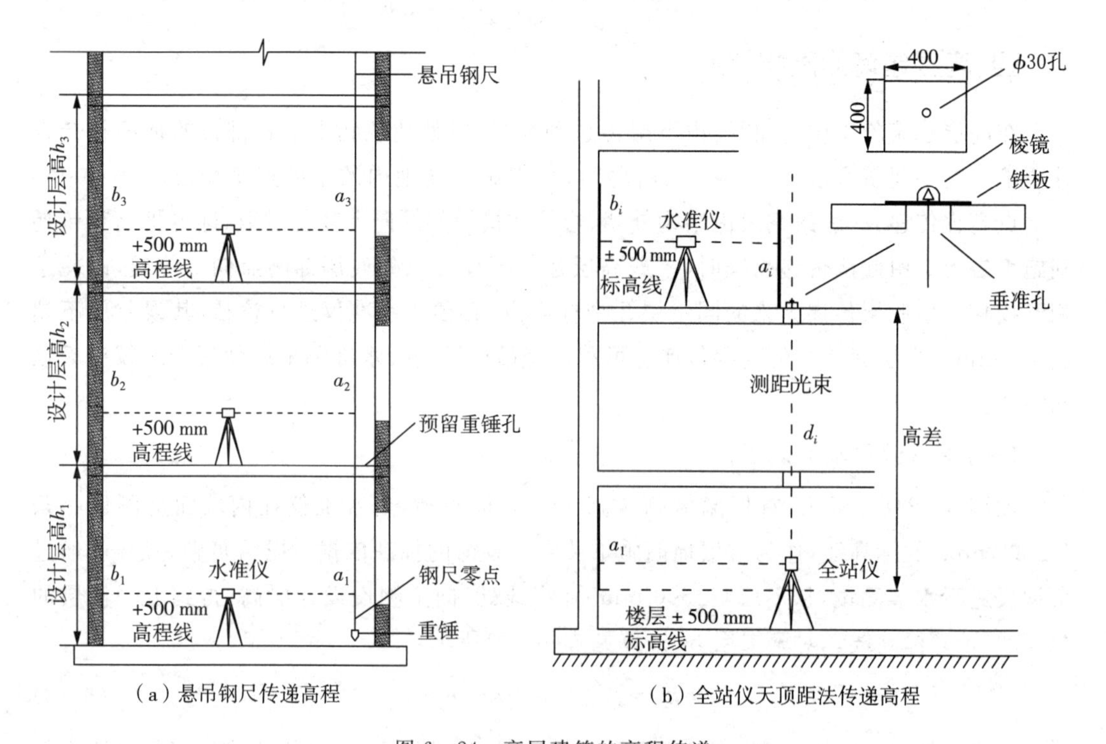

图 6-24 高层建筑的高程传递

项目总结

学习重点

1. 建筑施工测量的内容、特点与方法。

2. 不同类型建筑施工测量的要求。

学习难点

1. 建筑物基础和主体施工测量。

2. 建筑物构件安装的施测方法。

思政园地

上海中心大厦：用中国智慧在“豆腐”上立起中国高度，大国工程我来建：资料引自：https://news.ifeng.com/c/8JdvnePhvSH

练 习 题

一、单选

1. 在未与国家水准网联测的独立的小区域进行测量时，会用到（　　）。

A. 绝对高程　B. 相对高程　C. 海拔高程　D. 绝对高度

2. 施工测量是直接为（　　）服务的，它既是施工的先导，又贯穿于整个施工过程。

A. 工程施工　B. 工程设计　C. 工程管理　D. 工程监理

3. 某建筑物首层地面标高为±0.000 m，其绝对高程为 46.000 m；室外散水标高为 −0.550 m，则其绝对高程为（　　）m。

A. −0.550　B. 45.450　D. 46.000　C. 46.550

4. 若 A 点的高程为 85.76 m，B 点的高程为 128.53 m，设假定水准面高程为 100 m，并设为±0.00 标高，则 A、B 点的标高为（　　）。

A. 85.76 m，128.53 m　B. −85.76 m，−128.53 m

C. 14.24 m，−28.53 m　D. −14.24 m，28.53 m

5. 建筑工程施工测量的基本工作是（　　）。

A. 测图　B. 测设　C. 用图　D. 识图

6. 在工程建筑工地，为了便于平面位置的施工放样，一般采用（　　）。

A. 大地坐标系　B. 建筑坐标系　C. 空间坐标系　D. 地心坐标系

7. 采用设置轴线控制桩法引测轴线时，轴线控制桩一般设在开挖边线（　　）以外的地方，并用水泥砂浆加固。

A. 1～2 m　B. 1～3 m　C. 3～5 m　D. 5～7 m

8. 采用轴线法测设建筑方格网时，短轴线应根据长轴线定向，长轴线的定位点不得少于（　　）个。

A. 2　B. 3　C. 4　D. 5

9. 在多层建筑施工中，向上投测轴线可以（　　）为依据。

A. 角桩　B. 中心桩　C. 龙门桩　D. 轴线控制桩

10. 高层建筑施工时轴线投测最合适的方法是（　　）。

A. 经纬仪外控法　B. 吊线坠法　C. 垂准仪内控法　D. 悬吊钢尺法

二、简答与计算

1. 在高层建筑施工中，如何控制建筑物的垂直度和传递标高？

2. 一般民用建筑主体施工过程中，如何投测轴线？如何传递标高？

3. 在工业厂房施工测量中，为什么要建立独立的厂房控制网？在控制网中距离指标桩是什么？其设立的目的何在？

4. 根据图中已知数据，计算测设房屋上的 B 点测设数据，并简述测设步骤。

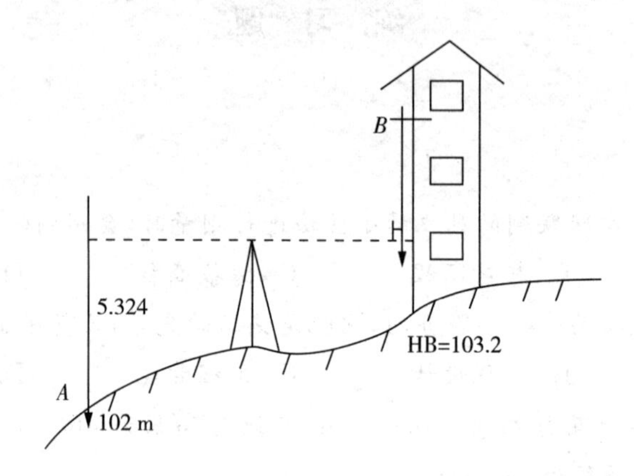

项目七　高速铁路施工测量

本章脉络

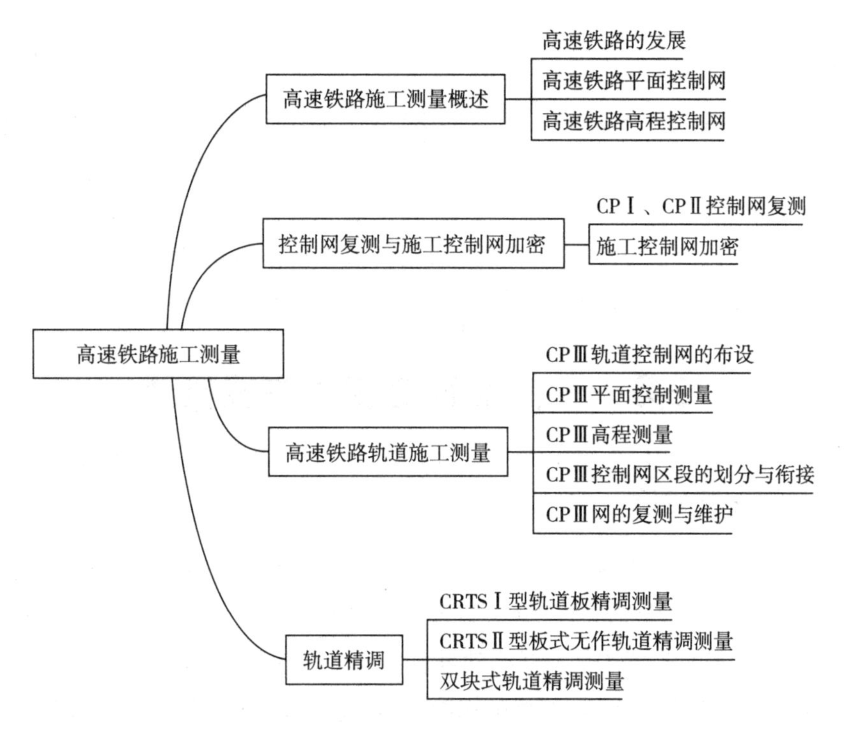

本章要点

高速铁路线路平顺性要求高，具有高平顺性、高可靠性和高稳定性的特点，轨道施工精度要求高达亚毫米级，属于精密工程测量范畴。本章主要讲授高速铁路施工控制测量，高速铁路轨道施工测量，无砟轨道的安装精调测量。本章内容是课程体系重点的专业测量技能培训内容之一，主要培养学生以高速铁路为代表的轨道工程施工测量的技术与能力。

学习目标

【知识目标】

1. 了解高速铁路线上工程施工测量流程。

2. 熟悉 CPⅠ、CPⅡ控制网复测与数据处理。

3. 掌握CPⅢ平面和高程测量数据采集方法。

【技能目标】

1. 能够进行CPⅠ、CPⅡ控制网复测与数据处理。

2. 能够进行CPⅢ平面和高程测量与数据处理工作。

3. 能够进行CRTSⅠ型、CRTSⅡ型、双块式无砟轨道的安装精调测量。

【素质目标】

1. 具备1+X“测绘地理信息数据获取与处理”中水准仪、全站仪、GNSS测量、测量平差高级水平。

2. 具备工程测量员(4—08—03—04)国家职业技能标准中工程测量对应专业高级工水平。

【思政目标】

1. 中国高铁运营里程世界第一成就所创造的人间奇迹，中国速度领跑世界，培养学生的爱国情怀与民族自信；忠诚事业、艰苦奋斗、无私奉献职业情怀和树立科技强国的理念。

2. 北斗三号全球卫星导航系统首次应用于高铁轨道精测，自主研发国产“北斗惯导小车”，引导学生形成“产业报国，勇于创新，为中国梦提速”自主创新精神。

任务一　高速铁路施工测量概述

一、高速铁路的发展

不同国家、时期、行业或领域对高速铁路的定义不尽相同。我国国家铁路局将高速铁路定义为设计开行时速250 km以上(含预留)、初期运营时速200 km以上的客运列车专线铁路。我国国家发展和改革委员会将高速铁路定义为时速250 km及以上标准的新线或既有线铁路，并将部分时速200 km的城际铁路纳入高速铁路网范畴。国际铁路联盟1985年日内瓦协议将高速铁路定义为时速250 km以上的新建客货共线型高速铁路或时速为350 km以上的新建客运专线型高速铁路。

日本是世界上最早开始发展高速铁路的国家，运营里程超过2600 km。日本新干线一东海道新干线是日本第一条新干线，同时也是全球第一个成功运备的高速铁路系统。德国高铁运营里程位居世界第二。德国各公司根据不同的无砟轨道结构形式有一套完整的轨道施工测量、轨道静态检测和运营维护测量技术标准。德国铁路部门专门在德国境内建立了一套独立的坐标系统用于高速铁路施工。

国内开展高速铁路的研究始于20世纪90年代，在高速铁路基础理论、技术标准、结构设计等方面取得了重大进展。“十一五”期间，我国大规模建设高速铁路客运专线，并大量采用无砟轨道。与普通铁路相比，无砟轨道工程在结构上具有良好的连续性，平期性和稳定性的特点，但需要高精度的测量工作作保证。随着京津城际高速铁路、武广高速铁路、沪杭高速铁路和京沪高速铁路的相继开通和运营，我国高速铁路无砟轨道技术已逐步实现“六化”：内外业作业一体化，数据获取及处理自动化，测量过程控制和系统行为智能化，测量成果和产品数字化，测量信息管理可视化，信息共享和传播的网络化。

截至2022年底，我国高速铁路全长已达到4.2万km，占全球高速铁路总里程的三分之二以上。我国真正意义上的第一条高铁干线是秦沈客运专线，于1999年8月16日开始建造，2003年10月12日运营，全程404 km，最高时速321.5 km，是我国铁路进入高速化的起点。我国第一条自主设计建成高速铁路京津城际铁路于2005年7月4日正式开工，2008年8月1日开通运营，京津城际高速铁路的建成标志着我国高速铁路建设高潮时代已经到来。我国速度达到350 km的武广高铁，是世界上运营速度最快、密度最大的高速铁路，全程接近1000 km。京沪高速铁路是世界上一次建成线路最长，标准最高的高速铁路，也是新中国成立以来投资规模最大的建设项目。2022年8月30日，我国首条跨海高铁新建福厦铁路全线铺轨贯通。10月31日，世界最长海底高铁隧道甬舟铁路金塘海底隧道开工建设。11月30日，世界最长高速铁路跨海大桥南通至宁波高速铁路杭州湾跨海铁路大桥正式开工建设，中国进入跨海高铁时代。

二、高速铁路平面控制网

高速铁路测量平面控制网分四级布设。首先采用GNSS测量方法建立高速铁路框架控制网（CP0）；在框架控制网（CP0）基础上布设基础平面控制网（CPI），主要为勘测、施工、运营维护提供坐标基准；第三级为线路平面控制网（CPⅡ），主要为勘测和施工提供控制基准；第四级为轨道控制网（CPⅢ），主要为轨道铺设和运营维护提供控制基准。根据《高速铁路工程测量规范》（TB 10601—2019）（复核后），我国高速铁路各级平面控制网设计的主要技术要求见表7－1。各等级GNSS测量作业的基本技术要求如表7－2所示。

表7－1　各级平面控制网设计的主要技术要求

控制网	测量方法	测量等级	点间距	相邻点相对中误差(mm)	备注
CP0	GNSS	—	50 km	20	
CPI	GNSS	二等	≤4 km 一对点	10	点间距≥800 m
CPⅡ	GNSS	三等	600—800 m	8	
	导线	三等	400—800 m	8	符合导线网
CPⅢ	自由测站边角交会	—	50—70 m 一对点	1	

注：1. CPⅡ采用GNSS测量时，CPI可按4 km一个点布设；

2. 相邻点相对点位中误差为平面x、y坐标分量中误差。

表 7-2　各等级 GNSS 测量作业的基本技术要求

项目		等级				
		一等	二等	三等	四等	五等
静态测量	卫星截止高度角(°)	≥15	≥15	≥15	≥15	≥15
	同时观测有效卫星数	≥4	≥4	≥4	≥4	≥4
	有效时段长度(min)	≥120	≥90	≥60	≥45	≥40
	观测时段数	≥2	≥2	1—2	1—2	1
	数据采样间隔(s)	10—60	10—60	10—60	10—30	10—30
	接收机类型	双频	双频	双频	单/双频	单/双频
	PDOP 或 GDOP	≤6	≤6	≤8	≤10	≤10
快速静态测量	卫星截止高度角(°)	—	—	—	≥15	≥15
	有效卫星总数	—	—	—	≥5	≥5
	观测时间(min)	—	—	—	5—20	5—20
	平均重复设站数	—	—	—	≥1.5	≥1.5
	数据采样间隔(s)	—	—	—	5—20	5—20
	PDOP 或 GDOP	—	—	—	≤7(8)	≤7(8)

(一)框架控制网(CP0)测量

为了保证高速铁路中首级 GNSS 控制测量相对精度，有利于施工期间的控制网的复测，在高速铁路建设中需建立统一、稳定、可靠的框架控制网 CP0，在线路初测前采用 GNSS 测量方法建立，全线一次性布网，统一测量，整体平差，作为全线勘测设计、施工、运营维护的坐标基准。

CP0 控制点应沿线路走向每 50 km 左右布设一个点，在线路起点、终点或与其他线路衔接地段，应至少有 1 个 CP0 控制点。当国家既有 GNSS 控制点精度与位置满足 CP0 控制网要求时，应将其作为高速铁路 CP0 控制点。CP0 观测各项技术要求如表 7-3 所示。CP0 控制网应以 2000 国家大地坐标系作为坐标基准，以 IGS 参考站或国家 A、B 级 GNSS 控制点作为约束点，进行控制网整体三维约束平差。

表 7-3　CP0 观测技术要求

卫星截止高度角	数据采样间隔	同时观测有效卫星数	有效卫星最短连续观测时间	观测时段数	有效时段长度
15°	30 s	≥4	≥15 min	≥4	≥300 min

(二)基础平面控制网(CPⅠ)测量

CPⅠ控制网宜在初测阶段建立，困难时应在定测前完成，是线路平面控制网起闭的基准。全线(段)应一次布网，统一测量，整网进行数据处理。CPⅠ控制网根据规范按二等

GNSS 测量施测，如表 7－1、7－2 所示。

CPⅠ控制网沿线路走向布设，并附合于 CP0 控制网上。控制点宜设在距线路中心 50～1000 m 范围内不易被施工破坏、稳定可靠、便于测量的地方。点位布设宜兼顾桥梁、隧道及其他大型构（建）筑物布设施工控制网的要求，并按相关规范要求规定标石埋设后，现场填写点位说明，丈量标石至明显地物的距离，绘制点位示意图，并按相关规范要求填写点之记。

CPI 控制网应与沿线国家或城市三等及以上平面控制点联测，一般每 50 km 宜联测 1 个平面控制点。全线（段）联测平面控制点总数不宜少于 3 个，特殊情况下不得少于 2 个。当联测点数为 2 个时，应分布在网两端；当联测点数为 3 个及其以上时，应在网中均匀分布。

（三）线路平面控制网（CPⅡ）测量

CPⅡ控制网在勘测阶段定测环节建立。在基础平面控制网（CPⅠ）上沿线路附近布设，为勘测、施工阶段的线路平面控制和轨道控制网起闭的基准。一般采用 GNSS 测量方法施测，根据规范按三等 GNSS 测量，如表 7－1、7－2 所示。

CPⅡ控制网应按表 7－1 的要求沿线路布设，并附合于 CPI 控制网上。CPⅡ控制点宜选在距线路中线 50～200 m 范围内、稳定可靠、便于测量的地方，并按相关规范要求埋石。标石埋设完成后，应现场填写点位说明，丈量标石至明显地物的距离，绘制点位示意图，按规范要求做好点之记。在线路勘测设计起、终点及不同测量单位衔接地段，应联测 2 个及以上 CPⅡ控制点作为共用点，并在测量成果中反映出相互关系。

（四）轨道控制网（CPⅢ）平面测量

在高速铁路施工中，当线下工程竣工，且通过沉降变形评估后，需建立 CPⅢ轨道控制网为无砟轨道铺设和运营维护提供精密控制基准，确保高速铁路高、平、顺的轨道要求。CPⅢ轨道控制网为三维控制网，分平面控制及高程控制两部分，其中平面控制应起闭于基础平面控制网（CPI）或线路平面控制网（CPⅡ），高程控制应起闭于沿线路布设的二等水准网。

CPⅢ测量前应对全线 CPI、CPⅡ控制网进行复测，并采用复测后合格 CPI、CPⅡ成果进行 CPⅢ控制网测设。CPⅢ平面网测量应采用自由设测站边角交会法施测，附合于 CPI、CPⅡ控制点上，每 600 m 左右（400～800 m）应联测一个 CPI 或 CPⅡ控制点，自由测站至 CPI、CPⅡ控制点距离不宜大于 300 m。当 CPⅡ点位密度于位置不满足 CPⅢ联测要求时，应按同精度内插方式增设 CPⅡ控制点。

三、高速铁路高程控制网

高速铁路工程测量高程控制网分二级布设，第一级线路水准基点测量网为高速铁路工程勘测设计、施工提供高程基准；第二级轨道控制网（CPⅢ）为高速铁路轨道施工、运营维护提供高程基准。高程控制测量等级及布点要求如表 7－4 所示。长大桥梁、隧道及特殊路基结构等施工高程控制网应根据相关专业要求确定等级。各等级技术要求应符合表7－5。

表7－4 高程控制测量等级及布点要求

控制网级别	测量等级	点间距
线路水准基点测量	二等	≤2 km
CPⅢ控制点高程测量	精密水准	50～70 m

表7－5 高程控制网技术要求

水准测量等级	每千米高差偶然中误差 M_{Δ}(mm)	每千米高差全中误差 M_{W}(mm)	符合路线或环线周长长度(km)	
			符合路线长	环线周长
二等	≤1	≤2	≤400	≤750
精密水准	≤2	≤4	≤3	—
三等	≤3	≤6	≤150	≤200
四等	≤5	≤10	≤80	≤100
五等	≤7—5	≤15	≤30	≤30

各级高程控制测量宜采用水准测量。山岭、沼泽及水网地区，水准测量有困难时，三等及以下高程控制测量可采用光电测距三角高程测量，二等高程控制测量可采用紧密光电测距三角高程测量。

(一)线路水准基点测量

线路水准基点按二等水准测量要求施测。水准路线一般150 km宜与国家一、二等水准点联测，最长不应超过400 km。线路水准基点控制网应全线(段)一次布网测量。应沿线路布设成附合路线或闭合环，每2 km布设一个水准基点，重点工程(大桥、长隧及特殊路基结构)和地段应根据实际情况增设水准基点。点位距线路中线50～300 m为宜。水准点埋设应满足以下要求：

1. 水准点应选在土质坚实、安全僻静、观测方便与利于长期保存地方。

2. 严寒冻土地区水准点标石应埋设至冻土线0.3 m以下。

3. 水准点标石可采用预制桩或现浇桩，并按规范标石要求理设。

4. 水准基点可与平面控制点共用。共桩点埋设标石规格应符合水准点埋设标石规格要求。

5. 标石埋设完成后，应现场填写点位说明，丈量标石至明显地物距离，绘制点位位置图，按规范格式做好点之记。

在地表沉降不均匀及地质不良地区，宜按每10 km设置一个深埋水准点，每50 km设置一个基岩水准点，并按规范标石要求埋设。基岩水准点与深埋水准点应尽量利用国家或其他测绘单位埋设稳定基岩水准点与深埋水准点。

（二）轨道控制网（CPⅢ）水准测量

CPⅢ控制点水准测量应附合于线路水准基点，按精密水准测量技术要求施测，水准路线附合长度不大于 3 km。CPⅢ控制点水准测量可按矩形环单程水准网或往返测水准网构网观测。CPⅢ水准网与线路水准基点联测时，应按精密水准测量要求进行往返观测。CPⅢ控制点水准测量应对相邻 4 个 CPⅢ点所构成水准闭合环进行环闭合差检核，相邻 CPⅢ点水准环闭合差不得大于 1 mm。区段之间衔接时，前后区段独立平差重叠点高程差值应≤±3 mm。满足该条件后，后一区段 CPⅢ网平差，应采用本区段联测线路水准基点及重叠段前一区段连续 1～2 对 CPⅢ点高程成果进行约束平差。相邻 CPⅢ点高差中误差不应大于±0.5 mm。

当桥面与地面间高差大于 3 m，线路水准基点高程直接传递到桥面 CPⅢ控制点上困难时，宜采用不量仪器高与棱镜高中间设站光电测距三角高程测量法传递。

中间设站光电测距三角高程测量外业观测应附合表 7－6 规定。仪器与棱镜距离一般不大于 100 m，最大不得超过 150 m，前、后视距差不应超过 5 m。

表 7－6　中间设站光电测距三角高程测量外业观测技术要求

垂直角测量				距离测量			
测回数	—	测回间指标互差（″）	测回间较差（″）	测回数	—	测回内较差（mm）	测回间较差（mm）
4	—	5.0	5.0	4	—	2.0	2.0

中间设站光电测距三角高程传递应进行两组独立观测，两组高差较差不应大于 2 mm，满足限差要求后，取两组高差平均值作为传递高差。CPⅢ高程复测采用网形与精度指标应与原测相同。CPⅢ点复测与原测成果高程较差≤±3 mm，且相邻点复测高差与原测高差较差≤±2 mm 时，采用原测成果。较差超限时应剖析判断超限原因，确认复测成果无误后，应对超限 CPⅢ点采用同级扩展方式更新成果。

任务二　控制网复测与施工控制网加密

高速铁路工程建设期间，应加强 CP0、CPⅠ、CPⅡ及线路水准基点控制网复测维护工作。控制网复测维护分为定期复测维护和不定期复测维护，定期复测由建设单位组织实施，不定期复测维护由施工单位实施。定期复测维护是对高速铁路平面高程控制网全面复测，复测内容包括全线 CP0、CPⅠ、CPⅡ及线路水准基点。

线下工程使用的基础平面控制网 CPI、线路平面控制网 CPⅡ，水准基准网不能满足轨道铺设施工的需要，需建立专门的轨道控制网 GRP，并以此控制轨道安装测量、轨道精调等工作。施工控制网加密测量根据施工要求同级扩展或向下一级发展方法。加密前，应根据现场情况制定施工控制网加密测量技术设计书。

一、CPⅠ、CPⅡ控制网复测

(一)控制网交桩

《高速铁路工程测量规范》(TB 10601—2009)规定，施工前设计单位应向建设单位提交控制测量成果资料和现场桩橛，并履行交接手续。控制网交桩成果主要内容有：CP0、CPⅠ、CPⅡ控制点成果及点之记、CPⅠ、CPⅡ测量平差计算资料、线路水准基点成果及点之记、水准测量平差计算资料、测量技术报告含平面、高程控制网联测示意图；CP0、CPⅠ、CPⅡ控制桩和线路水准基点桩等。施工单位、监理单位应按有关规定参加交接工作，交桩手续可按表7-7要求履行。

表7-7　交接桩纪要

________年________月________日至________年________月________日，________建设单位、________设计单位、________监理单位和________施工单位进行了交接桩工作。设计单位测量代表将测设在实地的桩点移交给交接桩单位代表，现纪要如下： 一、交桩范围： 标段DK________+________至DK________+________段 二、参加单位及参加人员： 建设单位：(参加人员)设计单位：(参加人员) 监理单位：(参加人员)施工单位：(参加人员) 三、交桩内容：   四、资料交接清单：   五、交接意见：   六、资料交接单位及签字： 交桩单位：　(章)交桩者：　　年　月　日 接桩单位：　(章)接桩者：　　年　月　日 监理单位：　(章)参加人员：　　年　月　日

(二)控制网复测要求

1. 控制网复测主要原则

(1)编写复测技术方案。

(2)复测采用与原测相同的方法和精度要求，满足现行《高速铁路工程测量规范》(TB 10601—2019)中的相关规定。

(3)复测前检查所有标石的完好性，对丢失和破损的标石按附录的要求和方法进行点位布设、选点、造标和埋石。

(4)精测网的复测采用分级测量的原则，即按照分级布网的原则按控制网等级由高到低的顺序进行逐级复测，CPI 控制网采用 CP0 成果或稳定的 CPI 成果作为起算基准，CPⅡ控制网采用 CPI 复测后更新的成果作为起算基准。

2. CPI、CPⅡ控制网复测方法与精度指标

CPI、CPⅡ控制网复测采用 GNSS 方式进行，边联式构网，即相邻同步观测环之间至少有一条足够长且观测条件较好的基线重复观测，由三角形或大地四边形组成的带状网。CPI、CPⅡ复测成果与原测成果较差满足如表 7-8 所示。GNSS 复测相邻点坐标差之差的相对精度限差满足如表 7-9 所示。导线复测较差限差如表 7-10 所示。

表 7-8　CPⅠ、CPⅡ控制点复测坐标较差限差

控制点类型	复测坐标较差限差(mm)
CPⅠ	20
CPⅡ	15

注：表中坐标较差限差指 X、Y 坐标分量较差。

表 7-9　GNSS 复测相邻点坐标差之差的相对精度限差

控制网等级	相邻点间坐标差之差的相对精度限差
CPⅠ	1/130 000
CPⅡ	1/100 000

表 7-10　导线复测较差限差

控制网	等级	水平角较差限差(″)	边长较差限差(mm)	坐标较差限差(″)
CPⅠ	三等	3.6	$2\sqrt{2}\, m_D$	15
CPⅡ	隧道二等	2.6	$2\sqrt{2}\, m_D$	15

3. 成果报告的编制

复测完成后应进行成果分析，编写复测报告。复测报告主要有以下内容：

(1)任务依据、技术标准。

(2)测量日期、作业方法、人员、设备情况。

(3)复测控制点的现状及数量,复测外业作业过程及内业数据处理方法。

(4)复测控制网测量精度统计分析。

1)独立环闭合差及重复基线较差统计。

2)GNSS 自由网平差和约束平差后最弱边方位角中误差和边长相对中误差统计。

3)水准测量测段间往返测较差、附合水准路线高差闭合差、水准路线每千米高差偶然中误差统计。

(5)复测与原测成果的对比分析:

1)平面控制网复测与原测坐标成果较差;

2)GNSS 网复测与原测相邻点间坐标差之差的相对精度的比较;

3)导线复测与原测水平角、边长较差。

4)相邻水准点复测与原测高差较差。

(6)需说明的问题及复测结论。

二、施工控制网加密测量

施工控制网加密测量可采用导线或 GNSS 测量方法。CPⅢ网测量时平面网应附合至 CPI、CPⅡ控制点上,以 CPⅡ控制网加密为例,当 CPⅡ点位密度和位置不满足 CPⅢ联测要求时,应按同精度进行 CPⅡ控制网加密测量工作。采用固定数据约束平差。加密控制点应布设在坚固稳定、便于施工放线且不易破坏范围内,并按规范规定埋石。采用导线加密时,导线边长以 200～400 m 为宜,应按四等导线精度要求施测。采用 GNSS 测量方法加密时,按四等 GNSS 精度要求施测。加密高程控制点应起闭于线路水准基点,采用同级扩展方法按二等水准测量要求施测。

(一)CPⅡ控制网加密布点要求

CPⅡ加密控制点的分布要均匀,不能过密或过稀,一般宜为 400～800 m,平均间距宜为 600 m,需要与连续的 3 个自由测站通视,自由测站与 CPⅡ及加密控制点之间的距离小于 300 m,竖直角不宜过大;CPⅡ加密控制点在桥梁地段不宜布设在桥下,宜布设在墩台顶部桥梁固定支座端上方。隧道洞内应沿线路走向布设,前后相邻点间距 300～600 m,应以单导线形式布网,并从进洞和出洞口与洞外 CPⅠ、CPⅡ或经验证后稳定的 CPⅡ加密点进行联测。导线点布设应选择在施工干扰较小、安全稳固、方便设站、便于保存的地方,点位的选择必须保证仪器架设完成后视线高度距洞内设施 0.2 m 以上。

控制点埋设采用钻孔埋标法,埋设于电缆槽顶部,路基地段埋设于接触网基础顶面。埋设时采用直径 20 mm 钻头钻孔,再埋设测量标志,最后用植筋胶、速凝水泥或强力黏合剂等将测量标志固稳。要求在电缆槽及垫层施工完成后至少 15 天并且控制点稳固后方可开展测量工作。

埋石完成后在隧道侧壁上高于电缆槽顶面 50 cm 的地方标注统一规格的测量点号,桥梁地段直接喷绘于防撞墙内侧。测量标志统一采用直径为 20 mm 长度为 80～100 mm 的不锈钢材料，下部采用普通倒T字型钢筋焊接而成（为了埋设方便也可锯掉倒T形钢筋弯钩），其顶部刻0.5 mm深的十字分划丝上部，如图7－1和7－2所示。

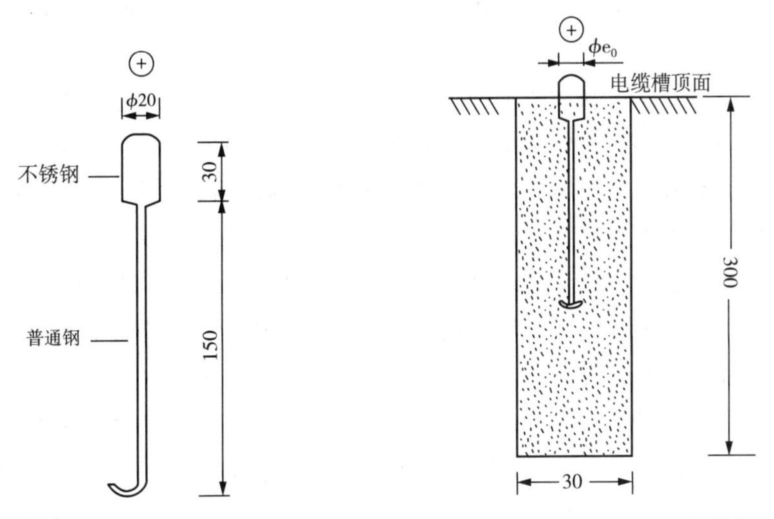

图7－1　控制点标志（单位：mm）　　图7－2　控制点隧道标石埋设（单位：mm）

CPⅡ加密点的要求统一编号，采用8位编号形式（224JMP02），具体说明如下：前3位为连续里程的公里数，第4、5、6、7位为“JMP0”代表加密CPⅡ点，第8位为流水号，由小里程向大里程顺次编号。点号标志字号应采用统一规格字模刻绘，要求点号喷绘统一、美观、清晰，要求如图7－3。

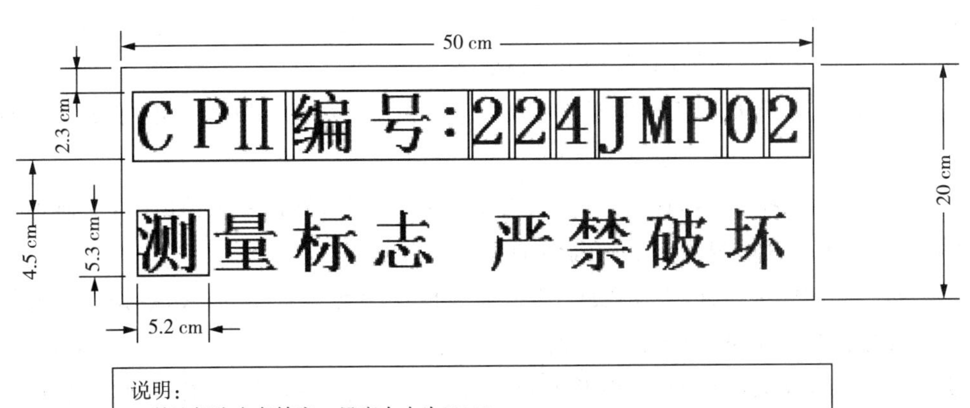

说明：
1. 外边框为白色抹底，尺度大小为50*20 cm；
2. 汉字和字符字体为宋体加粗，字体高为5.3 cm，宽为5.2 cm；冒号和阿拉伯数字为宋体加粗，字体高5.3 cm，宽为2.7 cm，数字之间的间距为4 mm；
3. 外边框上下边缘与字体间距各为2.3 cm，两行字体之间的间距为4.5 cm。

图7－3　CPⅡ铭牌方案示意图

（二）CPⅡ施工控制网加密测量

1. 洞外CPⅡ加密测量

路基及桥梁段加密CPⅡ点测量GNSS测量的要求进行观测。同一时段观测采用同一品牌型号的大地测量型双频 GNSS 仪器设备，GNSS 仪器标称精度不低于 5 mm±1 ppm×D，架设仪器必须采用经过检校的带管水准气泡的精密支架。CPⅡ加密网观测前需精心进行时段设计，避开少于 4 颗卫星的时间窗口，选择最佳时段。CPⅡ加密测量应严格按以下要求执行：

（1）观测前应在 GNSS 接收机上配置参数，参与作业的接收机配置参数相同。观测人员严禁擅自更改预制参数，如预制参数发生改变，应及时恢复。

（2）观测前认真做好星历预报，现场调度人员要根据控制网技术要求、卫星状况等信息规划好观测时段，注意避开卫星不佳的时段。

（3）作业过程中服从项目调遣，严格按规定的时间段观测，有通讯信号的地方要务必电话联系（距离近可用对讲机）；无通信的地方按约定时间施测．如有异常情况，务必尽快汇报项目负责人，以便快速做出反应。不得无故擅自更改观测计划。

（4）到达测站后，按规定架设仪器，作业时天线严格置平对中，对中误差小于 1 mm。

（5）接收机开始记录数据后，要及时将测站名、测站号、时段号、天线高等信息输入接收设备。仪器观测过程中严禁擅离工作岗位，注意观察仪器工作状态，如模糊度、电池电量等信息，提前根据电池电量等做出反应，严禁无故造成仪器中途关机。同时要注意仪器的警告信息，及时处理各种特殊情况。

（6）施测过程中要防止仪器震动，不得移动仪器，要防止人员或其他物品碰动脚架、天线或阻挡信号。

（7）施测过程中，要认真填写测量手簿，记录点名、观测员、记录员、接收机型号、天线编号、观测日期、开机时间、关机时间等信息，在测前、测中、测后均量取天线高一次，均记录在手簿中，互差超限时要查明原因（限差为 2 mm）。

（8）施测过程中，不应在天线附近使用无线电通讯。必须使用时，讲机、手机等应距天线 10 m 以上。

（9）一个时段观测完毕，如在同一点上需要观测另一时段时，要关掉电源，变换脚架高度，重新对中整平后开始观测作业，重新量测并记录仪器高。

（10）每天观测完毕，及时上交观测手簿、数据卡、点之记等，严禁丢失，数据处理人员要及时将观测数据拷贝备份，要求在不同的计算机中备份。

数据处理过程中，GNSS 基线解算和网平差必须满足《高速铁路工程测量规范》（TB 10601—2019）中相应技术指标和精度要求；在对 CPⅡ加密点进行整体平差前必须先对网中的 CPⅠ、CPⅡ点的稳定性进行分析，固定稳定的 CPⅠ、CPⅡ点坐标成果进行网平差计算。

2. 洞内 CPⅡ导线网平面测量

导线测量采用的施测方法、使用的仪器设备、测量精度、数据处理方法均应符合表 7-11 对应相应等级的规定。仪器设备均应经过检定并在有效检定期内，观测作业要求主要有以下几点：

表 7-11　洞内 CPⅡ导线测量主要技术要求

控制网级别	附合长度(km)	边长(m)	测距中误差(mm)	测角中误差(″)	相邻点位坐标中误差(mm)	导线全长相对闭合差限差	方位角闭合差限差(″)	对应导线等级	备注
CPⅡ	$L\leqslant 2$	300～600	3	1.8	7～5	1/55 000	$\pm 3.6\sqrt{n}$	三等	单导线

1)隧道洞内观测时应注意视线方向不能有强光直射,并应充分通风,无施工干扰,避免尘雾。洞内洞外联测须安排在夜间进行。

2)测量前,应预先将仪器、气压表、温度计打开使与外界相适应,放置 20 min 后再观测。读取气象元素时,气压表应置平,防止指针搁滞,温度计须悬挂在离地面约 1.5 m 左右或与仪器近似同高,不受阳光直射、受辐射影响小和通风良好的地方。每一测站应对测量的距离进行气象改正,温度读至 0.2℃,气压读至 50 Pa。

3)导线观测前首先要配置全站仪,对全站仪进行自动检校、开启自动照准功能、精测距模式、补偿器,正确设置棱镜常数和气象参数;按照规范要求设置观测限差;进行测站设置后开始目标点寻标,寻标测量过程中应正确输入各导线点号,并量取测站仪器高和目标高输入采集软件中;完毕后进行自动化数据采集。测量过程中严格控制数据采集质量,对不合格的观测值重新测量直至合格为止。若长时间测量不合格,需检查温度、气压是否发生变化,若已发生变化,需输入当前的气象参数,并将整个测站返工重测。

4)置于各控制点上的精密棱镜应严格整平对中,并应确保棱镜安装到位后正对全站仪,点间视线应距洞内设施至少 0.2 m 以上。观测人员须待棱镜正确安置后方可进行测量。测量过程中应正确输入对应棱镜的棱镜常数。

5)测量开始后,应在现场认真填写测站的外业测量记录,不允许事后补填。外业记录内容包括:天气状况、温度、湿度、气压、点号与观测顺序、示意图上的各导线点的相互关系与其他异常情况。

6)观测时尽量避免施工干扰。棱镜内不能有任何遮挡,务必保证所有目标点都能通视,并且附近没有反光马甲或其他类似的反光表面。

7)定时对仪器的工作状况进行检查,避免观测出现系统误差。

导线测量观测工作结束后,及时整理和检查外业电子记录数据,并计算导线测量中测站方向和边长观测值的各项限差、测角中误差、测距中误差、对向观测边较差,然后以 CPⅡ加密点为起算数据,计算导线全长相对闭合差、方位角闭合差、导线环闭合差和坐标闭合差。上述指标全部符合规定后,采用严密平差方法计算。

3. 洞内高程控制测量

洞内 CPⅡ高程观测采用二等水准测量施测。洞内二等水准点与 CPⅡ导线点共点。二等水准测量使用的水准仪要求不低于 DS1 级,例如天宝 DiNi12 或徕卡 DNA03 系列数字水准仪及其配套铟瓦水准尺,并配置稳定、结实的专用木质三脚架,尺垫重量为 5kg,水准测量扶尺尽量使用配套的专用尺撑,二等水准测量作业前及作业期间应按《高速铁路工程测量规范》(TB 10601—2019)中的规定进行必要的检校，并保证投入使用的仪器设备均在有效检定期内。二等水准测量观测方法如表 7 - 12 所示，二等水准观测主要技术要求如表 7 - 13 所示。

表 7 - 12　二等水准测量观测方法

等级	观测方式		观测顺序
	已知点联测	附合	
二等水准	往返	往返	奇数站：后—前—前—后
			偶数站：前—后—后—前

表 7 - 13　二等水准观测主要技术要求

等级	水准仪最低型号	水准尺类型	视距	前后视距差	测段的前后视距累积差	视线高度	数字水准仪重复测量次数
			数字	数字	数字	数字	
二等	DS1	因瓦	⩾3 且⩽50	⩽1.5	⩽6.0	⩽2.8 且⩾0.55	⩾2 次

水准测量外业工作结束后，应首先进行观测数据质量检核。检核的内容主要包括：测站数据质量、水准路线数据质量、往返测高差较差及附合路线闭合差。上述数据质量全部合格后，方可进行平差计算。

施工控制网加密完成后，应提交成果资料有：测量技术设计书；加密测量成果(含点之记)；外业测量观测数据资料；平差计算资料；加密测量技术报告。

任务三　高速铁路轨道施工测量

在高速铁路施工中，当线下工程竣工并通过沉降变形评估后，需建立 CPⅢ轨道控制网为无砟轨道铺设和运营维护提供精密控制基准，确保高速铁路高、平、顺的轨道要求。CPⅢ轨道控制网为三维控制网，分为平面控制及高程控制两部分，其中平面控制应起闭于基础平面控制网(CPI)或线路平面控制网(CPⅡ)，高程控制应起闭于沿线路布设的二等水准网。

一、CPⅢ轨道控制网的布设

(一)CPⅢ控制点布设

CPⅢ点沿线路走向成对布设，前后相邻两对点之间距离一般约为 60 m，一般情况下布设间距应保持在 50～70 m 范围内，在桥梁和隧道地段每对点之间里程差要求小于 1 m。CPⅢ点设置在稳固、可靠、不易破坏和便于测量的地方，并应防沉降和抗移动。控制点标识要清晰、齐全、便于准确识别。相邻 CPⅢ控制点应大致等高，其位置应高于设计轨道高程面 0.3 m。

1. 路基段 CPⅢ点布设

路基地段 CPⅢ点横向布设于辅助立柱内侧，辅助立柱设置在接触网扩大基础上，如图 7－4 所示。CPⅢ辅助立柱直径为 20 cm，顶面高于设计轨道面至少 30 cm。待基础稳定后，在 CPⅢ辅助立柱上使用植筋胶或速凝水泥埋设 CPⅢ标志预埋件。

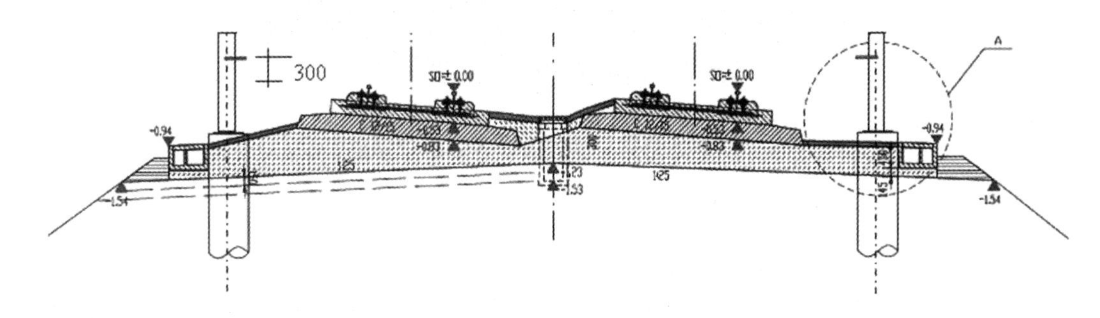

图 7－4　CPⅢ路基地段埋设示意图

2. 桥梁段 CPⅢ点布设

桥梁段 CPⅢ点竖向布设于防撞墙顶面上，如图 7－5 所示。简支梁段应根据桥梁结构布设于固定支座端，连续梁段应布设于固定支座端，若跨度大于 80 m，应在跨中部增设 CPⅢ点。

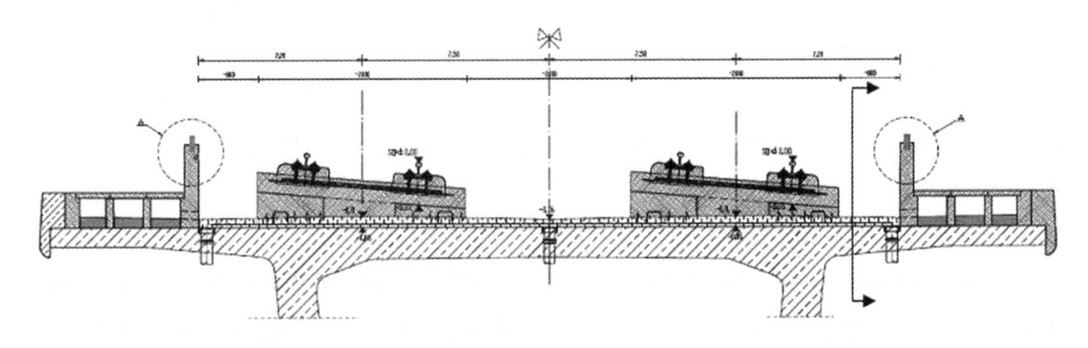

图 7－5　无砟轨道 CPⅢ控制点桥梁上埋设示意图

3. 隧道段 CPⅢ点布设

隧道段 CPⅢ点横向布设于电缆槽顶面以上 30～50 cm 的边墙内衬上，如图 7－6 所示。

4. 车站范围 CPⅢ点的布设

车站范围内因为股道较多、同期施工的其他工程较多，应该根据施工进度将 CPⅢ点设在雨棚柱基础上、站台边墙上或单独埋设 CPⅢ标志桩，在同一个车站形式应统一，要保证标志点的稳定性。

盾构法隧道施工测量
实践教学视频

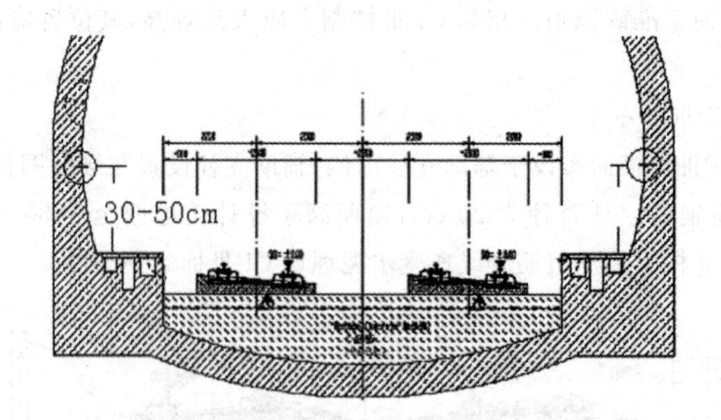

图 7－6　无砟轨道 CPⅢ控制点隧道内埋设示意图

(二)CPⅢ控制点标志的埋设

CPⅢ控制点的标志应设置强制对中装置，采用精加工元器件，用不易生锈及腐蚀的不锈钢材料制作，且全线应统一控制点标志。CPⅢ点标志连接件的加工误差不应大于 0.05 mm。CPⅢ标志棱镜组件主要包括预埋件、棱镜杆、高程杆和棱镜等四部分。预埋件用于连接棱镜杆或高程杆，进行后续平面或高程测量工作。CPⅢ平面控制测量时棱镜杆与棱镜配套使用。高程杆应用于 CPⅢ高程控制测量时测量观测点高程。

CPⅢ点标志采用钻孔埋标法，埋设之前逐个检查平面(高程)测量连接杆和预埋件之间的间隙，平面(水准)测量杆全部插入预埋件后预埋件沿口应和平面(水准)测量杆突出横截面密接，有异常情况的预埋件不能使用。

预埋件锚固要求使用植筋胶或速凝水泥，不得使用劣质植筋胶或速凝水泥，锚固措施必须使得预埋件牢固、长期使用不松动。路基段、桥梁段和隧道段 CPⅢ点标志埋设要求主要有：

1. 路基段 CPⅢ点标志埋设

(1)在辅助立柱上距扩大基础顶面 90 cm(需高于轨顶 30 cm)处横向钻直径 1.5 cm 的孔，孔深 8 cm，然后扩大孔径口，扩大部分直径 2.5 cm、深度 0.8 cm，孔径由内向外略向上倾斜。

(2)用塑料盖封闭预埋件插口端管口，防止异物进入预埋件。

(3)将钻孔内碎石渣清理干净，浇水润湿洞孔，将植筋胶或速凝水泥等塞入洞孔。

(4)植入预埋件，预埋件插口表面与辅助立柱表面齐平。

2. 桥梁段 CPⅢ点标志埋设

(1)先在桥梁防撞墙顶面上钻直径 1.5 cm 的孔、孔深 8 cm，然后扩大孔径口，扩大部分直径 2.5 cm、深度 0.8 cm，孔径基本竖直(倾斜度不超过 8′)。

(2)用塑料盖封闭预埋件插口端管口，防止异物进入预埋件。

(3)将钻孔内碎石渣清理干净，浇水润湿洞孔，将植筋胶或速凝水泥等塞入洞孔。

(4)植入预埋件，预埋件插口顶面与防撞墙顶面齐平。

3. 隧道段 CPⅢ点标志埋设

(1)在隧道边墙上，高出电缆槽顶面 30 cm 的地方钻直径 1.5 cm 的孔，孔深 8 cm，然后扩大孔径口，扩大部分直径 2.5 cm、深度 0.8 cm，孔径由内向外略向上倾斜。

(2)用塑料盖封闭预埋件插口端管口，防止异物进入预埋件。

(3)将钻孔内碎石渣清理干净，浇水润湿洞孔，将植筋胶或速凝水泥等塞入洞孔。

(三)CPⅢ控制点的编号

CPⅢ点编号共 7 位数，前 4 位采用四位连续里程的公里数，第 5 位正线部分为“3”，第 6，7 位为流水号，01～99 号数循环。由小里程向大里程方向顺次编号，所有处于线路里程增大方向轨道左侧的标记点，编号为奇数，处于线路里程增大方向轨道右侧的标记点编号为偶数，在有长短链地段应注意编号不能重复。当里程不足千、百、拾公里时，加“0”填充以保证 CPⅢ的点号都是七位数齐全。点号标牌规格为 50 cm×20 cm，注明 CPⅢ编号及“测量标志，严禁破坏”字样，喷写时使用统一规格的字模、字高，如图 7-7 所示。

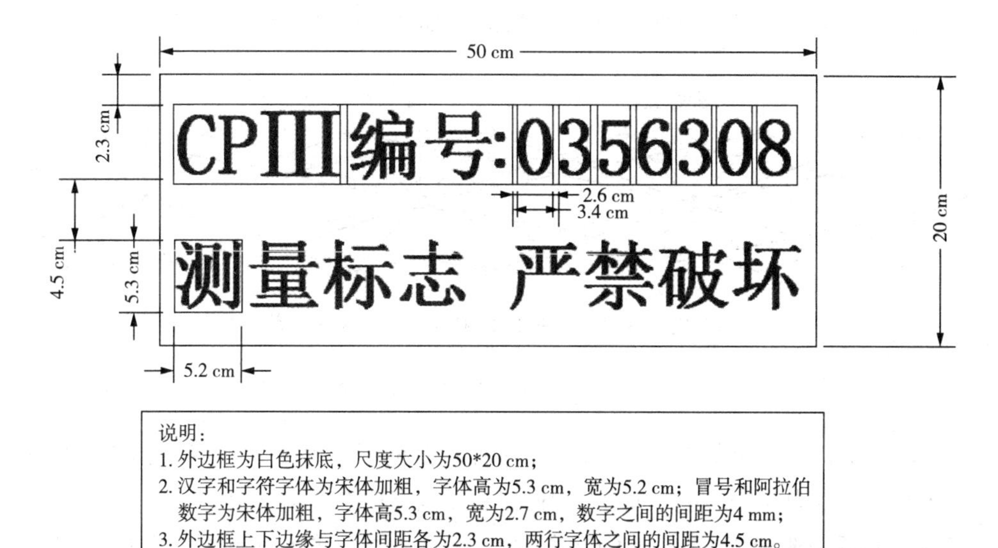

图 7-7　CPⅢ控制点标牌

点位需详细描述，主要描述内容包括：位于线路里程（里程要准确，精确至米）、外移距离、桩类型、具体设置位置和其他需要说明的情况等，点位描述附在成果表里。CPⅢ点编号路基地段标绘于辅助立柱内侧，标志正下方 0.02 m；桥梁地段统一标绘于防撞墙内，顶面下方 0.02 m；隧道地段标绘于标志正上方 0.02 m。点号标志采用白色油漆抹底，红色油漆喷写点号。

二、CPⅢ平面控制测量

(一)仪器设备

CPⅢ测量采用的全站仪必须满足以下要求：具有马达驱动、自动目标搜索、自动照准、自动观测、自动记录功能;其标称精度应满足方向测量中误差不大于1″,测距中误差不大于1 mm+2 ppm×D。观测前须按要求对全站仪及其棱镜进行检校,作业期间仪器须在有效检定期内。

CPⅢ测量棱镜采用高精度、相位中心稳定的棱镜,全线应统一。棱镜出厂应具有相应的合格证书,且棱镜常数必须经过专业检定机构的检定认证。在进行CPⅢ测量时还应注意正确输入对应棱镜的棱镜常数。

(二)构网形式

CPⅢ平面网采用自由测站边角交会法施测,附合到CPⅠ、CPⅡ控制点上,每600 m左右(400~800 m)联测一个CPⅠ或CPⅡ控制点,自由测站至CPⅠ、CPⅡ控制点的观测边长不大于300 m。

CPⅢ平面网观测的自由测站间距一般约为120 m,测站内观测12个CPⅢ点,全站仪前后方各3对CPⅢ点,自由测站到CPⅢ点的最远观测距离不应大于180 m;每个CPⅢ点至少应保证有三个自由测站的方向和距离观测量,如图7-8所示。

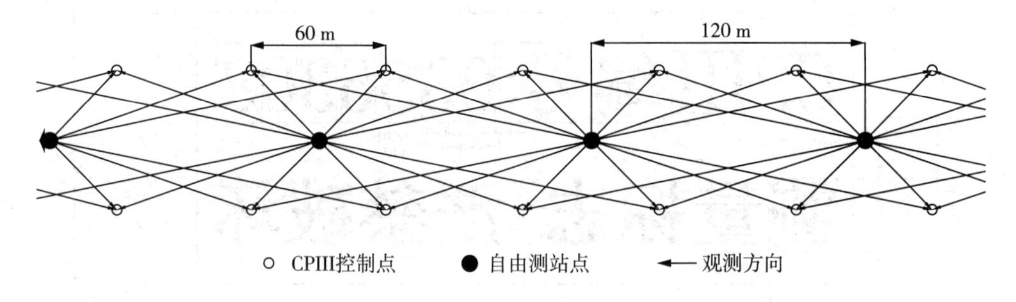

图7-8　测站观测12个CPⅢ点平面网构网示意图

因遇施工干扰或观测条件稍差时,CPⅢ平面控制网可采用图7-9所示的构网形式,平面观测测站间距应为60 m左右,每个CPⅢ控制点应有四个方向交会。

CPⅢ平面网应附合于CPⅠ或CPⅡ控制点上,每600 m左右应联测一个CPⅠ或CPⅡ控制点,采用固定数据平差。当CPⅡ点位密度和位置不满足CPⅢ联测要求时,应按同精度内插方式加密CPⅡ控制点。与CPⅠ、CPⅡ控制点联测时,统一采用自由测站法。应在3个或以上自由测站上观测CPⅠ、CPⅡ控制点,其观测图形如图7-9所示。

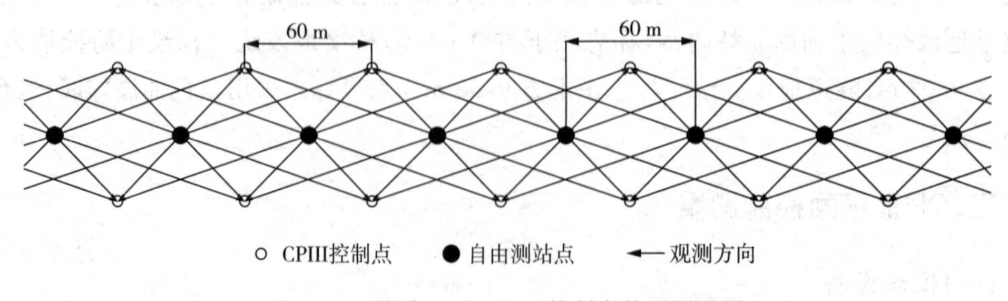

图7-9　联测CPⅠ、CPⅡ控制点的观测网图

(三)外业观测技术要求

1. 水平方向采用全圆方向观测法进行观测,观测时必须满足表7-14要求。

表7-14 CPⅢ平面水平方向观测技术要求

控制网名称	仪器等级	测回数	半测回归零差	2C误差	不同测回同一方向2C互差	同一方向归零后方向值较差	竖盘指标差互差	测回间竖直角较差
CPⅢ平面网	0.5″	3	6″	≤±20″	9″	6″	12″	6″
	1″	4	6″	≤±20″	9″	6″	12″	6″

注:当观测方向的垂直角超过±3°的范围时,该方向2C互差按相邻测回同方向进行比较,其值应满足表中一测回内2C互差的限值。

2. CPⅢ平面网距离测量应满足表7-15的规定。

表7-15 CPⅢ平面网距离观测技术要求

控制网名称	半测回间距离较差	测回间距离较差
CPⅢ平面网	±1 mm	±1 mm

注:距离测量一测回是全站仪盘左、盘右各测量一次的过程。

当CPⅢ平面网外业观测的水平方向和距离的观测误差不满足以上技术要求时,相应测站外业观测值应全部重测。

3. CPⅢ平面网可根据施工需要分段测量,分段测量的区段长度不宜小于4 km,区段间重复观测不应少于6对CPⅢ点,每一独立测段首尾必须封闭。区段接头不应位于车站范围内。CPⅢ平面网测段及测段衔接网型如图7-10所示。

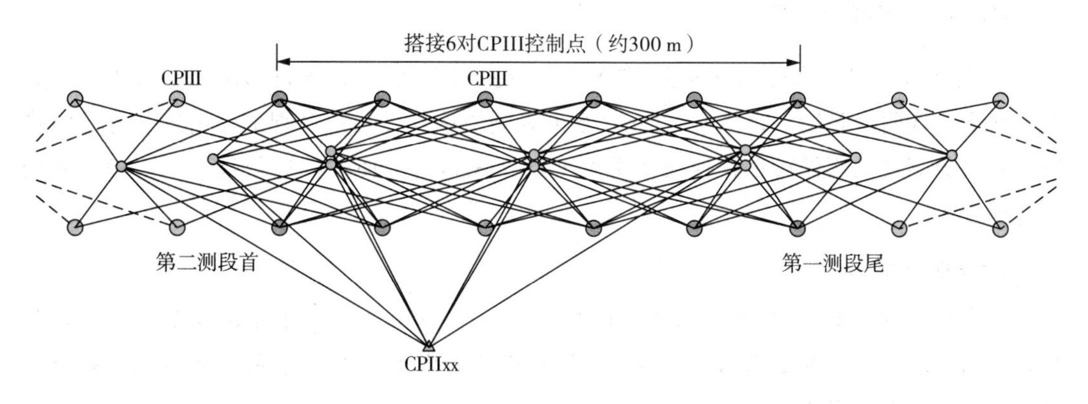

图7-10 CPⅢ平面网重叠测段衔接网型示意图

4. 测量开始后,应在现场认真填写CPⅢ平面网自由测站的外业测量记录,不允许事后补填。外业记录应按观测手簿及点位记录表中的格式填写,内容包括:天气状况、温度、湿度、气压、CPⅢ点号与观测顺序、示意图上的CPⅢ点的相互关系以及点号输错问题与其他异常情况。在每段CPⅢ测量结束后装订存档。气温、气压等测站信息必须在外业期间正确输入，使得测量数据为经过气象改正后的数据。

5. 内业数据处理

CPⅢ平面控制网数据处理软件应通过铁路相关主管部门评审。CPⅢ平面网平差计算后，精度指标见表7-16～表7-19所列。

表7-16　CPⅢ平面自由网平差后的主要技术要求

控制网名称	方向改正数	距离改正数
CPⅢ平面网	3″	2 mm

表7-17　CPⅢ平面网约束平差后的主要技术要求

控制网名称	测量方法	方向观测中误差	距离观测中误差
CPⅢ平面网	自由测站边角交会	1.8″	1.0 mm

表7-18　CPⅢ平面网约束平差后的主要技术要求

控制网名称	与CPⅠ、CPⅡ联测		与CPⅢ联测		点位中误差
	方向改正数	距离改正数	方向改正数	距离改正数	
CPⅢ平面网	4.0″	4 mm	3.0″	2 mm	2 mm

表7-19　CPⅢ平面网定位精度表

CPⅢ控制点	同精度复测精度	相邻点的相对中误差
自由设站边角交会	3 mm	1 mm

三、CPⅢ高程测量

CPⅢ高程测量以水准测量为主，应附合于线路水准基点，按精密水准测量技术要求施测。水准路线附合长度不得大于3 km。水准观测均选择在标尺分划成像清晰且稳定时进行。标尺分划线的影像跳动剧烈或气温突变以及风力过大而使标尺与仪器不能稳定时均不进行观测。

(一)仪器设备

水准仪不低于DS_1级，例如天宝DINI和徕卡DNA03系列电子水准仪及其配套铟瓦尺，并配置稳定、结实的专用木质三脚架。尺垫必须使用重量为5 kg的。水准测量扶尺必须使用配套的专用尺撑。

(二)构网形式

德国中视法CPⅢ高程网观测采用往返观测的方式进行，如图7-11所示，其中实心黑点表示水准仪测站点，空心圆表示CPⅢ高程点，实心双箭头表示后视，空心双箭头表示前视，单箭头表示中视。该方法往测时以轨道一侧(图中下方)的CPⅢ点为主线进行前后视水准测量，而另一侧（图中上方）的 CPⅢ点则以中视的方式联测其高程。

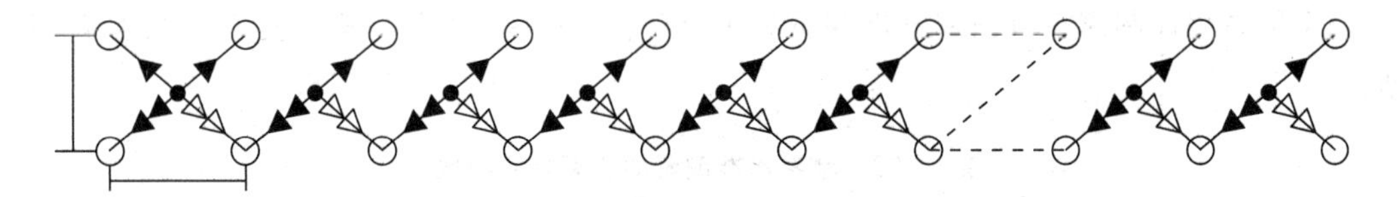

图 7－11　德国中视法往测水准路线示意图

返测时刚好相反，即以另一侧（图中上方）的 CPⅢ水准点为主线进行前后视水准测量，而对侧（图中下方）的 CPⅢ点也是以中视的方式联测其高程，如图 7－12 所示。

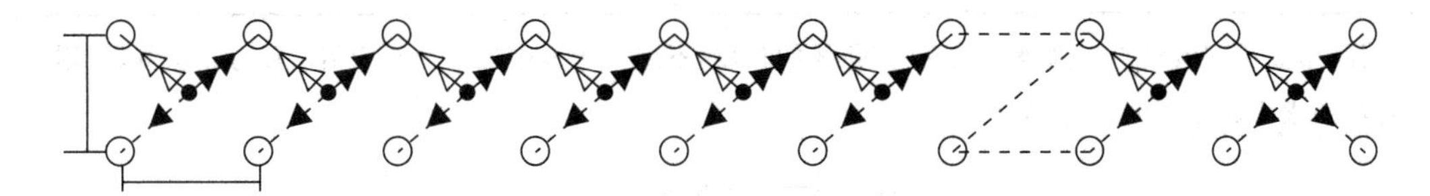

图 7－12　德国中视法返测水准路线示意图

德国中视法往返测高差及其所形成的闭合环情况如图 7－13 所示。其中单箭头为往测高差，双箭头为返测高差，箭头方向为高差的传递方向。

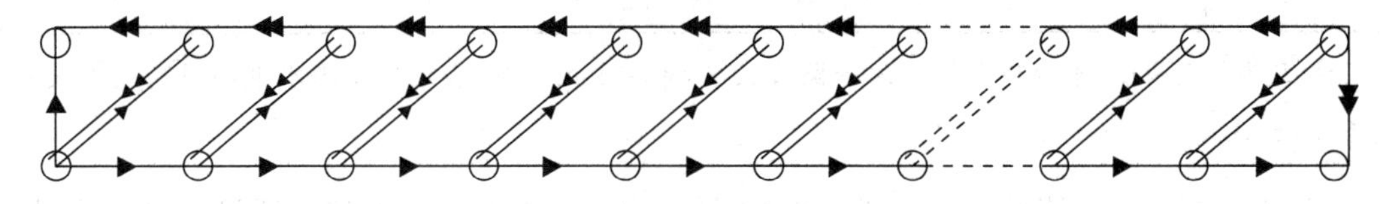

图 7－13　德国中视法水准测量闭合环示意图

如图 7－14 所示为矩形法观测的水准路线形式。测量时，左边第一个闭合环的四个高差应该由两个测站完成，其他闭合环的四个高差可由一个测站按照后－前－前－后、前－后－后－前的顺序单程观测。单程观测所形成的闭合环如图 7－15 所示。

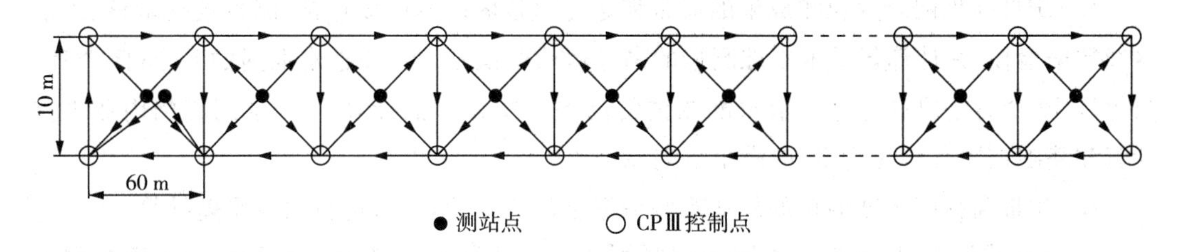

图 7－14　矩形法 CPⅢ水准测量原理示意图

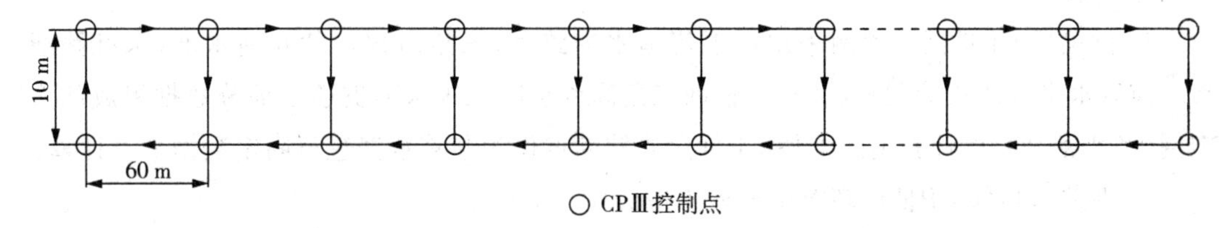

图 7－15　CPⅢ水准网单程观测形成的闭合环示意图

(三)CPⅢ高程控制网技术要求

CPⅢ高程控制测量以精密水准测量为主，精密水准测量精度应满足表 7－20、表 7－21 所示。

表 7－20　精密水准测量的主要技术标准

等级	每千米高差全中误差(mm)	路线长度(km)	水准仪等级	水准尺	观测次数		往返较差或闭合差(mm)
					与已知点联测	附合或环线	
精密水准	4	2	DS_1	因瓦	往返	往返	$8\sqrt{L}$

注：结点之间或结点与高级点之间，其路线的长度，不应大于表中规定的 0.7 倍。L 为往返测段、附合或环线的水准路线长度，单位 km。

表 7－21　精密水准测量主要技术要求

等级	水准尺类型	水准仪等级	视距(m)	前后视距差(m)	测段的前后视距累积差(m)	视线高度(m)
精密水准	因瓦	DS_1	≤60	≤2.0	≤6.0	下丝读数≥0.3
		DS_{05}	≤65			

注：L 为往返测段、附合或环线的水准路线长度，单位 km。DS_{05} 表示每千米水准测量高差中误差为±0.5 mm。

CPⅢ控制点水准测量应对相邻 4 个 CPⅢ点构成的水准闭合环进行环闭合差检核，相邻 CPⅢ点的水准环闭合差不得超过±1 mm。CPⅢ控制点水准测量相邻 4 个 CPⅢ点构成的水准环与相邻环的公共边往返测较差不得超过±1 mm。

(四)CPⅢ高程网数据处理

1. CPⅢ高程网外业观测成果的质量评定与检核的内容应该包括：测站数据检核、水准路线数据检核，并计算每千米水准测量的高差偶然中误差，当 CPⅢ水准网的附合(闭合环)数超过 20 个时还要进行每千米水准测量的高差全中误差的计算。CPⅢ高程网内业平差计算和基础控制资料的选用，应满足下列原则：

2. CPⅢ高程网水准测量的外业观测数据全部合格后，方可进行内业平差计算。

3. 路基或隧道段 CPⅢ高程网采用联测的稳定线路水准基点的高程作为起算数据进行固定数据平差计算。

4. 桥梁段 CPⅢ网高程网采用桥下传递水准路线、三角高程代替几何水准(水准路线长取前后水平视线长的和)以及桥上辅助三角高程点间二等水准贯通三部分数据组成的水准网，经严密平差后计算出的上桥 CPⅢ点或辅助点作为起算数据进行固定数据平差计算。

5. 平差后相邻 CPⅢ点高差中误差不应大于 0.5 mm。

平差计算取位按下表 7－22 中精密水准测量的规定执行。

表 7-22　精密水准测量计算取位

往(返)测距离总和(km)	往(返)测距离中数(km)	各测站高差(mm)	往(返)测高差总和(mm)	往(返)测高差中数(mm)	高程(mm)
0.01	0.1	0.01	0.01	0.1	0.1

四、CPⅢ控制网区段的划分与衔接

CPⅢ高程测量分段方式与CPⅢ平面测量分段方式一致，前后测段衔接过渡时应联测上一测段6对CPⅢ点。

(一)区段之间的划分与衔接

CPⅢ平面网可根据施工需要分段测量，分段测量的区段长度不宜小于4 km。区段接头不应位于车站、连续梁范围内。如图7-16所示。

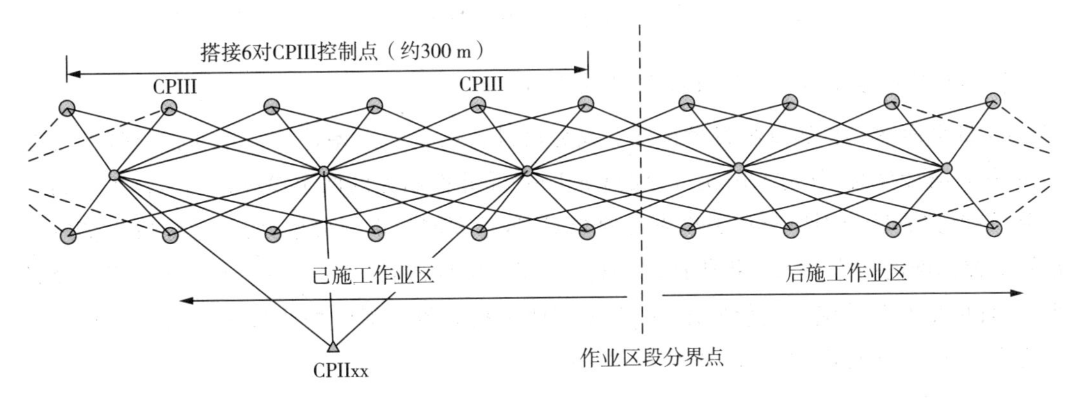

图7-16　CPⅢ控制网区段划分示意图

CPⅢ平面网区段的两端必须起止在上级控制点(CPⅠ或CPⅡ)上，而且应保证有至少三个自由测站与上级控制点联测，联测上级控制点的测站应对称分布于上级控制点的两侧。区段接头处联测的CPⅠ或CPⅡ控制点在桥梁段应位于桥上、在路基段距离线路中线不宜大于50 m。

CPⅢ网区段与区段之间重复观测应不少于6对CPⅢ点；这些点在各自区段中的观测和平差计算，必须满足CPⅢ网的精度要求。除此之外，还要满足各自区段平差后的公共点的平面坐标(X、Y)的较差应小于±3 mm的要求；满足该条件后，后一测段CPⅢ网平差，应采用本测段联测的CPⅠ、CPⅡ控制点及重叠段前一区段连续的1～3对CPⅢ点坐标进行约束平差。再次平差后，其他未约束的重叠点在两个区段分别平差后的坐标差值不宜大于1 mm，若坐标差值大于1 mm时，应查明原因，确认无误后，未约束的重叠点坐标应采用后一区段CPⅢ网的平差结果，在新提交成果中备注栏注明为“更新成果”。

测段之间衔接时，前后测段独立平差重叠点坐标差值不满足≤±3 mm时要认真分析原因，并进行复测。

(二)标段之间 CPⅢ控制网的衔接

相邻标段之间也同样存在衔接的情况,标段之间 CPⅢ控制网的衔接方法相同,如图 7－17所示。

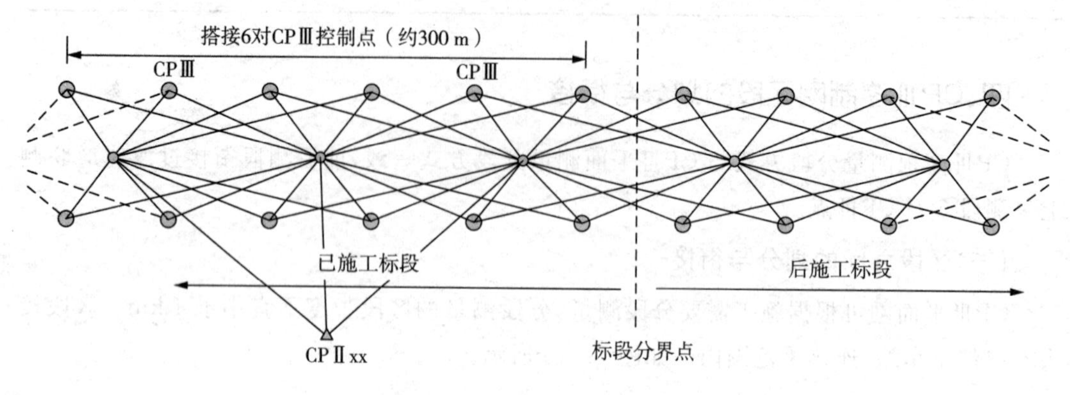

图 7－17　相邻标段之间 CPⅢ控制网的衔接示意图

(三)相邻投影带之间 CPⅢ控制网的衔接

CPⅢ平面网在相邻投影带衔接处必须分段进行测量和平差计算。相邻投影带衔接处CPⅢ平面网计算时,分别采用换带处的 CPⅠ或 CPⅡ控制点的两个投影带的坐标进行约束平差,平差完成后分别提交相邻投影带两套 CPⅢ平面网的坐标成果,两套坐标成果都应满足轨道控制网的技术要求。提供两套坐标的 CPⅢ网区段长度不应小于 800 m。相邻投影带 CPⅢ成果在后续施工测量使用前,必须在两个投影带中对线路中线进行实地检核。相邻投影带之间 CPⅢ网的衔接,如图 7－18 所示。

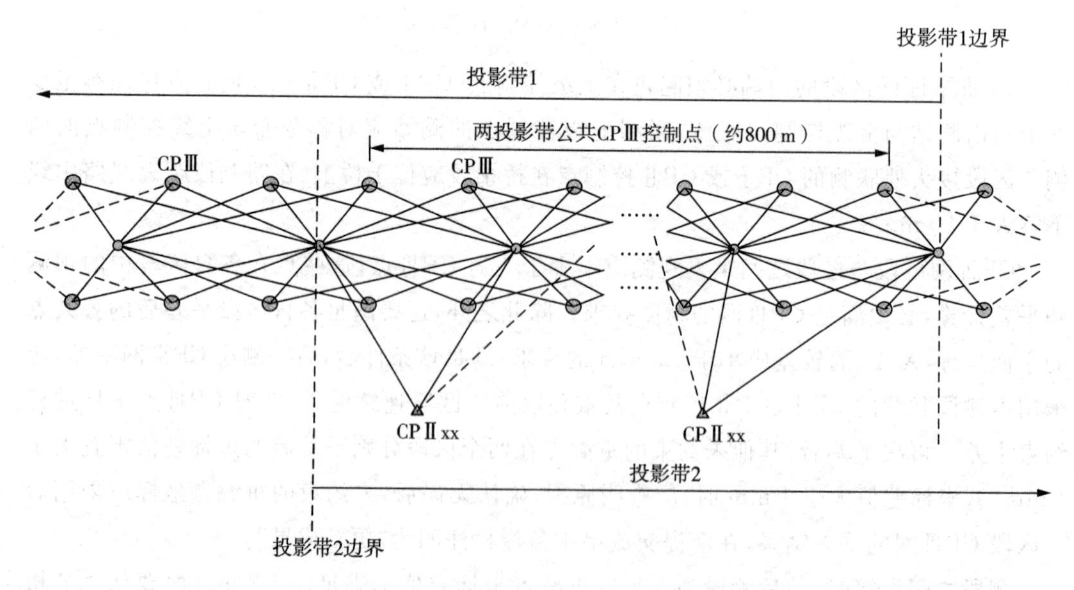

图 7－18　相邻投影带之间 CPⅢ控制网的衔接

(四)高程网区段的衔接

CPⅢ高程网要满足区段中联测的上一级水准点数量不少于 3 个,且 CPⅢ高程网区段的两端必须起止于上一级水准点上。

CPⅢ网区段与区段之间重复观测应不少于 6 对 CPⅢ点;这些点在各自区段中的观测和平差计算,必须满足 CPⅢ高程网的精度要求。除此之外,还要满足各自区段平差后的公共点的高程的较差的绝对值不大于 3 mm 的要求;满足该条件后,后一区段 CPⅢ网平差,应采用本区段联测的线路水准基点及重叠段前一区段连续 1～2 对 CPⅢ点高程成果进行约束平差,平差后采用本次测量成果。

五、CPⅢ网的复测与维护

为了保证无砟轨道施工的精度,在施工过程中应根据 CRTSI 型双块式无砟轨道轨枕安装、钢轨精调、竣工验收等施工阶段及施工组织计划安排及时组织进行必要的 CPⅢ网复测工作。一般来说,根据国内客专建设经验,CPⅢ网在钢轨精调作业前需要进行一次复测。另外,根据《关于进一步规范铁路工程测量控制网管理工作的通知》(铁建设[2009]20号)的规定,CPⅢ网在静态验收前必须进行一次复测。

(一)CPⅢ网的复测

1. 平面复测

CPⅢ平面网复测采用的仪器设备、观测方法、网形、精度指标、计算软件及联测上一级控制点 CPⅠ、CPⅡ的方法和数量均应与原测相同。当 CPⅠ或 CPⅡ控制点破坏或不满足联测精度要求时,需采用稳定的 CPⅢ点原测成果进行约束平差。CPⅢ点复测与原测成果的 X、Y 坐标较差应≤±3 mm,且相邻点的复测与原测坐标增量 ΔX、ΔY 较差应≤±2 mm。较差超限时应结合线下工程结构和沉降评估结论分析判断超限原因,确认复测成果无误后,应对超限的 CPⅢ点采用同精度内插方式更新成果,最终选用合格的复测成果和更新成果进行后续作业。平面坐标增量较差按下式计算:

$$\Delta X_{ij}=(X_j-X_i)_{复}-(X_j-X_i)_{原}$$

$$\Delta Y_{ij}=(Y_j-Y_i)_{复}-(Y_j-Y_i)_{原} \tag{7-1}$$

2. 高程复测

CPⅢ高程网复测采用的网形、精度指标、计算软件及联测上一级线路水准基点的方法和数量均应与原测相同。CPⅢ点复测与原测成果的高程较差≤±3 mm,且相邻点的复测成果高差与原测成果高差较差≤±2 mm 时,采用原测成果。较差超限时应结合线下工程结构和沉降评估结论分析判断超限原因,确认复测成果无误后,应对超限的 CPⅢ点采用同精度内插方式更新成果,最终选用合格的复测成果和更新成果进行后续作业。高程增量较差按下式计算:

$$\Delta H_{ij}=(H_j-H_i)_{复}-(H_j-H_i)_{原} \tag{7-2}$$

（二）CPⅢ网的维护

由于CPⅢ网布设于桥梁防撞墙、隧道边墙和辅助立柱上，会受线下工程的稳定性等原因的影响，为确保CPⅢ点的准确、可靠，在使用CPⅢ点进行后续轨道安装测量时，每次都要与周围其他点进行校核，特别是要与地面上稳定的CPⅠ、CPⅡ点进行校核，以便及时发现和处理问题；在投影换带地段，还应在相邻投影带对线路中线进行实地检核；加强对永久CPⅢ点的维护。

1. 补设CPⅢ标志

在施工或运营过程中应检查标志的完好性，对丢失和破损较严重的标志应按原测标准，并在原标志附近重新埋设，并按初次测量要求做点位记录。

2. 外业测量及数据处理

当有CPⅢ点丢失时，应补测此CPⅢ点前后各2对CPⅢ点以及该点的对点，并保证每个CPⅢ点被不同的测站观测3次。当观测限差满足要求后应至少约束此点周围稳定的9个CPⅢ点进行平差计算，当各项技术指标满足规范要求后，以本次平差结果为该点的最后成果。如果不能满足上述要求应结合具体情况分析。

（三）CPⅢ标志的保护

1. CPⅢ成果作为无砟轨道铺设及后期运营、维护的基准，各标段必须根据自身情况制定CPⅢ、加密CPⅡ、加密二等水准点保护措施，在施工过程中加强CPⅢ标志的保护和维护工作。

2. CPⅢ控制桩立柱施工时应做好防护工作，防止混凝土立柱遭到碰撞破坏。

3. 安装接触网杆时，应做好对CPⅢ控制桩立柱的防护工作，严禁吊装作业时碰动立柱。

任务四　轨道精调

目前无砟轨道形式在线路上主要有CRTSⅠ型板式轨道、CRTSⅡ型板式轨道、CRTSⅢ型板式轨道（综合CRTSI、CRTSⅡ型的变异板）和双块式轨道等。高速铁路无砟轨道结构与普通轨道结构一样，由钢轨、轨枕、扣件、道床、道岔等部分组成。这些力学性质截然不同的材料承受来自列车车轮的作用力，它们的工作是紧密相关的，任何一个轨道零部件性能、强度和结构的变化都会影响其他零部件的工作条件，并对列车运行质量产生直接的影响。

CRTSⅢ型无砟轨道板，是我国自主研制的具备自主知识产权的带挡肩的新型单元板式无非轨道结构。主要由钢轨、扣件、预制轨道板、配筋的自密实混凝土（自流平混凝土调整层）、限位挡台、中间隔离层（土工布）和钢筋混凝土底座等部分组成。该新型无砟轨道在受力状态、经济性、施工性、可维修性及耐久性等方面，兼备板式轨道和双块式轨道的优点，又克服了它们的缺点。CRTSⅢ型轨道板是一种预制轨道板采用门型钢筋同自密实混凝土结合，形成复合板轨道板结构，铺设于现场浇筑的钢筋混凝土底座上，并适应 ZPW－2000 轨道电路的连续轨道板结构，且对每块轨道板限位的无砟轨道结构形式。CRTS 型轨道板是我国以高速铁路轨道工程施工“机械化、工厂化、专业化和信息化”为目标，积极采用新技术、新工艺、新设备和新材料研发出来的一种具有自主知识产权的轨道结构形式。

一、CRTS Ⅰ 型轨道板精调测量

CRTSI 型板式轨道是在现浇的钢筋混凝土底座上铺装预制轨道板，通过水泥乳化沥青砂浆(CA 砂浆)进行调整，通过凸形挡台进行限位，在保证轨道板的铺设精度能够满足设计要求的前提下(允许最大偏差为 2 mm)，一般通过扣件的调整来达到最终钢轨几何状态满足要求，并适应 ZPW－2000 轨道电路的无砟轨道结构形式。

(一)CRTSI 型轨道板检测

CRTSI 型轨道板出厂前应对每块轨道板的质量进行检测，并出具“轨道板制造技术证明书”，检测的主要内容为轨道板的平整度和螺栓孔的相对位置等。检测的设备包括高精度全站仪、专用附件、检测软件等。检测方法是采用高精度全站仪，测量放置在轨道板上的 4 列螺栓孔上的专用棱镜，得其三维坐标，利用软件分析轨道板的线性度与平整度。

(二)凸形挡台精确定位和 GRP 精密测量

凸形挡台是唯一的现浇混凝土结构，因此该结构施工要精确仔细，采用二次浇筑的施工工艺。GRP 基准点的定位与测量，严格按照第八节 GRP 轨道基准网测量中的方法进行。

(三)轨道板粗铺

经检测合格的 CRTSI 型轨道板，采用铺板龙门进行粗铺定位，粗铺应满足：轨道板与凸形挡台的间隔不得小于 30 mm；精铺完成后，轨道板与凸形挡台前后间距应不大于 5 mm。

(四)CRTSI 型轨道板精调测量方法

主要有自定心螺孔适配器测量法、T 型测量标架法测量法和螺栓孔标架测量法，目前我国工程中常采用螺栓孔标架测量法。

日本的 CRTSI 型轨道板，仅采用基准器和三角规进行轨道板的精调工作，精度较低且调板精度无法量化。我国 2008 年开始研究以 CPⅡ 为定向基准的轨道板精调方案。试验结果显示，该方案每次设站所需时间较长，且全站仪在 CPⅡ 自由设站换站时，站与站之间的误差较大，搭接精度很难保证，导致铺设的轨道板的短波平顺性很难达到高合格率。根据京津城际博格板精调的实践，利用 GRP 进行强制对中设站，测量安置在精调标架上的棱镜，然后通过软件计算偏差值，对轨道板进行调整，直至合格的方案可行。相邻 2 个 CPⅡ 点的精度可达到平面 1 mm、高程 0.5 mm，在此精度 CPⅡ 控制网前提下 GRP 点测量，能够保证相邻 2 个 GRP 点精度达到水平 0.2 mm，高程 0.1 mm，相比传统导线网有着无可比拟的优势。

二、CRTSⅡ型板式无砟轨道精调测量

CRTSⅡ型板式轨道是通过水泥乳化沥青砂浆调整层，将预制轨道板铺设在现场摊铺的混凝土支承层或现场浇筑具有滑动层的钢筋混凝土底座上，并适应 ZPW－2000 轨道电路要求的纵联板式无砟轨道结构形式。根据采用钢轨扣件的不同，CRTSⅡ型板道板可分为有挡肩和无挡肩两类。

(一)CRTSⅡ型轨道板的检测

CRTSⅡ型轨道板(无挡肩)，采用高精度全站仪，测量放置在轨道板上的4列螺栓孔上的专用棱镜，得其三维坐标，再利用软件分析轨道板的线性度与平整度。棱镜一般采用球形棱镜，其可以保证棱镜位于扣件螺栓孔的圆心，并保证测量的高程面是轨道板的平整面，而避开螺栓孔的凸出和凹陷的问题。CRTSⅡ型轨道板(有挡肩)，可根据《客运专线铁路CRTSⅡ型轨道板(有挡肩)暂行技术条例》的规定，采用全站仪自由测站下进行数据采集，内容包括CRTSⅡ型轨道板螺栓孔40个；承轨槽斜面上80个点(按顺序采集每个槽8个点坐标)；边框12个点；钢筋定位孔12个。

(二)CRTSⅡ型轨道板精调测量设备

CRTSⅡ型轨道板精调测量所用设备，与CRTSI型轨道板精调测量一样，同样要使用高精度自动全站仪、工用笔记本电脑、数传电台、手持显示器、标架(含倾斜传感器)等。不同的是为了能够精确且迅速地架设棱镜和全站仪，使用了专用的、可调的等高的地面三角架，另外CRTSⅡ标架与CRTSI型轨道板精调螺栓孔标架，在构造上也有所不同。

(三)CRTSⅡ型轨道板(有挡肩)精调测量

1. 安装轨道板精调千斤顶

精调调节装置(千斤顶)使用前应对相关部位进行润滑，在待调板前、中、后部位左右两侧共安装6个精调千斤顶。其中，前、后两端4个千斤顶为可以进行平面及高程双向调节的千斤顶，中间2个为仅具高程调节能力千斤顶。双向调节千斤顶在安装前将横向轴杆居中，使之能前后伸缩大约有10 mm的余量，避免调节能力不足需倒顶而影响调节施工。如图7－19所示。

图7－19　精调千斤顶(双向、单向)

2. 校验测量标架

为了确保轨道板精调的精确度，精调前需要对测量标架进行校验。此项工作一般在制板厂进行，先把已与轨道板几何位置经过校对的标准测量标架放到标准轨道板的一对承轨台上，利用全站仪对安装在标架上面对两个棱镜进行坐标测量记录，然后取走标准支架，将其他4根标架放上去进行坐标测量，测出4根标架与标准架之间对差值，经计算后代入到数学模型

中，在以后的施工作业中进行数据自动改正，达到校验的目的，如图7-20所示。

图7-20　精调测量标架

3. 精调测量系统架设

轨道板精调全站仪采用测角精度不低于1″，测距精度不低于1 mm+1 ppm，并带有自动观测功能的全站仪，三脚架采用特制精密型金属三脚架。

安置专用精密对中三脚架，将专用强制对中三脚架对中杆的尖端对准GRP点测钉的锥窝内，将其余的两个整平调节螺杆的尖端放置在待精调板紧邻的轨道板上。为保持对中三脚架的稳定和平衡，可把全站仪的外置电池平放在两个整平调节螺杆之间的横臂上。然后调节两个整平调节螺杆的螺旋使水准气泡居中，概略整平对中三脚架。

安装全站仪(测量机器人)，逆时针旋转精密对中三角架上的基座锁紧钮，使基座内的三爪孔全部空位，然后取下全站仪基座，将全站仪的三爪小心地对准精密三角架上的孔，安放于其中，顺时针旋转基座的锁紧钮，直至处于水平位置，使全站仪与三脚架紧密地连为一体。开启全站仪，进入整平菜单，旋转对中三角架上的两整平调节螺杆，精确整平全站仪。一般将全站仪安置在待调板的前一块轨道板(以而言调板方向)端头的GRP点上，安放三脚架的轨道板禁止人员踩踏。如图7-21所示。

(a)

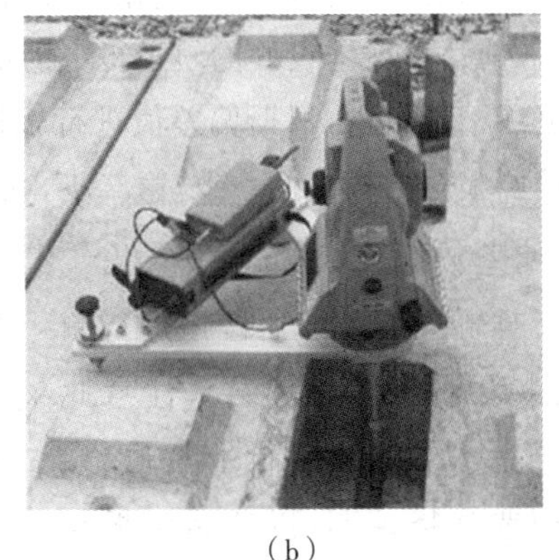

(b)

图7-21　架设在GRP点上的全站仪

安放棱镜支架，将支架三爪放入基座的三个孔内，然后拧紧基座锁紧钮，使连接为一体，将棱镜过渡套筒安放在支架上，精确整平对中三角架使支架上的管水准气泡居中。将球型棱镜安放在棱镜过渡套筒上，使棱镜的反射面精确地对向全站仪方向。

安置精调测量标架，如图 7－22 所示，测量标架一般需要 4 个，第Ⅰ个测量标架安置在轨道板的第 1、2 号承轨台上（从全站仪所在位置看待调轨道板方向）；第Ⅱ个测量标架安置在第 9、10 号承轨台上；第Ⅲ个测量标架安置第 19、20 号承轨台上，按照标架上的指示灯将标架的触及端与承轨台打磨斜面紧密接触。精调第二块及以上轨道板时需安置 VI 号测量标架，安置在已调整好的上一块轨道板的 1、2 号承轨台上，用于精调时测出实际坐标，作为复核，计算其偏差值，并进行数据处理，使与下一块轨道板之间平顺。

安置测量标架上的棱镜，每根测量标架的两端分别安装一个球形棱镜，每个棱镜均按照其编号安置，并使棱镜反射面精确面向全站仪。

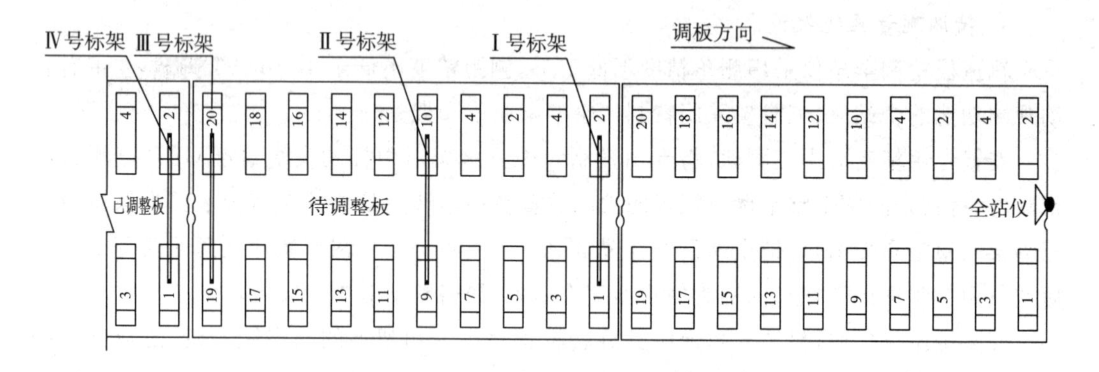

图 7－22　仪器架设示意图

定向，在精调测量前必须准确定向全站仪，利用架设仪器和定向棱镜的 GRP 点坐标，设置棱镜常数、棱镜高、仪器高等。定向时，先由人工瞄准需要观测的 GRP 点棱镜进行观测，如果精调第二块及以上板时还需测量 IV 号测量标架上的左、右棱镜。

设站和定向的已知坐标需要事先输入备用，全站仪定向在利用基准点作为定向点观测后，还必须参考前一块已铺设好的轨道板上的最后一个支点，以消除搭接误差。

启动轨道板精调软件，根据偏差值进行轨道板精调。第一步首先调整搭接端，将当前调整板和已经调整好的板大体一致；第二步，软件指挥全站仪观测轨道板头和尾的水平、竖向位置，得出偏差数据进行精确调整；第三步通过全站仪对轨道板中部的棱镜进行测量，消除轨道板中部的弯曲误差。注意此时应仅有上下移动，严格控制水平位移。在精调过程中要严格控制，以便达到板与板之间的平缓过渡。最后一步，所有测量结束后，若满足了限差要求，则对精调后数据进行存储。转入下一轨道板的调整。如图 7－23 所示为某轨道板精调测量的现场。

图 7－23　CRTSⅡ轨道板精调测量

4. 轨道板精调技术要求轨道板精调中

全站仪自由测站精度、CPⅡ控制点及轨道板调整技术要求见表7－20、表7－21。

表7－20　自由测站精度要求

项目	X	Y	H	方向
中误差	≤0.7 mm	≤0.7 mm	≤0.7 mm	≤2″

表7－21　轨道板精调技术要求

项目	允许偏差(mm)
板内各支点实测与设计值的横向偏差	0.3
板内各支点实测与设计值的竖向偏差	0.3
轨道板竖向弯曲	0.3
相邻轨道板间横向偏差	0.4
相邻轨道板间竖向偏差	0.4

三、双块式轨道精调测量

双块式与板式无砟轨道的主要区别在于预制和现场施工两个方面。板式无砟轨道在预制厂内预制的是轨道板，其特点是：轨道板内布满了多种规格的钢筋，一般相当于10根轨枕通过混凝土连接到了一起。现场利用精调设备将轨道板调整到符合要求的平面和高程位置，最后向轨道板下方灌注CA砂浆即完成板式无砟轨道的施工。双块式无砟轨道在预制厂内预制的是双块式轨枕，其特点是：轨枕通过钢筋桁架将混凝土块连接在一起，现场利用轨排或螺杆调节器等作为辅助工具，将双块式轨枕高速到符合要求的位置，最后浇筑混凝土将轨枕连成整体即完成双块式轨枕的施工。

(一)轨道精调

轨道精调是双块式轨道板混凝土施工前最后道工序，是轨道板线形及高程控制的最关键技术工作。使用轨道精调小车，通过全站仪与小车顶端的棱镜测量，将轨道高程、中线偏位等数据显示在小车上的电脑上，再用螺杆调节器反复测渭，最终使轨道线形满足设计要求。轨道精调的基本工序如下：

1. 确定全站仪测站坐标。全站仪采用自由测站设站定位，通过观测附近8个(困难地区至少6个)CPⅡ点上的棱镜，确定测站坐标。搬站必须至少重复观测前一站用过的4个CPⅢ点。

2. 采集轨道几何状态参数数据。将精调小车推至螺杆调节器对应位置后，全站仪测量轨道精调小车顶端棱镜，并获取倾斜传感器数据。

3. 反馈信息。根据采集的数据，通过配套软件，计算轨道平面位置、水平、超高、轨距等数据，并与预先输入到软件中的轨道设计参数数据进行比较，将误差值迅速反馈到精测小车的电脑屏幕上，指导轨道调整。(1)确定全站仪测站坐标。全站仪采用自由测站设站定位，通过观测附近 8 个(困难地区)。

4. 调整中线。采用双头调节扳手，进行轨道中线调整。

5. 调整轨道高程。用普通六角螺帽扳手，旋转竖向螺杆，调整轨道高程位置、超高。

6. 精调好轨道后，应尽快浇筑混凝土。如果轨道放置时间过长，或环境温度变化超过 15 ℃或受到外界条件影响，必须重新检查调整。

(二)轨道精调小车

双块式无砟轨道精调测量中最重要的设备是轨道精调小车，又称轨检小车。轨检小车是一种检测轨道静态不平顺的检测工具，它采用高精度全站仪、电子传感器、工业计算机和数据处理软件等设备，对轨道的水平、高低、轨向、扭曲等指标的微小偏差进行快速检测和分析，并得到实时调整量，进行现场调整。

轨检小车的结构轨检小车的主要配置有高精度马达驱动全站仪、计算机、数据通信电台、轨距测量传感器、超高测量传感器、里程测量传感器等。如图 7－24 所示，南方轨检小车结构，主体 CF20 军用笔记本、Leica 圆棱镜、电台天线、倾斜传感器、绝缘轮、轨距传感器组成。车体部分可以拆卸，便于运输。

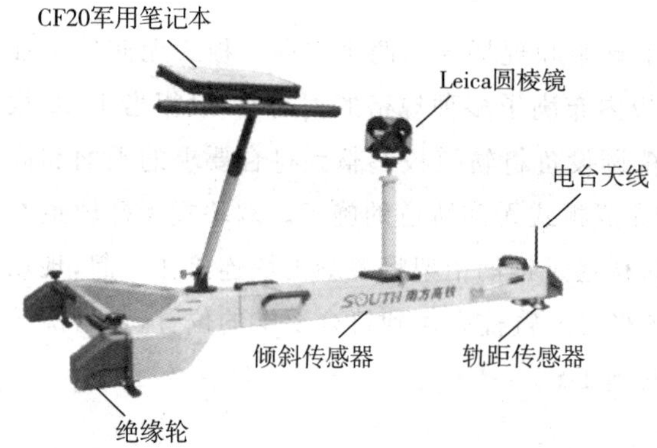

图 7－24　轨道精调小车

南方轨检小车精度指标，如表 7－22 所示。

表 7－22　轨检小车精度指标

项目	精度	项目	精度
里程分辨率	±5 mm	超高测量传感器	±10 ℃
轨距	1453 mm 标准轨距	超高测量传感器精度	±0.5 mm
轨距测量传感器	±35 mm	水平位置和高程位置精度	±1 mm
轨距测量传感器精度	±0.3 mm		

使用轨检小车应用十分广泛，不仅应用于双块式无砟轨道铺轨施工的轨道精调，还可以应用于轨道运营期轨道的养护维修。另外在有砟轨道铺轨施工中，轨检小车还可以通过

测量轨道的几何状态，计算起道量和拨道量，为大型捣固机的粗捣和精捣提供依据。

(三)南方轨检小车使用

1. 设计文件的输入

在进行野外数据采集前，先打开南方高铁测量技术有限公司开发的“高速铁路轨检小车调轨系统”软件，根据线路设计文件，将平面线形、纵断面、超高等数据输入到软件中，具体方法见软件说明书。如图 7 - 25 所示平曲线设置，如图 7 - 26 所示纵曲线设置。

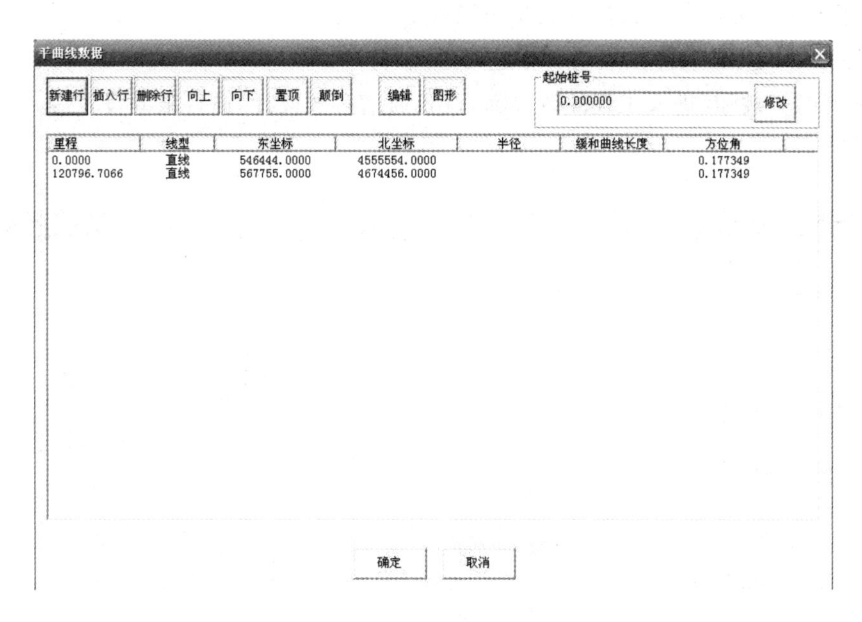

图 7 - 25　平曲线设置

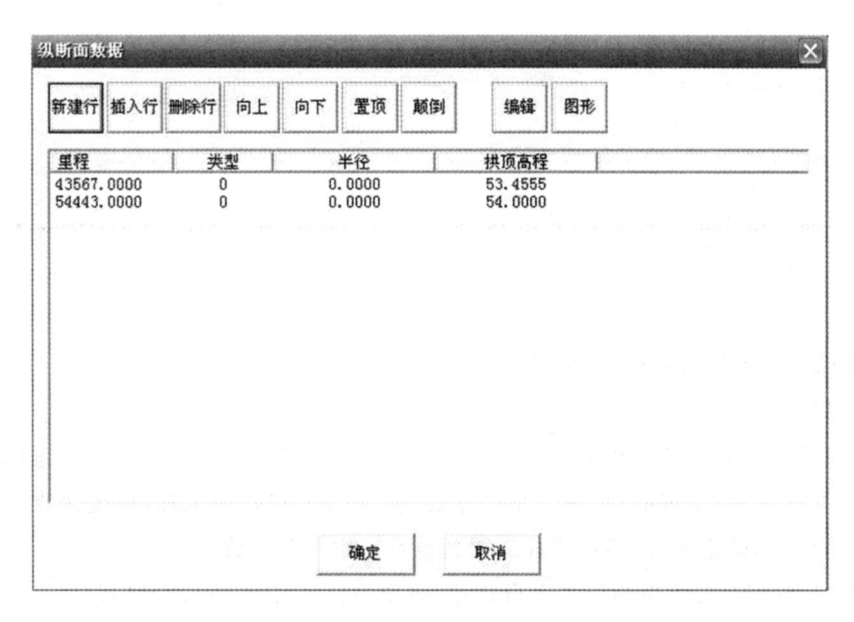

图 7 - 26　纵曲线设置

可直接输入平曲线、纵坡、超高等线路设计参数，用于实时计算检测线路的里程、中线、左右轨顶的设计坐标等数据。

2. 轨检小车的安置

在轨道上安置轨检小车，前方约 80 m 处，自由测站架设全站仪。轨检小车安置好后，要注意软件上的“轨检小车方向”“轨检小车前进方向”的选择。轨检小车方向：面对里程增大的方向，轨检小车双轮部分在左股，就是“正方向”，相反则为“负方向”；轨检小车前进方向：推小车前进的方向是往大里程还是小里程走。

3. 将小车、电脑(软件锁)、电台相连，打开软件

点击“配置”按钮，进入工程配置界面，设置通信参数设计，进行限差设置等，如图 7 - 27 所示。

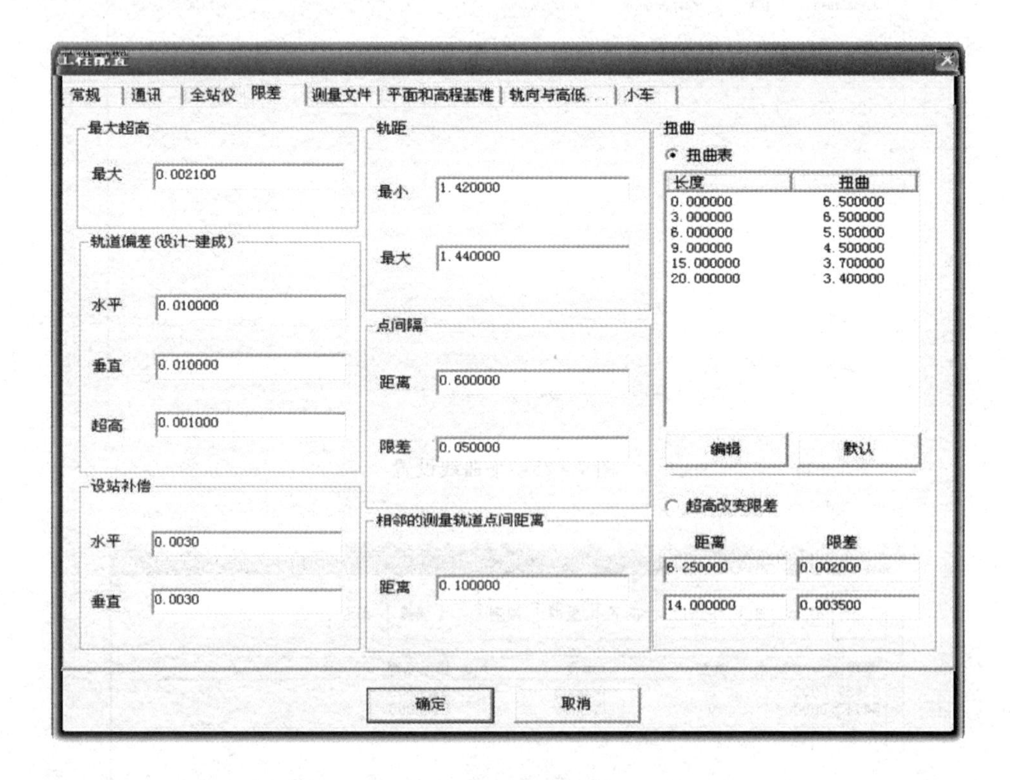

图 7 - 27　轨道检测限差设置

4. 连接小车成功后，打开“小车”选项卡，点击各项“更新”

5. 检校

将小车放在无超高的轨道上，先后点击“采集”“传感器”“检校倾斜仪”按钮，出现一个对话框，点击接受后，出现的对话框，将小车旋转 180°，放在同一位置，再按接收，出现检校结果。保存结果，确定完成，检校完成后重新更新一次小车参数。

6. 架好全站仪，并将全站仪与电台相连，将全站仪设置为 GeoCOM 模式

自由测站得到测站点坐标，以徕卡 TCA1201 全站仪为例，操作步骤是：程序→设站→

后方交会→输入 X,Y,H，各个棱镜高，仪器高输入 0→瞄准 CPⅡ点 1 点，按 all 测量→依次瞄准 2 点，3、…、8 点，按测量→计算→误差满足要求时（一般 X,Y,H 误差均小于 1 mm），确定→瞄准小车上的棱镜。

7. 在电脑软件上点击“全站仪气泡”按钮，若能返回值，则说明小车上电脑电台与全站仪电台间的无线通信连接成功。以后就可以软件控制全站仪进行轨检测量工作。

8. 点击“采集”按钮，开始数据采集，界面如图 7－28 所示。采集记录后，将小车推至下一处待检测处，进行数据采集。

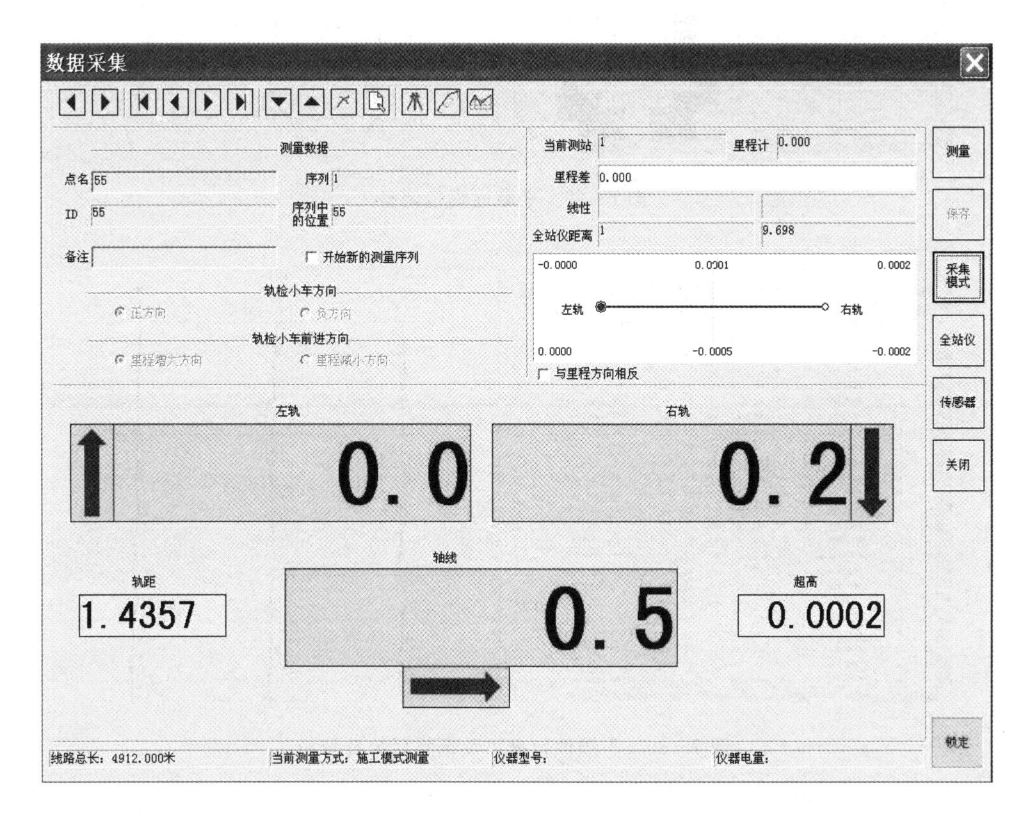

图 7－28　轨检小车数据采集界面

9. 采集工作结束后，点击软件“报表”按钮，软件将生成 EXCEL 格式的数据文件。若捣轨固机仅需起道量和拔道量，则可直接使用；若要进行多项参数的分析，则需使用专用软件进行后处理。

10. 轨检数据的后处理

轨检数据确认无误后，用专用软件进行处理，虽然轨检小车的厂家不同，操作有所不同，但基本方法相同，根据被检测轨道的平顺性指标（轨距、水平、轨距变化率、三角坑、短波平顺性、长波平顺性等），对被检测轨道进行钢轨模拟扣件调整，输出钢轨模拟扣件调整数据报表，供现场轨道钢轨调整使用。如图 7－29 所示。平顺性数据以及调整后统计分析结果，如图 7－30 所示。调整量统计表如图 7－31 所示。

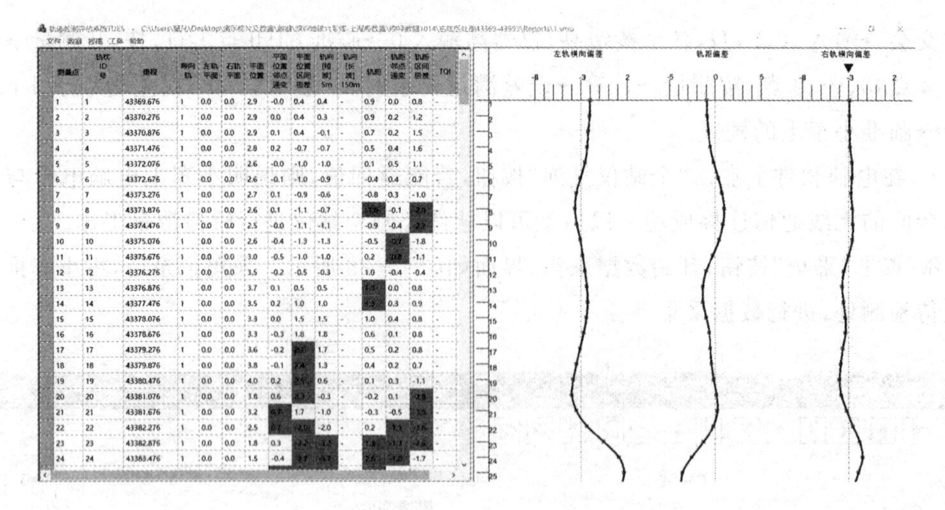

图 7-29　平顺性模拟调整

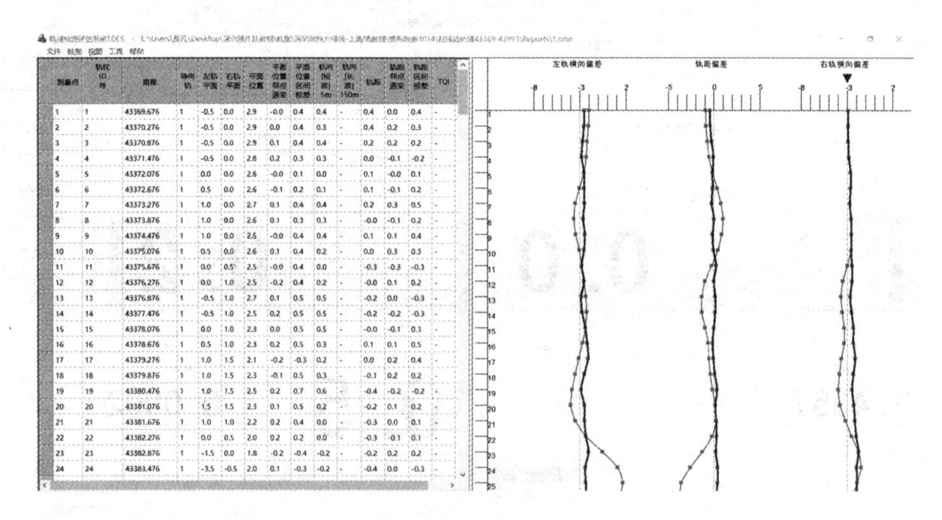

图 7-30　平顺性数据以及调整后统计分析

统计分析

调整量统计表　　退出

调整量	垫板总数	左轨高程	右轨高程	高程调整百分	挡板/偏心锥	左轨平面	右轨平面	平面调整百分
-1.5	436	0	18	4.13%	436	18	13	7.11%
-1.0	436	0	24	5.50%	436	27	18	10.32%
-0.5	436	1	42	9.86%	436	45	35	18.35%
0.5	436	63	44	24.54%	436	14	25	8.94%
1.0	436	37	16	12.16%	436	8	22	6.88%
1.5	436	19	9	6.42%	436	6	7	2.98%
2.0	436	0	2	0.46%	436	7	7	3.21%
2.5	436	0	0	0.00%	436	1	4	1.15%
3.0	436	0	0	0.00%	436	1	4	1.15%
3.5	436	0	0	0.00%	436	2	0	0.46%
4.0	436	0	0	0.00%	436	0	2	0.46%
4.5	436	0	0	0.00%	436	0	1	0.23%
			总百分比:	64.22%			总百分比:	77.06%

图 7-31　调整量统计表

精调过程中的注意事项主要有：

(1)导向轨应根据前方曲线的偏向来判定。

(2)建议不选择“自动保存”选项，人工保存最后测量结果，否则软件将会把调整过程中的每次测量结果都保存下来。

(3)一站的有效测量范围宜为：5～60 m。

(4)在环境变化较大的情况下，建议测量过程中可以随时读取全站仪电子气泡和 CPⅡ坐标进行校核，一旦发现气泡偏移较大或者 CPⅡ坐标偏差大于 2 mm，立即放弃当前测站的测量数据，重新设站后再重新进行轨道检测。

项目总结

学习重点

1. CPⅢ平面控制网和高程控制网的网形设计方法，CPⅡ网形设计。

2. CPⅢ控制点的布设与编号方法。

3. 能使用智能精密全站仪和数字精密水准仪进行 CPⅢ控制测量，使用软件进行数据处理。

学习难点

1. GRP 轨道基准网平面、高程测量的数据外业采集及内业解算方法。

2. CRTSI 型、CRTSⅡ型、双块式无砟轨道的安装精调测量及轨检小车的使用。

思政园地

1. 纪录片《中国高铁》：资料引自：https://tv.cctv.com/2016/09/29/VIDAAID96f4x5ICBmoS7gM2r160929.shtml

2. 中国高铁跑得这么稳竟跟北斗卫星有关：资料引自：http://www.kepu.gov.cn/www/page/kepu/famousContent?famousId=ef7a47fd7bac4eb98144308e9c6d525f&id=ac8d9e680e2d4c10bf5c73024b9776d7

练 习 题

一、多选

1. 各级平面控制网的平差计算应符合以下规定：(　　)

A. CP0 控制网应以 2000 国家大地坐标系作为坐标基准，以 IGS 参考，A、B 级 GPS 控制点作为约束点，进行控制网整体三维约束平差

B. CPI 控制网应附合到 CP0 上，并采用固定数据平差

C. CPⅡ控制网应附合到 CPI 上，并采用固定数据平差

D. CPⅢ控制网应附合到 CPI 或 CPⅡ上，并采用固定数据平差

E. GPS 测量除满足以上规定外，其余各项要求应执行现行《铁路工程卫星定位测量规范》的相关规定。

2. 下列有关 CPⅢ控制网特点的哪些内容是正确的：(　　)

A. 精度要求高。每个控制点与相邻 5 个控制点的相对点位中误差均要求小于 1 mm

B. CPⅢ平面网采用自由设站进行边角交会测量

C. 控制网图形规则对称，多余观测数多，可靠性强

D. CPⅢ控制网是一个标准的带状控制网，其纵向精度高、横向精度略差

二、简答及计算

1. 何谓 CPⅡ控制网的加密？如何实施 CPⅡ控制网的加密？

2. 简述 CPⅢ平面控制网和高程控制网的布网形式。

3. CPⅢ平面测量和高程测量所使用的仪器设备有哪些？

4. 简述南方轨检小车的轨检操作流程。

项目八　施工图识读

本章脉络

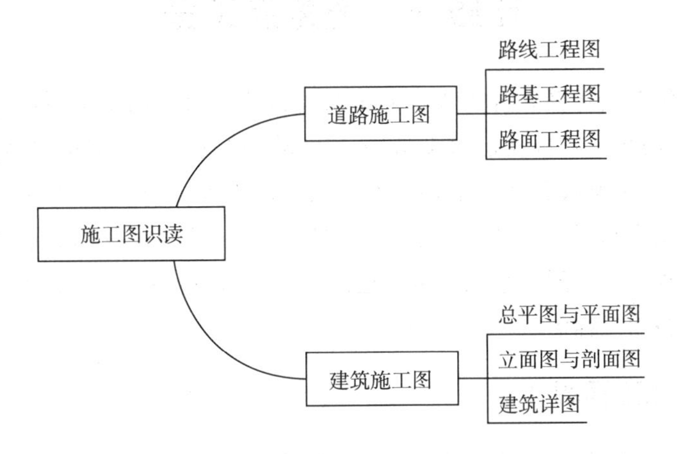

本章要点

测量工作者应具备工程图纸的识读能力，施工阶段严格按图施工。本章以建筑工程和道路工程为代表，分别介绍建筑平面图、立面图、剖面图、建筑详图的用途、形成、内容和识图要点，公路工程图中平面图、纵断面图及横断面图以及路基路面工程图的图示方法和表达内容，是职业能力的重要支撑。本章是课程体系的延伸与拓展。

学习目标

【知识目标】

1. 了解建筑施工图、道路工程图的种类，组成、用途和特点。

2. 熟悉建筑平面图、立面图、剖面图、建筑详图和公路路线、路基路面工程图的图示方法及表达内容。

3. 掌握建筑平面图、立面图、剖面图、详图；公路路线平面图、纵断面图、横断面图及路基路面的结构组成和识图方法。

【技能目标】

1. 能够知图纸规则，懂识图方法。

2. 能够理解建筑平面图、立面图、剖面图、建筑详图和公路路线平面图、纵断面图、横断面图的形成过程。

3. 能够正确识读建筑平面图、立面图、剖面图、建筑详图和公路路线平面图、纵断面图、横断面图及路基路面结构图。

【素质目标】

1. 具备空间想象能力和识图技能。

2. 具备"精识读"的识图能力。

【思政目标】

聚焦真实工作任务，培养学生认真负责的工作态度和严谨细致的工作作风。突出学生工匠职业精神、职业能力的培养，并强化终身学习能力和岗位迁移的提升。

任务一　道路施工图

道路是一种供车辆行驶和行人步行的带状构造物。道路的基本组或包括路基、路面、桥梁、涵洞、隧道、防护工程以及捕水设施等。道路工程具有组成复杂、长宽高三向尺寸相差悬殊、形状受地形影响大和涉及学科广的特点。由于以上特点，道路工程的图示方法与一般工程图样不完全相同。它是由表达道路整体状况的路线工程图和表达其各组成部分的单项工程图构成综合的图示系统。由于道路工程图的内容极其庞杂，本节只介绍道路路线工程图和路基路面工程图。

一、道路路线工程图

道路是一条三维空间的带状实体，该实体表面的中心线为中线，道路中线的空间位置为道路路线。由于受经济条件的制约，道路除满足相应等级的使用功能所必须具备的线型特征外，其形状必然取决于地形、地物和地质等自然条件的综合影响，因此道路路线在平面上蜿蜒曲折，在高程上起伏不平，总体来看，是一条空间曲线。

道路路线工程图由路线平面图、路线纵断面图和路线横断面图三个部分构成。道路路线工程图形成过程如图 8－1 所示。

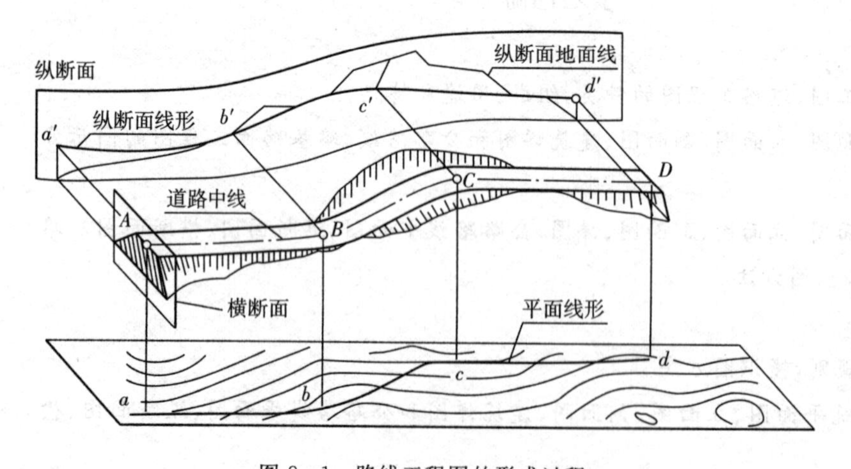

图 8－1　路线工程图的形成过程

道路施工图识读

(一)路线平面图

路线平面图指道路中线及沿线地貌、地物在水平面上的投影图。路线平面设计图是道路设计文件的重要组成部分，其作用是表达路线的方位、平面线形、沿路线两侧一定范围内的地形、地物情况和结构物的平面位置。如图 8－2 所示，为某公路 K1＋620 至 K2＋215 段的路线平面图，其内容主要包括地形、地物、路线和沿线构造物。

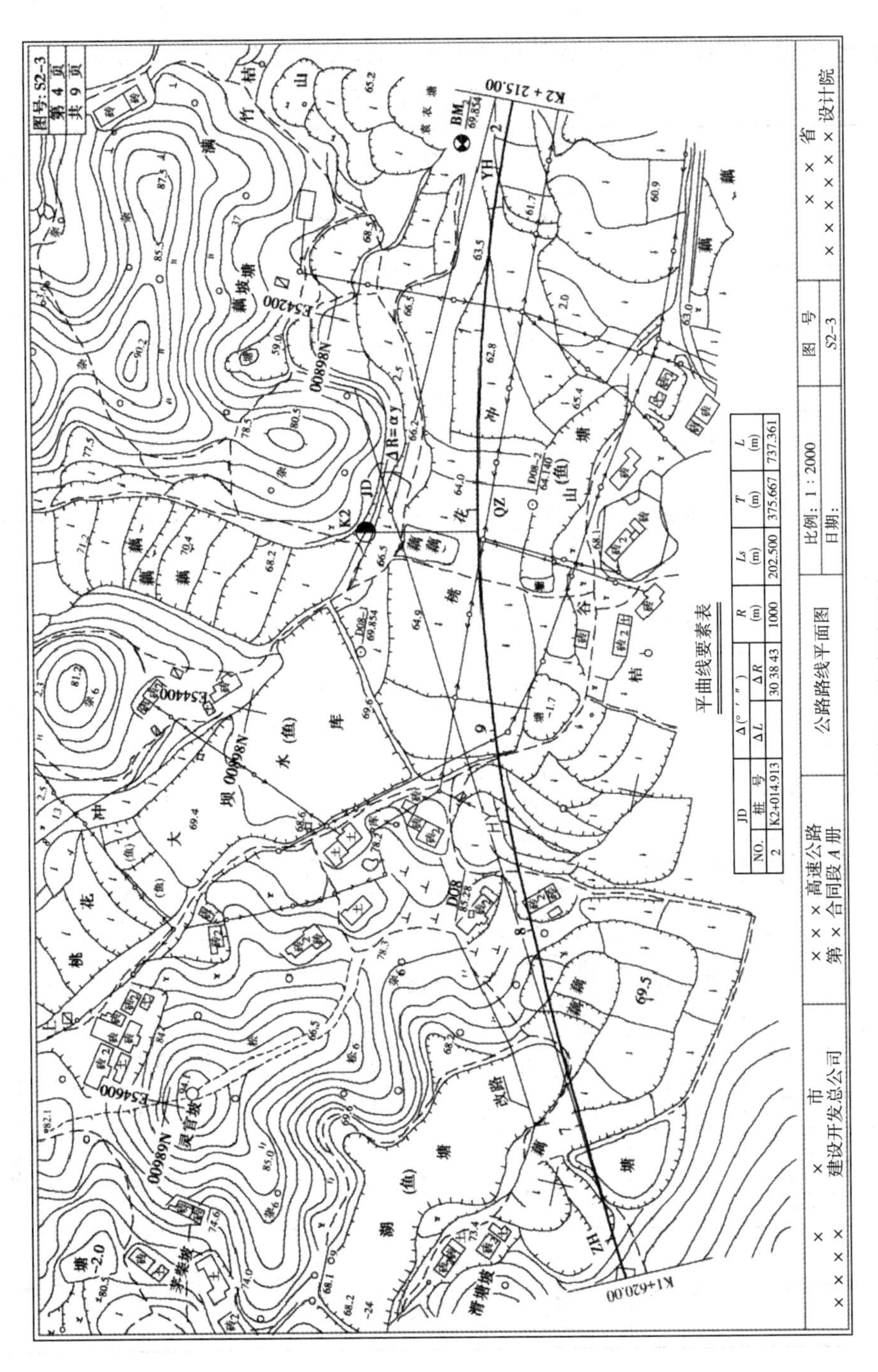

图8-2 路线平面图

1. 图示要点

(1)方位:图上的指北针,N所指方向为正北方向。而图中表示方位的坐标网,其X(或N)轴向为南北方向,Y(或E)轴向为东西方向。

(2)比例:道路路线工程图的地形图,是经过勘测而绘制的,可根据地形的起伏情况采用相应的比例。山岭重丘区一般采用1∶2000,微丘和平原区一般采用1∶5000。本图比例为1∶2000。

(3)地物:地物和道路附属结构物是用图例表示的,表示地物常用图例如表8-1所示。

表8-1 道路工程常用图例

名称	图例	名称	图例	名称	图例	名称	图例
三角点		变电室(所)		铁路		低压电力线	
GPS控制点		一般房屋		依比例尺的涵洞		高压电力线	
水准点		建筑中的房屋	建	不依比例尺的涵洞		通讯线	
公路水准点		简单房屋		河流流向		电线架	
导线点		破房	破	沙滩		地下油管	--油--
圆极点		路堑		池塘	塘	地下水管	--水--
学校、医院	文	路堤		水渠		围墙	
稻田		水生经济作物地	藕	干沟		铁丝网	
菜地		芦苇地		花圃		公路桥	
旱地		草地		经济林		依比例尺的人行桥	
路中线、边线		桥梁		涵洞		公里标	
主线上跨		主线下穿		互通式立交		排水边沟	

（续表）

名称	图例	名称	图例	名称	图例	名称	图例
设计线	————	地面线	————	路中线	————	用地界限	—·· —
交点	JD	直圆点	ZY	曲中点	QZ	圆直点	YZ
直缓点	ZH	缓圆点	HY	圆缓点	YH	缓直点	HZ

2. 路线部分

(1)桩号：路线平面图中以一条加粗实线表示道路的中线(设计线)，在中线的两侧标注有道路的里程桩号。依照规定按左小右大的顺序布置桩号，并将公里桩标注在路线前进方向的左侧，用符号“◑”表示桩位，用“KXXX”表示其公里数；百米桩的桩位用垂直于路线的细短线表示，用阿拉伯数字表示百米数，注写在短线的端部，如在 K1 公里桩的前方注写的“7”，表示桩号为 K1＋700，说明该点距离路线起点为 1700 m。

(2)平曲线：路面平面的形状称为平面线形。路线的平面线形包含直线和曲线两类几何元素，而曲线又包含圆曲线与缓和曲线。平面线形由道路的使用功能决定，路线上的各种几何元素必须光滑连接。除上面控制曲线位置的要素外，控制曲线形态的要素还有：偏角 α、圆曲线的设计半径 R、切线长 T、曲线长 L、外矢距 E，如设置缓和曲线还有缓和曲线长 L_S，这些曲线要素需填入路线平面图的曲线元素表，如图 8－2 所示。

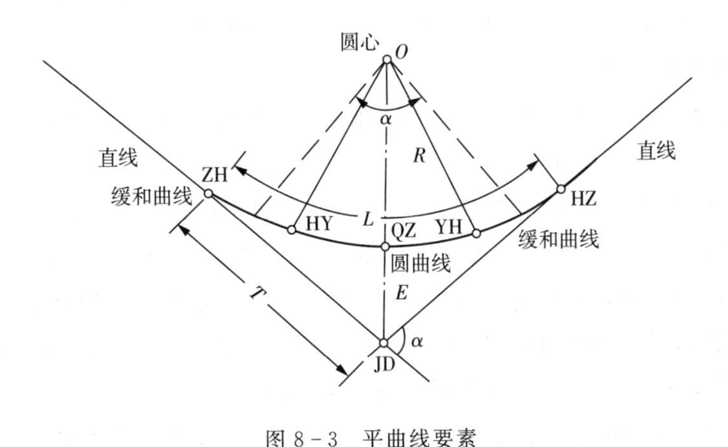

图 8－3　平曲线要素

(3)结构物和控制点：在平面图上还须标出道路沿线的结构物和控制点，如桥梁、涵洞、三角点和水准点等。结合道路工程常用结构物图例，可从路线平面图上了解到道路沿线结构物的位置、类型、分布情况以及控制点的坐标和高程。

(二)路线纵断面图

路线纵断面图是假设用铅垂的平面和曲面，将道路沿中线剖切开来，然后将断面展开到同一平面上而得到的，如图 8－4 所示。路线纵断面图的作用是表达路线的纵面线形、地面起伏、地质和沿线构造物的概况等。路线纵断面图包括高程标尺、图样和数据资料表三部分内容。一般图样部分在图纸上部，数据资料表部分布置在图纸下部，高程标尺部分布置在数据资料表上方左侧，如图 8－5 所示。

图 8－4　路线纵断面图的形成示意图

1. 图示要点

(1)比例：在路线纵断面图中，水平方向表示路线的里程(长度)，竖直方向表示地面线及设计线的高程。由于路线的高差比路线的长度要小得多，如果竖直方向与水平方向采用相同比例绘制纵断面图，则竖向高程的变化和设计上的处理不易被清晰表达。因此在实际绘制路线纵断面图时，竖直方向宜采用更大的比例(一般扩大 10 倍)。如水平方向比例为 1∶2000，则竖直方向比例为 1∶200。

(2)地面线：图上不规则的细折线表示设计中线处的地面线，是剖切面与原地面交线，即一系列中桩处地面高程点连线。

(3)设计坡度线：简称设计线，即图上的粗实线，它表示道路中线的纵向设计线型，是剖切面与设计道路的交线。由若干条坡度不等的直线段和竖向曲线两种几何元素构成。设计线在纵坡变化处(变坡点)，均须设置竖曲线，以利汽车平稳行驶。竖曲线分为凸形和凹形两种，并将竖曲线的半径 R、切线长 T 和外矢距 E 等诸要素注于其上。如图 8－5 中的第一个变坡点处的桩号为 K1＋460，该处设有 $R=10000$ m 的凸形竖曲线。

(4)沿线构造物：当路线上设有桥涵、通道、立交等人工构造物时，应在其相应设计里程和高程处，按图例绘制并注明结构物名称、种类、大小和中心里程桩号。如图 8－5 中，在 K1＋689、K1＋870 及 K1＋885 里程处设有 3 处盖板涵，在 K1＋752、K1＋940 及 K2＋100 里程处，分别设有 3 处圆管涵，在 K2＋010 处设盖板型通道。

2. 数据资料表

路线纵断画图的数据资料表是与图样上下对应布置的，这种表示方法，能较好地反映出纵向设计线在各桩号处的高程、填挖方量、地质条件和坡度及平曲线与竖曲线的配合关系。数据资料表一般包括“地质概况”“设计高程”“原地面高程”“坡度及坡长”“直线及平曲线”“超高”和“里程桩号”等栏目，各项可根据不同设计阶段和道路等要求增减。

(1)地质概况:根据实测资料,在图中标注出沿线各段的地质情况。

(2)高程:表中有地面高程和设计高程两栏,它们应与视图相互对应,分别表示设计线和地面线上各点(桩号)的高程。

(3)填挖高度:设计线在地面线上方时需要填土,设计线在地面线下方时需要挖土,填或挖的高度值应是各点(桩号)对应的设计高程与地面高程之差的绝对值。

(4)坡度及坡长:纵坡度表示均匀坡路段坡度的大小,它是以上升高度与水平距离之比的百分数来量度的,用 i(%)表示(上坡取正,下坡取负)。表格中的对角线表示坡度方向,左下至右上表示上坡,左上至右下表示下坡,坡度和坡长分别标注在对角线的上下两侧。把设计坡度线上的一个直线段称作一个坡度段,每个坡度段的长度是该段的终止桩号与起始桩号的差值,即该段设计线的水平投影长度。

如图 8-5 中,“0.50% \ 490”表示该坡段的设计纵坡为 0.50%(下坡),坡长为 490 m(从 K1+460 至 K1+950);“1.40% \ 210(550)”表示该坡段的设计纵坡为 1.40%(下坡),本张图显示的坡段长为 210 m,总坡段长度为 550 m。

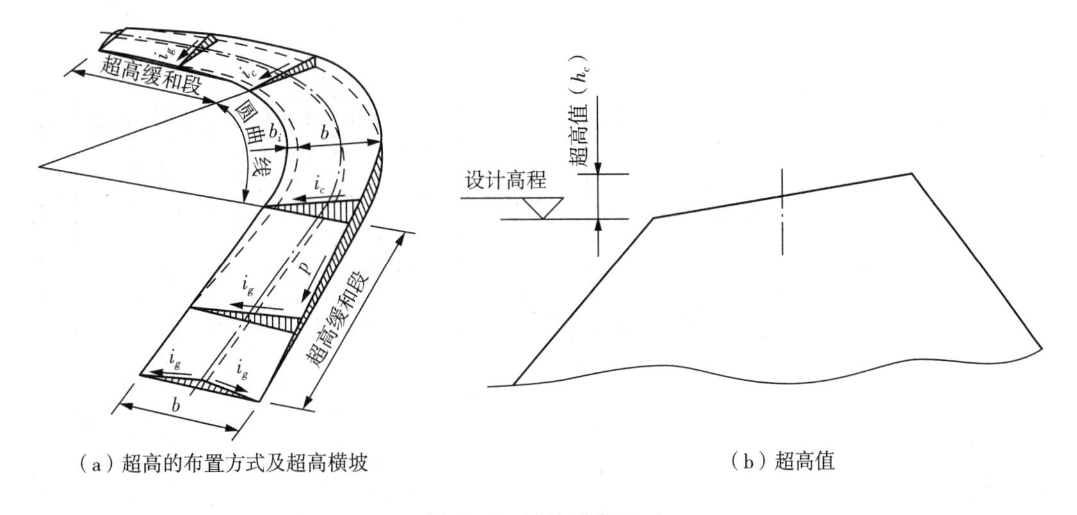

(a) 超高的布置方式及超高横坡　　(b) 超高值

图 8-5　路线纵断面图

(5)平曲线:为了表示该路段的平面线形,通常在表中画出平曲线的示意图。在纵断面图的平曲线一栏中,以“———”表示直线段;以“——⌒——”“——⌣——”“——⊓——”和“——⊔——”四种图样表示曲线段,其中前两种表示设置缓和曲线的情况,后两种表示不设缓和曲线的情况,图样的凹凸表示曲线的转向,上凸表示右转曲线,下凹表示左转曲线。

(6)超高:为了减少汽车在弯道上行驶时的横向作用力,道路在平曲线处设计成外侧高内侧低的形式,道路边缘与设计线的高程差称为超高,如图 8-6 所示。在纵断面图测设资料表超高一栏中,居中且贯穿全栏的直线表示设计高程,上侧折线表示外侧超高,下侧折线表示内侧超高。

(7)里程桩号:沿线各点的桩号是按照测量的里程数值填入的,单位为米,桩号从左向右排列。在平曲线特征点的起点、终点和桥涵中心点等处可设置加桩。

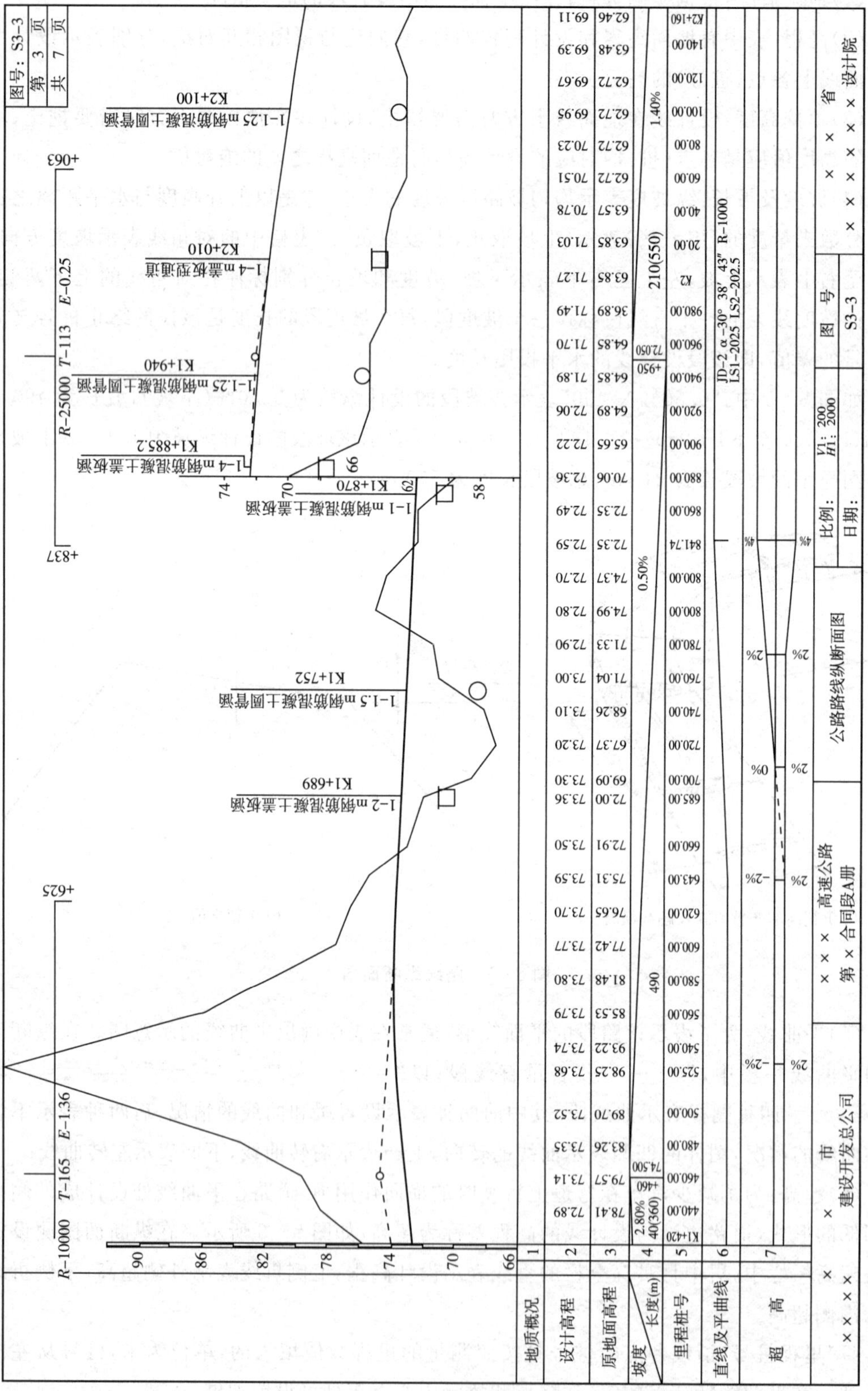

图号：S3-3
第 3 页
共 7 页

R-10000 T-165 E-1.36 +625

+837 R-25000 T-113 E-0.25 +063

1-2 m钢筋混凝土盖板涵 K1+689

1-1.5 m钢筋混凝土圆管涵 K1+752

1-1 m钢筋混凝土盖板涵 K1+870

1-4 m钢筋混凝土盖板涵 K1+885.2

1-1.25 m钢筋混凝土圆管涵 K1+940

1-4 m盖板型通道 K2+010

1-1.25 m钢筋混凝土圆管涵 K2+100

90 86 82 78 74 70 66

74 70 66 62 58

里程桩号 (5)	设计高程 (2)	原地面高程 (3)
K1+420		
440.00	72.89	78.41
460.00	73.14	79.57
480.00	73.35	83.26
500.00	73.52	89.70
525.00	73.68	98.25
540.00	73.74	93.22
560.00	73.79	85.53
580.00	73.80	81.48
600.00	73.77	77.42
620.00	73.70	76.65
643.00	73.59	75.31
660.00	73.50	72.91
685.00	73.36	72.00
700.00	73.30	69.09
720.00	73.20	67.37
740.00	73.10	68.26
760.00	73.00	71.04
780.00	72.90	71.33
800.00	72.80	74.99
800.00	72.70	74.37
841.74	72.59	72.35
860.00	72.49	72.35
880.00	72.36	70.06
900.00	72.22	65.65
920.00	72.06	64.89
940.00	71.89	64.85
960.00	71.70	64.85
980.00	71.49	36.89
K2	71.27	63.85
20.00	71.03	63.85
40.00	70.78	63.57
60.00	70.51	62.72
80.00	70.23	62.72
100.00	69.95	62.72
120.00	69.67	62.72
140.00	69.39	63.48
K2+160	69.11	62.46

地质概况 1

坡度 长度(m) 4：2.80% 40(360) +460 74.500 490 0.50% +950 72.050 210(550) 1.40%

直线及平曲线 6：JD-2 α-30° 38′ 43″ R-1000 LS1-2025 LS2-202.5

超高 7：-2% 2% -2% 2% 0% 2% 2% 2% 4% 4%

× × 市 × × × × 建设开发总公司	× × × 高速公路 第 × 合同段A册	公路路线纵断面图	比例： $V1$：200 $H1$：2000 日期：	图号 S3-3	× × 省 × × × × × × 设计院

图8-6 路线纵断面图

(三)路线横断面图

路线横断面图是用假想的剖切平面,垂直于路中心线剖切而得到的,其作用是表达路线各中心桩处路基横断面的形状和横向地面高低起伏状况。路线中线上任意桩号的横向切面就是公路在该桩号处的横断面。

1. 图示方法

路线横断面图主要表达路线沿线中心桩处的横向地面起伏状况和路基横断面形状、路基宽度、填挖高度、填挖面积等。根据测量资料和公路设计要求,沿线路前进方向依次画出每个路基横断面图,作为计算路基土石方工程量和路基施工的依据。横断面图包括图样部分和数据资料部分。如图 8-7 所示。

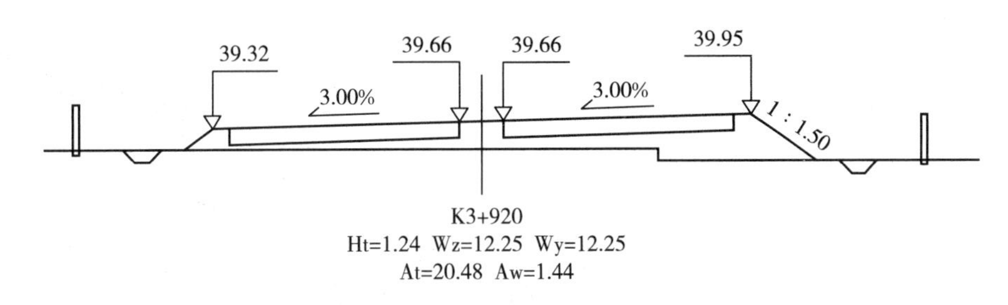

图 8-7　路基横断面图

(1)图样部分

在横断面图中,路面线、路肩线、边坡线用粗实线表示,原有地面线用细实线表示。横断面的水平方向和高度方向宜采用相同比例,一般比例为 1∶200、1∶100 或 1∶50。

(2)数据资料部分

在横断面图中,应标出对应的桩号、设计高程、路基宽度、填挖方、高度、填挖方、面积等。

2. 路基横断面形式

(1)填方路基:整个路基全为填土区,称为路堤。填土高度等于设计高程减去地面高程,填方边坡一般为 1∶1.5,在图下注有该断面的里程桩号、中心线处的填方高度 h_T(m)以及该断面的填方面积 A_T(m^2),如图 8-8(a)所示。

(2)挖方路基:整个路基全为挖土区,称为路堑。挖土深度等于地面高程减去设计高程,挖方边坡一般为 1∶1,在图下注有该断面的里程桩号、中心线处的挖方高度 h_w(m)以及该断面的挖方面积 A_w(m^2)如图 8-8(b)所示。

(3)半填半挖路基:路基断面一部分为填土区,一部分为挖土区,是前两种路基的综合,图下注有该断面里程桩号、中心线处的填方(或挖方)高度 h_T(或 h_w)(m)及该断面的填方面积 A_T(m^2)和挖方面积 A_w(m^2),如图 8-8(c)所示。

3. 标准横断面图

如果不考虑地物的关系,那么在很多桩号处所作的横断面是完全一样的,所以在路线设计时,只抽几个具有代表性的断面绘制成图,这种横断面亦称作标准断面图。其作用是

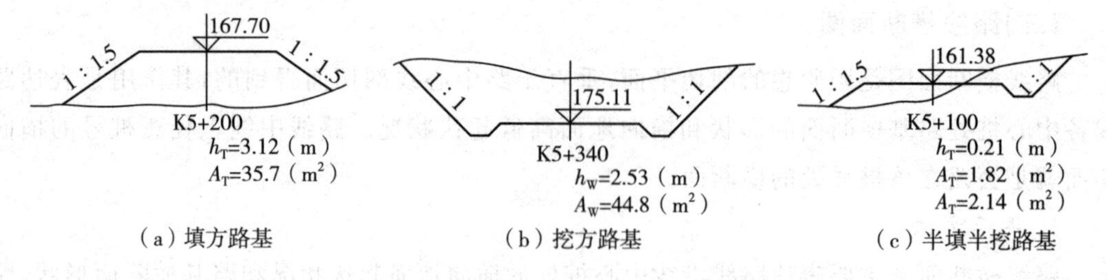

图 8－8　路基横断面三种形式

表达道路与地形、道路各组成部分间以及与其他构造物的横向布置关系。一般公路路基标准横断面图如图 8－9 所示。

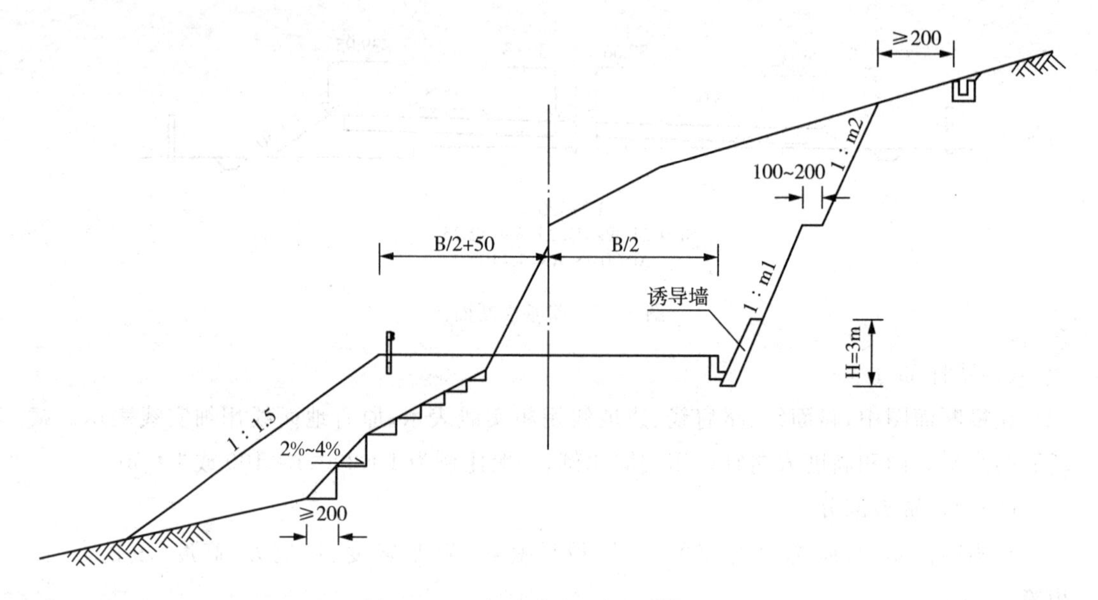

图 8－9　一般公路路基标准横断面图

4. 路基横断面图实例

为了方便土石方量计算和路基施工，需要画出一系列的路基横断面图。同一张图纸内的路基横断面图应按里程桩号顺序排列，从图纸左下方开始，先由下而上、再由左而右排列。如图 8－10 所示，为 S316 巢庐路 K5＋080 至 K5＋320 段路基横断面图。

二、路面工程图

在路线工程图中，利用平、纵、横三个图样将道路的线型、道路与地形地物的关系以及道路横向的总体布置已经表达清楚，但是还需要表达清楚土方工程量、路面结构情况等内容。

路面是在路基顶面以上行车道范围内用各种不同材料分层铺筑而成的一种层状结构物。路面根据其使用的材料和性能不同，可以划分为柔性路面和刚性路面。常用的柔性路面有沥青混凝土路面、沥青碎石路等，常用刚性路面为水泥混凝土路面。

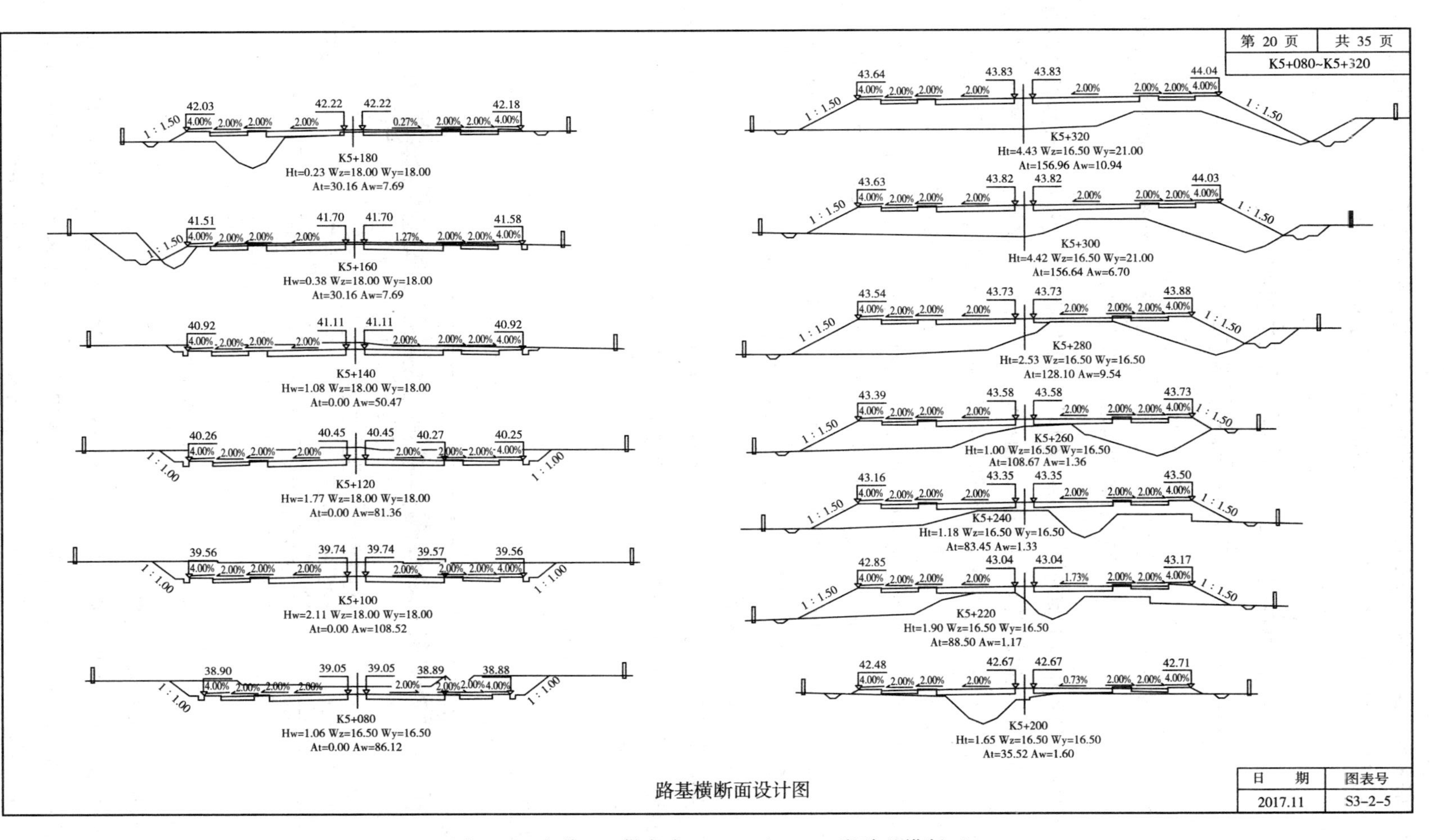

图8-10 省道S316巢庐路K5+080至K5+320段路基横断面

路面横向主要由中间带、行车道、路肩等组成，以上各部分的关系已经在横断面图上表达清楚；路面纵向主要由面层、基层、底基层和必要的功能层组成，如图 8－11 所示。

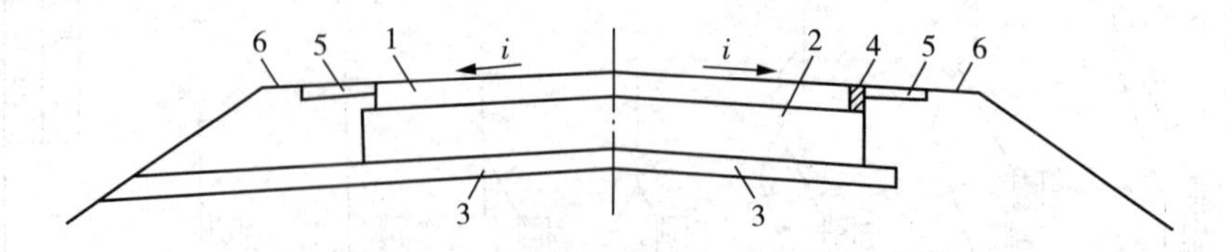

i—路拱横坡度；1—面层；2—基层（有时包括底基层）；3—功能层（必要时设置）；4—路缘石；5—硬路肩；6—土路肩

图 8－11　路面结构层次划分示意图

面层是路面结构中最上面的一个层次，直接承受车轮荷载反复作用和自然因素影响的结构层，面层应具有足够的强度、耐久度、表面抗滑性、耐磨性、平整性。基层是设置在面层之下的一个结构层次，主要承受来自面层的垂直力，并把它分布在垫层（功能层）或土基上。基层应具有足够的抗冲刷能力和较大的刚度且抗变形能力强，坚实、平整、整体性好，视公路等级或交通量需要可设置一层或两层，分别为基层和底基层（或称为上基层、下基层）。功能层是在基层或底基层下设置，起防冻、排水作用的层次。《公路沥青路面设计规范》（JTG D50—2017）称之为功能层（防冻层、排水层），《公路水泥混凝土路面设计规范》（JTG D40—2011）称之为垫层（防冻垫层、排水垫层），其主要作用是隔水、排水、防冻。

1. 沥青混凝土路面结构图

沥青路面是用沥青作为结合料黏结矿料修筑面层并与各类基层所组成和路面结构，俗称黑色路面；沥青路面的面层可由 1～3 层组成。沥青路面适用于各种交通量的公路，其结构如图 8－12 所示。

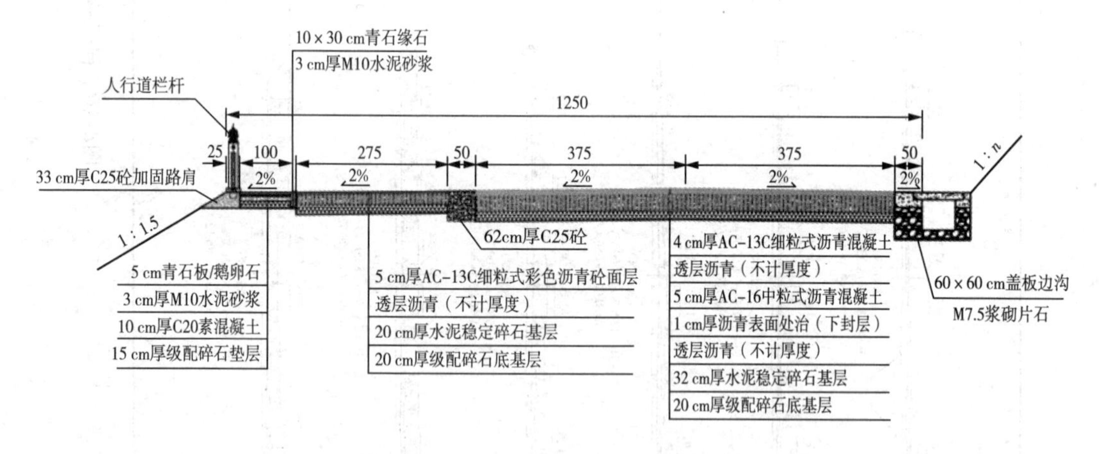

图 8－12　沥青混凝土路面结构示意图

2. 水泥混凝土路面结构图

水泥混凝土路面是以水泥混凝土为主要材料做面层的路面，亦称刚性路面，俗称白色路面，它是一种高级路面。水泥混凝土路面有素混凝土、钢筋混凝土、连续配筋混凝土、预应力混凝土、钢纤维混凝土和装配式混凝土等各种路面。在水泥混凝土路面结构图中，用示意图的方式画出路面中各种材料并标注出各层的厚度，如图 8－13 所示。

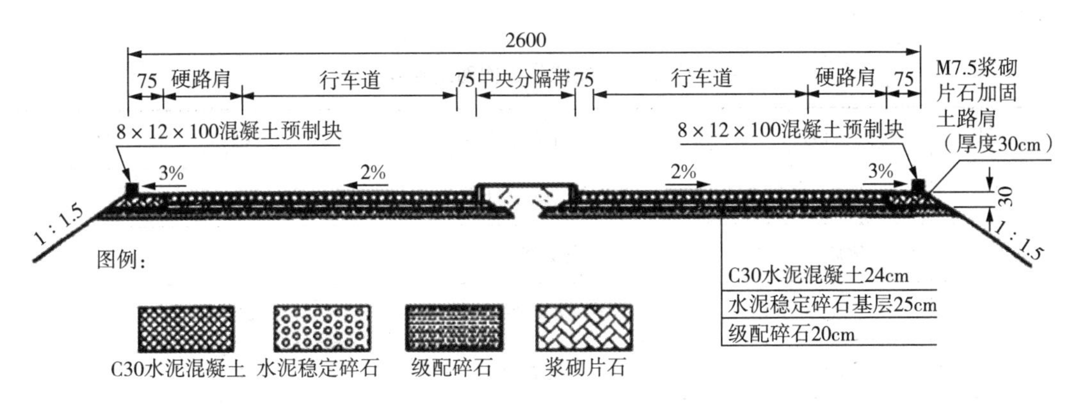

图 8－13　水泥混凝土路面结构示意图

任务二　建筑施工图

建造一幢房屋从设计到施工，要由许多专业和不同工种共同配合来完成。按专业分工不同，可分为建筑施工图（简称建施）、结构施工图（简称结施）、电气施工图（简称电施）、给排水施工图（简称水施）、采暖通风与空气调节（简称空施）及装饰施工图（简称装施）。本教材由于受篇幅限制，只就建筑施工图的内容与识读做简要介绍。建筑施工图主要用来表达建筑设计的内容，即表示建筑物的总体布局、外部造型、内部布置、内外装饰、细部构造及施工要求。它包括首页图、总平面图、建筑平面图、立面图、剖面图和建筑详图等。

一、建筑施工图首页

建筑施工图首页图包括施工图总封面、图纸目录、设计说明、建筑做法说明、门窗表等。

（一）施工图总封面

如图 8－14 所示，施工图总封面主要内容有建设项目名称、工程编号、建设单位、工程设计资质证书编号、完成日期。

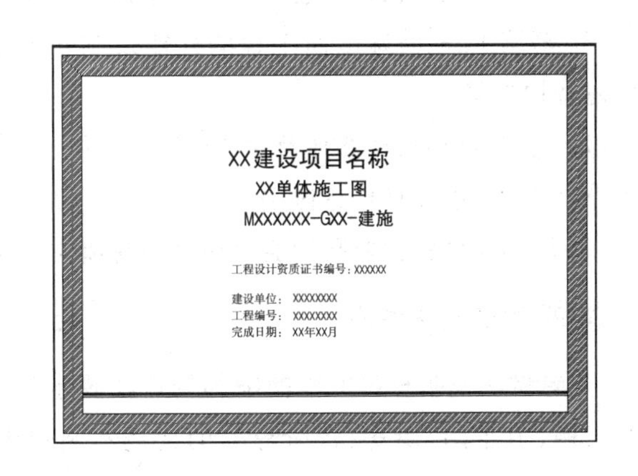

图 8－14　施工图总封面

（二）图纸目录

图纸目录是用来方便查阅图纸用的，排在施工图的最前面。目录分项目总目录和各专业图纸目录。建筑专业图纸目录排序：施工图设计说明、总平面布置图、平面图、立面图、剖面图、各种详图(墙身、楼梯间等),建筑施工图图纸目录见表8-1。

表8-1 建筑施工图图纸目录

序号	图号	图纸名称	图幅	备注
1	建施 01	建筑施工图设计总说明	A2	
2	建施 02	底层平面图	A2	
3	建施 03	标准层平面图	A2	
4	建施 04	屋面图	A2	
5	建施 05	立面图	A2	
6	建施 06	剖面图	A2	
7	建施 07	建筑详图	A2	
…	…	…	…	

(三)建筑施工图设计说明

设计说明是工程的概貌和总设计要求的说明。施工图设计说明主要介绍:

1. 施工图设计的依据性文件、批文、相关规范。

2. 项目概况。主要有建筑名称、建设地点、建设单位、建筑面积、建筑基底面积、建筑工程等级、设计使用年限、建筑层数、建筑高度、防火设计建筑分类、耐火等级、人防工程防护等级、屋面防水等级、地下室防水等级、抗震设防烈度等。

3. 设计标高。说明相对标高与绝对标高的关系。

4. 材料说明和室内外装修做法。

5. 门窗性能、用料、颜色、玻璃、五金件等的设计要求。

6. 幕墙工程、特殊屋面工程的性能及制作要求,平面图、预埋件安装图以及防火、安全、隔音构造等。

7. 电梯、自动扶梯选择及性能说明。

8. 建筑节能设计构造做法。

9. 墙体及楼板预留孔洞需封堵时的封堵方式说明。

(四)建筑做法说明

建筑做法说明是对工程的细部构造及要求加以说明,主要包括楼地面、内外墙、踢脚线、天棚、卫生间、厨房、台阶等处的构造和装修做法。如表8-2所示为工程做法部分内容。

表 8-2 工程做法表

编号及名称	构造层次
地面细石混凝土面	100 厚 C20 细石钢筋混凝土，内配双层双向 8@200 钢筋网
	水泥浆一道（内掺建筑胶）
	现浇钢筋混凝土楼板
	素土夯实
楼面细石混凝土面地热防水	60 厚 C20 细石混凝土（上下配 3@50 钢丝网片，中间配乙烯散热管）
	0.2 厚真空镀铝聚酯薄膜
	20 厚挤塑板隔热层（密度大于 $32kg/m^3$）
	1.5 厚聚氨酯涂料防水层
	现浇钢筋混凝土楼板
	注：结构面标高取值时按装修面层厚度 100 mm 考虑

（五）门窗表

为了便于装修和加工，列出门窗表，内容包括编号、尺寸、数量及说明，如表 8-3 所示。

表 8-3 门窗表

类型	门窗编号	洞口尺寸		门窗数量				
		宽	高	一层	二层	三层	屋面	小计
防火门	FM1221 甲	1200	2100		1			1
	FM1021 乙	1000	2100	2				
钢制防盗门	M1221－1	1200	2100				2	2
门连窗	MLC1621	1600	2100	1				1
固定窗	C0915	900	1500				4	4

二、建筑总平面图

（一）建筑总平面图形成与用途

总平面图主要表示整个建筑项目的总体平面布局，表示新建房屋及构筑物的位置、朝向及周围环境（原有建筑、室外场地、交通道路、绿化、地形、地貌等）基本情况。总图中用一条粗虚线来表示用地红线，所有新建、拟建房屋不得超出用地红线并满足消防、日照等规范。它是施工总平面设计及新建筑物施工定位的重要依据。

建筑施工图识读

(二)建筑总平面图内容

1. 比例

总平面图包括的地方范围较大，所以绘时都用较小比例，常用比例为：1∶500、1∶1000、1∶2000。建筑总平面图计量单位：m。布置方向一般按上北下南方向。

2. 新建的建筑物

在总平面图上将建筑物分成五种情况，即新建建筑物、原有建筑物、计划扩建的预留地或建筑物、拆除的建筑物和新建的地下建筑物或构筑物。新建建筑用粗实线框表示，线框内的数字表示建筑层数，例如18F＋1F的住宅表示18层的标准层＋1层车库。

3. 新建建筑物的定位

总平面图利用原有建筑物、道路、坐标等来定位新建建筑物的位置。建筑总平面图建筑常用坐标网格定位：$A \times B$，用细实线表示。按上北下南方向绘制。根据场地形状或布局，可向左或向右偏转，但不宜超过45°。也可以用施工坐标网定位：$X \times Y$，用交叉的十字细线表示。南北为Y，东西为X。以100 m×100 m或50 m×50 m画成坐标网格。

4. 新建建筑物的室内外标高

对标高是以一个国家或地区统一规定的基准面作为零点的标高。在总平面图中，用绝对标高表示高度数值，单位为m。相对标高是把室内地坪面定为相对标高的零点，用于建筑物施工图的标高标注。相对标高表示建筑物各部分的高度。根据新建房屋底层室内地面和室外整平地面的绝对标高，可计算出室内外地面的高差及正负零与绝对标高的关系。

5. 相邻有关建筑、拆除建筑的位置或范围

原有建筑用细实线框表示并在线框内，也用数字表示建筑层数。拟建建筑物用虚线表示。拆除建筑物用细实线表示并在其细实线上打叉。

6. 指北针和风向频率玫瑰图

在建筑总平面图上通常绘制有当地的风向玫瑰图。没有风向玫瑰图的城市和地区，则在建筑总平面图上绘制有指北针。指北针用来明确新建房屋及构筑物的朝向。其符号应按国标规定绘制，如图8－15所示。圆内指针涂黑并指向正北，在指北针的尖端部写上“北”字或“N”字。风向频率玫瑰图是用来确定该地区常年风向频率，是根据某一地区多年统计各个方向平均吹风次数的百分数值，按一定比例绘制的，是新建房屋所在地区风向情况的示意图，如图8－16所示。

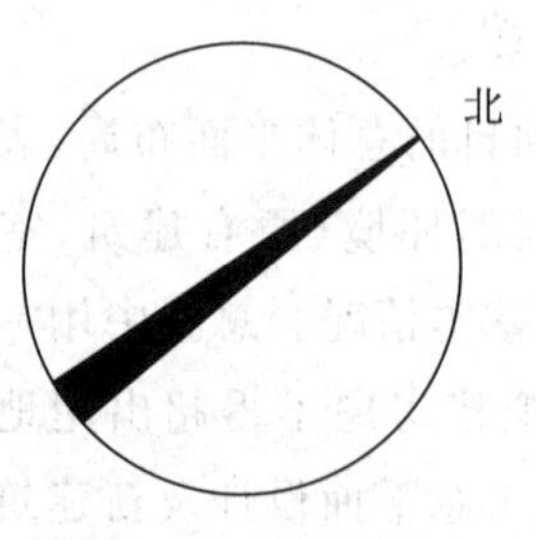

图8－15　指北针图

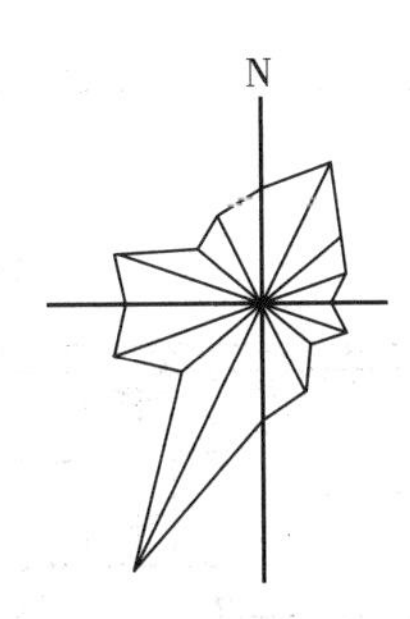

图 8－16　风向频率玫瑰图

7. 附近地形地物

如道路、水沟、河流、池塘、土坡和等高线等。等高线上的数字代表该区域地势变化的高度。

8. 绿化规划、管道布置

9. 道路(或铁路)和明沟等的起点、变坡点、转折点、终点的标高与坡向箭头

10. 经济技术指标

总用地面积、总建筑面积、建筑密度(指在一定范围内,建筑物的基底面积总和与占用地面积的比例)、容积率(地上总建筑面积与用地面积的比率)、机动车停车数、非机动车停车数等指标。

详细可参阅《总图制图标准》(GB/T 50103—2001)。该标准分别列出了总平面图例、道路图例、绿化图例等,表 8－4 摘录了一部分常用图例。

(三)识图举例

下面以图 8－17 为例,介绍总平面图的识读方法。

1. 看图样的比例、图例及有关的文字说明。该图比例为 1∶500,拟建一个幼儿园。该图图例给出了新建建筑、原有建筑、室内标高及层数、室外标高、车库入口、出入口、道路、用地红线、绿化。该图说明可知:坐标采用 1954 北京坐标系,定位坐标点为轴线交点;高程采用吴淞高程系;本图依据甲方提供的地形图。

2. 了解工程的性质、用地范围和地形地物情况。在建筑总平面图中新建建筑物用粗实线画出外轮廓,从该图中可知,新建建筑物是一个三层幼儿园,总高度为 16.55 m,室内地坪的标高±0.000 m 相当于绝对标高 20.250 m。原有建筑物用细线画出,从该图中可知有两栋 6 层的原有住宅,根据建筑位置与原有房屋的定位可知,与新建幼儿园相距 12.6 m。用地范围在用地红线范围内。该项目的用地范围为一个矩形,用地红线四角给出了坐标位置。

3. 明确新建房屋的位置和朝向。根据图中的指北针可知新建建筑物的朝向为上北下南,左西右东。

4. 了解主次入口、围墙、道路、机动车停车位、非机动车停车位、消防登高面、绿化用地等布置,详见图中注解。

5. 了解经济技术指标。总用地面积为 7922.70 m^2,总建筑面积为 8171.7 m^2,建筑密度 34.8%,容积率 1.2,机动车停车数 12 个,非机动车停车数 118 个。

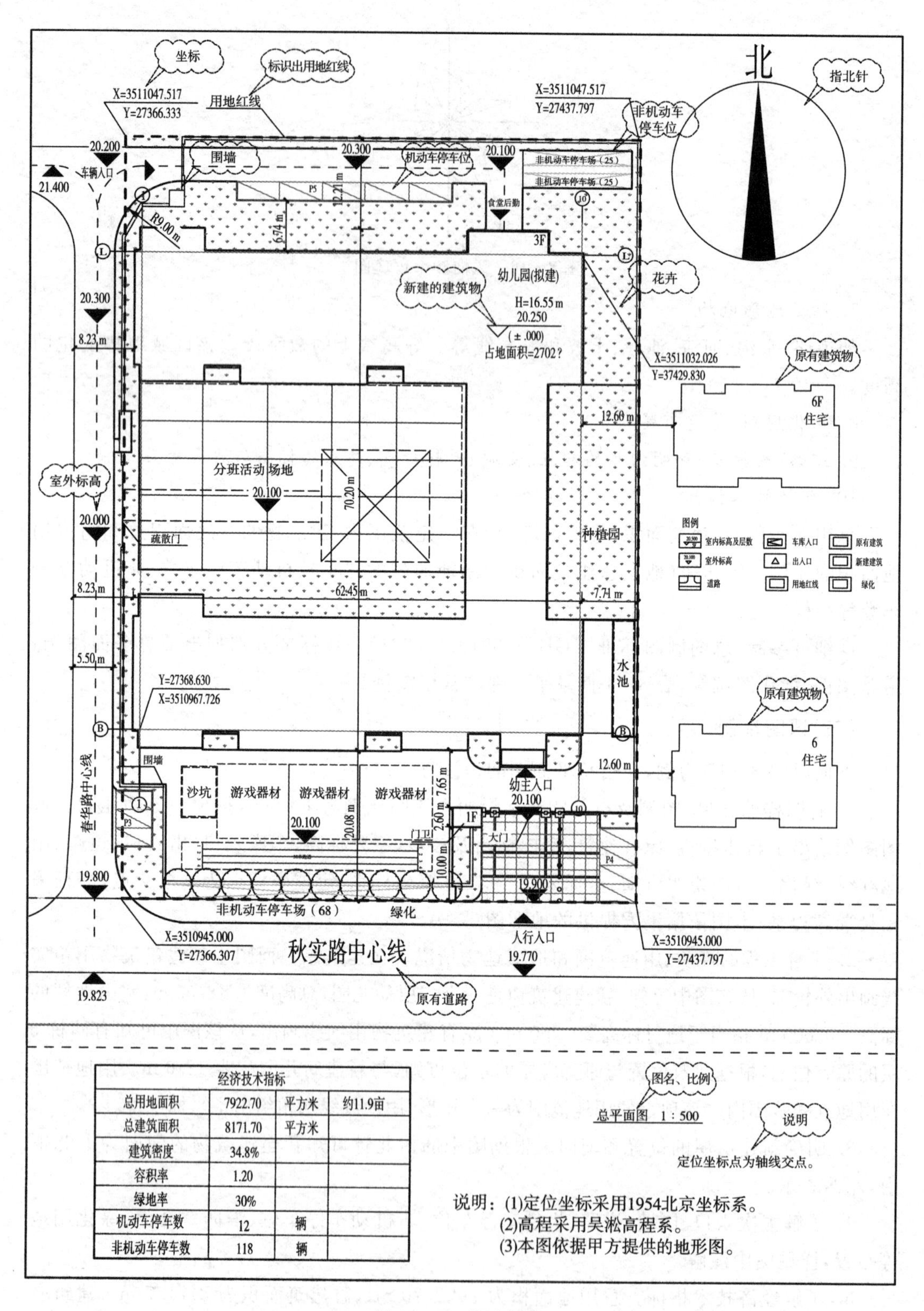

经济技术指标			
总用地面积	7922.70	平方米	约11.9亩
总建筑面积	8171.70	平方米	
建筑密度	34.8%		
容积率	1.20		
绿地率	30%		
机动车停车数	12	辆	
非机动车停车数	118	辆	

说明：(1)定位坐标采用1954北京坐标系。
(2)高程采用吴淞高程系。
(3)本图依据甲方提供的地形图。

图 8－17　总平面图

表 8－4　总平面图中的常用图例示例(部分)

名称	图例	说明
新建的建筑物	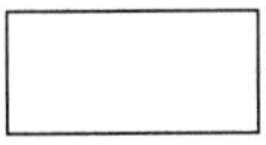 不画出入口图例	新建建筑物以粗实线表示与室外地坪相接处±0.00外墙定位轮廓线 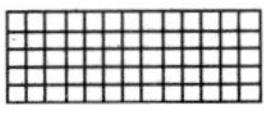
	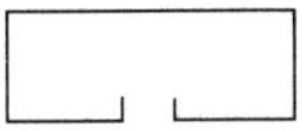 画出入口图例	
	X= Y= ② 10F H=59.00 m 在图形内右上角以点数或数字表示层数	
		粗虚线表示地下建筑
		建筑物上部(±0.00以上)外挑建筑用细实线表示
原有的建筑物		用细实线表示
计划扩建的预留地或建筑物		用中粗虚线表示
拆除的建筑物		用细实线表示
散状材料露天堆场		需要时可注明材料名称

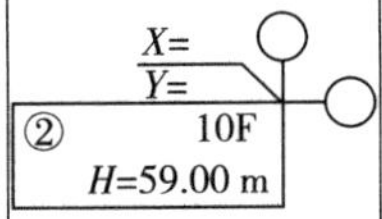

名称	图例	说明
铺砌场地		
消火栓井		
雨水井		
水塔、贮罐		水塔或立式贮罐
烟囱		实线为烟囱下部直径，虚线为基础
冷却塔(池)		
 水池、水坑		
 新建的道路	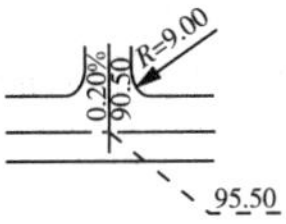 R=9.00 0.20% 90.50 95.50	“R＝5.00”表示道路转弯半径 “95.50”表示道路中心线交叉点设计标高 “90.50”表示变坡点之间的距离 “0.20％”表示道路坡度
原有的道路		用细实线表示
计划扩建的道路		用中虚线表示
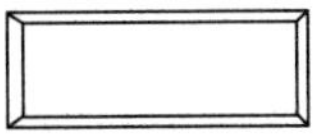 围墙及大门		实体性质的围墙
		 通透性质的围墙，若仅表示围墙时不画大门

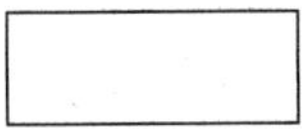

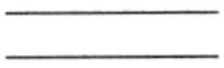

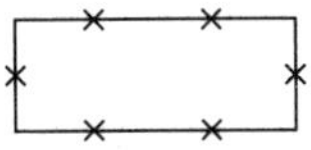

（续表）

名称	图例	说明	名称	图例	说明
其他材料露天堆场或作业场	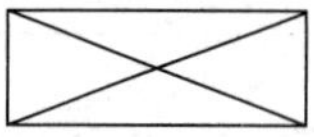	需要时可注明材料名称	挡土墙	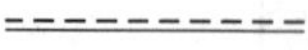	被挡土在“突出”的一侧
			挡土墙上设围墙		

三、建筑平面图

(一)建筑平面图的形成与用途

建筑平面图是在略高于窗台的位置用一假想水平进行水平剖切，对剖切面以下部分所作的水平投影图。它表达出房屋的平面布置、形状和大小；墙柱的尺寸、材料和位置；门窗的类型和位置等。在施工过程中，它可作为施工放线、砌墙、预留孔洞、预埋构件、安装门窗、室内装修、编制预算、施工备料等的重要依据。

(二)建筑平面图的主要类别

建筑平面图包括底层平面图、标准层平面图、屋顶平面图、其他平面图，按施工顺序从下往上依次表示。如“3 层平面图”是以层数来命名；“3～20 层平面图”表示 3～20 层为相同楼层或仅有局部线条不同的相似楼层，局部线条不同用详图索引标志加以区分。

1. 底层平面图

底层平面图主要表示建筑物的底层形状、大小、房间名称及平面布置情况、走道、门窗、楼梯、墙柱等情况。还反映出室外台阶、花池、散水、雨水管和指北针等以及剖面的剖切符号，以便与剖面图对照查阅。

2. 标准层平面图

标准层平面图表示房屋中间几层的布置情况，表示内容与底层平面图相同。需要画出下层室外的雨蓬、遮阳板等。

3. 屋顶平面图

屋顶平面图表示房屋最顶层的平面图，是有屋顶的上方向下作屋顶外形的水平投影而得到的平面图，主要表示屋顶的情况，如屋顶排水方向、坡度、雨水管位置及屋顶构造等。除了上述平面图外，在有些建筑中局部较为复杂，为了表达清楚，将其单独画出来，称为局部平面图。

(三)建筑平面图的主要内容

1. 图名、比例。平面图通常采用 1∶100 的比例。

2. 建筑物的朝向。根据首层平面图中的指北针确定。

3. 建筑物的平面形状及其组成房间的名称、尺寸、定位等。

4. 走廊、楼梯位置及尺寸。

5. 平面的尺寸标注。建筑平面图里有三道尺寸线，最外的一道尺寸线是外包尺寸，它标注建筑物的总长度和总宽度；中间一道是轴线尺寸，它标注开间和进深；轴线中间的是细部尺寸，它标注门窗洞口、墙垛、内外墙厚、阳台、雨篷尺寸位置等细部尺寸。首层平面图局部尺寸标注还应标注出外围部分的室外台阶、散水等。

6. 门窗尺寸、编号位置及开启方向。窗的代号是C，门的代号是M。在代号后面写上编号，同一编号表示同一类型的门窗，如M－1、C－1。编号也可以按照门窗宽高来表示。例如C2024，即为窗户宽为2000 mm，窗户高为2400mm。内墙中若有高窗用虚线表示，通过标注窗下皮到地面的距离尺寸来定高窗的位置。

7. 图中的标高。平面图中的标高通常为相对标高，首层平面图上标有±0.000 m，室内外有高差。有排水要求的部位（例如卫生间、雨棚、阳台）会注明排水坡度。

8. 首层地面上应画出剖面图的剖切位置线，如1－1剖切位置，以便与剖面图对照查阅。

9. 详图索引。表示该部分有详图，索引符号表示出该部位有详图，如图8－5所示。详图符号表示详图位置和做法，详图符号的圆应以直径为14 mm粗实线绘制。如图8－6所示。

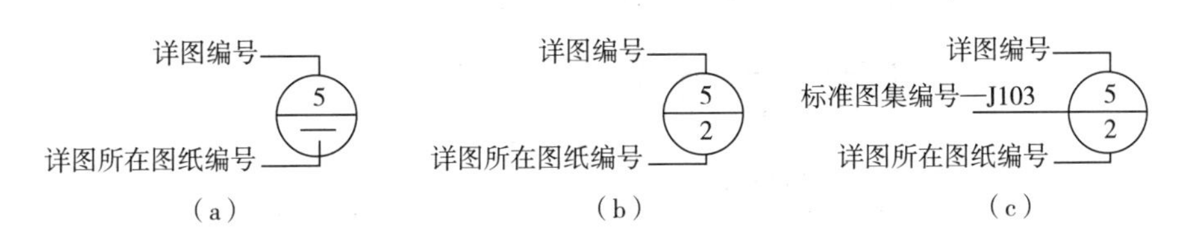

图8－5　详图索引符号

图8－6　详图索引

10. 设备专业（水、暖、电、通风）对土建的要求。设备专业需要设置消防水池、排水沟、截水沟、集水坑、泵座、消火栓、检查井、配电箱、楼板或者墙上开洞、预埋件等，在平面图中相应位置要注明尺寸和位置。

11. 构造及配件图例，部分示例详见表8－5所示。

12. 文字说明。无法用图形表示的内容或图中未说明的事项可在文字说明中注写，例如未注明的墙厚等。

表 8－5 常用的构造及配件图例

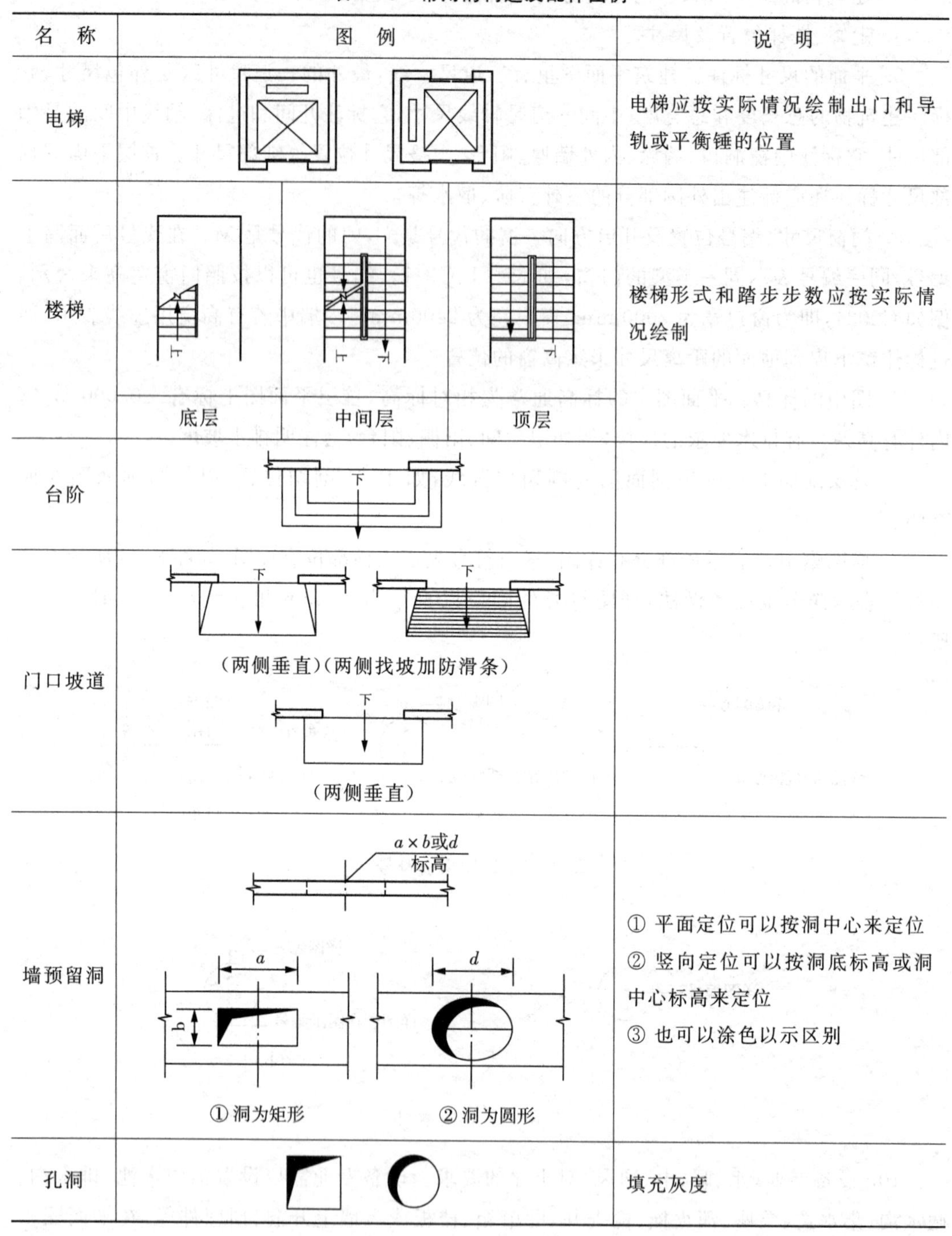

名称	图例	说明
电梯		电梯应按实际情况绘制出门和导轨或平衡锤的位置
楼梯	底层　中间层　顶层	楼梯形式和踏步步数应按实际情况绘制
台阶	下	
门口坡道	下　下 （两侧垂直）（两侧找坡加防滑条） 下 （两侧垂直）	
墙预留洞	$a \times b$或d 标高 a　d　b ① 洞为矩形　② 洞为圆形	① 平面定位可以按洞中心来定位 ② 竖向定位可以按洞底标高或洞中心标高来定位 ③ 也可以涂色以示区别
孔洞		填充灰度

(四)识图举例

下面以图 8－18 为例，介绍底层平面图的识读方法。

1. 看图名比例。看图名可知该工程为新建教学楼的底层平面图，比例为 1∶100。

2. 看指北针知建筑的朝向。根据图中的指北针可知该教学楼为坐北朝南。

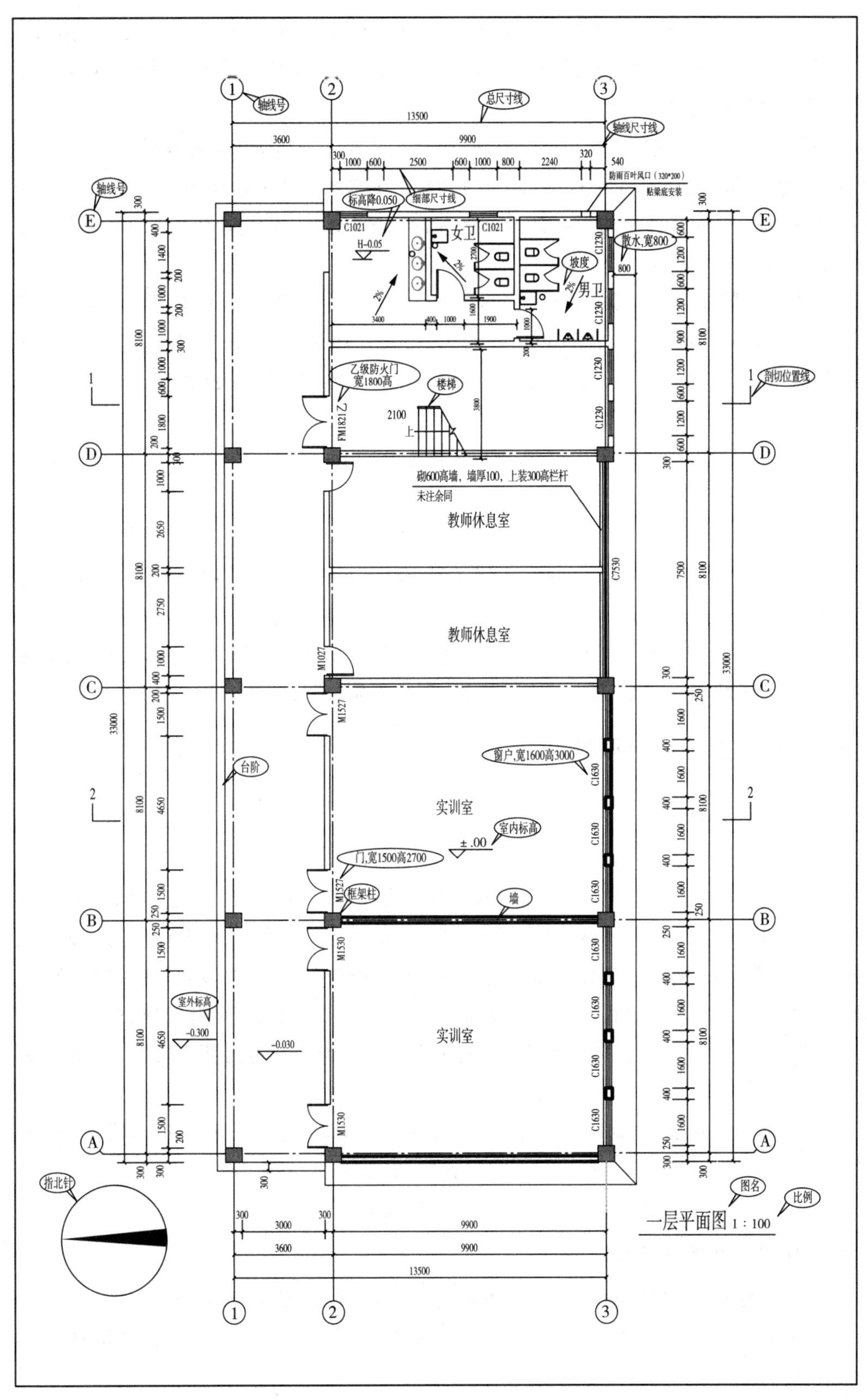

轴线号
总尺寸线
13500
3600
9900
轴线尺寸线
300
1000
600
2500
600
1000
800
2240
320
540
防雨百叶风口（320*200）
贴梁底安装
标高降0.050
细部尺寸线
C1021
H-0.05
女卫
C1021
2%
2700
C1230
散水,宽800
800
坡度
男卫
2%
3400
400
1000
1600
1900
1000
200
C1230
乙级防火门
宽1800高
楼梯
2100
上
FM1821乙
3800
C1230
C1230
剖切位置线
砌600高墙，墙厚100，上装300高栏杆
未注余同
教师休息室
C7530
教师休息室
M1027
M1527
窗户,宽1600高3000
C1630
台阶
实训室
室内标高
±.00
门,宽1500高2700
M1527
框架柱
C1630
墙
C1630
M1530
C1630
室外标高
-0.300
-0.030
实训室
C1630
M1530
C1630
33000
8100
7500
4650
2650
2750
1500
1800
1400
1200
250
指北针
图名
比例
一层平面图 1：100
3000

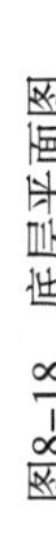
图8-18 底层平面图

3. 看尺寸线。从第一道尺寸线可知建筑外轮廓为 33000 m×14100 m。从第二道尺寸线可以看出轴线间距离,可以说明房屋的开间和进深大小的尺寸。从第三道尺寸线可以看出门窗洞口、窗间墙及柱等尺寸。

4. 看各个房间的布置。开放的外廊,外廊最尽头是卫生间,卫生间分男女,设备蹲式大便器、小便斗和水池子。卫生间旁边为楼梯间,由于水平剖切平面在楼梯平台下剖切,所以楼梯间只画出第一个梯段的下半部分并标注向上的箭头。楼梯间旁边为两间教师休息室。最后是两间实训教室。

5. 门窗的数量、类型及门的开启方向。从图中可知窗的编号有 C1630(窗户宽 1600 mm、高 3000 mm,余同)、C1230、C7530、C1030。门的编号有 M1027(门宽 1000 mm、门高 2700 mm,余同)、M1527、FM1021 丙、FM1821 乙(乙级防火门,宽 1800 mm、高 2100 mm)。

6. 看标高。室内标高均为 ±0.000 m,卫生间标高为 −0.050 m,外廊标高为 −0.030 m,室外地面标高为 −0.300 m。

7. 看细部。图中可以看到散水构造。散水宽度为 800 mm。3 轴交 E 轴处卫生间设置了防雨百叶风口,尺寸为 320×200。3 轴上的窗户内砌 600 高墙,墙厚 100 mm,上装 300 mm高栏杆。

8. 底层平面图中有两个剖切符号,表面剖切位置。1—1 剖在轴线 D~E 之间,通过楼梯间所作的阶梯剖,2—2 剖在轴线 B~C 之间,通过外廊,穿过实训室。

四、建筑立面图与剖面图

(一)建筑立面图的形成与用途

在与建筑物立面平行的铅垂投影面上所做的投影图称为建筑立面图,简称立面图。它主要用来表示房屋外部形状与大小,门窗的位置与形式,遮阳板、窗台、窗套、屋檐、屋顶、屋顶水箱、檐口、阳台、雨蓬、雨水管、水斗、引条线、勒脚、平台、台阶、花台等构件的位置和必要的尺寸;建筑物的总高度,各楼地面高度,室内外地坪标高及烟囱高度,外墙装修材料,内部详图索引符号。在施工过程中主要用于室外装修。建筑立面图图名有三种类型:

1. 以朝向命名,例如:东立面图表示朝向东方向的立面。其他为西立面图、南立面图、北立面图。

2. 以外貌特征命名,例如:正立面图反映主要出入口或比较显著地反应房屋外貌特征的那一面的立面图。其他立面图对应为左立面图、右立面图、背立面图。

3. 以立面图上首尾轴线命名。例如:1~10 轴立面。

(二)建筑立面图的主要内容

1. 图名和比例。根据图名方式可知是房屋哪一立面的投影,例如:东立面图,比例 1∶100。

2. 建筑物两端的定位轴线及其编号。可以明确的看出立面图与平面图之间的关系,与平面图对照阅读。

3. 房屋在室外地平线以上的全貌，门窗和其他构配件的形式、位置及门窗开启方向。

4. 各部分的标高。如室外地面、台阶顶面、花池、勒脚、窗台、窗上口、阳台、雨棚、檐口、雨水管、墙面分割线、女儿墙顶、屋顶水箱间及楼梯间屋顶等的标高。

5. 外墙面装修材料、做法与分割形式。指引线引出且用文字说明粉刷材料类型、颜色等；

6. 索引符号。当在建筑立面图中需要索引出详图或剖视图时，标注索引符号。

(三)识图举例

图 8-19 为一教学楼的轴Ⓐ～Ⓔ立面图，图 8-20 为轴①～③立面图，下面分别介绍立面图识读。

1. 图名和比例。图名为Ⓐ～Ⓔ立面图和①～③立面图。对照底层平面图轴线位置，可以看出Ⓐ～Ⓔ立面图所表达的是朝北的立面，也就是北立面图，①～③轴立面图所表达的是朝西的立面，也就是西立面。两张图比例均为 1∶100。

2. 看轴线和标号。在立面图上通常只画出两端的轴线及其编号，即两端的轴线为Ⓐ、Ⓔ，(①、③)，其编号与建筑平面图上的编号一致，可以和平面图对照起来阅读。

3. 房屋的外貌特征。图中的粗实线表示建筑的外形轮廓，特粗实线表示室外地坪线；中实线表示门窗、阳台、雨蓬等主要部分的轮廓线；细实线表示其他门窗扇、墙面分割线等。

4. 通过立面图可以看到立面门窗的分布和式样，墙面的分割、装饰材料的选择。一层和四层墙面采用青灰色真石漆，仿砖分缝 60×120。二、三层采用浅灰白色真石漆，屋顶采用青灰色金属瓦。

5. 看立面图的标高尺寸，从轴Ⓐ～Ⓔ立面图可以知道室外地坪标高为－0.300 m，和平面图相一致。各层窗顶标高为 3.000 m、6.700 m、10.500 m、14.300 m。屋脊高 18.200 m，同平面图相一致。

6. 看立面图上的尺寸线，第一道尺寸线可以看出建筑高度为 18.500 m(即18.200 m＋0.300 m)。第二道尺寸线可以看出一层层高为 3.700 m，二、三、四层层高为 3.800 m，屋顶层为 3.100 m。第三道尺寸线可以看出窗台高度、窗户高度。

(四)建筑剖面图的形成与用途

建筑剖面图是假想用一个或多个垂直于外墙轴线的铅垂剖切面将房屋剖开，所得的投影图简称剖面图。剖面图用以表示房屋内部的结构或构造形式、分层情况和各部位的联系、材料及其高度等，是与平、立面图相互配合的不可缺少的重要图样之一。

在施工过程中，建筑剖面图是进行分层、砌筑内墙、铺设楼板、屋面和楼梯、内部装修等施工依据。

剖面图的数量是根据房屋的具体情况和施工实际需要而决定的。剖切面一般横向，即平行于侧面，必要时也可纵向，即平行于正面。其位置应选择在能反映出房屋内部构造比较复杂与典型的部位，并应通过门窗洞的位置。若为多层房屋，应选择在楼梯间或层高不同、层数不同的部位。剖面图的图名应与平面图上所标注剖切符号的编号一致，如 1-1 剖面图、2-2 剖面图等。

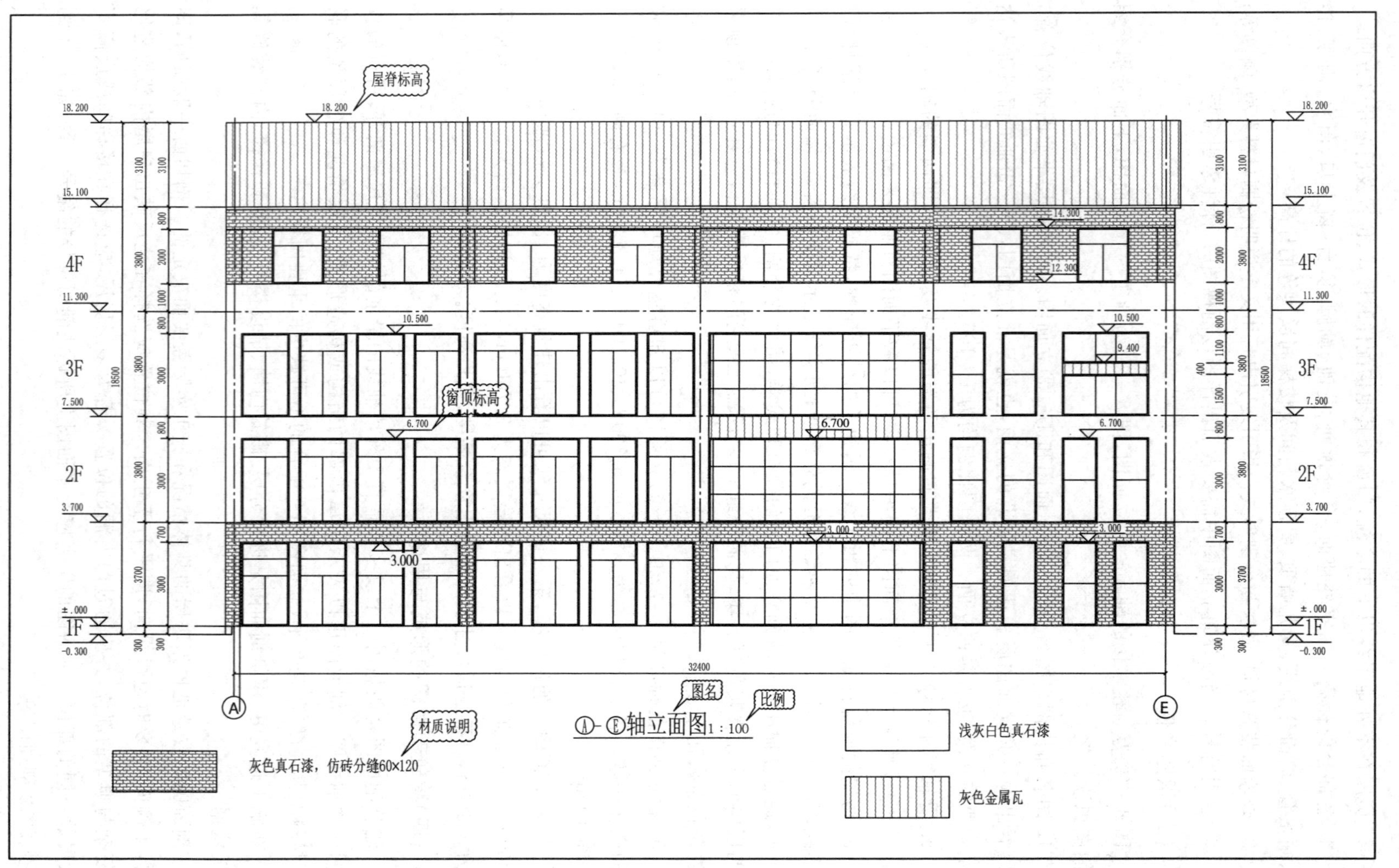
屋脊标高
窗顶标高
材质说明
图名
比例
Ⓐ-Ⓔ轴立面图1:100
灰色真石漆，仿砖分缝60×120
浅灰白色真石漆
灰色金属瓦
4F
3F
2F
1F
18.200
15.100
11.300
7.500
3.700
±.000
-0.300
32400
18500

图8-19 轴Ⓐ~Ⓔ立面图

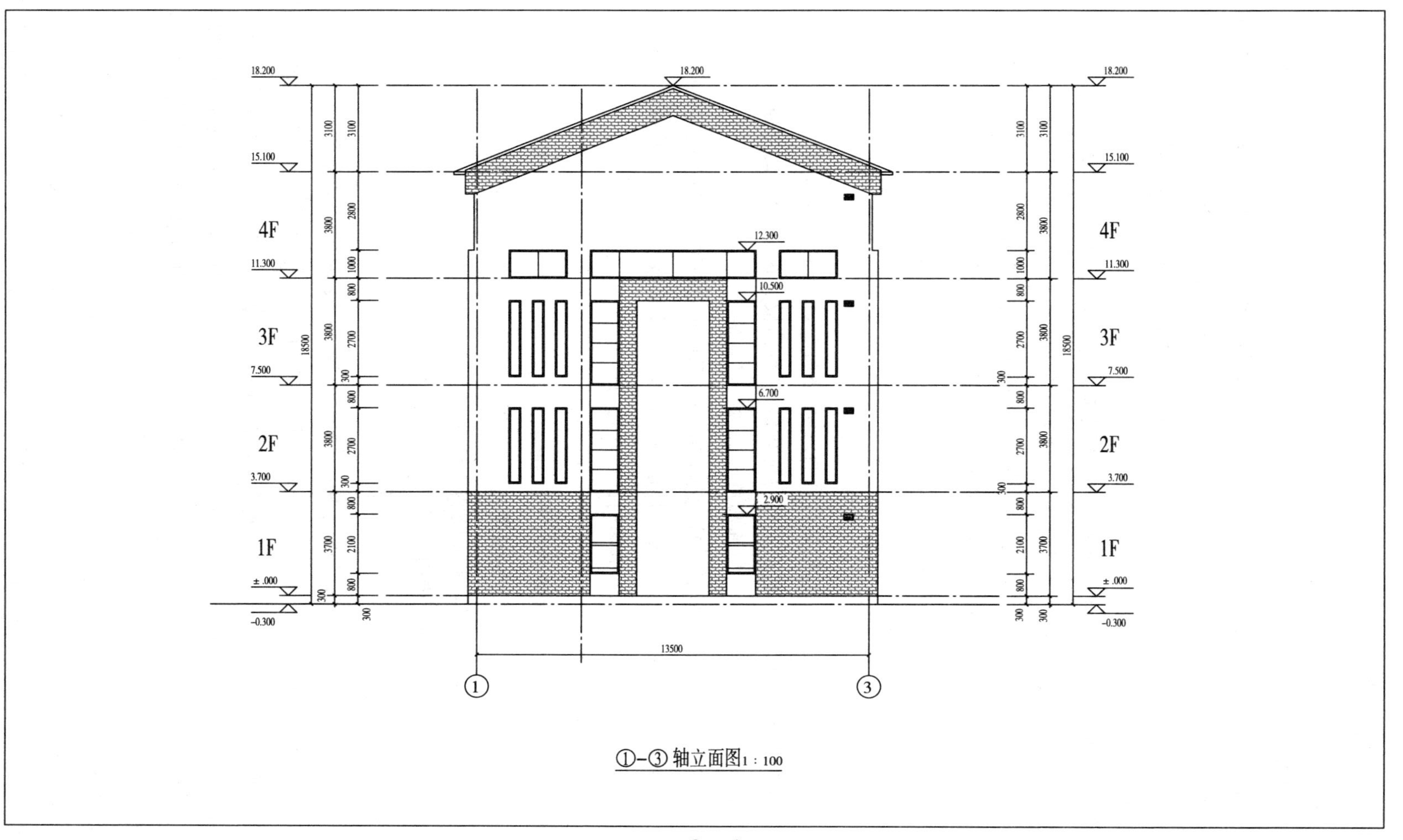

18.200
15.100
4F
11.300
3F
7.500
2F
3.700
1F
±.000
-0.300
12.300
10.500
6.700
2.900
18500
13500
①
③
①-③ 轴立面图1 : 100

图4-20 ①~③立面图

(五)建筑剖面图的主要内容

1. 墙、柱及其定位轴线。

2. 剖到的建筑构配件。

(1)室外地面的地坪线(包括台阶、平台、散水、排水沟、地坑、地沟等)、室内地面和面层、各层的楼面和面层。两条实线并中间涂实表示混凝土板,两条实线的距离等于板厚。细实线表示面层线,在比例小于1∶50的剖面图中,可不表示抹灰层,宜画出楼地面、层面的面层线。

(2)被剖到的屋顶。通过剖面图也可以看出屋顶的形式是剖屋顶还是平屋顶。屋面的排水坡度以及隔热层或保温层、天窗、烟囱、水箱等构配件。

(3)被剖到的外墙,内墙、女儿墙(外墙延伸出屋面的女儿墙)以及这些墙面上的门、窗、窗套、过梁、框架梁、圈梁等构配件的截面形状、图例和留洞等构造,以及阳台、雨篷等构件。

(4)被剖到的楼梯梯段、楼梯梁、休息平台,休息平台梁。剖面图中断线涂实表示钢筋混凝土断面。

3. 按剖视方向画出未剖到的可见构配件。

(1)室内的可见构配件。包括被看到的门窗,踢脚线,可见楼梯段,栏杆、扶手等。

(2)室外的可见构配件。包括室外台阶平台、平台挡板和花坛,可见的雨蓬等。

(3)屋顶上的可见构配件。屋面检修孔,水箱、设备等。

4. 各部位完成面(即建筑标高或包括粉刷层的高度尺寸)的标高和高度方向尺寸。

(1)标高内容。室内外地面、各层楼面与楼梯平台、檐口或女儿墙顶面、高出屋面的水池顶面、烟囱顶面、楼梯间顶面、电梯间顶面等处的标高。

(2)高度尺寸内容。

外部尺寸:门、窗洞口(包括洞口上部和窗台)高度,层间高度及总高度(室外地面至檐口或女儿墙顶)。内部尺寸:地坑深度和隔断、搁板、平台、墙裙及室内门、窗等的高度。注写的标高及尺寸应与立面图和平面图相一致。

5. 表示需画详图之处的索引符号。

(六)识图举例

下面分别介绍8 21一教学楼的1—1剖面图,图8-22的2—2剖面图。

1. 了解图名和比例。图名为1—1剖面图、2—2剖面图。比例为1∶100。根据剖面图上剖切平面位置代号1—1、2—2,在底面图上找到相应地剖切位置。1—1剖在轴线D~E之间,通过楼梯间所作的阶梯剖面图,2—2剖在轴线B~C之间,通过外廊,穿过实训教室。

2. 了解每个房间的功能。在2—2剖面图,根据平面图中的剖切位置及投影方向,可以看出在1F~3F从①轴~③轴分别是走廊和实训教室。在4F从①轴~③轴分别是走廊和创业中心。

3. 读懂竖向的尺寸和标高。从两个剖面图的标注可知底层的地面标高为±0.000 m,室外地坪标高-0.300 m,说明室内外高差为300 mm。一层层高3.7 m,二、三、四层层高为 3.8 m。从两个剖面图中还可知各层楼面的标高，窗户的高度和标高等。屋脊标高＋18.200 m。与平面图、立面图对照同时看，核对剖面图表示的内容与平面图和立面图是否一致。

4. 读懂详图索引符号、某些装修做法及用料注释。在 1—1 剖面图中，可以看到钢筋混凝土翻边大样索引，栏杆做法索引参见图案 15J403－1。

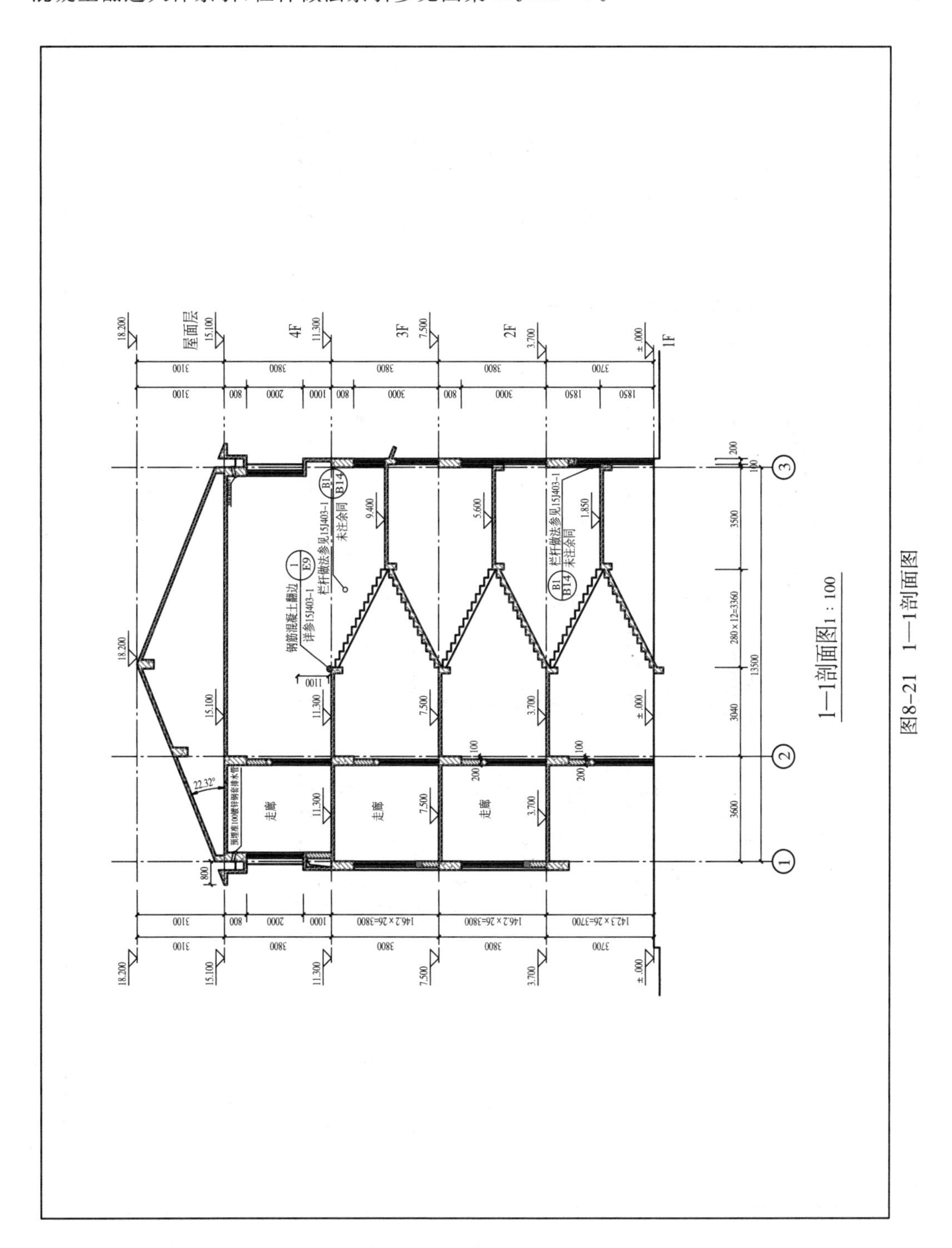

图 8-21 1—1 剖面图

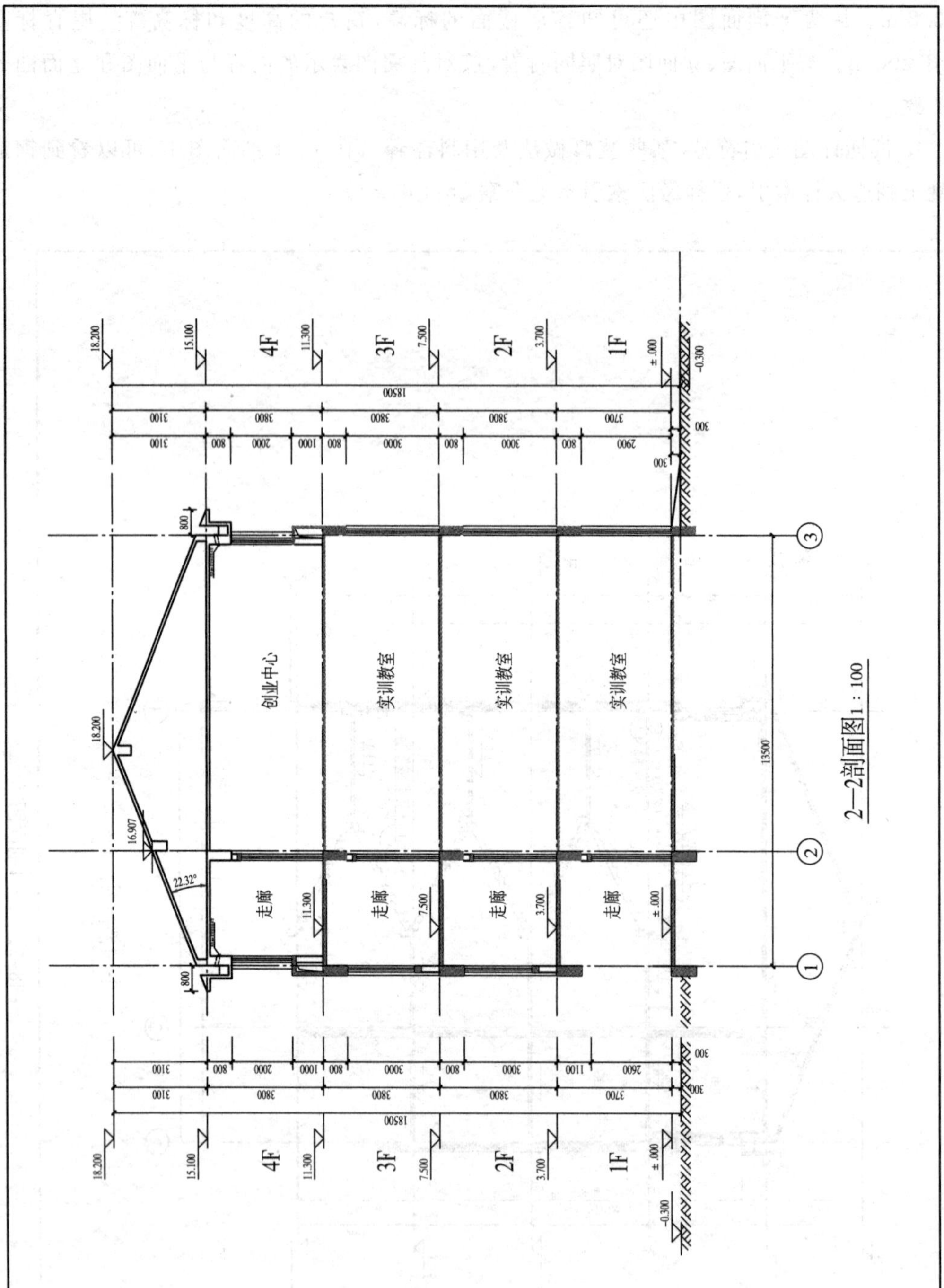

2—2剖面图 1:100

图8-22 2—2剖面图

五、建筑详图

(一)建筑详图的形成与用途

建筑平、立、剖面图作为建筑施工图的基本图样，虽然已将建筑主体表达出来，但由于它们所采用的绘制比例都较小，无法把建筑物的细部构造及构配件形状、构造关系等表达清楚。根据施工需要，可采用较大比例详细绘制出建筑构配件、建筑剖面节点的详细构造，称为建筑详图。

建筑详图主要用来表示细部的详细构造、形状、层次、尺寸、材料和做法，以及各部位的细尺寸等。如今很多构件、配件可采用标准图集说明详细构造，施工图中可仅注明所采用的图集名称、编号或页次，施工时可配合相应图集施工。

(二)建筑详图的类型

1. 构件详图，如门窗详图、阳台详图等详图。

2. 局部构造详图，如墙身详图、楼梯详图、卫生间详图等详图。

3. 装饰构造详图，如门窗套装饰构造详图等详图。

(三)外墙详图

本教材以墙身详图为例介绍建筑详图。外墙详图是建筑剖面图中外墙身部分的局部放大图，也称为墙身大样图或外墙身详图。它主要表达墙身与地面、楼面、屋面的构造连接情况以及檐口、门窗顶、窗台、勒脚、防潮层、散水、明沟的尺寸、材料、做法等构造情况，配合建筑平面图使用，可作为施工砌墙、门窗安装、室内外装修、放预支构、配件、编制施工预算及材料估算的重要依据。外墙详图的主要内容有：

1. 图名比例。图名是按照该墙身在底层平面图中的局部剖切线的编号来命名的。例如“1—1 墙身剖面图”。它要与平面图中的剖切位置或立面图上的详图索引标志、朝向、轴线编号要一致。外墙详图一般采用 1：20 的比例绘制。

2. 定位轴线编号。外墙详图上需标注定位轴线的编号，当几个轴线上的墙体可用一个外墙详图表示时，应同时注明各有关轴线的编号。通用详图的定位轴线应只画圆，不注写轴线编号。

3. 外墙厚度及定位。墙是居轴线中还是偏向一侧，墙体线条变化。

4. 首层室内、外地面的节点做法。如明沟做法、散水做法、台阶或坡道做法，，室外勒脚做法；首层地面与暖气沟和暖气槽以及暖气件做法、室内踢脚板和墙裙做法；墙身防潮层做法、首层室内外窗台做法。

5. 中间楼层处节点做法。如楼地面、内外墙、踢脚板或墙裙、顶棚、吊顶做法；门窗过梁、圈梁、遮阳板、雨蓬、空调机位、阳台、栏杆、栏板；内外窗台、窗帘及窗帘盒(窗帘杆)。

6. 屋顶处节点做法。如屋面、顶层屋面板、室内顶棚、吊顶做法；女儿墙、雨蓬、遮阳板、过梁等做法；檐口、天沟、下水口、雨水斗、雨水管等屋面排水做法。

7. 各个部位的标高及详图索引符号。标高包括室内外地坪、各层楼面、屋顶的标高；

防潮层、底层窗下墙、门窗洞口、过梁、窗间墙、墙顶、檐口、女儿墙的标高。

8. 内外墙粉刷线。墙身详图中应用细实线画出粉刷线并填充材料图例。

(四)识图举例

如图 8-23 所示为一墙身详图，图示内容如下：

1. 图名比例。图名为“1—1 墙身剖面图”。比例为 1：20。

2. 定位轴线编号。定位轴线为 19 轴。

3. 外墙厚度及定位。墙体厚度为 200 mm。墙是偏向外一侧，墙外侧距轴线 300 mm。一层处窗台高 800 mm，窗台压顶高 1100 mm，窗户高 1800 mm，窗上为窗过梁。二层为落地窗，窗高 3000 mm，窗内侧做了 600 mm 的栏板和 300 mm 的栏杆。

4. 首层室内、外地面的节点做法。地面做法见±0.000 m 标高处，由下而上是：素石夯实；60 mm 厚的 C20 混凝土；20 mm 厚的防水砂浆；20 mm 厚 1：2.5 的水泥砂浆。

5. 中间楼层处节点做法。2 层(3 层、4 层)楼层处做法由下而上是：刷白色涂料两道；20 mm 厚 1：2.5 混合砂浆；120 mm 厚的现浇混凝土楼板；20 mm 厚 1：2.5 水泥砂浆。其中①和②为一层(二层、三层)顶棚做法，③为结构层，④为二层(三层、四层)地面做法。

6. 屋顶处节点做法。屋顶形式

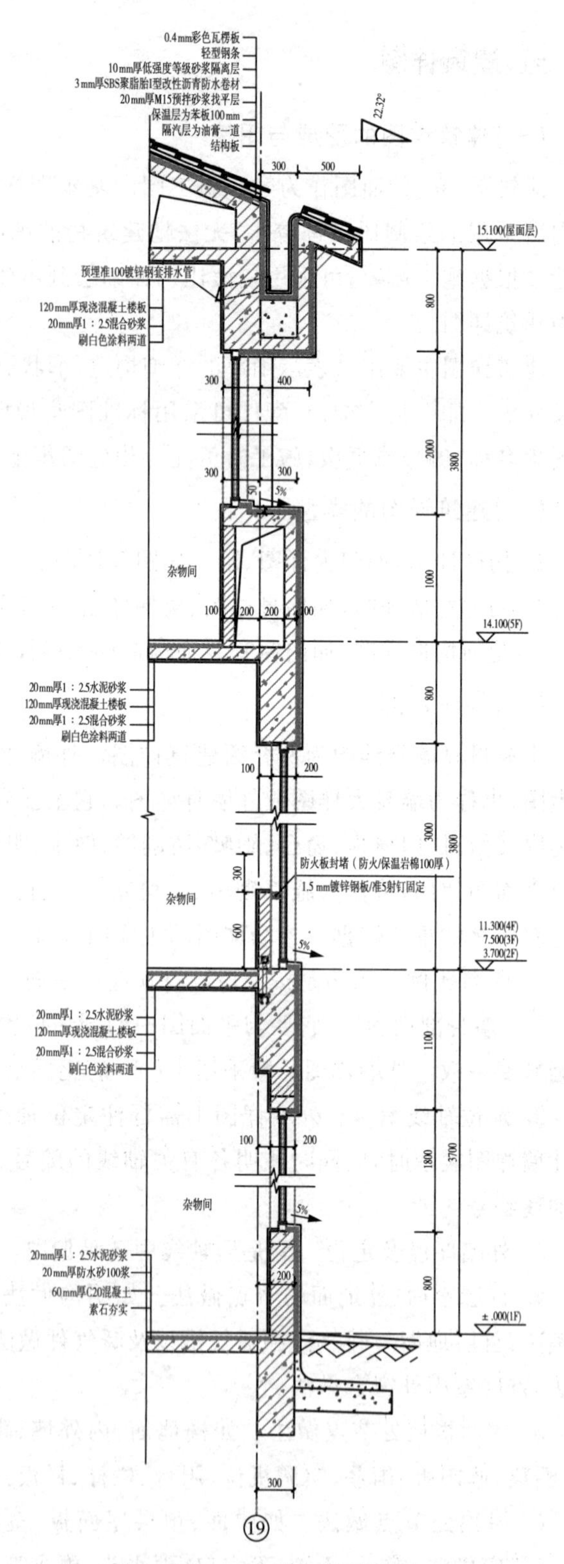

图 8-23　1—1 墙身剖面图 1：20

为坡屋顶，在标高 15.100 m 处的做法由下往上为刷白色涂料两道；20 mm 厚 1∶2.5 混合砂浆；120 mm 厚的现浇混凝土楼板。其中①和②为四层的顶棚做法，③为结构层。屋面做法由下往上为：结构板；隔汽层为油膏一道；保护层为苯板 100 mm；20 mm 厚 M15 预拌砂浆找平层；3 mm 厚 SBS 聚酯胎Ⅰ型改性沥青防水卷材；10 厚低强度等级砂浆隔离层；轻型钢条；0.4 mm 彩色瓦楞板。图中还示出了坡屋面的角度为 22.32°，还表达出檐口、天沟、排水管等屋面排水做法。

7. 各个部位的标高及详图索引符号。标高包括：室内外地坪标高为±0.000 m、二层标高为 3.700 m，三层标高为 7.500 m，四层标高为 11.300 m，屋面层标高为 15.100 m。根据楼地面标高和尺寸标注可以得出底层窗下墙、门窗洞口、过梁、墙顶、檐口等标高。

8. 内外墙粉刷线。墙身详图中应用细实线画出粉刷线并填充材料图例。

本章重点

学习重点

1. 建筑首页图、总平图的识图要点。

2. 建筑平面图、立面图、剖面图、建筑详图的识图要点。

3. 公路路线平面图、纵断面图、横断面图的识读以及路面的结构图的识读。

学习难点

1. 公路路线纵断面图的识读。

2. 建筑剖面图的识读。

3. 建筑详图的识读。

思政园地

1. 上海铁路监督管理局行政处罚公开信息〔2023〕第 40 号：资料引自：https://www.nra.gov.cn/zzjg/jgj/shj/ggsh/202312/t20231220_344017.shtml

2. 金华经济技术开发区湖畔里项目“11.23”较大坍塌事故调查报告。资料引自：http://yjglj.jinhua.gov.cn/art/2022/1/26/art_1229682538_58896488.html

练 习 题

一、单选

1. 建筑做法说明不包括(　　)处的构造做法和装修做法。

A. 楼地面、内外墙、踢脚线　　B. 卫生间、厨房

C. 台阶、天棚　　D. 梁柱

2. 建筑首页图没有(　　)。

A. 图纸目录　　B. 设计说明

C. 总平面图　　D. 工程做法

3. 建筑施工图不包括(　　)。

A. 建筑平面图　　B. 建筑立面图

C. 建筑剖面图　　D. 水电图

4. 以下图纸中不是以米为单位的是(　　)。

A. 建筑总平面图中的标高　　B. 建筑平面图中的标高

C. 建筑总平面图中的尺寸　　D. 建筑详图中的构件尺寸

5. 房屋各专业施工图可分为基本图和(　　)两部分。

A. 剖面图　　B. 平面图

C. 立面图　　D. 详图

6. 不属于建筑平面图的是(　　)。

A. 基础平面图　　B. 底层平面图

C. 标准层平面图　　D. 屋顶平面图

7. 描述建筑剖面图,下列说法正确的是(　　)。

A. 是房屋的水平投影　　B. 是房屋的水平剖面图

C. 是房屋的垂直剖面图　　D. 是房屋的垂直投影图

8. 反映房屋各部位的高度、外貌和装修要求的是(　　)。

A. 剖面图　　B. 平面图

C. 立面图　　D. 详图

9. 反映建筑内部的结构构造、垂直方向的分层情况、各层楼地面、屋顶的构造等情况是(　　)。

A. 剖面图　　B. 平面图

C. 立面图　　D. 详图

10. HY 表示路线平面图中(　　)。

A. 圆曲线的缓圆点　　B. 圆曲线的圆缓点

C. 缓和曲线的缓圆点　　D. 缓和曲线的圆缓点

11. 在平曲线中,T 表示(　　)。

A. 切线长　　B. 曲线长

C. 外距　　D. 缓和曲线长

12. 在平曲线中,E 表示(　　)。

A. 切线长　　B. 曲线长

C. 外距　　D. 缓和曲线长

二、简答与计算

1. 如图为某沥青混凝土路面结构示意图,说出路面宽度、横坡度、路肩各结构层类型和厚度。

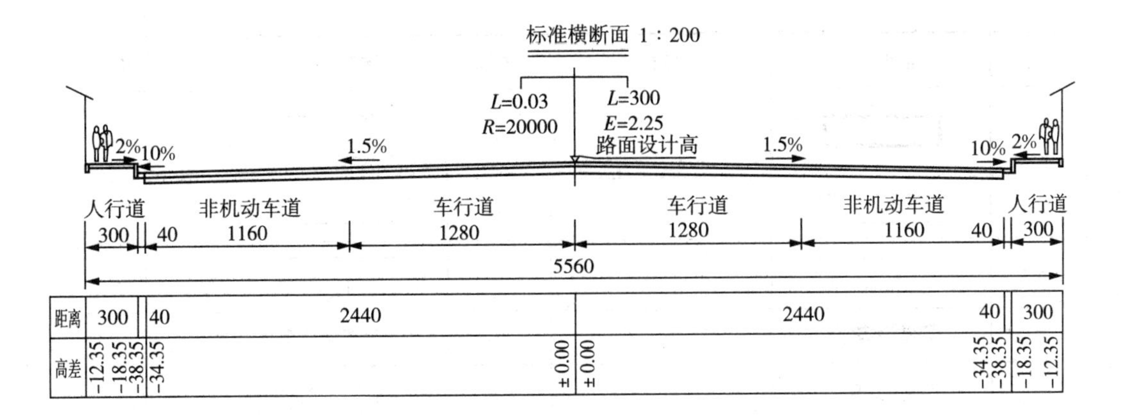

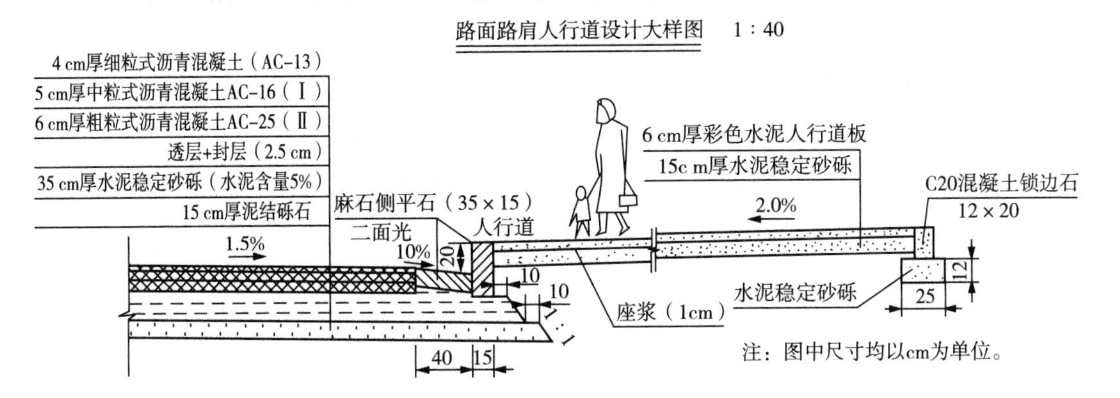

2. 如图为某水泥混凝土路面结构示意图，说出路面横坡度、路面各结构层类型和厚度。

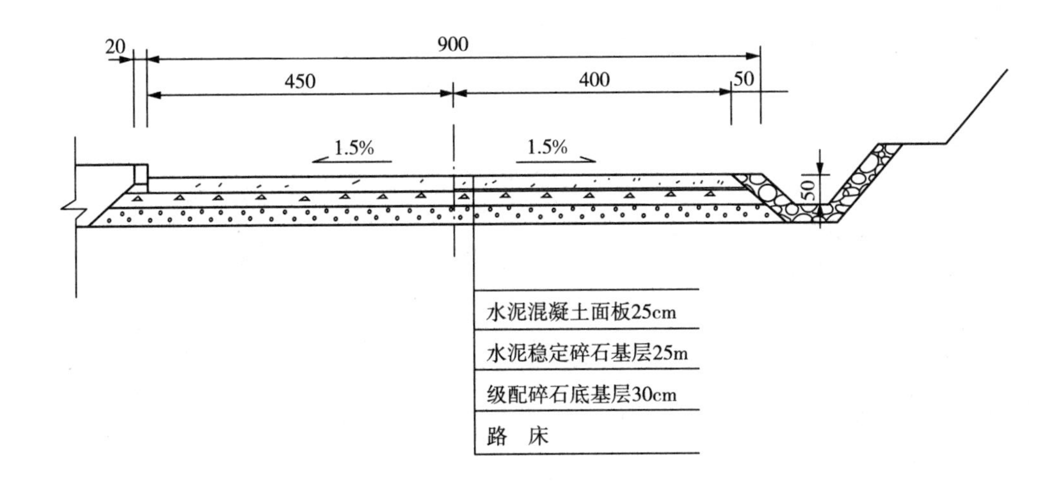

3. 看建筑图例说名称。

序号	建筑图例	名称	序号	建筑图例	名称
1			6	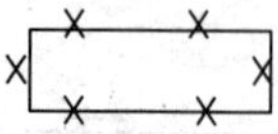	
2			7	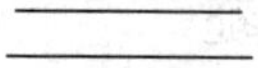	
3			8	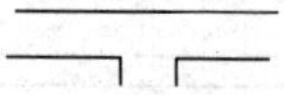	
4			9		
5			10		

参考文献

[1] 中华人民共和国住房和城乡建设部，国家市场监督管理总局．工程测量标准：GB 50026—2020[S]．北京：中国计划出版社，2020.

[2] 中华人民共和国住房和城乡建设部．工程测量通用规范：：GB 55018—2021[S]．北京：中国建筑出版传媒有限公司，2021.

[3] 国家市场监督管理总局，国家标准化管理委员会．卫星导航定位基准站网络实时动态测量（RTK）规范：GB/T 39616—2020[S]．北京：中国标准出版社．2020.

[4] 中华人民共和国住房和城乡建设部．卫星定位城市测量技术标准：CJJ/T73—2019[S]．北京：中国建筑工业出版社，2019.

[5] 中华人民共和国铁道部．高速铁路工程测量规范：TB 10601—2009[S]．北京：中国铁道出版社，2010.

[6] 中华人民共和国住房和城乡建设部，国家质量检验检疫监督局．城市轨道交通工程测量规范：GB/T 50308—2017[S]．北京：中国建筑工业出版社，2017.

[7] 中华人民共和国国家测绘局．全球定位系统实时动态测量（RTK）技术规范：CH/T2009—2010[S]．北京：测绘出版社，2010.

[8] 中华人民共和国国家测绘局．测绘作业人员安全规范：CH1016—20108[S]．北京：测绘出版社，2008.

[9] 中华人民共和国交通运输部．公路勘测规范：JTG C10—2007)[S]．北京：人民交通出版社，2007.

[10] 国家市场监督管理总局，国家标准化管理委员会．低空数字航摄与数据处理规范：GB/T 39612—2020[S]．北京：中国标准出版社．2020.

[11] 中华人民共和国国家质量检验检疫监督局 国家标准化管理委员会．国家基本比例尺地形图图式　第 1 部分：1∶500　1∶1000　1∶2000 地形图图式 GB/T 20257.1—2017[S]北京：中国标准出版社．2017.

[12] 中华人民共和国国家测绘局．机载激光雷达数据获取技术规范：GH/T 8024—2011[S]．北京：测绘出版设，2011.

[13] 中华人民共和国国家测绘局．地面三维激光扫描作业技术规范：CH/Z 3017—2015[S]．北京：测绘出版社，2015.

[14] 中华人民共和国国家测绘局．数字表面模型机载激光雷达测量技术规程：CH/T

3014—2014[S]. 北京:测绘出版社,2014.

[15] 李仕东. 工程测量(第四版)[M]. 北京:人民交通出版社,2015.

[16] 李聚方. 工程测量(第二版)[M]. 北京:测绘出版社,2014.

[17] 张保成. 工程测量(第三版)[M]. 北京:人民交通出版社,2023.

[18] 陈凯. 工程测量(第三版)[M]. 北京:人民交通出版社,2023.

[20] 董斌,徐文兵. 现代测量学[M]. 北京:中国林业出版社,2012.

[21] 王玉香. 建筑工程测量(第二版)[M]. 北京:人民交通出版社,2022.

[22] 杜向锋,段杰. GNSS 测量技术[M]. 成都:西南交通大学出版社,2023.

[23] 罗天宇,宋运辉. 高速铁路施工测量[M]. 北京:人民交通出版社,2019.

[24] 王劲松,李士涛. 轨道工程测量[M]. 北京:人民交通出版社,2013.

[25] 赵景明. 无砟轨道施工测量与检测技术[M]. 北京:人民交通出版社,2011.

[26] 周建东,谯生有. 高速铁路施工测量[M]. 西安:西安交通大学出版社,2011.

[27] 杜晓波,等. 城市轨道交通工程施工测量[M]. 北京:中国铁道出版社,2013.

[28] 白金波、陈玉中、张增宝. 建筑工程制图与识图[M]. 天津:天津科学技术出版社,2013.

[29] 刘军旭、雷海涛. 建筑工程制图与识图[M]. 北京:高等教育出版社,2014.

[30] 白丽红. 建筑工程制图与识图[M]. 北京:北京大学出版社,2014.

[31] 本书编委会. 公路工程测量与施工放线[M]. 北京:中国建材工业出版社,2009.

[32] 纪凯. 水运工程测量[M]. 大连:大连海事大学出版社,2013.

[33] 曲元梅,伏慎敏. 公路工程识图[M]. 北京:人民交通出版社,2019.

[34] 刘松雪. 道路工程制图(第四版)[M]. 北京:人民交通出版社,2021.

[35] 裴俊华. 建筑工程测量. [M]. 北京:中国水利水电出版社,2020.

[36] 郭学林. 无人机测量技术[M]. 郑州:黄河水利出版社,2018.

[37] 梁静. 三维激光扫描技术及应用[M]. 郑州:黄河水利出版社,2020.

[38] 侯兴泽,刘小鹏等. 基于点云的 1:2000 测图中高程点和等高线自动提取技术[J]. 测绘标准化,2021,12,69—71.

[39] 陈伟华. 浅谈用南方 CASS9.0 绘制等高线的方法[J]. 西部探矿工程,2016,8,186—187.

[40] 买小争,张文朗. 多分辨率倾斜影像与 GeoSLAM 激光点云融合精细化建模方法[J]. 测绘与空间地理信息,2023,2,180—181.

[41] EPS 点云地理要素矢量化对象化协同处理系统. 北京山维科技股份有限公司.

[42] EPS2020 地理信息工作站作业指导书. 北京山维科技股份有限公司.

附录 教材配套资源

1. 微课教学视频

序号	名称	资源类型
1	测量坐标系与高程系统	视频
2	坐标转换	视频
3	高程测量方法与水准测量原理	视频
4	DSZ3 水准仪与电子水准仪的构造和使用	视频
5	普通水准测量实施	视频
6	全站仪水平角测量	视频
7	直线定向与坐标正反算	视频
8	GNSS-RTK 测量	视频
9	导线测量外业	视频
10	导线测量内业	视频
11	四等水准测量	视频
12	全站仪三角高程测量	视频
13	地形图基本知识－4D 产品	视频
14	地形图的应用	视频
15	全站仪与 GNSS-RTK 数字化测图	视频
16	CASS 地形图绘制	视频
17	无人机测绘	视频
18	道路工程施工测量－中线测量	视频
19	道路工程施工测量－圆曲线测设	视频
20	道路工程施工测量－缓和曲线测设	视频
21	路线纵横断面测量一	视频
22	路线纵横断面测量二	视频
23	道路中桩坐标计算－直线段坐标计算	视频
24	道路中桩坐标计算－圆曲线段坐标计算	视频

（续表）

序号	名称	资源类型
25	道路中桩坐标计算一缓和线段坐标计算	视频
26	道路中桩坐标计算一常规坐标计算演示	视频
27	竖曲线测量	视频
28	桥梁平面控制与高程控制	视频
29	桥梁基础施工测量	视频
30	桥梁墩台定位及轴线的测设	视频
31	桥梁墩台施工测量	视频
32	桥梁变形监测	视频
33	道路施工图识读	视频
34	建筑施工图识读	视频

2. 实践教学视频

序号	名称	资源类型
1	DSZ3 水准仪安置与读数	视频
2	普通水准测量观测与记录	视频
3	经纬仪介绍与安置	视频
4	水平角观测	视频
5	全站仪坐标测量	视频
6	全站仪坐标放样	视频
7	四等水准测量观测与记录	视频
8	二等水准测量观测与记录	视频
9	GNSS-RTK 大比例尺数字化测图	视频
10	数字化测图内业	视频
11	盾构法隧道施工测量	视频

3. 动画教学视频

序号	名称	资源类型
1	高斯投影的方法与平面直角坐标系	动画
2	大地水准面、高程与高差的概念	动画
3	RTK 的认识	动画
4	交会计算	动画
5	无人机简介	动画
6	无人机测绘与摄影测量简介	动画
7	无人机测绘外业	动画